"十四五"时期水利类专业重点建设教材

河床演变学概论

夏军强　周美蓉　邓珊珊　编著

中国水利水电出版社
www.waterpub.com.cn
·北京·

内 容 提 要

本书在继承原有相关教材核心内容的前提下，吸收了近30年河床演变学领域的国内外最新研究成果。全书共14章，内容包括：河流的一般特性，河床演变的基本原理，河相关系，四类主要河流、浅滩、潮汐河口、水库及坝下游河流的演变规律，河床演变的观测、分析及模拟方法。

本书可作为港口航道与海岸工程、水利水电工程、水文与水资源工程、自然地理学等专业的本科生教材，也可供土木工程、海洋工程、环境工程等相关专业的规划、设计和管理人员参考。

图书在版编目（CIP）数据

河床演变学概论 / 夏军强等编著. -- 北京：中国水利水电出版社, 2023.12
"十四五"时期水利类专业重点建设教材
ISBN 978-7-5226-1538-7

Ⅰ.①河… Ⅱ.①夏… Ⅲ.①河道演变－高等学校－教材 Ⅳ.①TV147

中国国家版本馆CIP数据核字(2023)第099049号

书　　名	"十四五"时期水利类专业重点建设教材 **河床演变学概论** HECHUANG YANBIANXUE GAILUN
作　　者	夏军强　周美蓉　邓珊珊　编著
出版发行	中国水利水电出版社 （北京市海淀区玉渊潭南路1号D座　100038） 网址：www.waterpub.com.cn E-mail：sales@mwr.gov.cn 电话：（010）68545888（营销中心）
经　　售	北京科水图书销售有限公司 电话：（010）68545874、63202643 全国各地新华书店和相关出版物销售网点
排　　版	中国水利水电出版社微机排版中心
印　　刷	天津嘉恒印务有限公司
规　　格	184mm×260mm　16开本　16.5印张　402千字
版　　次	2023年12月第1版　2023年12月第1次印刷
印　　数	0001—2000册
定　　价	45.00元

凡购买我社图书，如有缺页、倒页、脱页的，本社营销中心负责调换

版权所有·侵权必究

前　言

近三十年来，强人类活动对冲积河流演变过程产生了巨大的影响，但以往河床演变学教材重点关注天然情况下冲积河流的准平衡态演变过程。随着现代信息技术与观测手段不断进步，河床演变观测的时间空间尺度、精度及频次都大大提高，解决了以往因实测资料缺乏只能定性描述河演过程的难题。因此需要结合当前河床演变学研究现状与本科教学工作的实际需求，重新组织编写该教材。

本书继承了原有相关经典教材的核心内容与总体框架，按3部分编写：第1~3章介绍河床演变的基本原理及一些共性理论；第4~11章阐述不同河型河流、浅滩、潮汐河口、水库及坝下游河流等不同对象的演变规律；第12~14章主要介绍河床演变的观测、分析及模拟技术。本书吸收了近30年来河床演变学领域最新研究成果，包括河段尺度的河床形态特征参数的计算方法、河床演变的滞后响应关系、河道崩岸机理的定量分析及过程模拟等；许多以往定性描述的教学内容在本书中有了详细观测数据的支撑，并以三峡大坝、小浪底水库等工程为教学案例，增强学生作为"大国工匠"的自豪感与责任感；另外还特别增加了河床变形的原型观测、量化分析等方面的系统总结。这些教学内容的传承和拓展，有助于本科生在学习专业理论的同时，更加深刻地理解工程实践知识，符合当前对工科水利类专业学生按大类培养目标的要求。同时帮助学生掌握我国重要流域防洪减灾、航道整治等工程规划及设计中关键技术难题的解决方法，更好地服务于长江大保护、黄河高质量发展等重大国家战略。

本书共分为14章，由武汉大学夏军强、周美蓉、邓珊珊等编著，主审为张小峰教授。第1~3、5、7、11、13~14章由夏军强、周美蓉、邓珊珊编写，第4、6、8章由孙昭华编写，第9章由邓金运编写，第10章由王增辉编写，

第 12 章由李志威编写。全书由夏军强组织统稿，周美蓉、邓珊珊等负责全书文稿和图表的整理工作。在编写过程中，本书参考了武汉大学《河床演变及整治》、清华大学《河流动力学概论》等经典教材，以及国内外众多研究者的成果，尽量利用参考文献加以标注，如有不慎遗漏的，恳请谅解。对于书中因编者水平所限而存在的疏漏或错误之处，请广大读者予以批评指正。

本书为"十四五"时期水利类专业重点建设教材，部分内容取自国家自然科学基金项目"河流动力学"（批准号 51725902）、"长江中下游河道崩岸机理与预警治理技术研究"（批准号 U2040215）和"黄河中下游水沙产输预报与水库智能调度关键技术"（批准号 U2243238）等研究成果。

编者

2023 年 5 月于武汉大学

目 录

前言

第1章 河流的一般特性 ··· 1
1.1 不同的河段划分方法 ··· 1
1.2 山区河流的一般特性 ··· 3
1.3 平原河流的一般特性 ··· 8
1.4 平原河流的河型及形成条件 ······································ 12

第2章 河床演变的基本原理 ·· 18
2.1 河床演变的基本概念 ··· 18
2.2 河床自动调整作用及其主要影响因素 ························ 21
2.3 河床调整的均衡状态 ··· 25

第3章 河床形态与水沙条件之间的函数关系 ······················ 28
3.1 河床形态与水沙条件关系概述 ·································· 28
3.2 特征流量的概念与计算方法 ····································· 29
3.3 准平衡态下的河相关系 ·· 36
3.4 非平衡态下的滞后响应关系 ···································· 42
3.5 河床纵剖面调整 ·· 47
3.6 河床稳定性及其表征方法 ······································· 49

第4章 顺直型河流的河床演变 ··· 53
4.1 河流基本特征 ··· 53
4.2 水沙输移特点 ··· 56
4.3 顺直型河流的演变规律 ·· 57
4.4 形成条件 ··· 61
4.5 顺直型河流的整治 ·· 61

第5章 弯曲型河流的河床演变 ··· 63
5.1 河弯形态特征 ··· 63
5.2 弯道水沙运动 ··· 65
5.3 弯道演变规律 ··· 75

  5.4 弯道形成条件 ……………………………………………………………… 81
  5.5 弯曲型河流的整治 ………………………………………………………… 83
  5.6 都江堰水利工程 …………………………………………………………… 86

第 6 章 分汊型河流的河床演变 …………………………………………………… 88
  6.1 河床形态特征 ……………………………………………………………… 88
  6.2 水沙输移特征 ……………………………………………………………… 91
  6.3 不同类型分汊河段的演变规律 …………………………………………… 99
  6.4 形成条件 ………………………………………………………………… 102
  6.5 分汊型河流的整治 ……………………………………………………… 103

第 7 章 游荡型河流的河床演变 ………………………………………………… 106
  7.1 河流特性 ………………………………………………………………… 106
  7.2 河床冲淤变化规律 ……………………………………………………… 112
  7.3 平面形态变化规律 ……………………………………………………… 117
  7.4 横断面形态调整特点 …………………………………………………… 127
  7.5 游荡型河流的形成条件 ………………………………………………… 128
  7.6 游荡型河流的整治 ……………………………………………………… 129

第 8 章 浅滩演变 …………………………………………………………………… 135
  8.1 浅滩的定义 ……………………………………………………………… 135
  8.2 浅滩的成因及类型 ……………………………………………………… 137
  8.3 浅滩演变特点 …………………………………………………………… 138
  8.4 浅滩水深分析 …………………………………………………………… 144
  8.5 浅滩整治 ………………………………………………………………… 146

第 9 章 潮汐河口的演变 ………………………………………………………… 148
  9.1 潮汐河口的动力因素 …………………………………………………… 148
  9.2 潮汐河口的水流运动 …………………………………………………… 153
  9.3 潮汐河口的泥沙运动 …………………………………………………… 160
  9.4 潮汐河口的河床演变 …………………………………………………… 164

第 10 章 水库淤积及防治 ……………………………………………………… 171
  10.1 水库淤积现象 ………………………………………………………… 171
  10.2 水库特征水位与回水区 ……………………………………………… 173
  10.3 水库淤积规律 ………………………………………………………… 175
  10.4 水库排沙及冲刷规律 ………………………………………………… 184
  10.5 水库淤积平衡与淤积估算 …………………………………………… 189
  10.6 水库淤积防治 ………………………………………………………… 191

第 11 章 水库下游的河床演变 ………………………………………………… 195
  11.1 水库下游河道的水沙输移特点 ……………………………………… 195

11.2 水库下游河道的再造床过程 ··· 197
11.3 水库下游河道崩岸类型与稳定性分析方法 ······································· 203

第12章 河床变形的原型观测 ··· 209
12.1 水位流量观测 ··· 209
12.2 泥沙观测 ··· 213
12.3 地形测量 ··· 216

第13章 河床演变的分析方法 ··· 219
13.1 水沙条件分析 ··· 219
13.2 河床冲淤量分析 ··· 224
13.3 河床形态调整分析 ··· 227
13.4 地质组成分析 ··· 230
13.5 河演分析的基本步骤 ··· 231

第14章 河床变形的数值模拟 ··· 233
14.1 水沙数学模型概况 ··· 233
14.2 一维水沙数学模型 ··· 234
14.3 平面二维水沙数学模型 ··· 243

参考文献 ·· 249

第1章 河流的一般特性

地表水在重力作用下，沿着陆地表面的曲线形凹地汇集作经常性或者周期性流动，这种流动的水体（又称水流）与容纳水体的曲线形凹地（又称河槽）共同构成**河流**。因此构成河流的两个基本要素：水流与河槽。河流作为输送流域中水沙产物的通道，根据划分方法不同，可以分为多个不同类型的河段。例如，按其流经地区不同，通常可分为山区河流和平原河流两大类。本章首先提出河流的定义及不同的河段划分方法；然后介绍山区河流和平原河流的一般特性，包括河床形态、水文泥沙及河床演变特点；最后给出平原河流的河型分类方法及其形成条件。

1.1 不同的河段划分方法

根据河流所在地理位置、河床边界可动性与流经地区、河流地质地貌特性等方面的不同，可以将沿程河段作进一步划分。

1.1.1 按地理位置划分

河流按照水流作用的不同以及所处地理位置的差异，通常分为3段，即：上游（包括河源）、中游、下游（包括河口）。河源即为河流的发源地，河源以上可能是冰川、湖泊、沼泽或泉眼。上游一般位于山区或高原，以河流的侵蚀作用为主；中游大多位于与平原交界的山前丘陵或平原地区，以河流的搬运作用和堆积作用为主；下游多位于平原地区，河谷宽阔平坦，以河流的堆积作用为主。河口是指河流与海洋、湖泊、沼泽或另一条河流的交汇处。

长江干流河道总长约6300km，流域面积180万km^2 [图1.1（a）]。长江上游为江源至湖北宜昌河段，长约4500km，集水面积100万km^2；中游为宜昌至江西湖口河段，长955km，集水面积68万km^2；下游为湖口至入海口（长江口50号灯标）河段，长938km，集水面积12万km^2。长江上游主要流经山地丘陵地区，河谷深切，断面窄深，河床纵比降大，水流较急；中下游河道进入冲积平原，主要以弯曲及分汊河型为主，断面宽浅，河床纵比降变小，水流平缓。

黄河干流河道全长约5464km，流域面积79.5万km^2 [图1.1（b）]。黄河自河源至内蒙古托克托县河口镇为上游，河长3472km，流域面积42.8万km^2；河口镇至河南孟津为中游，河长1206km，流域面积34.4万km^2；孟津至入海口为下游，长约786km，流域面积2.3万km^2。黄河上游河段产水量占全河的62%，产沙量仅占全河的8%，因此上游河段水多沙少，是黄河的清水来源区。中游河段产水量仅占全河的28%，而产沙量占88%，是黄河主要的产沙区。下游河段产水产沙量分别占全河的10%及4%。在小浪底水库运用前，进入黄河下游的沙量很大，下游河床长期淤积抬高形成举世闻名的"地上悬

1

河"，因此黄河水沙灾害主要发生在下游。

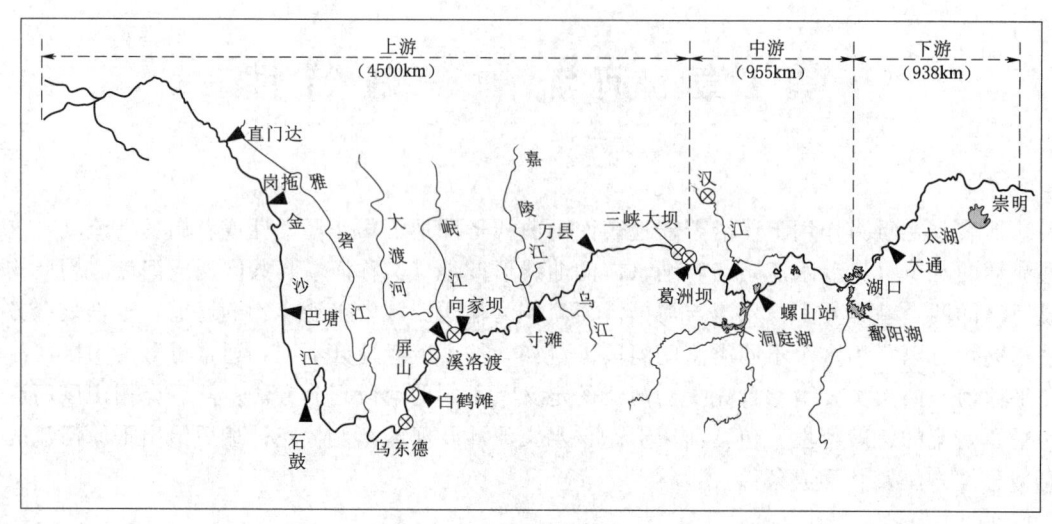

(a)长江

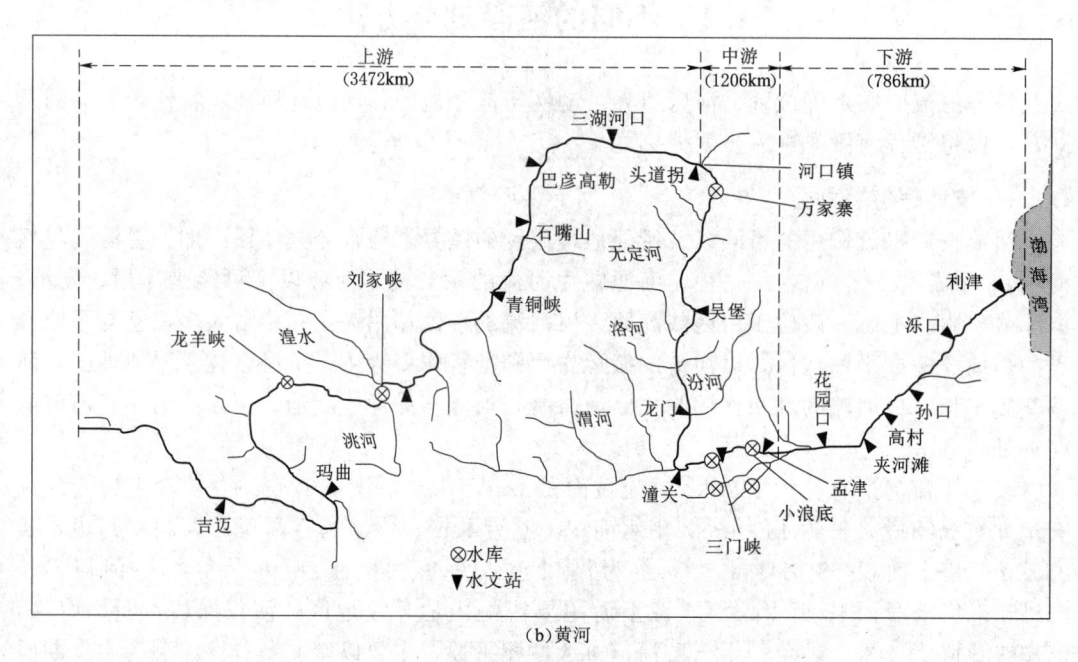

(b)黄河

图 1.1 长江与黄河流域的上游、中游、下游河段划分

1.1.2 按河床边界可动性与流经地区划分

河流作为输送流域中水沙产物的通道，根据河床边界的可动性，可划分为**冲积河流**和**非冲积河流**。冲积河流是在水流对泥沙的冲刷、搬运和堆积作用下形成的，河床由相对松散的泥沙颗粒组成，因此会发生冲淤变化。而非冲积河流的河床稳定，水流对泥沙的冲积作用较弱。

按其流经地区的不同，河流一般可分为**山区河流**和**平原河流**两大类型。对于较大的河流，其上游段多为山区河流，而其下游段多为平原河流，位于上游段和下游段之间的中游段，则往往兼有山区河流和平原河流的特性。对于较小的河流，其本身的上游段、中游段和下游段可能均位于山区，也可能均位于平原区。山区河流一般为非冲积河流，而平原河流一般为冲积河流。山区河流和平原河流由于所处位置的自然地理、地质地貌和气象条件的不同，其一般特性也各有自己的特点。

长江宜昌以上河段为山区河流，以下则为平原河流。黄河上游包括河源段、峡谷段和冲积平原3部分；中游段除龙门至潼关段（小北干流）外为山区河流，小北干流段属于平原河流；而黄河下游为平原河流。

1.1.3 按河流地质地貌特性划分

河流沿其纵向常常可分为3段：侵蚀区（河源区）、输运区和沉积区，如图1.2所示。随着纵向位置的不同，冲积河流中的水力要素、泥沙特性及边界约束条件都将发生很大的变化。在山区和高原地带，河流（包括其支流、支沟）的主要动力过程是侵蚀和输运，在平原和河口地区则主要是沉积。山区河流沿程的地质地貌、河床边界、水动力要素和泥沙输移过程，显然与平原河流相应的各个方面有很大区别，因此在河床演变规律上也表现出明显差异。

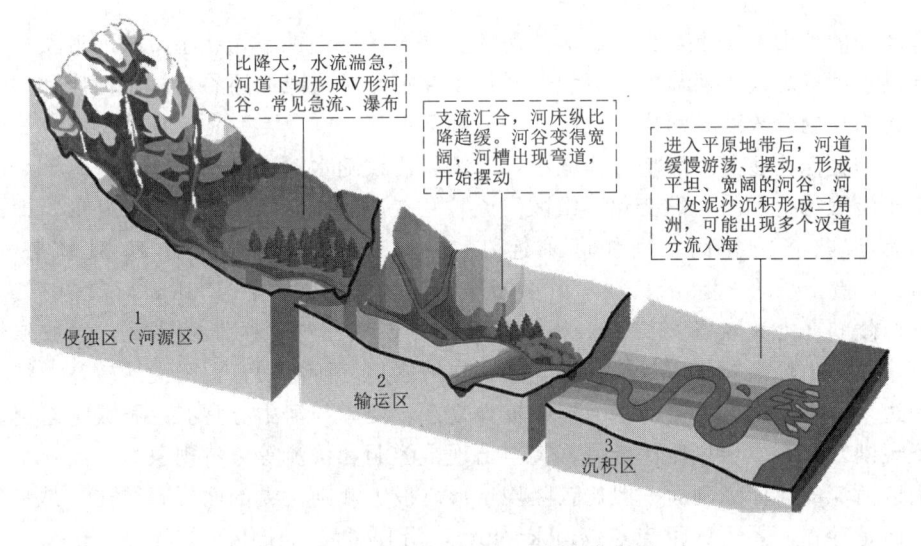

图1.2 地貌学中的河流纵向分段

1.2 山区河流的一般特性

山区河流不仅指穿行于地形复杂、崇山峻岭中的河流，而且也包括浅山区、甚至高原地区的河流在内。山区河流河谷的形成不仅与地壳构造运动密切相关，而且受水流侵蚀作用的影响。水流在由构造运动所形成的原始地形上不断侵蚀，这种侵蚀表现为水流对组成河床岩石的动力磨损作用。虽然两者都进行得极为缓慢，但山区河流的河床就是在这样漫长的历史过程中，由于水流不断纵向切割和横向拓宽而逐步发展形成的。

1.2.1 山区河流的河床形态

山区河流发育过程中一般以下切为主，使得河谷断面往往呈 V 形或 U 形，如图 1.3 所示。除岩层抗冲性显著不同，可能形成侵蚀阶地外，坡面都呈直线形或曲线形。谷地与谷坡之间无明显的界限。水流的堆积作用完全不存在或极为微弱。除了由于地壳下降，海平面上升，或者由于气候变化所造成的河川径流量巨大缩减，能在河段的某些部位形成卵石堆积层外，一般不存在近代堆积层（谢鉴衡等，1990）。

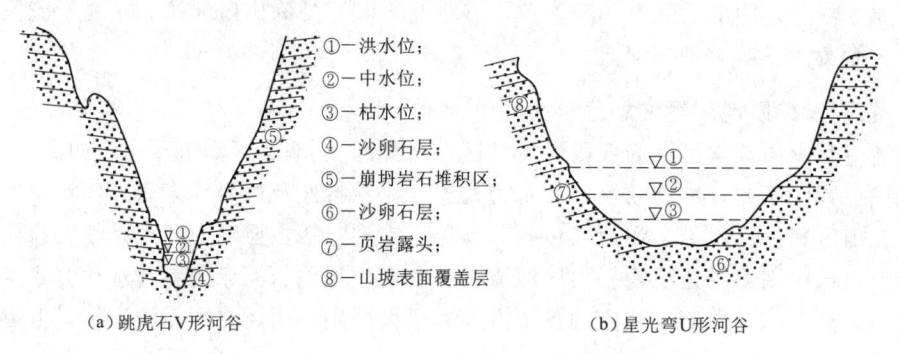

①—洪水位；
②—中水位；
③—枯水位；
④—沙卵石层；
⑤—崩坍岩石堆积区；
⑥—沙卵石层；
⑦—页岩露头；
⑧—山坡表面覆盖层

(a) 跳虎石V形河谷　　　(b) 星光弯U形河谷

图 1.3　贵州北盘江毛虎段的河谷断面形态

在陡峻的地形约束下，山区河流的河床多处于缓慢侵蚀下切状态，故河槽狭窄。中水河床与洪水河床之间无明显的分界线；对于不存在卵石边滩的河谷，枯水河床和中水河床之间也无明显的分界线。河床的宽深比一般都远小于 100，某些峡谷河段仅 10~20 左右。峡谷河段的宽深比多随水深增加而减小，非峡谷河段随水深变化不大。

由于沿程构造和岩性的变化，山区河流常发展形成宽窄相间的藕节状外形，即沿程多为开阔段与峡谷段相间。例如广东连江，在 150km 河段内就有 10 处峡谷（总长 33.5km），占全长的 22%。长江上游白帝城—南津关河段，在 193km 河段内有瞿塘峡、巫峡和西陵峡 3 处大峡谷，长 120km，占全长的 62%。峡谷段江面狭窄，谷坡陡峭，基岩裸露，两岸山峰矗立；宽谷段江面开阔，岸坡缓坦，阶地发育，河漫滩较宽，江心有洲滩，岸边多碛坝。山区河流的平面形态极为复杂，两岸与河中心常有巨石或基岩突出，岸线极不规则，急弯、卡口比比皆是，甚至出现半隧洞和伏流等奇特现象。

山区河流的河床纵剖面一般比较陡峻，形态极不规则。纵剖面形态往往不是一条圆滑曲线，而是存在一系列的**尼克点**（nickpoint）；沿程急滩（riffle）与深潭（pool）上下交错，且常出现台阶形，在落差集中处，往往形成陡坡跌水甚至瀑布（如金沙江的虎跳峡和黄河中游的壶口瀑布）。与此相应，床面起伏很大，有些局部河段的河床最深点会远低于下游的侵蚀基准面（如海平面），这显然与这些河段河身狭窄，而河床岩石的抗冲能力较弱有关。图 1.4 为长江上游李渡镇—三峡大坝（三斗坪）的河床深泓纵剖面，出口处河床高程明显低于海平面。所谓**侵蚀基准面**（erosion base），是指影响某一河段或全河发育的顶托基面，其高低决定河流纵剖面的形态，其升降会引起上游较长河段的河床冲淤和平面形态的变化。

1.2.2 山区河流的水文泥沙特性

由于山区坡面陡峻，岩石裸露，径流系数大，汇流时间短，再加上山区气温变化一般

1.2 山区河流的一般特性

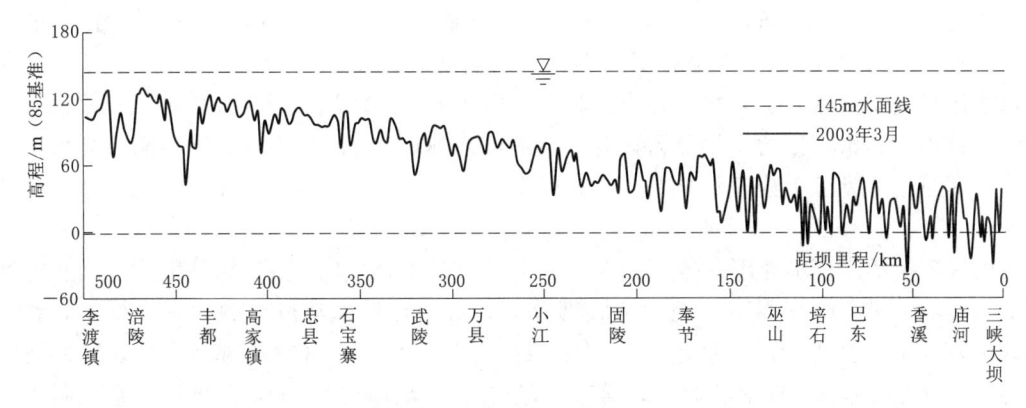

图 1.4 长江上游李渡镇—三峡大坝（三斗坪）的河床深泓纵剖面

较大，暴雨比较常见。洪水的猛涨猛落是山区河流重要的水文特点之一。山区河流在降雨之后，往往数小时或数天之内即出现洪峰，雨过天晴，洪水又迅速消退。图 1.5 为某山区河流的水位过程线。由该图可见，一年内洪峰呈锯齿形，变幅很大，往往一昼夜之内水位上涨达 10m 之巨，而两三日内又完全退落。山区河流一般洪水持续时间不长，无明显的中水期，而且洪水期、枯水期有时也难以截然划分。洪水期久晴不雨，也可能出现枯水；反之，枯水期如遇大雨，也可能出现洪水。例如贵州的清水河 1961 年 5—8 月几乎是枯水，而 1955 年最高洪峰却出现在 11 月 10 日。

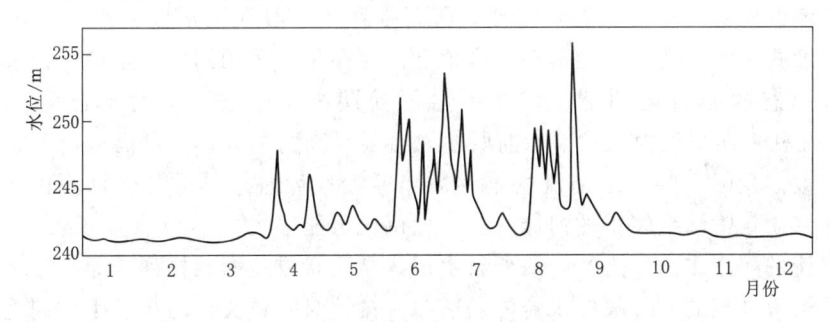

图 1.5 某山区河流的水位过程线

受地理及气象条件影响，山区河流的流量与水位变幅极大。较大的山区河流其洪水流量往往为枯水流量的 100 倍或数百倍。通常流域越小，洪枯流量的差距也越大，较小的山区河流甚至超过 1000 倍。例如在嘉陵江的北碚站，最大流量可达 36900m³/s，最小流量仅为 220m³/s，两者相差 170 倍；贵州北盘江最大流量为 4200m³/s，最小流量仅 17m³/s，两者相差 250 倍。由于山区河流一般河谷狭窄，调蓄能力较低，随着流量的急剧变化，水位作大幅度的升降。洪枯水位之差视河流大小而不同，由数米至数十米不等。由于山区河流沿程常呈宽窄相间的藕节状，在窄段的上游一侧，洪峰暴涨时壅水更为严重。如钱塘江建德站洪枯水位相差达 21m，汉江黄金峡站达 24～25m，长江三峡巫山站则达 56m。

山区河流的水流流态较为独特，通常表现为急滩与缓流相间。金沙江自金江街至新市镇 1000 余千米内，有滩险 400 余处（滩险是浅滩、急滩、险滩等河段的总称）。在一些滩险上因为纵比降大，河槽窄，流速必然很大，容易形成急流。如乌江中游有 16 处滩险上的流速高达 6~8m/s。黄河干流自三门峡至小浪底全长 130km 的河段内，就有 70 处急滩，当地称之为"碛"，平均每隔 2km 即有一处。这段河道的平均纵比降接近 1‰，而碛上水面比降甚至高达几十分之一，水流湍急。两碛之间的缓流河段受碛的控制，水面比降和流速较小，枯水期碛的作用更为显著，缓流段流速能小到 1m/s。由于河床形态极不规则，山区河流的流态十分紊乱险恶，常有回流、泡水、漩涡、跌水、水跃、剪刀水、横流等出现。

山区河流的水面纵比降一般都比较大，大多数在 1‰以上。纵比降不但大，而且受河床形态影响，沿程分配极不均匀，绝大部分落差集中在局部河段。例如湖南沅水，在长 325km 河段内，枯水期水位落差的 90% 集中在仅占全长 15.4% 的局部河段内，一些滩险段的纵比降往往在 2‰以上。此外，河床上存在的急弯、石梁、卡口等滩险，造成很大的水面横比降，对船舶航行威胁很大。同时由于这些滩险在不同水位下壅水情况不同，比降的因时变化也十分显著。

山区河流的悬移质含沙量视地区和季节而异。在岩石风化不严重和植被较好的地区，含沙量较小。相反在岩石风化严重和植被覆盖很差的地区，不但含沙量大，而且在山洪暴发时甚至能形成高含沙水流或携带大量石块的泥石流，例如金沙江的支流小江。洪水期由于坡面径流的流速大，侵蚀强烈，所以含沙量大而粒径细；枯水期则相反，含沙量小而粒径粗，不少山区河流枯水时完全变为清水。山区河流悬移质大都是中细沙和黏粒，由于流速大，一般处于不饱和状态，可全部视为冲泻质。

山区河流的推移质多为卵石及粗沙。卵石推移质一般在洪水期流速大时才能起动输移，其运动形式呈间歇性，平均运动速度很低。曾在川江采用同位素示踪标记来观测几种不同粒径和形态的卵石运动情况，在洪水可动期内，一般平均运动速度只有 2.8~12.6m/d，在枯水期则很少运动。如前所述，山区河流洪水历时一般很短，因此卵石推移质输沙量不大。我国一些山区河流的推移质年输沙量约占悬移质年输沙量的 10% 以下，但对某些悬移质年输沙量较小的河流，这一比例也可能很大。

山区河流的河床多由原生基岩或卵石组成。覆瓦状或鱼鳞状排列是卵石河床的常见形式，也有呈松散堆积的。一般在水流强弱适中，持续时间较长，河床发生冲刷之处，多呈覆瓦状排列；在水流较弱，河床发生淤积之处，或水流流速急剧降低时，原来大量推移的卵石迅速停止运动，将来不及分选排列而呈松散堆积。山区河流的卵石粒径常有沿程递减趋势，是由水流分选作用造成的结果。山区河流河床组成物质的另一个特点是级配非常分散，从细粉沙到砾石和漂石都有，许多山区河流的床沙级配具有明显的双峰特性。

1.2.3 山区河流的河床演变特点

山区河流由于比降陡，流速大，含沙量不饱和，有利于河床向冲刷变形方向发展，但河床多系基岩或卵石组成，抗冲性强，冲刷受到抑制。因此山区河流的河床从长时期来看是不断下切展宽的，但从短时段来看这种变形却十分缓慢，甚至可以认为是基本不变的。仅在某些河段，由于特殊的河床边界与水流条件，有可能发生大幅度且暂时性的冲淤过程。比较常见的山区河流的河床演变，主要有以下 4 类形式（谢鉴衡等，1990）。

（1）由卵石推移质运动引起的河床演变。山区河流河床为卵石成型堆积体，具有特定的形态及运行规律。这些成型堆积体，如边滩、心滩及与它们相连接的浅滩，具有汛期淤积壮大，枯季冲刷萎缩，年内基本平衡的冲淤变形特点。图 1.6（a）中的川江洛碛卵石浅滩就具有这样的特性。

（2）由悬移质运动引起的河床演变。山区河流的悬移质大部分属于冲泻质，不会在河床上发生永久性淤积，但存在暂时性的淤积过程。诱发淤积的主要原因有两方面：一是在宽谷段由主流摆动出现的回流淤积；二是在宽谷段由下游峡谷壅水引起的淤积。图 1.6（b）是川江青岩子河段情况。这个河段的上段属于放宽段，由金川碛将水流一分为二，枯水航道走右汊；其下段属于急弯段，枯水航道紧傍左岸急弯。洪水期主流取直，上段金川碛右汊航道发生严重淤积，下段燕尾碛左侧航道也发生严重淤积。洪水过后，主流复原，原来淤积下来的泥沙被冲往下游，年内基本平衡。

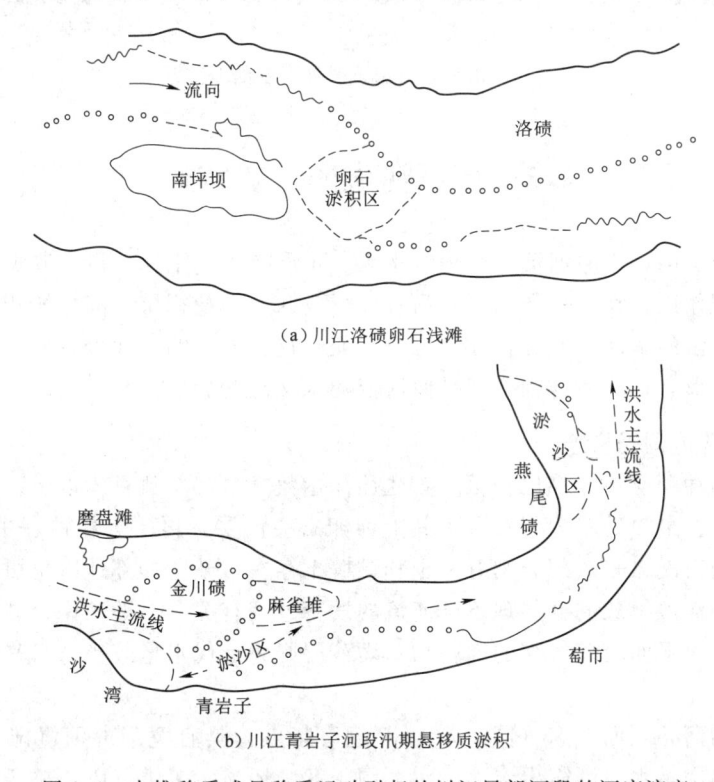

(a) 川江洛碛卵石浅滩

(b) 川江青岩子河段汛期悬移质淤积

图 1.6 由推移质或悬移质运动引起的川江局部河段的河床演变

（3）以溪口滩形式出现的河床演变。大的山区河流，当两岸溪沟发生洪水时，特别在发生泥石流时，常在溪口堆积成溪口滩，由于溪口滩冲积物量大且粒径粗，一旦形成，往往不易被主流迅速冲走，表现为冲淤交替，在长时期内维持某种平衡状态。大支流入汇干流的情况与此类似，但由于两江洪水相互顶托，加上含沙量不同，情况要更复杂一些，在干流和支流上都可能出现淤积，而且它们往往处于变化不定的状态之中。

（4）地震、山崩、滑坡等引起的河床演变。山区河流由于谷坡陡峻，如果岩石风化严重，裂隙发育，突然遭受地震或暴雨等强烈外界因素的影响，或岩体中积累的应力变化达到临界状态，就可能出现山崩、滑坡等大规模突发现象，在极短时间内将河道部分甚至全部堵塞，在其上下游出现壅水和跌水，剧烈改变水流和河床现状。如 2008 年汶川地震引发的唐家山堰塞湖[图1.7（a）]，2018年西藏白格村山体滑坡引发的金沙江白格堰塞湖[图1.7（b）]等都属于此类河床变形。

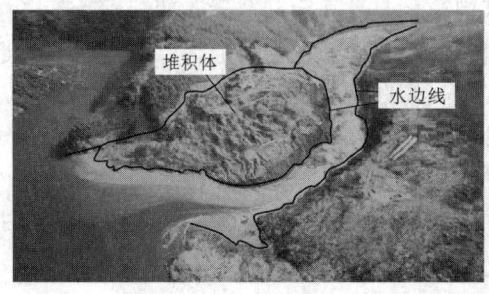

(a)唐家山堰塞湖　　　　　　　　　(b)金沙江白格堰塞湖

图1.7　由地震或山体滑坡引发的堰塞湖

1.3　平原河流的一般特性

与山区河流不同，平原河流流经地势平坦、土质疏松的平原地区，其形成过程主要表现为水流的堆积作用。在这一作用下，河谷中形成深厚的冲积层，河口淤积成广阔的三角洲。我国黄河下游的华北平原和长江口三角洲便是这样形成的。此处首先介绍平原河流的河谷形态与河床形态，然后详细介绍平原河流的水文泥沙特性。

1.3.1　平原河流的河谷形态

平原河流的冲积层一般都比较深厚，往往深达数十米甚至数百米以上。冲积层的组成视不同高度而异，最深处多为卵石层，其上为卵石夹沙层，再上为粗沙、中沙以至细沙，在枯水位以上的河漫滩表层部分则有黏土和黏壤土存在，某些局部地区也可能存在深厚的黏土棱体。这种泥沙组成的分层现象与河流的发育过程有关。一般来说，沙卵石层多为冰川期水量较大、海平面较低时期的堆积物；而沙层则为近代水量较小、海平面较高时的堆积物。

平原河流的河谷断面形态（图1.8），其显著特点为具有宽广的河漫滩，河漫滩在洪水时被淹没，而中枯水时则露出水面以上。图1.8中还显示了洪、中、枯3级水位，与此相应的河槽称为洪、中、枯水河槽，在无堤防约束条件下，洪水河槽将远较图中所示的宽广。由于洪水过流时间比较短暂，通常所说的河槽即指**中水河槽**。中水河槽比较宽浅，枯水期常有边滩、心滩出露，断面宽深比可以高达100以上。

1. 河漫滩

河漫滩是位于中水河槽两侧，在洪水时能被淹没的高滩。河漫滩既有由侵蚀作用造成的，如石质河漫滩，多见于山区河流，滩面较窄，且向中水河槽一侧倾斜。更多的是由堆积作用造成的，如冲积河漫滩，多见于平原河流，滩面较宽，左右河漫滩分别向两侧倾斜，这是洪水漫滩落淤的结果（邵学军和王兴奎，2013）。

图1.9定性给出了漫滩洪水在河床塑造过程中所起的作用。洪水漫滩后，流速降低，泥沙首先在主槽两侧的岸边淤积，随水流向下游及河漫滩侧向漫流，淤积的泥沙数量便逐

1.3 平原河流的一般特性

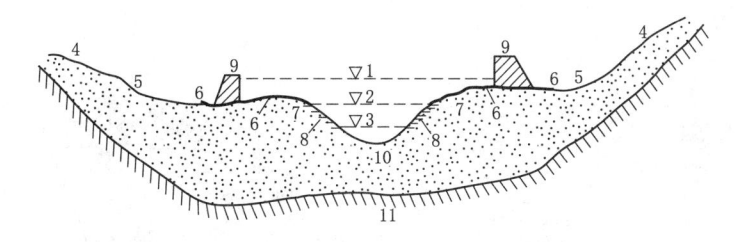

图 1.8 平原河流的河谷断面形态
1、2、3—洪水位、中水位、枯水位；4—谷坡；5—谷坡脚；6—河漫滩；
7—滩唇；8—边滩；9—堤防；10—冲积层；11—原生基岩

渐减少，粒径也逐渐变细，促使河漫滩有较为明显的纵比降。经过长时间演变，主槽两侧形成较高的自然堤，河漫滩边缘形成一些护坡洼地，使河漫滩具有明显的横比降。同时，河漫滩的纵比降也比主槽内水流的平均比降大。

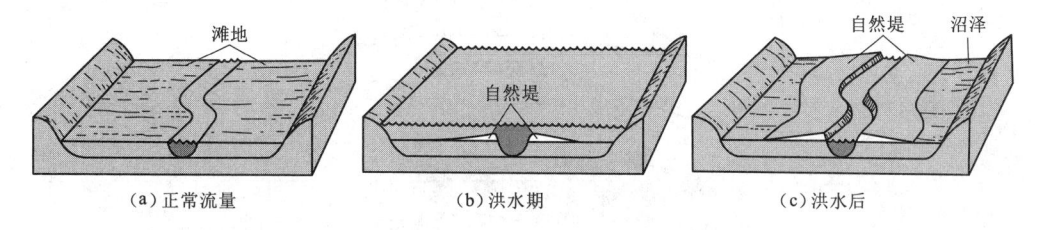

图 1.9 漫滩洪水的造床作用与自然堤的形成过程（邵学军和王兴奎，2013）

河漫滩由水流堆积作用形成，组成物质较为松软。在水流与河床的相互作用下，河流往往在广阔的河漫滩上左右摆动。当一岸受水流冲刷侵蚀，另一岸便逐渐淤积成边滩。边滩进一步发育，又可形成新的河漫滩。河漫滩内侧低洼地带为细沙及黏土沉积，有些地方往往形成巨大的黏土沉积层，阻碍主槽的横向摆动。河漫滩和人类活动的关系极为密切。河漫滩由于土壤肥沃，很早以来人们就加以开发利用。一般都采用修筑堤防的办法来防止洪水漫溢，使河漫滩成为人民居住生活的场所和工农业建设的基地。

2. 泥沙成型堆积体

中水位以下的河流主槽中，在水流与河床不断相互作用下，常形成一系列泥沙堆积体，如图 1.10 所示。该图为广东东江某段河道情况，图中呈交错状态分布在两岸的沙滩称为**边滩**（point bar）。这些边滩在中水时被淹没，只在枯水时才露出水面。上下两边滩之间往往有沙埂分布，沙埂上水深较浅，当不能满足通航要求时，称为**碍航浅滩**。沙滩向下游延伸所形成的伸入江中的狭长部分，称为**沙嘴**。位于江心的沙滩，低于中水位以下的称为**江心滩**，高于中水位以上的称为**江心洲**。这些洲滩，统称**泥沙成型堆积体**。它们在水流泥沙的作用下，不断运动变化，使得整个河床形态也处于不断运动变化之中（谢鉴衡等，1990）。

3. 河势

河势是指某一河段内的滩槽格局与主流走向（图 1.11），一般包括 3 大部分：2 类整治工程（河道及航道整治工程），3 条线（堤线、岸线、主流线），4 个滩（边滩、江心滩、浅滩、江心洲等各类成型堆积体）。河势演变主要指河段内主流线、洲滩及岸线的变化。

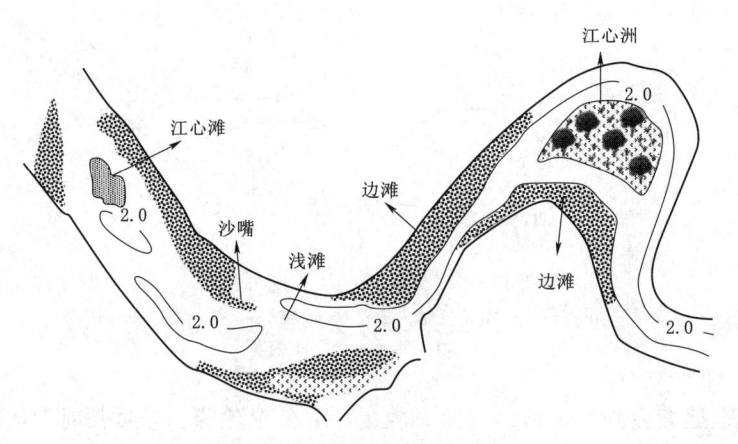

图1.10 河床中的泥沙成型堆积体

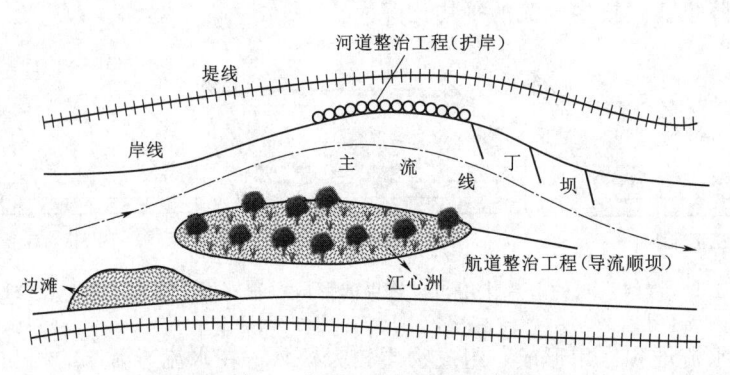

图1.11 典型河段的河势示意图

1.3.2 平原河流的河床形态

平原河流的**河床形态**，所涵盖的内容较广，通常包括平面形态、断面形态、纵剖面形态、洲滩形态（河床微地貌）、河相关系等多个方面。此处主要介绍其平面、断面及纵剖面的河床形态特征。

1. 平面形态及断面形态

平原河流的河床形态是水流和河床长期相互作用的产物。一般说来，平原河流的平面形态可概括为顺直、弯曲、分汊、游荡4类（图1.12）。

平原河流不同河型河段的断面形态，通常可概括为抛物线形、不对称的三角形、马鞍形和多汊形4类，如图1.13所示。这是特定条件下水流与河床相互作用的结果，具有一定的规律性。

2. 河床纵剖面形态

平原河流的纵剖面与山区河流不同，因多为沙质河床，纵剖面不可能有明显的台阶状变化，但同样存在深槽与浅滩交替，所以河床纵剖面也并不是一条光滑曲线，而是有起伏的平缓曲线，其平均纵比降也比较平缓。图1.14（a）给出了2002年汛后长江中游荆江段的深泓纵剖面，河床平均纵比降为0.5‰。图1.14（b）给出了1999年汛后黄河下游河段的深泓纵剖面，河床平均纵比降为1.4‰。下游河床高程沿程变化平缓，纵比降上大下

1.3 平原河流的一般特性

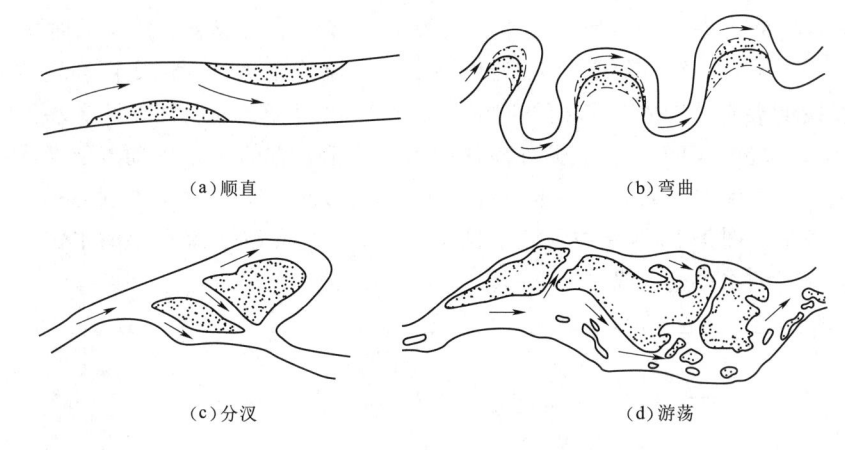

(a) 顺直

(b) 弯曲

(c) 分汊

(d) 游荡

图 1.12 平原河流的不同平面形态

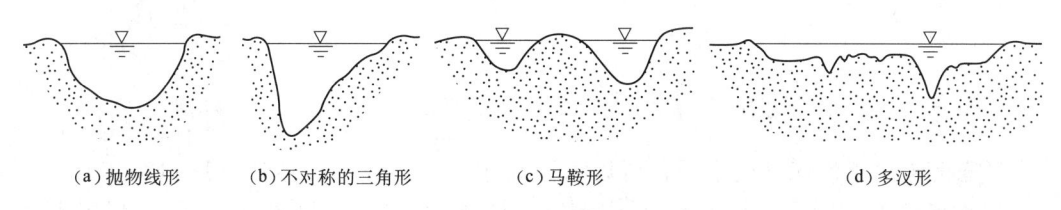

(a) 抛物线形

(b) 不对称的三角形

(c) 马鞍形

(d) 多汊形

图 1.13 平原河流不同河型河段的断面形态

小，游荡段（高村以上）、过渡段（高村至陶城埠）及弯曲段（陶城埠至利津）河床纵比降（$\bar{J}$）分别为 1.9‰、1.3‰、1.0‰。

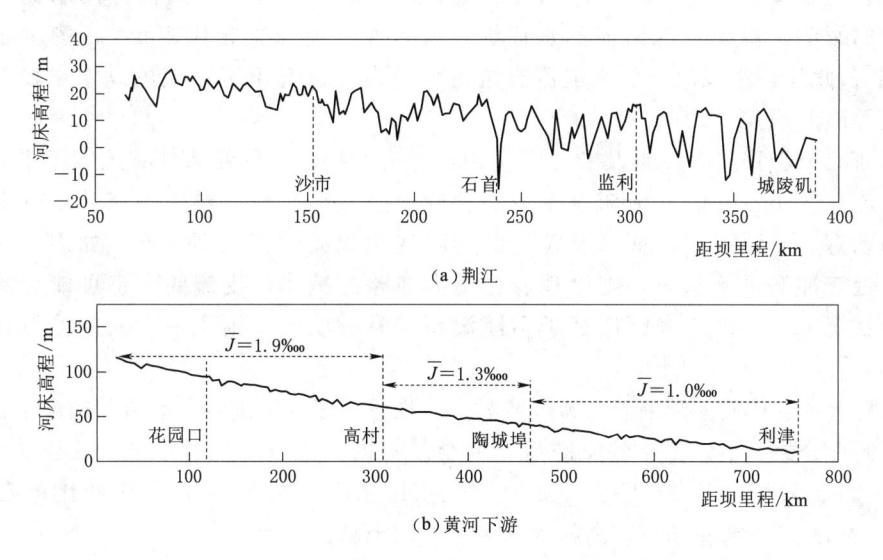

(a) 荆江

(b) 黄河下游

图 1.14 长江中游荆江段与黄河下游河段的河床深泓纵剖面

1.3.3 平原河流的水文泥沙特性

平原河流的水文泥沙特性与山区河流有很大区别。平原河流由于集水面积大，流经地区又多为土壤疏松且坡度平缓的地带，因而汇流时间长。此外，由于大面积上降雨分布不均，支流入汇时间有先有后，所以洪水一般没有陡涨陡落的现象，持续的时间也相对较长。如长江中下游，一般每年6—9月均为洪水期，流量变化与水位变幅都相对较小。长江中游荆江段洪水流量为枯水流量的13倍，水位变幅为13m；汉江下游洪水流量为枯水流量的74倍，水位变幅为14m。此处应该指出：位于北方的平原河流由于气候条件的不同，其流量变化比南方河流大，如黄河秦厂水文站最大洪水流量为最小流量的446倍，但水位变幅仅数米。图1.15为平原河流（长江中游汉口水文站）1957年的水位与流量过程线，与山区河流的水位过程线显著不同。

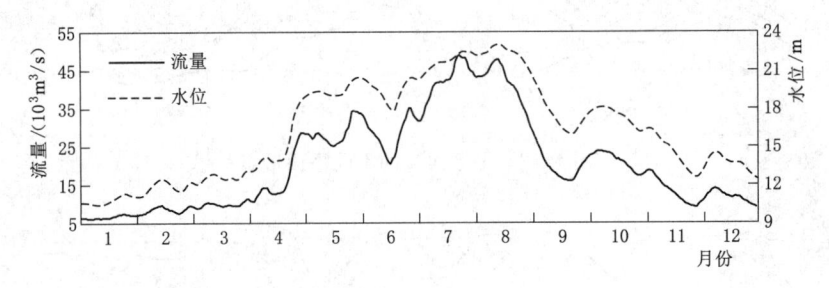

图1.15 平原河流（长江中游汉口水文站）1957年的水位与流量过程线

平原河流由于河床纵坡平缓，所以水面纵比降一般较小，多在 $(1\sim10)\times10^{-4}$ 以下。如长江荆江段水面纵比降为 $(0.42\sim0.56)\times10^{-4}$，汉江下游水面纵比降为 $(0.39\sim0.56)\times10^{-4}$。同时，由于平原河流不像山区河流那样沿程分布有很多急弯、卡口和滩险，水面纵比降的变化就较小。只有在河口段，由于受海平面的控制，洪水时纵比降有显著增大的现象。另外，大的支流及湖泊入汇往往也给河流的水面纵比降造成一定的影响。由于平原河流的水面纵比降较小，流速也相应较小，一般都在2～3m/s以下。此外，平原河流的水流流态也比较平缓，没有山区河流的跌水、横流、泡水、水跃等险恶现象。

平原河流中悬移质含沙量及粒径的变化，与流域特性及气候条件有关。但平原河流由于水流流速较小，并能从河床获得泥沙补给，故悬移质含沙量中的床沙质部分，多处于饱和状态。平原河流含沙量及粒径的沿程变化视具体情况而不同。如果多年来河床基本上处于冲淤平衡状态，则沿程变化不大或略有减小，支流的入汇可能会局部地改变这种状况。如果多年来河床处于不断淤积抬升的状态，则含沙量及悬沙粒径均会沿程减小。

平原河流中悬移质多为细沙、粉沙或黏土，推移质多为中细沙。推移质输沙量占悬移质输沙量的百分数（推悬比）较山区河流为小。根据长江资料统计，推悬比仅为1‰～1%，其中荆江河段为0.21%～0.48%。黄河中游龙门站多年平均推悬比的范围为0.16%～0.43%，下游花园口、高村等站多年平均推悬比约为0.43%。

1.4 平原河流的河型及形成条件

由于河段所在位置的差异、来水来沙条件以及河床边界条件的不同，因此冲积平原河流的河床演变过程也错综复杂。通过长期观察和分析，研究者发现：尽管在同一条河流上，不同河段的河床形态和演变规律各有不同，但在不同河流上某些河段的河床形态和演变规律有时却很相似。

根据河流的河床演变特点，可以区分为多种河型。每一种河型具有一些主要的共同特点，研究不同河型的主要特点、判别准则及形成条件，对认识和治理一条特定河流具有十分重要的意义。由于概括对象和认识上的不同，存在各种河型分类方法。此处主要介绍河型划分的定性分类与定量判别方法。

1.4.1 河型的定性分类

河型的定性分类，主要根据河流的平面形态、演变特性、河床边界及水文泥沙等特征。谢鉴衡等（1990）根据平面形态及演变过程不同，将冲积河流分为 4 种类型：①顺直型或边滩平移型；②弯曲型或蜿蜒型；③分汊型或交替消长型；④散乱型或游荡型。每一种类型有两个命名，前一个命名是就平面形态而言的，系按静态特征划分；后一个命名是就演变规律而言的，系按动态特征划分，它们是彼此对应的。钱宁（1985）根据河流的平面形态特征和运动特征，将河型划分为 4 类：**顺直型**（straight）、**弯曲型**（meandering）、**分汊型**（bifurcated）、**游荡型**（braided）。这些河型的主要典型特征，见表 1.1。

顺直型河段的主要特点：中水河槽顺直，边滩呈犬牙交错状分布，并在洪水期向下游平移。弯曲型河段的主要特点：中水河槽具有弯曲外形，深槽紧靠凹岸，边滩依附凸岸，凹岸崩退，凸岸淤长，河身在无约束条件下向下游蜿蜒蛇行，在有约束条件下平面形态基本保持不变，前者通称自由弯道，后者通称约束弯道。分汊型河段的主要特点：中水河槽分汊，一般为双汊，也有多汊的，各汊道周期性地交替消长。游荡型河段的主要特点：中水河槽河身宽浅，沙滩密布，汊道纵横，而且变化十分迅速。

本书中后面提到 4 种河型时，主要采用表 1.1 的分类方法。这一分类法与常见分类法（弯曲、辫状、顺直）不同之处是，将游荡型和分汊型区分开来，作为单独的河型。这样做的主要原因是，游荡型和分汊型在动态特征上的差异，远较分汊型和弯曲型的差异为大。

表 1.1 平原河流中 4 类河型的主要典型特征（钱宁等，1987）

河型	平面形态	河床演变	稳定性	边界特征	实例
顺直型	中水河槽顺直	犬牙交错的边滩，不断向下游移动	较稳定	两岸物质组成很细（有黏性）或受基岩、树木钳制	长江界牌河段、长江镇江阁—万寿桥河段、长江口泰兴河段、汉江下游麻洋潭滩段；美国密西西比河下游
弯曲型	中水河槽弯曲	凹岸崩退，凸岸淤长	比较稳定	两岸具有一定抗冲性	黄河源黑河和白河、荆江、渭河下游临潼至入黄口河段、北洛河、汉江下游皇庄至泽口河段、沅江、辽河、塔里木河下游；美国密西西比河中下游；加拿大比顿河（Beatton）
分汊型	中水河槽分为两汊或多汊，各汊之间为江心洲	主支汊交替消长	从稳定至介于游荡与弯曲之间	两岸具有一定的抗冲性。稳定的江心洲河道，上、下游多存在控制节点	长江中下游城陵矶至江阴河段、珠江（北江、东江）、湘江、赣江、松花江、黑龙江；非洲尼日尔河（Niger）

续表

河型	平面形态	河床演变	稳定性	边界特征	实 例
游荡型	散乱多汊	主流摆动不定，河势变化急剧	极不稳定	两岸物质组成较细，缺乏抗冲性	长江源沱沱河和通天河、黄河下游孟津至高村河段、永定河下游卢沟桥—梁各庄河段、雅鲁藏布江中游、塔里木河干流上游；南亚布拉马普特拉河（Brahmaputra）；美国鲁普河（Loup）和普拉特河（Platte）；加拿大红狄尔河（Red Deer）

1.4.2 河型的定量判别方法

上述河型的定性划分方法具有很强的经验性，在实际工作中难以准确判别，甚至对于同一河流，不同学者可能会给出不同的河型。因此需要采用河型的定量判别方法，按照建立判别关系式的思路大致分为以下 3 类：基于流量与比降的判别方法，如 Leopold 和 Wolman（1957）提出的河型判别方法；基于河床稳定性的判别方法，如钱宁（1985）及张红武等（1994）提出的河床综合稳定性指标方法；基于来水来沙条件和河床边界条件的判别方法，如尹学良（1993）提出的水沙关系指数判别方法。

Leopold 和 Wolman（1957）注意到游荡分汊河流与弯曲河流的纵比降及流量往往具有不同的组合。对于流量相同的河流来说，纵比降越陡，越易向分汊、游荡方向发展。对于同一纵比降的河流来说，流量越小，越有可能保持弯曲的形状。从这一概念出发，Leopold 和 Wolman 点绘了近 50 条美国及印度河流的平滩流量 Q 与河床纵比降 J 的关系，发现两者在双对数坐标下的关系为

$$J = 0.012 Q^{-0.44} \tag{1.1}$$

该直线把河流分为两个区域（图 1.16）。处于直线上方的是游荡分汊河流，直线下方的是弯曲河流，顺直河流横跨两区。钱宁（1985）将长江、黄河及海河水系等 10 条河流的资料进行点绘，认为式（1.1）大致上可以用来作为判别游荡型与弯曲型河流的标准，但其中也有例外。

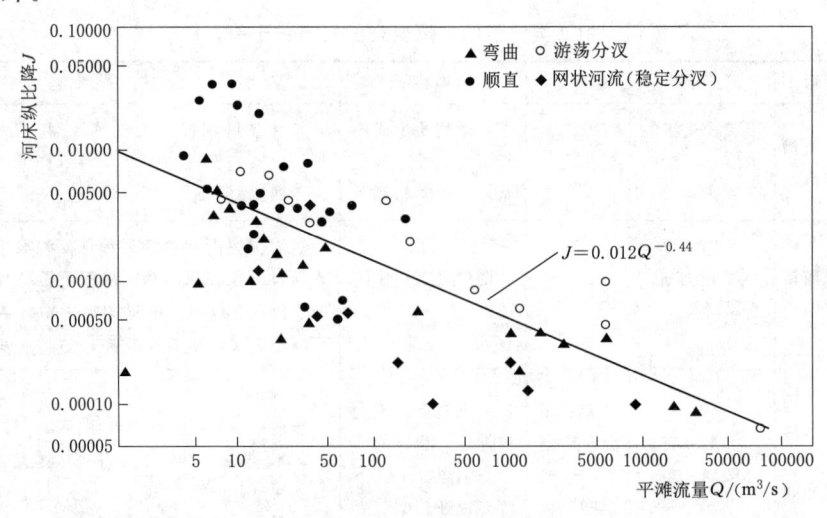

图 1.16 Leopold 和 Wolman（1957）提出的河型分区方法

1.4 平原河流的河型及形成条件

Parker（1976）提出了把河床纵比降（J）、弗劳德数（Fr）、宽深比（B/h）等参数组合在一起，如图 1.17 所示。他提出了双对数坐标下的直线方程：

$$\frac{J}{Fr} = \frac{h}{B} \tag{1.2}$$

式（1.2）是区分顺直-弯曲河流与游荡分汊河流的分界线。上述两种方法都没有考虑床沙组成对河型的影响。

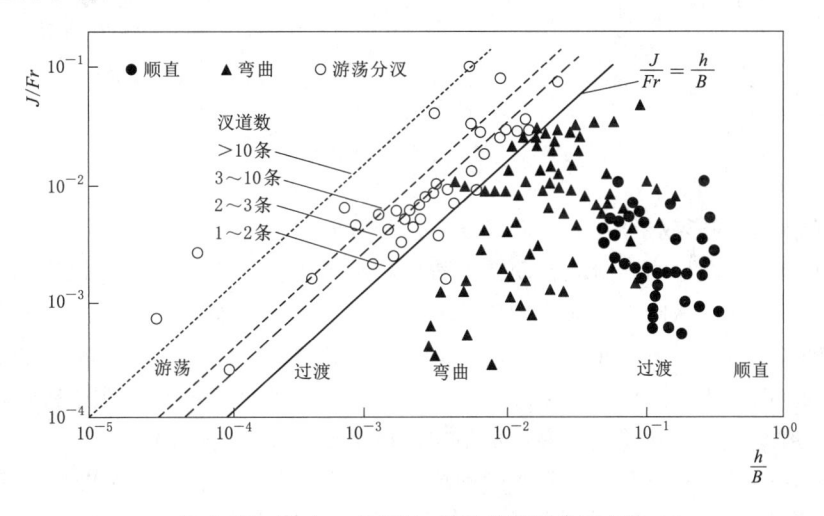

图 1.17 Parker（1976）提出的河型分区方法

张红武等（1994）认为冲积河流的综合稳定性主要取决于河床的纵向稳定性与横向稳定性，同时借鉴钱宁（1985）及谢鉴衡等（1990）研究成果，采用 $\phi_{ld} = \frac{1}{J}\left(\frac{\gamma_s - \gamma}{\gamma}\frac{D_{50}}{H}\right)^{1/3}$ 表征纵向稳定系数，$\phi_{lt} = \left(\frac{H}{B}\right)^{2/3}$ 表征横向稳定系数，将 ϕ_{ld} 与 ϕ_{lt} 的乘积形式表示河床综合稳定性指标 ϕ：

$$\phi = \frac{1}{J}\left(\frac{\gamma_s - \gamma}{\gamma}\frac{D_{50}}{H}\right)^{1/3}\left(\frac{H}{B}\right)^{2/3} \tag{1.3}$$

式中：D_{50} 为床沙中值粒径，m；B、H 分别为造床流量下的河宽与平均水深，m；γ_s、γ 分别为泥沙及水的容重，kN/m³。

点绘近 100 条天然河段及模型小河的 ϕ_{ld} 与 ϕ_{lt} 点群分布，如图 1.18 所示。结果表明：不论是细沙或粗沙河床，还是一般挟沙河流或高含沙河流，其点据都根据不同的河型分布在不同的区域中，且遵循下列规律：游荡型 $\phi<5$；弯曲型 $\phi>15$；分汊型 $5\leqslant\phi\leqslant15$。该河型判别关系式不仅量纲和谐，而且能适用于地理条件差异很大、河床组成为中细沙或砾卵石的冲积河流。

Rosgen（1994）提出了较为完善的河流分类系统，根据河床纵比降、平面形态、断面几何特征、河床组成物质的类型及中值粒径等参数，把河流划分为 9 种主要类型、41 种亚类以及 94 种子类型。该分类方法采用的是客观的测量数据，来自不同测量人员的数据能够重复，但工作量很大。

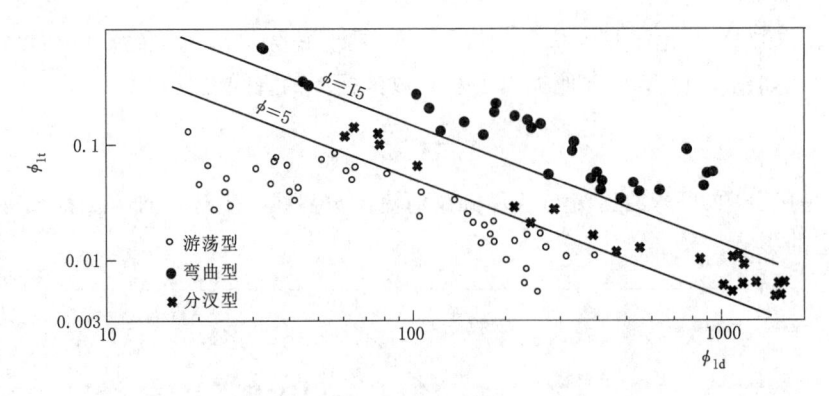

图 1.18 张红武等（1994）提出的河型分区方法

1.4.3 不同河型的形成条件

不同河型的形成是冲积河流自动调整作用的结果。在一定的流域来水来沙条件下，河流将调整它的形态、纵比降、河床物质组成和河型，力求使来自上游的水沙能通过河段下泄，尽可能保持相对平衡，并使能量消耗的沿程分布遵循一定的统计规律。此外特定的河床边界条件与水沙条件有利于某类河型的发展。表1.2列出了4类河型的形成条件，包括主要因素与辅助因素，其中主要因素采用加黑体字排印，以资区别。

对于多数情况来说，在不同河型的形成中都可以看到主要因素所起的决定性作用，当然也不是没有例外。辅助因素则不然，并不是只要发展成某种河型，就必须具备某些条件。下面介绍一些实例来说明例外的情况。

（1）非汛期主槽淤积常导致河流朝游荡方向发展，但在黄河潼关以上的小北干流，枯水期来自上游的水流转清，造成主槽的强烈冲刷，这里依然发育形成典型的游荡型河流。

（2）以流量变幅为例，流量变幅大，有利于河流的游荡，流量变幅小，将有助于分汊型河流的生长。但在室内试验中，只要两岸组成物质为缺乏抗冲性的沙土，就有可能在定常流量下塑造出游荡型河流。

（3）像赣江、湘江这样的暴雨洪水地区，尽管流量变幅较大，洪峰涨落较急，但由于存在两岸节点的控制作用，也能形成分汊河道。

表 1.2 平原河流不同河型的形成条件（钱宁等，1987）

形成条件		顺直型	弯曲型	分汊型	游荡型
边界条件	河岸组成物质	除弯曲蠕动过程中暂时形成的顺直河流外，一般两岸组成物质中黏土含量较多或植被生长茂密	**两岸组成物质具有二元结构，有一定的抗冲性，但仍能坍塌后退**	两岸组成物质介于游荡型与弯曲型之间	**两岸由松散的颗粒组成，抗冲性较弱**
	节点控制	河流中有间距较短的节点控制，或两岸因构造运动影响有广泛分布的出露的基岩	—	**分汊河段的进、出口常有节点控制，横向自由摆动范围也有一定限制**	—
	水位顶托	—	汛期下游水位受到顶托，有利于弯曲型河流的维持	—	—

1.4 平原河流的河型及形成条件

续表

形成条件		顺直型	弯曲型	分汊型	游荡型
来沙条件	流域来沙量	—	床沙质来量相对较小，但有一定冲泻质来量	床沙质来量相对较小，但有一定冲泻质来量	床沙质来量相对较大
	纵向冲淤平衡	—	纵向冲淤变化基本保持平衡	纵向冲淤变化基本保持平衡	历史时期曾处于堆积状态，河流的堆积抬高有利于游荡型河流的形成
	年内冲淤变化	—	汛期微淤，非汛期微冲	—	非汛期主槽淤积促使河流朝游荡型发展
来水条件	流量变幅	—	流量变幅和洪峰流量变差系数小	流量变幅和洪峰流量变差系数小	流量变幅大
	洪水涨落情况	—	洪水涨落平缓	洪水涨落平缓	洪水暴涨猛落
河谷纵比降		位于河口三角洲地区的顺直型河流比降较平；两岸有基岩出露或植被生长茂密的顺直型河流可以在各种河谷比降下发育形成	河谷纵比降较小	河谷纵比降较小	河谷纵比降较陡
地理位置		两岸广泛分布有抗冲性较强的物质，限制了河流的横向发展；弯曲型河流在正常发展过程中暂时形成的一段直河道；河流进入坡度极平的河口三角洲地区后，常保持比较顺直的流路	冲积平原的中、下部，汛期受干流或湖泊顶托处	冲积平原的中、下部	出山谷的冲积扇上或冲积平原的上部

17

第 2 章　河床演变的基本原理

河流两岸自古以来即为人类繁衍生息之所，因此河流对人类活动的影响十分深远，例如中国的黄河与长江、印度的恒河和埃及的尼罗河等。河流既有水利的一面，也有水害的一面，如何变水害为水利，必须掌握不同河流的演变规律。本章首先提出河床演变的一些基本概念；然后阐明河床演变的基本原理及其主要影响因素，认为输沙不平衡是产生河床演变的根本原因，影响河床演变的主要因素包括进口条件、出口条件及河床边界条件；最后提出冲积河流河床调整的均衡状态及其判别方法。

2.1　河床演变的基本概念

静止不变的河床是不存在的，天然河床总是处在不断变化发展过程之中。在河流上修建水利工程、治河工程或其他整治建筑物后，受建筑物的干扰，河床变化将更为显著。在论述河床演变的基本原理之前，首先需要了解河床演变的定义、不同的分类与研究的时间尺度。

2.1.1　河床演变的定义

河床演变通常指在自然情况下或修建整治建筑物后，描述水流作用下的河床形态及其变化过程。水流与河床构成一个矛盾的统一体。水流作用于河床，使河床发生变化，河床的变化又反过来影响水流结构。它们相互依存，相互影响，相互制约，永远处于变化和发展的过程中。显然这种河床形态变化过程不会总是有利于人类的生产活动，相反在许多情况下可能产生巨大的破坏作用。冲积河流上大型水利工程的修建，破坏了河流原有的相对平衡状态，引起了河流的再造床过程。例如修建水库后，由于水库的壅水作用，改变了河流的边界条件，从而引起泥沙在库区的落淤和回水末端的上延。水库的调蓄作用改变了天然的水沙过程，这样又会引起坝下游河道的冲刷和滩地的坍塌。即使一些局部性的引水、裁弯和桥渡工程，也会引起局部河段河床的剧烈调整。因此必须采取工程措施控制这些河床调整过程，这类工程措施即称河床整治，或称**治河工程**。

分析河床演变过程，不仅要研究如何描述河段内水文泥沙过程与特征要素的变化特点，而且还要开展河床平面形态、断面形态、纵比降及河床物质组成变化等方面的定量分析。

1. 常见的河床演变现象

常见的自然河床演变现象有：以一岸线冲退，另一岸线淤进形式出现的河槽平面变形；以一汊冲刷，另一汊淤积形式出现的主、支汊交替发展；以汛期淤积，汛后冲刷形式出现的浅滩高程周期性变化等。这些河床演变现象对防洪护岸、港口码头及航槽稳定的不利影响往往是很大的。

常见的修建整治建筑物后的河床演变现象有：修建拦河坝所引起的水库淤积及坝下游长距离冲刷现象；实施重大整治工程措施，如裁弯取直或塞支强干所出现的河床冲淤变形现象；束水或分流所产生的河床冲淤变形现象等。这些河床演变现象对整治工程的寿命、效益以至成败的影响也是非常明显的。

2. 河床演变学已发展为一门独立的学科

河床演变是在不恒定的进出口条件及复杂可动河床边界作用下水沙两相流运动的一种体现形式。河床影响水流运动，水流又反过来影响河床变化，而这两者的相互影响是以泥沙运动为纽带而相互联系的。这就决定了河床演变是力学问题，应该用力学的方法进行研究，与它直接相关的学科是河流泥沙动力学。然而完全运用现有河流泥沙动力学知识来研究河床演变往往非常困难。重要原因之一是，现有河流泥沙动力学的知识体系还不够完善。在基本规律方面，以均匀流、恒定流、主流为研究对象的较多，以非均匀流、不恒定流、环流为研究对象的较少；以均匀沙为研究对象的较多，以非均匀沙为研究对象的较少。而天然河流的河床演变却在相当大的程度上与非均匀流、非恒定流、环流及非均匀沙的运动密切相关。另一个重要原因是，河床演变虽受力学规律约束，但决定这一力学现象的边界条件，包括进口水沙条件、出口侵蚀基点及河床边界条件，不仅与流域水文气象因素相关，而且还与河谷地貌因素相关。例如河谷、河漫滩的形态及组成对近代河床演变影响很大，而其本身则为历史河床演变的产物，属于河流地貌学的研究范畴。正是由于这样的原因，河床演变学已发展为介于泥沙运动力学与河流地貌学之间的一门独立的学科。

河床演变的研究对象，不仅针对河床的微观变形，同时还包括不计细节的宏观变形以及不考虑变化过程的终极状态和某种平均情况。它的研究方法，除了定量的力学分析方法之外，还包括定性的逻辑推理及根据野外观测资料寻求定性或粗略定量的经验关系的方法。对于影响因素复杂多变的河床演变现象，这样的研究目的和研究方法与河流泥沙动力学完全不同。

2.1.2 河床演变的分类

冲积河流的河床演变现象极其复杂，为了分析方便，也为了使研究更具有针对性，根据某些特征对河床演变进行分类，有助于掌握具体研究河段的河床演变规律及其特点。

1. 长期变形与短期变形

按河床演变的时间特征，可以分为长期变形和短期变形两类。应当指出，这里所说的长期，是指在工程规划设计中必须考虑的数十年以至数百年。例如修建巨型水库造成的坝上游淤积和坝下游冲刷，其变形可能持续百年以上，属于长期变形。三峡水库2003年6月蓄水运用以来至2018年12月，入库悬移质沙量为23.4亿t，出库（黄陵庙站）悬移质沙量为5.7亿t，不考虑库区的区间来沙，水库累计淤积泥沙17.7亿t。小浪底水库运用前（1964—1999年），黄河下游主槽平均抬升了3.3m，水库运用后（1999—2019年）下游河床持续冲刷，主槽平均冲深达2.2m，这些都属于长期变形。而川江放宽段，汛期由于水流取直所发生的回流淤积在汛后即被冲走的现象，则属于年内的短期变形。由河底沙波运动引起的床面变形历时不过数小时以至数天，一场洪水所造成的丁坝坝头的局部冲刷，这些则属于更短期的河床变形。

2. 长距离变形与短距离变形

从河床演变的空间特征出发，又可分为长距离变形及短距离变形两类。如黄河下游的河床抬升波及下游河道长约 800km 的范围，属于长距离变形。而川江放宽段的淤积范围不过几百米，丁坝坝头的冲刷范围则更小，故属于短距离变形。河床变形的空间尺度与时间尺度往往是相互联系的，空间尺度大的河床变形其时间尺度通常也较长，而空间尺度小的河床变形则时间尺度较短。

3. 纵向变形与横向变形

以河床演变的形式为特征，可将河床沿纵深方向发生的变化，例如河床沿程的冲深或淤高，称为**纵向变形**；而将河床在与主流垂直的两侧方向发生的变化，例如弯道的凹岸冲刷与凸岸淤积，称为**横向变形**。三峡工程运用后，长江中游主槽沿程平均冲刷下切 $1\sim3m$，是典型的纵向变形。黄河下游弯曲段官庄断面，2001 水文年内凸岸淤进约 36m，凹岸崩退约 18m，则属于横向变形。

4. 单向变形与复归性变形

以河床演变的方向性为特征，则可将河床的单向冲刷或淤积，例如水库坝下游的清水冲刷或坝上游的浑水淤积，称为单向变形；而将河床有规律的冲淤交替现象，例如过渡段浅滩的汛期淤积、汛后冲刷，称为复归性变形。三峡工程运用后（2003—2018 年），坝下游荆江河段持续冲刷 12.24 亿 m^3（平滩河槽），属于单向变形；而黄河下游弯曲段，1988 年汛期冲刷量约为 0.32 亿 m^3，非汛期淤积量为 0.10 亿 m^3，呈现复归性变形。

5. 整体变形与局部变形

广义的河床，亦即河槽，是由河岸、分布在床面上的泥沙成型堆积体（边滩、过渡段浅滩、江心滩、江心洲）以及这些成型堆积体与河岸之间的床面-深槽、倒套（下深槽上延较远的条形水域）等组成的综合体，床面上还可能有各种不同的小尺度沙波，如沙纹、沙垄、逆行沙波等在运动。这里的小尺度沙波是相对于大尺度泥沙成型堆积体而言的。河床的整体变形即是这些组成部分变形的综合体现。因此河床变形又可细分为其各个组成部分的变形，如边滩变形、浅滩变形、江心洲（江心滩）变形、深槽变形、河岸变形以至小尺度沙波运动所产生的变形等。

6. 自然变形与人为干扰变形

近代冲积河流的河床演变受人为干扰十分严重，除大型水利枢纽的修建会使河床演变发生根本性变化外，其他如修建河道整治、防洪、航道、取水等工程，以及从河床上大规模取土、采砂等活动也会使河床形态发生变化。因此可以将河床变形分为自然变形与人为干扰变形两类。

上述河床演变分类，有些是从不同侧面来描述同一事物，如过去黄河下游的河床抬升，就可看成是长时期、长距离、沿纵深方向的单向变形，水库淤积和坝下游冲刷也是如此；而另一些则是交织在一起的，例如水库变动回水区的浅滩淤积和冲刷，既是水库长时期、长距离、沿纵深方向的单向变形的组成部分，而本身又具有短时期、短距离、沿纵深方向的复归性变形的某些特点。

2.1.3 河床演变研究的时间尺度

研究河床演变有一个时间尺度问题，以不同的时间尺度去观察，可以看到不同的演变现象，得出不同的结论。对于有些问题，地貌学家和工程师们有时观点不同，很难得到统一的结论，这在一定程度上，往往是由于双方所采用的时间尺度不同的缘故。基于河流动力学范畴的河床演变研究的时间尺度，一般常考虑数十年至百年尺度以内的河床冲淤变化。

因此河床演变的涵义有广义和狭义两个方面。**广义的河床演变**是指河流从河源至河口所流经河谷的各个部分的形成和发展的整个历史过程，属于河流地貌学的研究范畴，其研究的时间尺度通常为百年到万年；**狭义的河床演变**则仅限于近代冲积河流的河床演变过程，属于河流动力学的研究范畴，其研究的时间尺度通常为百年以内。本书后面提到的河床演变通常指狭义的河床演变。但是应该指出，由于近期的河床演变是建立在历史的和河谷各个部分的变化基础之上的，因此二者有着内在的联系，不能加以截然分开（谢鉴衡等，1990）。

对实际工程有重要影响的水沙输移问题，一般其时间尺度都限于百年以内，从而流域中的气候、地形、岩性可视为确定的自变量，河流沿程地质构造的升降运动可以忽略，侵蚀基准面（内陆湖泊水面、海平面）也可视为是稳定的。河床形态（包括平面形态、断面形态、河床纵比降等）是因变量，它是由其他自变量决定的，包括流量、输沙率及泥沙粒径等。

2.2 河床自动调整作用及其主要影响因素

河床演变的具体原因尽管千差万别，但根本原因总是归结为输沙不平衡。例如，当上游来沙量与本河段水流挟沙力不适应时，本河段整个河床都将发生冲淤变形。当上游来沙量大于本河段水流挟沙力时，水流无力将上游来沙全部带走，会产生淤积；当上游来沙量小于本河段水流挟沙力时，则来沙量不能满足水流挟带的要求，会产生冲刷。这是由纵向水流条件与纵向来沙不适应所引起的纵向变形。

又如在弯道内，由于离心力作用形成横向环流，表层含沙量较小的水流流向凹岸，底层含沙量较大的水流流向凸岸，产生横向输沙不平衡，造成凹岸冲刷，凸岸淤积，这是由横向水流条件与横向来沙条件不适应所引起的横向变形。再如，在河身突然扩宽处或在盲肠河段内，由于水流的离解作用和清浑水的密度差异，将形成回流及异重流，使泥沙源源不断地进入回流区及异重流区落淤。这是由河床和其他一些因素所决定的回流及异重流水流结构与局部来沙不适应所引起的局部变形。这些河床变形的冲淤机理尽管各不相同，但均可归结为由输沙不平衡引起的水流与河床不相适应的产物。

2.2.1 河床自动调整作用

河床的自动调整作用，通常是指基本上处于输沙平衡状态的河流，当外部条件改变使河流遭受到输沙平衡破坏的冲击时，所产生的表现为河床冲淤变形的反应。反应的方向趋向于使输沙平衡恢复，河床冲淤停止，亦即吸收外部条件改变所产生的影响。

对于外部条件稳定且基本上处于输沙平衡状态的河流，由于内部矛盾的发展，河床上各个部分仍可能处于输沙不平衡状态，这里河床的冲淤变形能克服河床某些部分的输沙不平衡，抑制其冲淤变形的发展；但同时又激发另一些部分的输沙不平衡，引起新的冲淤变形，河底沙波的运动就是这种情况的实例。这种情况虽然也可看成河流的自动调整，但与前述有原则上的不同，它不是外部条件改变的后果，也不吸收改变所产生的影响，因此一般倾向于不将其纳入河流自动调整作用的范畴之内。

冲积河流的自动调整作用是河流为了适应外部条件而发生的一些变化，认识这一调整作用有助于预测或控制河流的发展方向。冲积河流的自动调整作用，具有如下几个重要特点。

1. 平衡趋向性

在特定外部条件下，水流与河床相互作用，通过河床变形，形成一条能够输送上游来水来沙、河床处于相对平衡状态的河流。当外部条件改变时，河床将发生再造床，在新的外部条件下，建立新的平衡。这就是河流自动调整作用的平衡趋向性，通常包括以下几个方面。

（1）通过调整水流挟沙力等参数达到纵向输沙平衡。平衡趋向性最常见的形式是纵向输沙平衡的破坏与重建。由输沙不平衡所引起的河床变形，在一定条件下往往朝着恢复输沙平衡，使变形朝着停止的方向发展，但其表现形式则因对象不同而各具特色。水库淤积是一个最鲜明的实例，在来水来沙条件基本不变的前提下，建坝抬高了出口侵蚀基点高程，使水深变大，流速减小，纵向输沙平衡破坏。通过水库淤积，直到水深减小，流速增大，水库能将全部来水来沙输送到下游为止。

前面所举的因纵向输沙不平衡所引起的河床冲淤变形是一个典型实例。在这里，当河床淤高时，本河段水深减小，比降增大，流速增大，床沙变细，水流挟沙力因而增大[图2.1（a）]。其上游河段则由于淤积的影响而产生壅水作用，水深增大，比降和流速都将减小，水流挟沙力也因而减小。这样一来，上游来沙量将逐渐减少，而本河段的水流挟沙力则逐渐增大，因此淤积将逐渐趋于停止。当河床发生冲刷下降时，情况则与此相反[图2.1（b）]，冲刷将逐渐趋于停止。在后一种情况下，河床因冲刷产生粗化，也能限制冲刷的进一步发展。上述实例涉及的河床自动调整作用，是通过调整水流挟沙力或泥沙的起动流速来实现的。

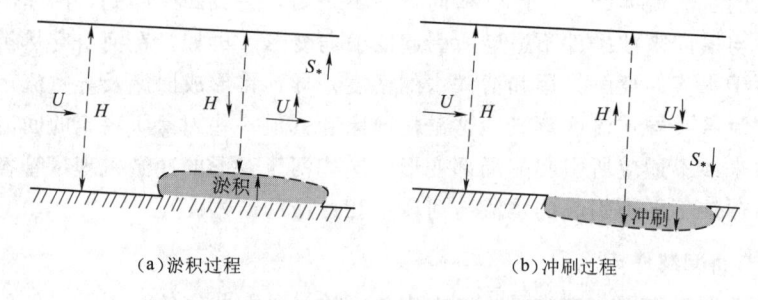

（a）淤积过程　　　　　　　　（b）冲刷过程

图 2.1　淤积或冲刷过程中水流挟沙力变化示意图

（2）通过寻求阻力最小等途径达到横向或局部输沙平衡。前述由横向输沙不平衡和局部输沙不平衡所引起的河床变形，同样也是朝变形停止的方向发展的，但机理则很不相同。弯道的凹岸冲刷，凸岸淤积使河槽曲率半径变小，离心力加大，更加重了横向输沙的不平衡，这里河床的自动调整作用表现为激发新的不平衡——河槽曲率半径与水流曲率半径不相适应，水流为寻求阻力较小的新流路，通过撇弯取直或裁弯取直来遏制凹岸冲刷的进一步发展。这一实例说明，河床自动调整作用也可通过寻求阻力最小的途径来实现。

至于河槽突然扩宽处或盲肠河段的淤积，虽能使进入回流区和异重流区的沙量减小，但不能增大这两个区的挟沙能力。因此在无其他因素干扰的条件下，淤积将持续进行下去，直至河槽的突然扩宽处或盲肠河段进口被完全淤满为止。此处河流的自动调整作用是通过消灭产生回流淤积和异重流淤积的基本途径来实现的。

上述分析可知，河床自动调整作用所追求的目标——使变形停止、消灭或缓和。引起河床变形的原因，在各种情况下都是一致的，但所采取的方式则可能很不相同。仅就调整水流挟沙力、泥沙起动流速以及阻力来说，由于所包含的影响因素很多，可能调整的因素是多种多样的，绝不限于河床的淤高和冲深以及与此相联系的河床纵比降的改变，还应包括河床组成、断面形态甚至宽深比等诸多方面的改变。由于天然河流的各种具体条件复杂多变，这种调整的外在表现将会显得具有一定的随机性。但只要外部条件不发生根本性变化，就平均情况而言，它会具有一定的稳定性，断面形态、河床高程及其纵比降的调整在许多场合仍然是主要的。

2. 河床变形的绝对性

尽管河床变形是通过河床的自动调整作用，将朝着使变形停止的方向发展，即从输沙不平衡朝输沙平衡的方向发展。但是这种平衡状态只是暂时的、相对的，河床自动调整作用并不能消除河床变形的绝对性。其基本原因是，一方面上游来水来沙条件总是不断变化的，绝对不变是不可能的。来水来沙条件的改变，必然引起输沙平衡的破坏，出现新的输沙不平衡，从而促使河床发生变形。另一方面，即使上游来水来沙条件不变，河床上的沙波运动仍然存在，河床仍然处于经常不断的变形过程之中。由此可见，河道中的泥沙运动总是处于输沙不平衡状态，所谓输沙平衡只是对较长时间内的平均情况而言，或者只是对较长河段内的平均情况而言，因而仅具有相对意义。

3. 影响河床变形因素的相对性

不同部位、不同性质的河床变形，影响因素并不相同。例如，来水来沙条件的变化对冲积河流中的上段影响较大，而侵蚀基点的变化则对冲积河流的下段影响较大；又如冲泻质对河槽主流区的变形几乎毫无影响，而对盲肠河段变形的影响则起决定性的作用；再如来沙量大小对河床的一般变形影响甚大，而丁坝坝头附近的最大冲刷则主要受局部水流结构及床沙组成影响，来沙量的影响相对较小。因此，在研究一个具体河床变形问题时，对其主要影响因素需要认真分析。

4. 河床变形的集中性

由于输沙率与流量的 2～3 次方成正比，汛期大流量时的输沙强度远大于枯季小流量时的输沙强度，因此河床变形主要集中在汛期，甚至是汛期一两次大洪水过程。作为推移质运动主要体现形式的泥沙成型堆积体的变形仅在汛期才有可能出现，唯一例外是浅滩脊在汛后会发生冲刷，而冲起的泥沙则堆存在下深槽中。因此研究河床变形通常以研究汛期的河床变化为重点，即使研究枯水浅滩通航条件问题也不能忽略前者，因为枯水对浅滩的塑造是在洪水期淤长的浅滩的基础上进行的。例如，长江中游芦家河水道汛期主流靠近右岸深泓，左侧浅滩因处于缓流区而大量淤积；汛后至枯水期，主流向左岸摆动，导致左侧浅滩表面汛期淤积物冲刷并输送至下游。总体而言，汛枯期相应的浅滩河床高程差可达10m以上（孙昭华等，2014）。

但上述规律也有例外的情况，如小浪底水库运用后黄河下游游荡段持续冲刷，非汛期与汛期的河段冲淤量在同一个量级。1999—2020年游荡段汛期累计冲刷5.0亿m^3，非汛期累计冲刷8.4亿m^3。

5. 河床变形的滞后性

在天然河流上，水流条件的变化是比较快的，而河床要通过冲淤变化达到与水流条件相适应，须经历一段比较长的时间，而这样长的时间并不总是有条件得到的。因此河床形态的变化一般总是落后于水流条件的变化，这就是河床变形的滞后性。不仅大的泥沙成型堆积体总是跟不上水流条件的变化，只能反映其平均情况；即使是变化较快的小尺度沙波，例如沙垄，往往也跟不上水流条件的变化。在流量急剧降低时，床面仍存在大量沙波，因而恢复不到静平床状态，是很常见的现象；在流量急剧增大时，沙波来不及冲失，不可能达到动平床状态，也是很常见的。

因此，宏观尺度上的河床变形总是滞后于来水来沙条件及外界扰动的变化，称为**河床演变的滞后响应现象**（吴保生和郑珊，2015）。这种滞后响应特点，在分析河床变形时需要特别注意。

2.2.2　影响河床演变的主要因素

天然河流的河床演变是由多方面极其复杂的因素决定的。一般来说，对于任何一个具体河段，影响河床演变的主要因素通常有以下3方面（图2.2）：①河段进口的水沙条件，包括来水量、来沙量及其组成；②河段出口的水位-流量关系，反映下游侵蚀基点的影响；③河段所在河谷的地质地貌条件，包括河谷宽度、纵比降、滩槽组成物质等。

其中①、②决定河段进出口边界条件，③决定河身的边界条件。三者结合在一起，决定全河段的演变过程。

河流是流域的产物，而第①个因素综合反映了流域对河流的影响，是一个决定性的因素。这是因为，进口的水沙条件不仅和②、③两个因素结合在一起，决定河段的输沙平衡情况，从而决定河段当前的河床演变过程；另一方面，从历

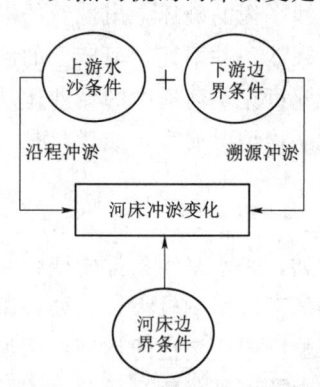

图2.2　河床演变的三大因素

史上看，第③个因素，甚至在某种条件下第②个因素也是第①个因素派生的产物。显然，河谷纵比降的大小决定于来流流量与含沙量的大小，而河谷河漫滩组成则决定于来沙级配及其沉积过程，这充分说明第③个因素对第①个因素的依存关系。至于河流的侵蚀基点，就入海冲积河流而言，主要决定于海平面的高度，基本上是稳定不变的。但如入海泥沙量很大，河口迅速外移，也会使河流的侵蚀基点发生相应变化。这说明第①个因素对第②个因素也有一定影响。

然而第③个因素在其一旦形成之后，在对河床演变的影响方面，将发挥独立的作用。纵比降直接影响流速，从而影响水流挟沙力，河漫滩组成直接影响滩岸抗侧蚀的能力，从而影响到断面的宽深比，也影响到水流挟沙力。第②个因素对河床变形存在独立影响则是

非常清楚的。例如水库的淤积，就是人为抬高河流的侵蚀基点造成的；河流改道后，在改道点以上发生溯源冲刷，也是侵蚀基点发生变化所带来的后果。

自然界中上述 3 个因素的复杂多变，使得由它们所决定的河床演变过程也随之复杂多变。不但不同河流各具特色，即使同一河流也变化多端。因此在研究冲积河流演变时，不但要研究它们的共同性，而且要研究它们各自的特殊性。

影响冲积河流演变的因素，除了流域水文泥沙要素以外，还有人类活动对河床边界条件造成的重要影响。影响河床演变的人类活动，具体包括流域内水土保持工程实施、土地利用方式调整、干流上水利枢纽工程修建、无节制的河道采砂、大规模的水资源开发利用等。这些强人类活动影响流域的来水来沙条件，使河床演变失去平衡，引发河床相应调整，以适应变化后的水沙条件。

2.3 河床调整的均衡状态

冲积河流在向下游输运泥沙的同时，可能冲刷床面与河岸，或出现边滩，或深槽淤积，使得主槽在河谷中不断摆动。如果河岸物质组成不改变或流域来水来沙没有较大变化，在准衡时段内，河道依然能够在平面摆动和断面有冲有淤的演变过程中达到一个稳定、平衡的一般形态，河床的主要几何尺寸基本不变，此时称河流处于"**平衡状态**"（equilibrium of alluvial river channels），或称形成了"**均衡河道**"（regime channel）。它是指河床演变中形成了一种自动调整的负反馈机制，能够消除对平衡状态的偏离。例如，如果人工开挖某段河道造成局部断面扩大，但同时来水来沙条件不变，那么开挖的断面就会逐渐回淤至原先的形状，因为人为的断面扩大会造成流速降低、水流挟沙力下降，引起此处的泥沙淤积。可见要达到降低河床高程的目的，不能仅仅开挖河床，而是需要提高挟沙力（如上游水库下泄清水）引起河床冲刷、降低侵蚀基准面（如降低坝前水位来冲刷库区三角洲）、向河流中汇入客水增大流量和流速等，从而在同样的来沙量下获得更大的挟沙力。

在百年尺度以内的研究时期内，流域来水来沙条件的年际之间自然也有变化，但这种变化具有一定的周期性。对于一个周期来说，平均来水来沙条件在长时期内具有稳定的代表性，平均的河床边界条件有可能与来水来沙基本相适应，反馈和滞后的作用也都有足够的时间反映出来。这样，在这个时段内，总体而言河槽特性的变化就比较小，可以看成处于相对平衡状态。

冲积河流演变包括了河床形态及河床物质组成等方面的变化，常常趋向于使河床形态达到一定的相对平衡，上游的来水来沙能通过河段下泄。这种平衡是一种动态平衡，即使河床在一定时间内（数十年）平均高程变化不大，但每个汛期时段内（数十天）冲淤幅度却是很大的。若河床演变处于不平衡状态，则会出现河床持续抬高或下切、河槽游荡散乱等现象。

2.3.1 Lane 的地貌关系

对于均衡河流的定义多数是概念性的，如 Davis 在 1902 年提出的"成熟河流的冲淤平衡"。图 2.3 是 Lane 在 1955 年提出的影响河床冲淤的因素以及达到均衡状态的可能调整方向，他认为输沙率 Q_s、来沙中值粒径 d_{50}、流量 Q 和河床纵比降 J 4 个变量是影响河床冲淤平衡的主要因素。在冲淤平衡的河道中，这 4 个变量所应达到的平衡如下式所示：

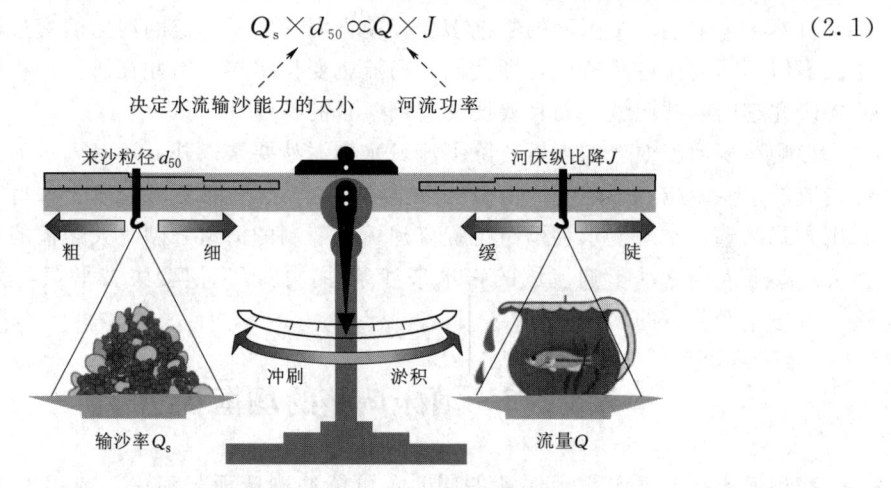

$$Q_s \times d_{50} \propto Q \times J \tag{2.1}$$

图 2.3　河床冲淤平衡中的影响因素示意图（Lane，1955）

如果其中一个变量增大或减小，平衡将被破坏，其余的变量将作出反应以重新建立平衡。例如，如果由于弯道发展或侵蚀基准面上升导致比降 J 减小，而同时流量 Q 不变，图 2.3 中的天平指针将向右偏转倾斜（河床发生淤积），只有来流输沙率 Q_s 减少后或来沙粒径 d_{50} 变小后，才能使河床恢复冲淤平衡状态。反之，如果流量不变、比降加大（裁弯或侵蚀基准面降低），则会引起河床冲刷、输沙率 Q_s 增大，d_{50} 也会增加（床沙发生粗化），最终使床面冲刷恢复到平衡状态。Lane（1955）曾根据生产实践中所经常遇到的水沙条件的变化，通过式（2.1）的一般形式，来大致推断河床调整可能发展的方向，但该关系式不能确定河床调整的具体量级。

2.3.2　均衡状态的判别方法

实际上，均衡河流并不仅仅意味着以上所述的局部河段短时间内的冲淤平衡。在判断河床是否达到均衡状态时，存在不同的定义和相应的衡量方法，它们从不同的角度反映了均衡河流的性质。以下所述是具有代表性的两种均衡河流的定义及判别方法。

1. 以河床形态随时间的变化为判据

如果一定时段内，流域来水来沙条件和河岸抗冲性是稳定不变的，则河流会响应这些条件调整自身的空间形态，在平均意义上使其河宽、比降和弯道形态维持一个相应的稳定值。因此泥沙输移和冲淤演变过程的稳定性能够衍生出平均河床形态的稳定性，但如果流域来水来沙条件和河岸抗冲性改变，则河床会通过调整适应而形成新的均衡河道。

另一方面，河床处于一种动态平衡之中，即使在准衡时段内，来水来沙条件和河岸抗冲性能够保持稳定不变，河床形态的几何特征参数（如弯曲系数）仍可能会围绕一个平均值不断波动。对于河弯不断横向摆动的冲积河道来说，由于自然裁弯的发生，其弯曲系数会出现突变，需要长期观测其平面形态才能确定它是否处于均衡状态（其弯曲系数是否围绕一个平均值波动）。如果观测次数较少，就难以识别弯道形态的变化趋势，从而判断其是否处于均衡状态。所以即使冲积河流河床具有比较稳定的形态，一般也只称之为处于

2.3 河床调整的均衡状态

"稳定状态"。

实际工作中判别某一河段或断面是否处于均衡或相对平衡状态，一般可用一定时段内的冲淤量或冲淤面积来判断。例如在黄河下游，通常以场次洪水中花园口断面以下河道冲淤量低于 0.4 亿 m^3 作为游荡段冲淤相对平衡的判别标准（姚文艺和郜国明，2008）。此外，1975—2002 年长江中游平滩河槽累计冲刷 1.69 亿 m^3，年均冲刷量仅 0.063 亿 m^3/a，河床虽长期不断动态调整，但总体可视为达到相对平衡状态（许全喜等，2021）。

2. 以河道内泥沙的输运过程为判据

河床形态达到均衡的根本原因是水沙输移过程达到了动态平衡。Mackin（1948）据此提出了均衡河流的定义："一条均衡河流（graded stream）是在经过一定的年月以后，坡降经过精致的调整，在特定的流量和断面特征条件下，所达到的流速恰好使来自流域的泥沙能够输移下泄。均衡河流是一个处于平衡状态的系统，它的主要特点是控制变量中任何一个变量的改变都会带来平衡的位移，其移动的方向能够吸收这种改变所造成的影响。"

这一定义的优点是可以通过定量观测河段上、下游的输沙量来确定河段是否达到均衡，但这个定义中仅把河床的比降作为最关键的因变量，而没有把断面形态（如河宽、水深、宽深比）也作为可以随着纵比降和平面形态（弯曲系数等）一起参与自动调整的因素。

第3章 河床形态与水沙条件之间的函数关系

当冲积河流处于均衡状态或非平衡状态时，其河床形态均可能与来水来沙条件之间存在某种函数关系。对处于均衡状态下的河流，通常用河相关系的概念来描述所在河段的河床形态参数与水沙条件等因素之间的定量函数关系，它是冲积河流水力计算与河道整治的重要依据。对处于非平衡状态下的河流，通常建立断面或河段尺度的河床形态参数与前期水沙条件之间的滞后响应关系，用于计算这些特征参数的调整过程。本章首先概述河床形态与水沙条件之间的关系；其次提出不同特征流量的概念及其计算方法；然后提出准平衡态及非平衡态下河床形态与水沙条件之间定量函数关系的确定方法；最后给出河流纵剖面的概念及河床稳定性的定量表示方法。

3.1 河床形态与水沙条件关系概述

冲积河流河床形态与水沙条件之间的定量函数关系，通常可用两类概念来描述。当研究河段处于均衡状态或相对冲淤平衡状态时，一般采用河相关系来描述两者的关系。当研究河段处于非平衡状态时，即河床有冲有淤且幅度较大时，一般采用滞后响应关系来描述。

能够自由发展的冲积平原河流，在水流长期作用下，河床通过自动调整作用，有可能形成与所在河段具体条件相适应的某种均衡形态或相对平衡形态。在这种均衡状态下的河床形态（如断面形态：水深、河宽等；纵剖面形态：纵比降、凹度等）与所在河段的来水来沙条件及河床地质条件之间，常存在某种定量的函数关系。这种函数关系，通常称为**河相关系**。

河段来水来沙条件，一般用流量、含沙量及其特征粒径等参数表示。而河床地质条件，在冲积平原河流中本身又是来水来沙条件的函数，因此通常可以不考虑地质条件的影响。在天然状态下，流量与含沙量这两个变量综合反映了流域内的气候、植被、表土和岩性、地貌形态和地质构造的影响。冲积河流的河槽既是输运水沙的通道，又被水沙输移过程所塑造，其河床形态在来水来沙作用下最终达到均衡状态，所以它是流量与含沙量的函数。如果某河段来沙组成以床沙质为主，则流量是控制该河段河床形态的唯一自变量，因为此时输沙率与流量应有确定的函数关系。

必须指出，冲积河流的河床形态总是处在不断发展变化的过程之中，所谓均衡或相对平衡状态下的河床形态并非一成不变，而是就空间和时间的平均情况而言的。某一个特定河段完全偏离或在特定时间内暂时偏离这种均衡形态是可能出现的，因为河段来水来沙条件是因时而异的，河床地质条件是因地而异的，而且这两者的变异均具有一定的偶然性。当然均衡形态的出现概率是相对较大的，就所在河段来水来沙条件及河床地质条件而言，是一种具有代表性的河床形态。当条件发生变化时，这种代表形态虽然也会跟着变化，但由于河床形态的变化一般滞后于水沙条件的变化，因而其变化的幅度和强度相对较弱。

然而由于流域来水来沙条件的变化，天然河流受到各种扰动的影响，河床往往处在不断变形和发展之中。尤其是上游水库修建对水沙的巨大调节作用，导致下游河道发生大幅度的冲淤调整，河流处于强烈的非平衡状态。与均衡或相对平衡状态下的河床调整相比，非平衡状态下河床形态调整不仅与当前水沙条件相关，还受到前期多年水沙条件的滞后影响，这一点为两者之间的本质区别。众所周知，任何时段的河床演变，都是在给定初始河床边界条件下进行的。考虑到初始河床边界条件本身是前期水沙作用的结果，其体现了前期水沙条件对当前时段河床演变的影响。因此将此现象称为前期影响或累计影响，也称为滞后响应（吴保生，2008）。

3.2 特征流量的概念与计算方法

天然河流的均衡状态一般是在天然来水来沙过程中逐渐实现的，不同量级的流量都参与河床形态的塑造过程。按照一般规律大流量对河床形态调整具有重要作用，但事实上特大洪水塑造出的河床形态一般不能在准衡时段（几十年、几百年）内维持不变，而是被大小中等但出现频率更高的特征流量逐渐消蚀和改造、从而形成最终的平均河床形态。

由于冲积河流的河床形态与所在河段的来水来沙条件密切相关，因此需要采用一个特征流量来概括天然径流过程。常用的特征流量，包括多年平均流量（average annual discharge）、平滩流量（bankfull discharge）、造床流量（dominant discharge）、有效输沙流量（effective discharge）等。

3.2.1 平滩流量

冲积河流的河谷断面在洪水位、中水位、枯水位下具有不同的断面形态。水位平滩时的河槽形态与其过流能力密切相关，因此**平滩河槽形态参数**能用于描述河床横断面内主槽区域的几何特征。通常采用平滩水位下主槽区域的河宽、面积、平均水深及宽深比等参数来表示，这些参数能用于表征平滩河槽的大小及形状（图3.1）。平滩流量是表征冲积河流主槽过流能力的重要参数，也是维持河槽排洪输沙基本功能的关键指标，故冲积河流的过流能力通常可用平滩流量来表示。此处首先提出平滩河槽形态参数的确定方法，在此基础上给出平滩流量的计算方法。

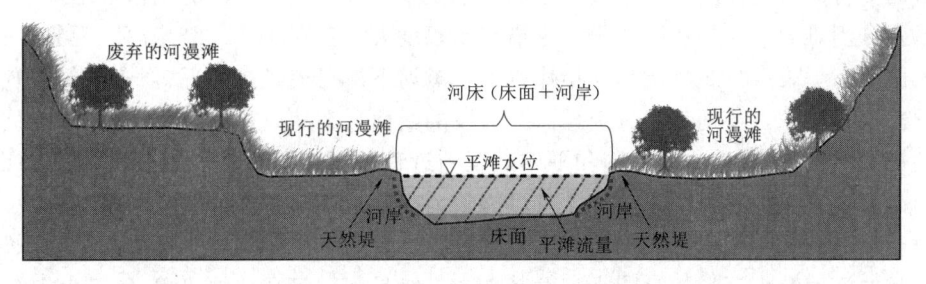

图 3.1　冲积河流的平滩河槽形态与平滩流量示意图

3.2.1.1 平滩河槽形态参数的确定方法

平滩河槽形态的确定，首先需要得到某个横断面的地形观测数据；然后按一定的确定方法，识别出该断面的主槽范围和平滩高程；在此基础上，计算出描述平滩河槽形态的若干特征参数，如平滩河宽及水深等。在天然河流中，并不存在室内试验水槽和灌溉渠道中规则的矩形或梯形断面形态，因此主槽范围和平滩高程的确定较为困难。如断面上存在漫滩洪水形成的自然堤，若将某一侧堤顶高程作为平滩水位，可能导致计算的平滩面积偏大；而自然堤外侧河漫滩往往具有向两岸大堤倾斜的横比降，并非水平面，寻求某一特定高程作为修正的平滩高程同样缺少客观标准。在有些断面，主槽与滩地通过缓坡相连接，不存在明显的转折点，这种情况下平滩高程的微小调整将对平滩面积等计算结果产生较大影响。尤其在河床冲淤变化剧烈的河段，河槽形态随来水来沙条件的变化而调整迅速，因此在实际中不易确定这些平滩河槽形态参数。在地貌学领域，通常将现行河漫滩的滩唇高程作为平滩高程。下面以黄河下游及长江中游的断面形态为例，分别介绍如何确定这些平滩河槽形态参数。

1. 黄河下游平滩河槽形态确定的一般原则

在黄河下游，不同河段不同时期实测的断面形态相差较大，相邻实测断面之间的间距一般也较大。因此确定黄河下游任意断面的主槽范围及平滩高程较为困难，必须通过多个汛前与汛后测次的统测断面套绘，以及上下游相邻断面形态之间的比较，才能较为准确地确定平滩河槽形态。考虑到黄河下游水沙输移及河床演变较为复杂的特点，通常将滩地与主槽直接相连处的滩唇高程作为平滩高程，同时还需要采用以下辅助原则才能确定主槽范围与平滩高程：

（1）当滩唇在主槽两侧都较为明显时，平滩高程取最低的滩唇高程，以两岸滩唇之间距离作为主槽宽度（平滩宽度）。

（2）出现二级及其以上滩唇或滩唇不太明显时，滩唇位置确定需要以相邻测次作为参考，尽量避免滩唇位置发生较大的变化，滩地宽度大的那一侧滩唇高程可以作为平滩高程。

（3）对于某些断面，主槽受生产堤严重约束，在计算时要适当将生产堤的挡水作用考虑在内，此时可以将滩唇高程加上一部分生产堤的高度作为平滩高程。

（4）当某一断面滩唇位置较明显，但是与相邻测次相比变化较为剧烈，且显然不合理，还要参考相邻断面的滩唇高程来综合确定。

黄河下游河床的冲淤幅度较大，断面形态复杂，确定某一断面的主槽范围及平滩高程其实是十分困难的。尤其在游荡段，主槽摆动幅度大，且存在"二级悬河"现象，故确定平滩河槽形态更难。自 20 世纪 50 年代以来，黄河下游河道经过了近 70 多年的冲淤变化，断面形态调整显著，特别是"二级悬河"河段的断面形态从以往的"滩高槽低"发展到目前的"槽高滩低"，确定主槽范围和平滩高程的过程也随着河床冲淤变化情况变得更加复杂。因此需要采用上述辅助原则，才有可能较为准确地确定主槽位置与平滩高程。

由于 20 世纪 90 年代末长期的枯水少沙过程，黄河下游游荡段主槽淤积萎缩严重，平滩水位下的河宽及水深均相对较小，尤其在"二级悬河"河段。图 3.2（a）为 1999 年汛后马寨的断面形态，该断面位于高村上游 39.5km，两岸大堤之间宽度达 15.4km。由图

3.2 特征流量的概念与计算方法

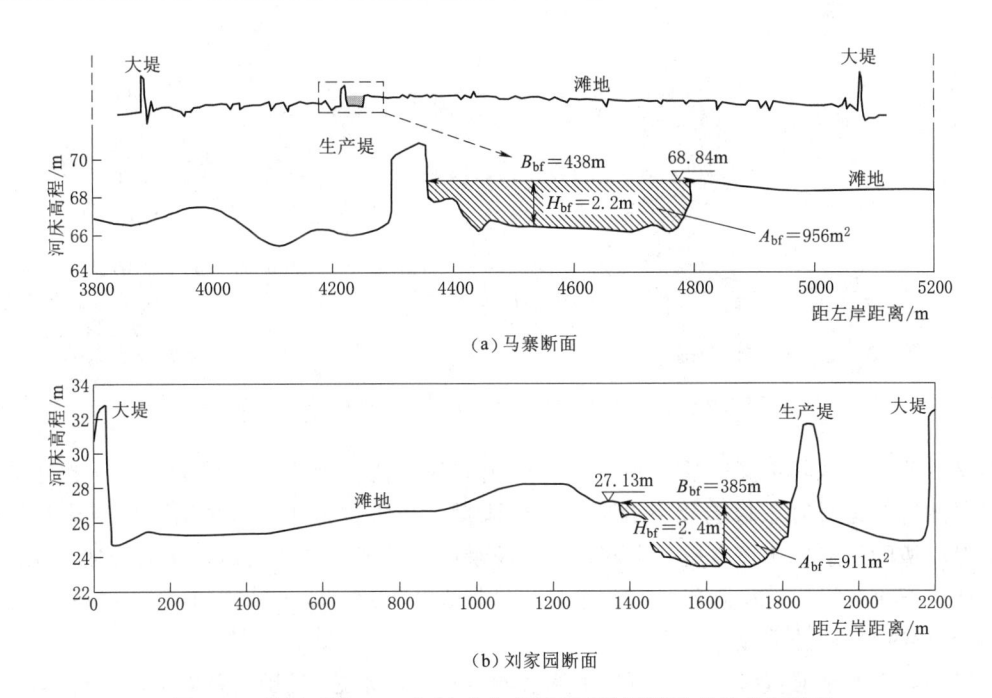

图 3.2 黄河下游 1999 年汛后典型断面平滩河槽形态的确定过程

可知，平滩水位可由右侧滩唇高程确定（$Z_{bf}=68.84\text{m}$），主槽区域为图中阴影部分，平滩河宽为 438m，仅占断面总宽度的 1/35。相应的平滩水深与面积分别为 2.2m、956m²，由此计算可得平滩水位下的宽深比为 199。在黄河下游的过渡段及弯曲段，滩槽高差较为明显，通常表现为槽低滩高，因此在这两个河段确定某一断面的主槽区域及平滩高程相对较为容易。图 3.2（b）为 1999 年汛后刘家园的断面形态。该断面位于利津上游 129.1km 处，主槽右侧建有 4m 多高的生产堤，平滩高程取左侧滩唇高程（$Z_{bf}=27.13\text{m}$），可得平滩河宽及面积分别为 385m、911m²，则相应平滩水深为 2.4m。

2. 长江中游平滩河槽形态确定的一般原则

确定平滩河槽形态参数，关键要确定平滩高程与主槽区域。长江中游断面平滩高程的确定，需通过套绘相邻年份各固定断面的汛后地形来实现，具体原则如下：

（1）当主槽滩唇明显时，以两岸滩唇较低者为平滩高程。长江中下游河道断面形态多呈 V 形或 U 形，如荆 122 断面为典型的"V"形断面，以两岸滩唇较低者（右侧）为平滩高程 [图 3.3（a）]；部分断面由于江心洲的存在呈现非对称的"W"形，如荆 18 断面则以左、右河槽两岸滩唇较低者为平滩高程 [图 3.3（b）]；

（2）当主槽两侧滩唇不明显时，则尽量使滩唇高程沿程有递减趋势且相邻测次不发生大的变动。

采用上述方法，可确定任一断面的平滩高程，两岸滩唇的间距为平滩河宽（B_{bf}），若为双河槽断面，平滩河宽则为两槽的河宽之和；平滩水位与河床围成的面积为平滩面积（A_{bf}）；平滩水深（H_{bf}）则为面积与河宽的比值。

3.2.1.2 平滩流量的确定方法

平滩流量是指水位与河漫滩齐平时断面所通过的流量，在河床演变学中具有重要的物

(a) 荆122断面 (b) 荆18断面

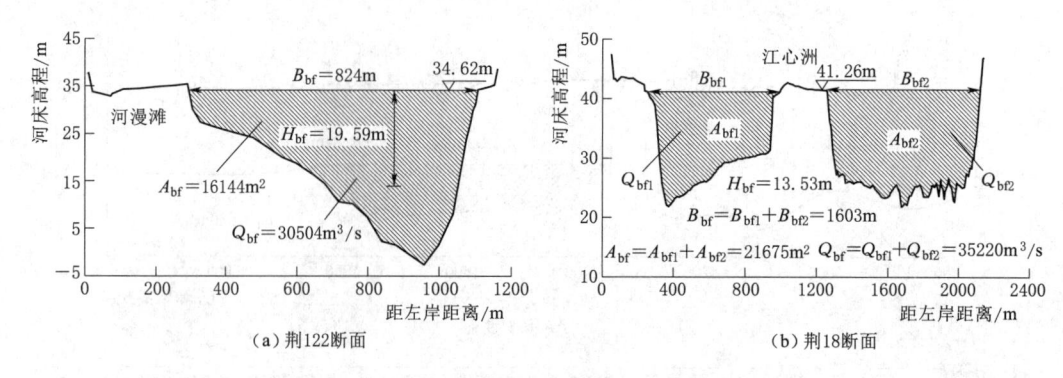

图 3.3　长江中游典型断面平滩河槽形态的确定过程

理意义。首先，从其定义来看，水位平滩时相应的水流流速大，输沙能力高，造床作用强，平滩流量是对河床塑造效率最高的特征流量。当水位低于河漫滩时，流速未达到最大，对河槽的塑造作用还有提升空间；当水位继续升高而漫过滩唇后，水流分散，流速降低，造床作用较峰值有所减弱。因此平滩流量是表征河道排洪输沙能力的重要指标，是河床演变研究中关注的重点内容之一。

某一断面的平滩流量，通常可以采用实测或计算的水位-流量关系来确定，具体包括：水文年鉴中逐日平均的水位、流量数据；实测流量成果表中的水位、流量数据；已知研究河段的实测断面地形数据，采用一维水动力学模型计算得到各断面的水位-流量关系（Xia 等，2010）。这些方法有各自优缺点及其适用范围。第三种方法的优点是可以得到各个固定断面的水位-流量关系，从而得出任意断面及所在河段的平滩流量；缺点是滩槽糙率的取值，需要用相应年份上下游水文断面的水位、流量等实测资料进行率定。

此处以长江中游荆江段为例，介绍采用一维水动力学模型计算平滩流量的具体过程，包括以下步骤：

（1）设定模型边界条件：在进口断面，设定不同的流量级作为进口流量条件；在出口断面，采用实测的水位-流量关系作为出口边界条件。根据实测水位-流量关系曲线，可以计算得到各进口流量对应的出口水位。如图 3.4（a）所示，2015 年荆江河段出口莲花塘站流量为 40000m^3/s 时（近似等于监利站与七里山站之和），对应水位 29.14m。模型中用到的河床边界条件，采用当年汛后实测的 173 个断面地形数据。

（2）率定各水文断面间的糙率：调试不同流量级下相邻两个水文站的糙率，并插值得到该河段其他固定断面的糙率值，使这些水文断面水位-流量关系的计算曲线与实测结果能较好符合，在此基础上确定各个断面的水位-流量关系曲线。图 3.4（b）给出了 2015 年荆江段沿程枝城、沙市、监利站水位-流量关系的率定结果。

（3）确定平滩流量：基于各断面的水位-流量关系，根据已知平滩高程确定相应的流量，即为平滩流量（Q_{bf}）。如监利站所在断面 2015 年的平滩高程为 33.05m，根据该站的水位-流量关系，求出相应的平滩流量为 27350m^3/s。

3.2.2　造床流量

来水量和与之相应的来沙量是决定河床形态最主要的因素，这两者都是因时变化的，

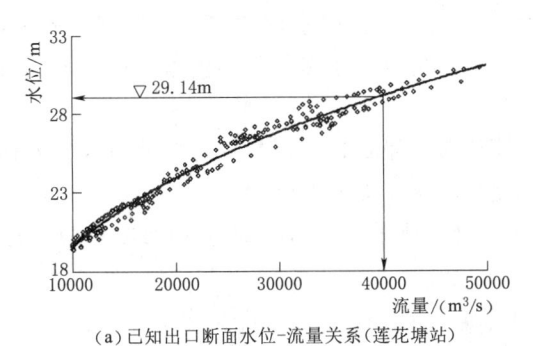

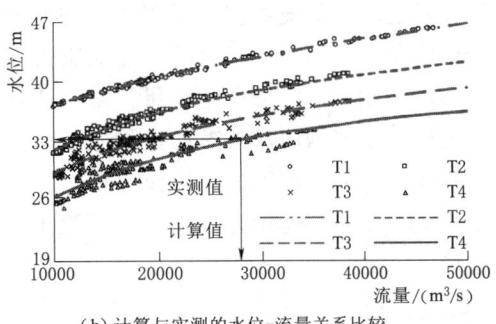

(a) 已知出口断面水位-流量关系（莲花塘站）　　(b) 计算与实测的水位-流量关系比较

图 3.4　长江中游平滩流量计算过程（T1：枝城站；T2：沙市站；T3：新厂站；T4：监利站）

为建立河相关系，必须找到一个代表流量或特征流量，造床流量的概念就是适应这个需要提出的。所谓**造床流量**，是指其造床作用与多年流量过程的综合造床作用相当的某一种流量。这种流量对塑造河床形态所起的作用最大，它既不等于最大洪水流量，因为尽管最大洪水流量的造床作用剧烈，但时间过短，所起的造床作用并不是最大；它又不等于枯水流量，因为尽管枯水流量作用时间较长，但流量过小，所起的造床作用也不是最大。因此，造床流量应该是一个比较大但又并非最大的洪水流量。

造床流量是河床演变中最重要的自变量，它决定了河床的平均形态，因此工程中常常依据这一流量来设计冲积平原河流的断面和平面形态，如河宽、水深、弯道形态等。为此需要对造床流量的大小进行定量计算。目前常用的计算方法，主要包括：①用平滩流量代替造床流量；②马卡维也夫法；③采用某一频率或重现期的流量作为造床流量；④根据输沙率与流量频率相乘得到的地貌功曲线确定有效输沙流量，并等同于造床流量。方法①已在前面介绍，此处重点介绍后 3 类方法。

1. 马卡维也夫法

某个流量造床作用的大小是和其输沙能力的大小有关的，同时也决定于该流量所经历的时间长短。水流的输沙能力可认为与流量 Q 的 m 次方及纵比降 J 的乘积成正比，所经历的时间可用其出现的频率 P 来表示。因此，当 $Q^m JP$ 的乘积值为最大时，其所对应流量的造床作用也最大，这个流量便是所要求的造床流量。该方法的具体计算步骤如下：

(1) 在相当长的一个时期内研究河段处于冲淤相对平衡状态，将该河段内某水文断面历年（或选用典型年份）所观测的流量分成若干等距的流量级。

(2) 确定各级流量出现的频率 P ［图 3.5（a）］。

(3) 绘制该河段的流量-纵比降（一般用水面纵比降替代）关系曲线，以确定各级流量相应的纵比降。

(4) 计算出相应于每一级流量的 $Q^m JP$ 乘积值，其中 Q 为该级流量的平均值，m 为指数，可由实测资料确定，即在双对数坐标作 Q_s-Q 的关系曲线（Q_s 为与 Q 相应的断面输沙率），曲线斜率即为 m 值。对平原河流来说，一般可取 $m=2$。

(5) 绘制 Q-$Q^m JP$ 关系曲线，如图 3.5（b）所示。

(6) 从图中查出 $Q^m JP$ 的最大值，相应于此最大值的流量 Q 即为造床流量。

实测资料分析表明，平原河流的 $Q^m JP$ 值通常都出现两个较大的峰值（图 3.5）。相应最大峰值的流量值约相当于多年平均的最大洪水流量,相应水位约与河漫滩高程齐平,一般称此流量为第一造床流量。相应次大峰值的流量值略大于多年平均流量,相应水位约与边滩高程相当,一般称此流量为第二造床流量。

决定中水河槽河床形态的流量应为第一造床流量,第二造床流量仅对塑造枯水河床有一定的作用。通常所说的造床流量指第一造床流量。这个方法在理论上虽有一定依据,但还很不完善。实际运用时,应结合河流的具体情况,慎重选择 $Q^m JP$ 值和与之相应的造床流量。

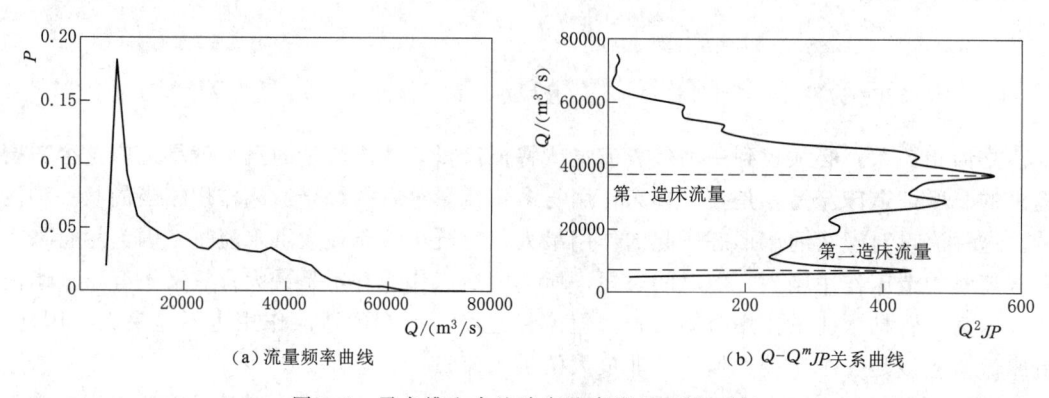

(a) 流量频率曲线　　(b) $Q-Q^m JP$ 关系曲线

图 3.5　马卡维也夫法确定造床流量(汉口站)

2. 采用某一重现率的流量作为造床流量

Williams (1978) 曾对 36 个水文站的资料进行分析,发现各条河流的平滩流量重现期变化很大,频率分布曲线的峰值在 0.9 年,即一年中会出现一次略多一点的漫滩洪水。但重现期的分布范围较广,只有三分之一左右集中在峰值附近。Leopold 和 Maddock (1953) 曾用年均流量来代表造床流量,之后 Wolman 和 Leopold (1957) 提出用重现期为 1~2 年的洪峰流量作为造床流量。当然很多情况下造床流量的重现期大于此值,有 75% 的实测结果中造床流量重现期实际在 1~5 年。这些结果也存在一些问题,主要是所涉及的河流是否都达到了均衡状态尚不清楚,也就是说其中的一些河流可能不宜将平滩流量等同于造床流量。

利用某一频率的流量来代替造床流量,可以大大简化造床流量的计算过程,但现有资料还难以确定哪一级流量可以作为造床流量。在没有更多的资料以前作为粗略的近似,暂时可取重现期 $T=1.5$ 年的洪峰流量作为造床流量。以长江中游汉口站为例,采用如下公式计算各级洪峰流量的经验频率:

$$P_m = \frac{m}{n+1} \tag{3.1}$$

式中:n 为实测洪水的年数;m 为实测洪峰流量自大至小的排列序号,$m=1, 2, \cdots, n$;P_m 为第 m 位洪峰的经验频率。

统计长江中游汉口站 1954—2002 年的各年最大洪峰流量,并按从大到小的顺序排列。由上述公式计算各级洪峰流量的经验频率,得到三峡工程运用前长江中游汉口站年洪峰流量-频率曲线(图 3.6)。根据重现期 T 与经验频率 P_m 的换算关系($P_m=1/T$),可确定

1.5年重现期对应的经验频率为0.67。查图3.6中曲线，可以得到汉口站的造床流量约为49000m³/s。

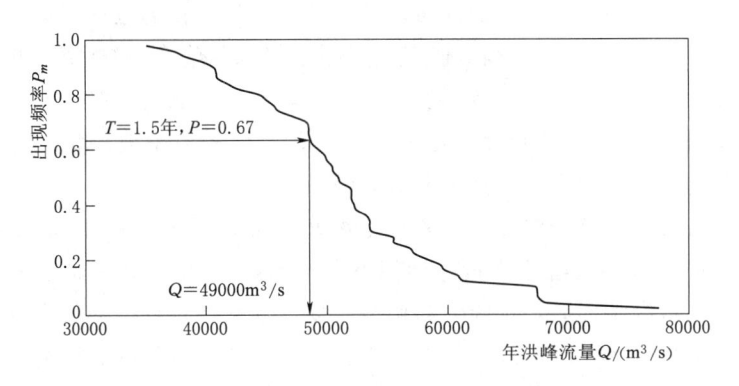

图3.6　长江中游汉口站年洪峰流量-频率曲线

3. 有效输沙流量

对平滩流量重现期的研究，启发人们从统计意义上综合考虑水沙运动和造床过程的关系。Wolman和Miller（1960）根据多条河流的观测资料，计算求得各个流量级输运的泥沙总量并进行了分析。在某时段内流量级 Q（$Q_1 \leqslant Q < Q_2$）输运的泥沙总量 $W_s(Q)$ 可用下式计算：

$$W_s(Q) = \sum_{Q_1}^{Q_2}(Q_i S_i T_i) = \sum_{Q_1}^{Q_2}(Q_{si} T_i) \tag{3.2}$$

式中：Q_i 为统计时段内所出现的所有介于 Q_1 和 Q_2 之间的日均流量；Q_{si}、S_i、T_i 分别为各个 Q_i 相应的输沙率、含沙量和出现的历时；T_i 实际上等于该级流量的历时频率乘以研究时段总天数。对长系列的日均水沙资料进行计算，就可以得到不同流量级在统计时段内各自输运的泥沙总量。输运泥沙最多的流量级就称为**有效输沙流量**。

采用式（3.2）在进行大量统计分析的基础上，Wolman和Miller（1960）提出，某一级别的流量对河床演变的影响，不仅取决于其输沙量大小，还应取决于该流量的历时频率 $[P(Q)]$。流量的历时频率曲线为一条近似正态分布曲线（图3.7中的曲线A）。输沙率（Q_s）与流量的关系一般可以表示为一条幂函数曲线（图3.7中的曲线B），其起点位于输沙的临界流量处（泥沙起动时的流量，图3.7中所示为推移质输沙的临界流量）。流量的历时频率与输沙率的乘积（图3.7中的曲线C）与式（3.2）的计算结果，即各级流量的累积输沙量（又称地貌功）等价。在所统计的时段内，所有能够输运泥沙的流量中，大流量的输沙率虽然最高，但由于其出现频率最小，所以地貌功也很小。类似地，输沙临界流量的出现频率虽然最大，但由于其输沙率最低，地貌功也同样很小。可见地貌功的最大值必然对应于一个中等流

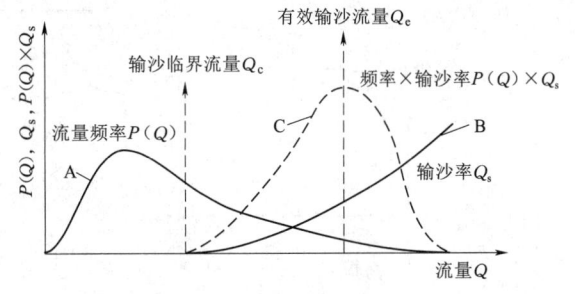

图3.7　有效输沙流量的定义

量，其输沙率和出现频率都较大，在统计时段中输运的泥沙总量也最大。

在河床的动态演变过程中，河床冲淤和主槽摆动都与泥沙输移密切相关，输沙量最大的这级流量，其造床作用最显著，因此可以把有效输沙流量作为造床流量。这一方法的优点是可以通过统计水文站的水沙资料确定造床流量，从而有一定的规范性和可靠性。不过大量实测资料的统计分析表明，有效输沙流量的计算结果对流量分级的间隔比较敏感，当流量分级间隔过密时，式（3.2）计算得到的 $W_s(Q)-Q$ 关系呈波动状，不易得到准确的有效输沙流量，所以应用此方法时流量分级间隔不宜过小。

运用这一方法时需要特别注意河流本身是否处于均衡状态，否则计算所得到的流量值并不能反映塑造均衡河流的造床流量。即使冲积河流的河床演变原本已达到相对平衡状态，如果上游新建水利工程后，实施人为调控改变来水来沙过程，一般也可能会导致坝下游河床演变失去平衡。此时水沙过程的特性将会改变，统计得到的有效输沙流量与工程运行前相比也会显著不同，一般并不能真实反映造床流量。

3.3 准平衡态下的河相关系

处于准平衡或均衡状态下的河床形态与水沙条件之间的关系，通常可用两类河相关系来描述。一类是相应于某一特征流量（如前面提到的平滩流量或造床流量）的河相关系，利用这样的河相关系，对于某一断面，只能确定唯一的河宽、水深及比降。这类关系通常称为**沿程河相关系**，适用于一个河段的不同断面或河段，甚至不同河流。它只决定断面的宏观形态，而不涉及具体细节。另一类是同一断面相应于不同流量的河相关系，它能确定断面形态随流量变化的具体细节，这类关系通常称为**断面河相关系**。

在图3.8中A和B分别代表枯水时期位于河源及下游的两个断面，C和D则为处在洪水期的这两个断面。实线代表各水力要素在枯水期和洪水期的沿程变化，即所谓沿程河相关系；虚线则代表在同一断面上这些要素随流量的变化，即所谓断面河相关系。因此不

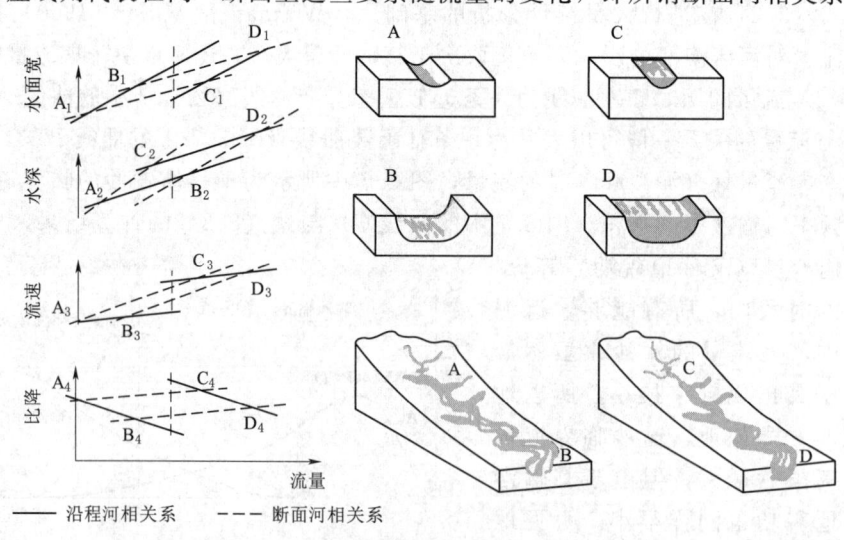

图 3.8 沿程和断面河相关系示意图

3.3 准平衡态下的河相关系

能把这两种关系混淆在一起。因为河床组成和纵比降的变化幅度在沿程河相关系中要比在断面河相关系中大得多，从而使这两类关系的最终结果也很不一样。实际上，断面河相关系所反映的是过水断面的几何形态（flow geometry），而沿程河相关系所反映的则是河槽形态（channel geometry）在空间上的分布规律。

3.3.1 沿程河相关系

基于某一特征流量（多年平均流量、平滩流量等），在不同河流上或同一河流沿程的不同断面上，测量 B、H、U 等参数，将其与特征流量点绘关系，可得到**沿程河相关系**（downstream hydraulic geometry）。如果点绘这些关系的数据，都取自河床演变达到均衡状态的河流，则沿程河相关系也可以看作是在特征流量下，冲淤平衡断面的几何尺寸。下面先介绍基于模范河段的河相系数，然后分别阐述常用的经验和半经验半理论的河相关系。

1. 基于模范河段的河相系数

早期河相关系的研究基本上是属于经验性质的。具体做法是，选取比较稳定或冲淤幅度不大，年内接近平衡的可以自由发展的模范河段进行观测，在河床形态参数与水力泥沙因素之间建立经验关系。应用较广的是苏联国立水文研究所根据苏联一些河流，主要是平原河流资料整理出来的宽深关系：

$$\frac{\sqrt{B}}{H}=\zeta \tag{3.3}$$

式中：河宽 B 及平均水深 H 是相应于与河漫滩齐平的平滩流量而言的，单位为 m；ζ 通称河相系数，其平均值为 2.75；对于易冲刷的沙质河床，可达 5.5；对于较难冲刷的山区河流，仅为 1.4。

这个关系式反映了天然河流随着河道尺度的增大，河宽增加远较水深增加为快的一般性规律。进一步研究表明，ζ 与河型密切相关，如表 3.1 所列。上面一些研究成果，虽然有些已在实践中得到了广泛应用，但没有构成一个完整的理论体系。后期河相关系的研究逐渐发展起来，即建立均衡状态下的河床形态与所在河段特征水沙参数之间的定量函数关系。

表 3.1　　　　　　不同河型河段宽深关系（ζ 值）的变化

河流名称	河段（河型）	ζ
长江	荆江，弯曲型	2.23～4.45
汉江	马口至汉江河口，弯曲型	2.0
黄河	高村以上，游荡型	19.0～32.0
黄河	高村至陶城埠，过渡型	8.6～12.4

2. 经验河相关系

对于床沙粒径变化较大、流域状况各不相同的天然河流来说，可以定义某个特征流量 Q 作为唯一自变量，建立相应的关系式，只要这个特征流量在一定程度上能够代表来水过程的造床流量。这样，在不同河流或同一河流沿程不同断面上实测的水动力要素和河床断面形态资料就可以点绘在同一关系图中，归结为普遍适用的河相关系。Leopold 和

Maddock（1953）将这种关系称为**水力几何关系**（hydraulic geometry）。他们采用河流的多年年均流量或造床流量 Q 作为自变量，认为达到均衡形态的天然河流断面应存在如下一系列关系式：

$$B = \alpha_1 Q^{\beta_1} \tag{3.4a}$$

$$H = \alpha_2 Q^{\beta_2} \tag{3.4b}$$

$$U = \alpha_3 Q^{\beta_3} \tag{3.4c}$$

$$J = \alpha_4 Q^{\beta_4} \tag{3.4d}$$

河流动力学中常用的河相关系，主要指关于 B，H，U 的式（3.4a）～式（3.4c）。由于连续方程的要求（$BHU=Q$），这 3 个关系式的指数和系数有如下约束：$\beta_1+\beta_2+\beta_3=1$；$\alpha_1\alpha_2\alpha_3=1$。依所取因变量的个数，关系式的数目不尽相同。例如河床糙率 n 也可写成类似的关系式，但由于一般河相关系大多相应于特定的造床流量，因为对每一个具体河段，糙率 n 通常为定值，因而没有必要引进这一关系式。上述关系式的系数和指数，须通过整理大量实测资料来率定。

图 3.9 是 Church 点绘的不同地区、不同流域和流量大小的河流上水面宽 B、平均水深 H 与平滩流量的关系，相关关系较好，可见河床断面形态与特征流量确实存在着因果关系（邵学军和王兴奎，2013）。

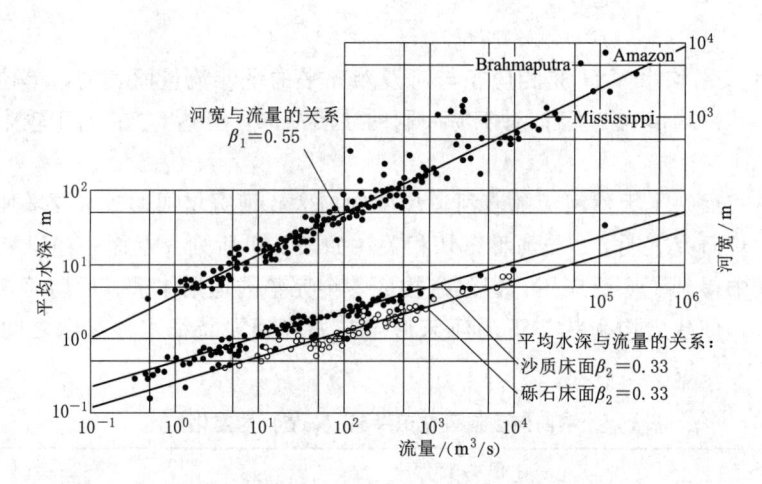

图 3.9 沿程河相关系：不同河流或同一河流不同断面的实测结果

表 3.2 给出了实测和理论推导得到的沿程河相关系的指数。由表可知，河宽与流量关系式（$B=\alpha_1 Q^{\beta_1}$）中的指数有一个比较稳定的值，即 $\beta_1=0.50$，实测和理论结果都基本在此值附近，略有偏差。水深与流量关系式（$H=\alpha_2 Q^{\beta_2}$）中的指数 β_2 在 0.30～0.40 波动，流速与流量关系式（$U=\alpha_3 Q^{\beta_3}$）中的指数 β_3 在 0.10～0.20 波动，并且其结果总是满足 $\beta_1+\beta_2+\beta_3=1$。系数 α_1 为 2.0～4.0，α_3 为 0.25～0.55。比降与流量的关系式 $J=\alpha_4 Q^{\beta_4}$ 中的指数 β_4 波动范围极大，显示影响河段纵比降的主要因素并不仅仅是流量，需要在经验关系式或理论分析中考虑其他自变量。

表 3.2 沿程河相关系的指数（邵学军和王兴奎，2013）

	地理位置	选用的特征流量	β_1	β_2	β_3	β_4
实测值（卵石河床）	英国（Nixon，1959）	平滩流量	0.49	—	—	—
	英国（Charlton 等，1978）	平滩流量	0.45	0.40	0.15	−0.24
	美国东部 Appalachians 山脉	重现期 2.33 年	0.55	0.36	0.09	—
	印度、美国人工渠道（边岸为非黏性土）	接近于平滩流量	0.50	0.36	0.14	−0.24
	Salmon 河上游，美国 Idaho 洲	平滩流量	0.56	0.34	0.12	—
	加拿大 Alberta 省	重现期 2 年	0.53	0.33	0.14	−0.34
	美国 Colorado 洲（河岸有茂密植被）	平滩流量	0.48	0.37	0.14	−0.44
实测值（沙质河床）	印度旁遮普邦	接近于平滩流量	0.50	0.33	0.17	−0.17
	巴基斯坦	接近于平滩流量	0.51	0.31	0.18	−0.09
实测值（沙卵石河床）		平滩流量	0.52	0.32	0.16	−0.30
理论解	动量传递（Parker，1979）	平滩流量	0.50	0.42	0.08	−0.41
	最小河流功率（Chang，1980）	平滩流量	0.47	0.42	0.11	—
	地貌临界理论（Li 等，1976）	平滩流量	0.46	0.46	0.08	−0.46
	最小方差理论（Langbein，1964）	平滩流量	0.50	0.38	0.13	−0.55

3. 半经验半理论的河相关系

与此同时，式（3.4）中的指数还可通过引进有关方程式来加以检验，就输沙平衡情况而言，可引进的公式或方程如下：

水流连续公式
$$Q = BHU \tag{3.5a}$$

水流阻力公式
$$U = \frac{1}{n} H^{\frac{2}{3}} J^{\frac{1}{2}} \tag{3.5b}$$

水流挟沙力公式
$$S = K[U^3/(gH\omega)]^m \tag{3.5c}$$

很显然方程组（3.5a）～（3.5c）中包含 4 个未知数（U、H、B、J），但仅有 3 个方程式，因而是不封闭的，必须补充一个方程式或一个计算条件才能求解。正是因为存在这一问题，前面所介绍的大量河相关系式都具有经验或半经验的性质，往往不能全面概括流域因素的影响，在应用时有很大的局限性。如何正确推导均衡河流的河相关系，实际上就成为如何提出第 4 个独立条件的问题。不少研究者或利用河宽经验公式，或从河流能量消耗的角度提出能量极值假说，或根据河岸土体起动、河床活动性等角度提出起动假说，来补充这个独立条件。

从实测资料中，可以总结出描述宽深比（$B^{1/2}/h$）或河宽与水沙条件的一些经验公式。不少研究者把这类经验关系式与前述 3 个水流泥沙运动基本定律联立求解，得出 B、h、J、U 这 4 个变量的表达式，构成完整的河相关系。这样虽也能得出河床形态要素与流域因素间的关系，但河宽关系仍是经验性的，所以整个方法仍属半理论半经验性质。谢鉴衡等（1990）在早期研究工作中选用宽深关系式（3.3）与方程式（3.5a）～（3.5c）联解，求得相应的河相关系：

$$B=\frac{K^{0.2/m}\zeta^{0.8}}{g^{0.2}}\left(\frac{Q^{0.6}}{S^{0.2/m}\omega^{0.2}}\right) \quad (3.6a)$$

$$h=\frac{K^{0.1/m}}{g^{0.1}\zeta^{0.6}}\left(\frac{Q^{0.3}}{S^{0.1/m}\omega^{0.1}}\right) \quad (3.6b)$$

$$U=\frac{g^{0.3}}{K^{0.3/m}\zeta^{0.2}}(S^{0.3/m}\omega^{0.3}Q^{0.1}) \quad (3.6c)$$

$$J=\frac{g^{0.73}\zeta^{0.4}n^2}{K^{0.73/m}}\left(\frac{S^{0.73/m}\omega^{0.73}}{Q^{0.2}}\right) \quad (3.6d)$$

上述公式充分反映了河相因素与来水来沙条件的关系。由于糙率 n 及河相系数 ζ 均有较丰富的资料，故上述方程组使用起来较为方便。

3.3.2 断面河相关系

在同一河流的同一水文断面上，测量不同流量 Q 下的水面宽、平均水深、平均流速，点绘可得类似于式（3.4a）～式（3.4c）的关系式，称为**断面河相关系**（at - a - station hydraulic geometry）。应注意此时的流量 Q 不是特征流量，指数也不同于沿程河相关系中的值。一般来说水面宽关系式（$B=\alpha_1 Q^{\beta_1}$）中的指数 β_1 值小于沿程河相关系中相应的数值，且变化幅度很大，有时甚至相差一个数量级。而平均流速关系式（$U=\alpha_3 Q^{\beta_3}$）中的指数 β_3 值大于沿程河相关系中相应的数值，见表3.3。水深关系式中的指数 β_2 变化不大。这实际上说明，在河流的特定断面上，断面河相关系更多的是一种几何关系，它给出的水面宽随流量的变化并不反映河道演变的动力过程，且水面宽随流量增大趋势远小于因造床流量的不同而产生的断面扩大趋势。

表 3.3　　　　　　　　断面河相关系中的指数 $\beta_1 \sim \beta_3$ 变化

河流名称	测站	β_1	β_2	β_3
上荆江（长江）	枝城	0.15	0.28	0.57
上荆江（长江）	沙市	0.03	0.51	0.46
下荆江（长江）	监利	0.10	0.48	0.42
城汉河段（长江）	螺山	0.13	0.50	0.37
黄河下游游荡段	花园口	0.66	0.06	0.28
黄河下游游荡段	高村	0.40	0.06	0.54
黄河下游过渡段	艾山	0.04	0.71	0.25
黄河下游弯曲段	利津	0.13	0.26	0.61
Powder 河（美国 Wyoming 州）	Arvada	0.44	0.27	0.29
Brandywine Creek 河（美国 Maryland 州）	Lenape	0.08	0.46	0.46

断面河相关系中平均水深、平均流速与流量 Q 的关系，在双对数坐标下可能不是线性的（即不是简单的幂函数关系），断面形状的变化对断面河相关系影响较大，如图 3.10 所示。断面河相关系中的系指数，不仅受河型影响，而且受河段中不同断面形态的影响。例如边滩发育的不对称三角形断面和过渡段的抛物线断面以至矩形断面，它们的这些系数和指数就会迥然不同。

3.3 准平衡态下的河相关系

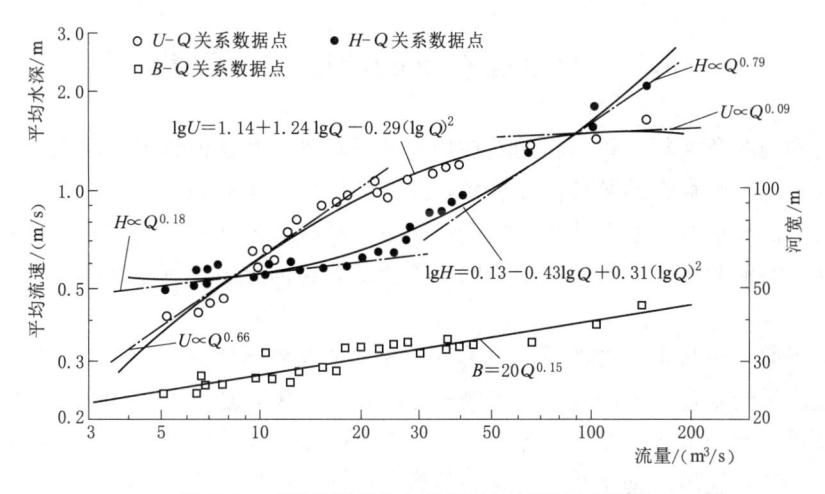

图3.10 断面形态基本稳定时的断面河相关系

多沙河流河床冲淤比较频繁，断面形状经常发生变化，根据实测资料得到的断面河相关系比较散乱。图3.11所示为黄河下游花园口站1984—1985年实测的断面河相关系。可见，花园口断面相当宽浅，河宽和水深随流量变化的点据确实比较散乱，然而流速与流量的关系点据比较集中，当流量大于 $2000\text{m}^3/\text{s}$ 后流速基本稳定在 $1.5\sim2.0\text{m/s}$。流速比较稳定的原因是过水断面面积 $A=BH$ 比较稳定，也就是说虽然 B 和 H 各自随流量的变化比较散乱，但二者的乘积却是一个接近于常数的量，这表明多沙河流确实趋向于调整河床形态、维持适当的流速来输移上游的泥沙。当然，河床形态的调整过程是十分复杂的，通常包括了平面、断面、纵向等不同方向的调整。

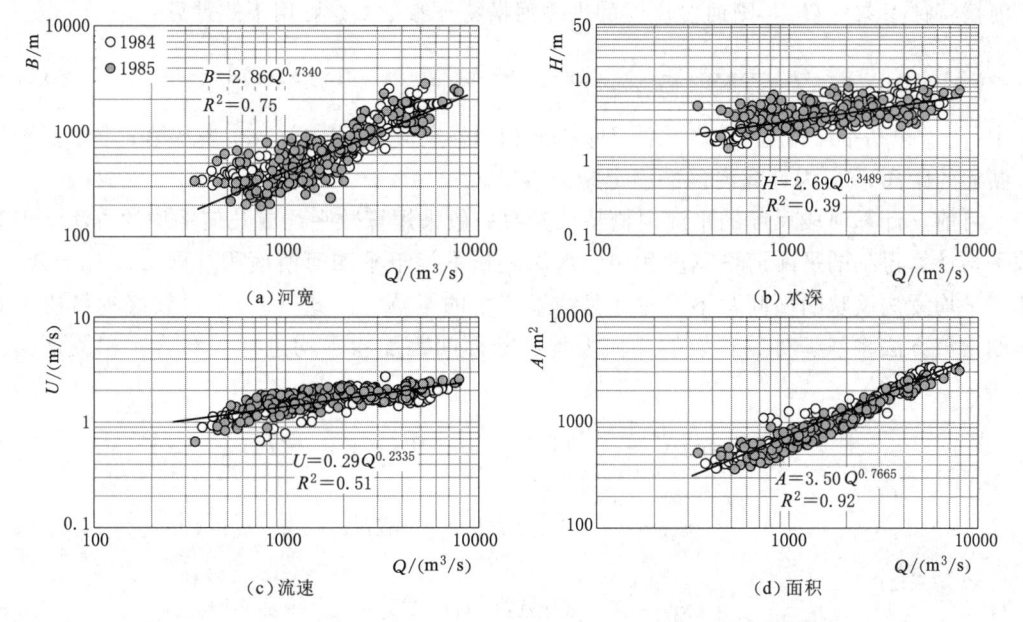

图3.11 黄河下游花园口站的断面河相关系（1984—1985年实测资料）

3.4 非平衡态下的滞后响应关系

上面提到的各类河相关系，指的是在均衡或相对平衡状态河流上，河床形态要素与特征水沙变量之间常常存在的某种函数关系，此时的河床形态参数与水沙因子之间已形成了相适应的关系。故这些关系仅适用于均衡或相对平衡状态的河流。在水库运用初期，由于清水下泄坝下游河床通常处于持续冲刷的非平衡状态，因此上述基于平衡态的河相关系并不适用。

目前关于非平衡状态下的滞后响应关系研究，主要包括两类：第一类，基于实测资料进行数学拟合得到定量关系的经验或半经验方法；第二类，建立基于变率方程的河床演变滞后响应关系。此处主要介绍 Xia 等（2015）提出的基于经验回归的滞后响应关系，以及由吴保生（2008）提出的基于线性速率调整模式的滞后响应关系。

3.4.1 基于经验回归的滞后响应关系

基于经验回归的滞后响应关系，主要是建立河段尺度的河床形态要素（平滩河宽、水深、面积等）与水沙因子之间的函数关系，并采用实测资料进行拟合，确定经验函数中的相关参数。该方法简单实用，被广泛应用于预测河床形态随水沙条件等变化的调整趋势。

1. 河段尺度的平滩河槽特征参数确定

在 3.2 节中已介绍了断面尺度平滩河槽特征参数的计算方法，包括平滩河槽形态和平滩流量。但某一研究河段内平滩河槽形态沿程差异显著，故特定断面的变化规律不能代表整个河段的变化特点。为进一步研究其整体调整特点，此处采用河段平均方法，确定河段尺度的平滩河槽特征参数。假定计算河段长度为 L，内设若干固定断面，第 i 个断面的平滩河槽特征参数为 G_{bf}^i，则河段尺度的平滩河槽特征参数 $\overline{G}_{bf}$ 可用下式计算：

$$\overline{G}_{bf} = \exp\left[\frac{1}{2L}\sum_{i=1}^{N-1}(\ln G_{bf}^{i+1} + \ln G_{bf}^i)\times(x_{i+1}-x_i)\right] \tag{3.7}$$

式中：G_{bf}^i 包括平滩河宽 B_{bf}^i、水深 H_{bf}^i、面积 A_{bf}^i 及流量 Q_{bf}^i 等；x_i 表示第 i 个断面距进口断面的距离；N 为计算河段的固定断面数量。

目前，计算河段尺度的平滩河槽特征参数一般采用算数平均或几何平均的方法。但算数平均计算得到的平滩河槽宽度和相应水深之积不等于平滩河槽面积（即 $\overline{B}_{bf}\overline{H}_{bf} \neq \overline{A}_{bf}$）；几何平均无法反映断面间距不等对计算结果产生的影响。而式（3.7）可较好地解决上述问题，该方法将基于对数转换的几何平均和断面间距加权平均进行了结合。相关证明见下式：

$$\overline{B}_{bf}\times\overline{H}_{bf} = \exp\left[\frac{1}{2L}\sum_{i=1}^{N-1}(\ln B_{bf}^{i+1}+\ln B_{bf}^i)(x_{i+1}-x_i)\right]$$

$$\times \exp\left[\frac{1}{2L}\sum_{i=1}^{N-1}(\ln H_{bf}^{i+1}+\ln H_{bf}^i)(x_{i+1}-x_i)\right]$$

$$= \exp\left[\frac{1}{2L}\sum_{i=1}^{N-1}(\ln A_{bf}^{i+1}+\ln A_{bf}^i)(x_{i+1}-x_i)\right] = \overline{A}_{bf} \tag{3.8}$$

以长江中游荆江段为例，2017年汛后该河段平均的平滩宽度、水深、面积分别为1355m、

15.39m、20850m²，满足平滩河槽尺寸的连续性（$\overline{B}_{bf}\overline{H}_{bf}=\overline{A}_{bf}$）。

2. 水沙条件表征参数选取及计算

Xia 等（2016）采用水流冲刷强度参数（F_{fi}）来表征水沙条件，相应表达式为

$$F_{fi}=\overline{Q}_i^2/(\overline{S}_i\times 10^8) \tag{3.9}$$

式中：$\overline{Q}_i$ 为第 i 年水文年或汛期平均流量，m³/s；$\overline{S}_i$ 为相应的平均悬移质含沙量，kg/m³。这些平均值由水文站的日均资料计算得到。

水流冲刷强度参数（F_{fi}）的物理含义如下：在平衡状态下，冲积河流某一断面的输沙率 Q_s 与该断面的流量 Q 存在经验关系：$Q_s=a(Q)^b$，其中 a 为系数，b 为指数。以长江中游沙市、监利断面 1950—2017 年的月均流量和输沙率对该经验公式进行率定，如图 3.12 所示。由图可知，三峡工程运用前各站的 Q_s-Q 曲线高于三峡运用后的曲线，即三峡运用后同流量下的输沙率远小于三峡运用前，主要是因为水库蓄水拦沙作用使得下泄水流处于不饱和状态，水流中的含沙量显著减小。故三峡运用前典型断面的 Q_s-Q 关系更接近于相对平衡状态下的输沙情况，且在各站的相关程度均较高（$R^2\geqslant 0.90$）。进一步研究发现这两站在三峡运用前的 Q_s-Q 关系式的指数 b 大约为 2.0。因此，$\overline{Q}_i^2$ 可近似代表该断面的水流挟沙能力，而 $\overline{Q}_i^2/\overline{S}_i$ 则代表了特定流量下挟沙力与含沙量的比值。F_{fi} 越大，表示水流冲刷强度越大。

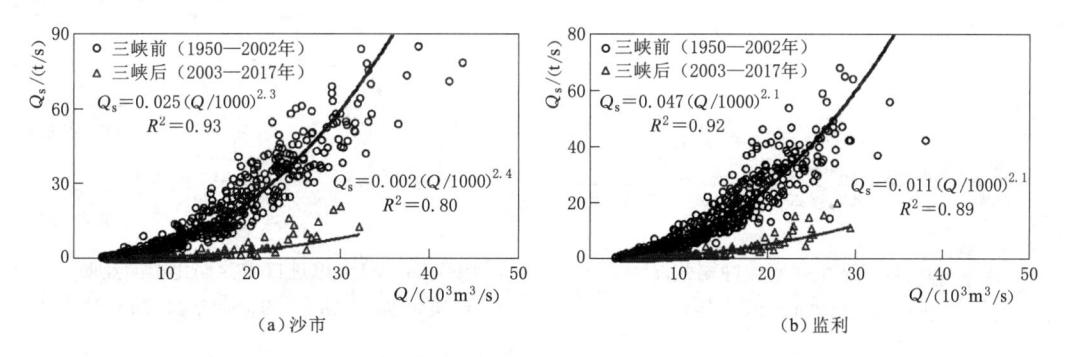

图 3.12 长江中游沙市和监利断面月均输沙率与月均流量的关系

与均衡或相对平衡状态下的河床调整相比，非平衡状态下平滩河槽形态的调整不仅与当前水沙条件相关，还受到前期多年水沙条件的滞后影响。此处前期水沙条件采用前 n 年平均的水流冲刷强度 $\overline{F}_{nf}$ 表示：

$$\overline{F}_{nf}=\frac{1}{n}\sum_{i=1}^{n}F_{fi} \tag{3.10}$$

式中：n 为滞后响应年数；F_{fi} 为第 i 个水文年或汛期水流冲刷强度。

理论上，不同年份的水沙条件变化对当前河床形态的影响所占的权重不同，且年份越远权重应越小。但此处为方便计算，近似将前期各年水沙条件的影响权重视为相同。

3. 经验滞后响应关系的建立

基于滞后响应理论，建立平滩河槽特征参数与前期水沙条件之间的经验函数关系，即基于经验回归的滞后响应关系，可写成如下形式：

$$\overline{G}_{bf} = \alpha(\overline{F}_{nf})^\beta \tag{3.11}$$

式中：$\overline{G}_{bf}$ 为河段尺度的平滩河槽特征参数，如河宽、水深、面积、流量等；α 为系数，β 为指数，均需要由实测资料率定。

4. 经验滞后响应关系的应用

将建立的滞后响应关系应用到三峡大坝下游正处于不平衡调整过程中的荆江河段。根据实测水沙资料，采用式（3.9）计算荆江段进口水文站（枝城站）的汛期水流冲刷强度（F_{fi}），结果如图 3.13 所示。三峡水库蓄水运用前（1994—2002 年），枝城站 F_{fi} 处于较稳定的状态，其值在 2.69～5.63 之间变化。三峡蓄水后，枝城站的汛期水流冲刷强度 F_{fi} 持续增加，由 2002 年的 4.74 增加到 2017 年的 248.00。

采用式（3.7）计算得到 2002—2017 年荆江段平滩河槽形态参数（$\overline{G}_{bf}$），结合枝城站汛期平均的水流冲刷强度参数（F_{fi}），对滞后响应关系[式（3.11）]进行率定。结果表明：滑动年数（n）从 1 增加到 8，该河段平滩河槽形态参数（$\overline{H}_{bf}$ 和 $\overline{A}_{bf}$）与前 n 年汛期平均的水流冲刷强度（$\overline{F}_{nf}$）之间的关系在 $n=5$ 时，决定系数（R^2）达到最大值（图 3.14）。

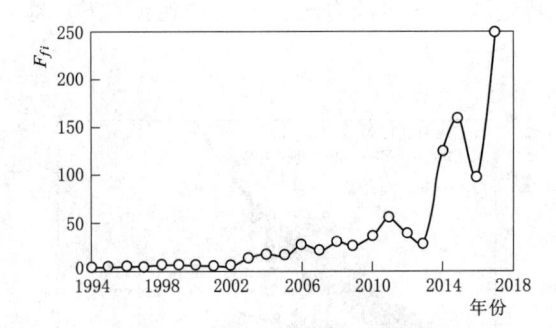

图 3.13　枝城站汛期水流冲刷强度 F_{fi} 的变化（1994—2017 年）

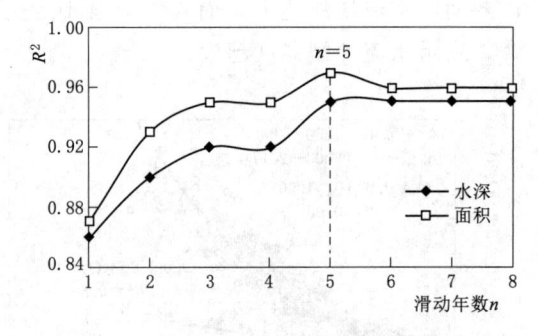

图 3.14　仅考虑进口水沙变化影响经验关系的决定系数（R^2）与滑动年数（n）的关系

由图 3.15 可知，受护岸工程的限制，荆江段 $\overline{B}_{bf}$ 与 $\overline{F}_{5f}$ 相关程度较弱且指数 β 率定值较小；其河段尺度的平滩水深、面积可较好地对由于三峡工程运用引起的水沙条件改变作出快速响应，$\overline{H}_{bf}$ 或 $\overline{A}_{bf}$ 与 $\overline{F}_{5f}$ 经验关系的决定系数（R^2）分别高达 0.95 和 0.97。

(a) 河宽　$\overline{B}_{bf} = 1348(\overline{F}_{5f})^{0.002} (R^2 = 0.08)$

(b) 水深　$\overline{H}_{bf} = 12.83(\overline{F}_{5f})^{0.035} (R^2 = 0.95)$

(c) 面积　$\overline{A}_{bf} = 17289(\overline{F}_{5f})^{0.037} (R^2 = 0.97)$

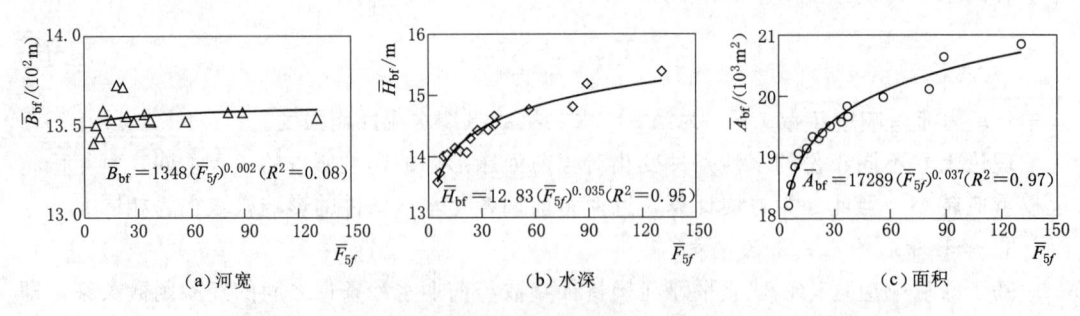

图 3.15　荆江段平滩河槽形态参数调整与前期水沙条件的关系

3.4.2 基于变率方程的滞后响应关系

吴保生（2008）基于冲积河流自动调整的基本原理，根据河床在受到外部扰动后的调整速率与河床当前状态和平衡状态之间的差值成正比的基本规律（即变率方程），建立了河床演变滞后响应的变率关系，并提出了适用于不同条件的计算模式，包括通用积分模式、单步解析模式和多步递推模式等。

3.4.2.1 滞后响应基本原理

一般来讲，在河床的自动调整过程中，其初始的调整变化速度是较为迅速的，但随着河床的调整变化不断趋近于新的平衡状态，调整速度会逐渐降低，最后趋近于零。根据上述河床自动调整原理，由外部扰动所引起的河床冲淤变化和河槽形态调整的过程，可以概括为图 3.16 所示的河床滞后响应模式。图中 y 为河床演变的特征变量，y_0 为初始状态，y_e 为平衡状态，t 为时间。对于图 3.16 所示冲积河流特征变量随时间的变化过程，可以划分为 3 个阶段：①扰动前；②调整阶段，即系统调整至平衡状态的时间；③平衡阶段，即系统维持平衡状态的时间。

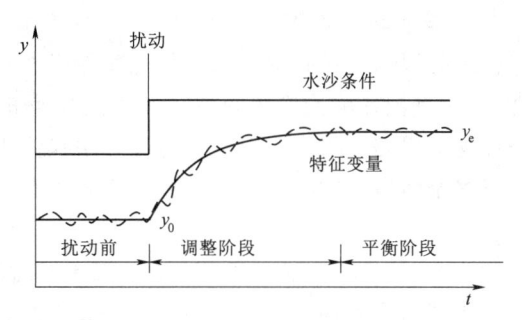

图 3.16 冲积河流受到外部扰动后的滞后响应模式

3.4.2.2 滞后响应关系的建立

根据图 3.16 的滞后响应模式，假定河床的某一特征变量 y 在受到外部扰动后的调整变化速率 dy/dt，与该变量的当前状态 y 和平衡状态 y_e 之间的差值成正比。这种河床从扰动前的原有状态演变到新的平衡状态的过程，可以用一阶常微分方程来描述：

$$\frac{dy}{dt}=\beta(y_e-y) \tag{3.12}$$

式中：β 为系数。

原则上 β 是可以随时间变化的，但为了求解方便，此处假定 β 为常数。式（3.12）即为冲积河流滞后响应的变率方程，可以用来描述河床冲淤和河床形态的特征变量随时间的变化过程，具有较大的普适性。

1. 通用积分模式

为了便于求解，将式（3.12）改写如下的一般形式：

$$\frac{dy}{dt}+\beta y=\beta y_e \tag{3.13}$$

显然，式（3.13）表示的常微分方程是一阶非齐次线性方程，其通解为

$$y=e^{-\int_0^t \beta dt}\left(\int_0^t \beta y_e e^{\int_0^t \beta dt} dt + C_1\right) \tag{3.14}$$

式中：C_1 为积分常数。

令 $t=0$ 时 $y=y_0$，代入式（3.14）得到如下特解：

$$y = y_0 e^{-\beta t} + e^{-\beta t}\left(\int_0^t \beta y_e e^{\beta t} dt\right) \quad (\text{模式 I}) \tag{3.15}$$

考虑到含有积分项，将式（3.15）称为通用积分模式。

2. 单步解析模式

考虑到 β 和 y_e 均为常数，可以对式（3.15）右边的积分项直接求解，由此得到

$$y = (1 - e^{-\beta t})y_e + e^{-\beta t} y_0 \quad (\text{模式 II}) \tag{3.16}$$

式（3.16）为单步解析模式。显然，当 $t=0$ 时满足 $y=y_0$，当 $t=\infty$ 时满足 $y=y_e$。

3. 多步递推模式

本时段河床调整的结果，无论是否已经达到平衡状态，都将作为下一个时段的初始条件 y_0 对其河床演变产生影响，并由此使得前期的水沙条件对后期的河床演变产生影响。按照这一思路，将上一时段的计算结果作为下一时段的初始条件，并逐时段递推，可得到经过多个时段后的状态值。为此，将式（3.16）记为

$$y_1 = (1 - e^{-\beta \Delta t})y_{e1} + e^{-\beta \Delta t} y_0 \tag{3.17}$$

式中：Δt 为时段长度；下标 1 表示第 1 个时段。

为了研究方便，取等时段长。与式（3.17）相似，对于第 2 个时段同样有

$$y_2 = (1 - e^{-\beta \Delta t})y_{e2} + e^{-\beta \Delta t} y_1 \tag{3.18}$$

合并式（3.17）和式（3.18）得到

$$y_2 = (1 - e^{-\beta \Delta t})(y_{e2} + e^{-\beta \Delta t} y_{e1}) + e^{-2\beta \Delta t} y_0 \tag{3.19}$$

如此递推至第 n 个时段时得到

$$y_n = (1 - e^{-\beta \Delta t}) \sum_{i=1}^{n} \left[e^{-(n-i)\beta \Delta t} y_{ei} \right] + e^{-n\beta \Delta t} y_0 \quad (\text{模式 III - 1}) \tag{3.20}$$

式中：n 为递推时段数；i 为时段编号。

式（3.20）称为多步递推模式，其逐时段递推关系见图 3.17，图中的 Q_i 和 S_i 代表时段的输入水沙条件。

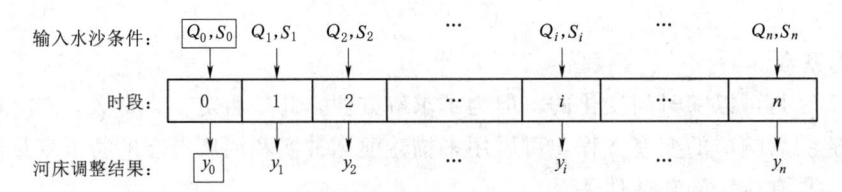

图 3.17 多步递推模式的逐时段递推关系示意图

考虑到 $e^{-n\beta \Delta t} < 1$，且随 n 的增大而不断减小，即随时间的增加，初始条件 y_0 对 y_n 的影响逐渐减小。因此，可以用 y_{e0} 近似代替 y_0，以消除对初始值 y_0 的依赖。由此得到

$$y_n = (1 - e^{-\beta \Delta t}) \sum_{i=1}^{n} \left[e^{-(n-i)\beta \Delta t} y_{ei} \right] + e^{-n\beta \Delta t} y_{e0} \quad (\text{模式 III - 2}) \tag{3.21}$$

以上 3 种计算模式适用于描述河床演变中的不同滞后响应现象。一般来讲，模式 I 既适用于只有一个时段的简单情况，又适用于外部扰动呈阶梯状变化的情况；模式 II 适用于只有一个时段，且在外部扰动突然发生后扰动维持不变的简单情况；模式 III 适合于外部扰动呈阶梯状变化且初始状态未知的复杂情况。

3.4.2.3 滞后响应关系的应用

选择河床演变的实例问题,对模式Ⅰ进行应用检验。三门峡水库自1960年蓄水运用后,由于潼关高程的抬升,造成黄河小北干流(龙门至潼关)和渭河下游河道的严重淤积。下面以这两个河道的累计淤积量为例,探讨式(3.15)表示的模式Ⅰ的应用。

当以累计淤积量作为特征变量时,根据式(3.15)得到

$$V = V_0 e^{-\beta t} + e^{-\beta t} \int_0^t \beta V_e e^{\beta t} dt \tag{3.22}$$

式中:V 为河道累计淤积量;V_0 为河道初始淤积量;V_e 为平衡淤积量。

假设平衡淤积量 V_e 与潼关高程的抬升值 ΔZ_t 及河床淤积面积成正比,并考虑到潼关高程抬升引起的淤积形态接近锥体的特点,则有

$$V_e = A \Delta Z_t / 2 \tag{3.23}$$

式中:A 为发生淤积河床的代表面积;ΔZ_t 为潼关高程抬升值,$\Delta Z_t = Z_t - Z_0$;Z_t 为潼关高程;Z_0 为初始潼关高程,即1960年实测潼关高程 $Z_0 = 323.40$m。

将式(3.23)代入式(3.22),取 $V_0 = 0$,并写成如下离散格式,得到

$$V_n = 0.5 A e^{-\beta(n \Delta t)} \left(\sum_{i=1}^{n} \beta \Delta Z_{ti} e^{\beta(i \Delta t)} \Delta t \right) \tag{3.24}$$

式中,V_n 的单位为亿 m³;A 的单位为亿 m²;ΔZ_{ti} 的单位为 m;β 的单位为 a⁻¹;Δt 的单位为 a。

利用1960—2001年小北干流和渭河下游的实测淤积资料率定得到:小北干流,$A = 10.5$,$\beta = 0.11$;渭河下游,$A = 5.3$,$\beta = 0.13$。图3.18给出了采用式(3.24)计算的黄河小北干流和渭河下游河道累计淤积量与实测值的比较结果。可以看到,式(3.24)的计算结果与实测累计淤积量过程十分吻合。

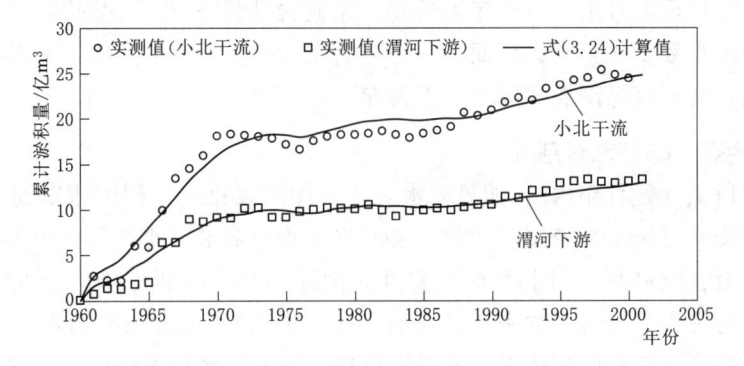

图3.18 黄河小北干流和渭河下游河道累计淤积量与实测值的比较结果(模式Ⅰ计算)

3.5 河床纵剖面调整

河流纵剖面可分为河床纵剖面和水流纵剖面两类。河床纵剖面在冲积平原河流上一般呈起伏不平的正弦曲线形式,与此相应的水流纵剖面虽然也存在起伏不平,但变化并不明

显。河流纵剖面形状一般都是下凹型，湿润地区的河流这一点更为明显，可以用指数型、对数型或幂函数型的曲线来描述。这是因为少沙河流越向下游水量越多而含沙量越小，泥沙越细，因而下游较小的比降有利于维持河道冲淤平衡。在干旱和半干旱地区也可以见到直线型和上凸型的河床纵剖面。

3.5.1 准平衡态下的河床纵剖面

河流作为一条输水输沙通道，它所追求的最终目的就是要顺利地完成输水输沙任务。它所采取的手段就是通过自动调整作用建立起与来水来沙条件和河床边界条件相适应的纵剖面及横断面。对于一般处于准平衡状态的河流，其水流纵剖面在短距离内所应服从的规律，原则上应该是可以用下面方程式加以描述：

$$J = \frac{g^{0.73}\zeta^{0.4}n^2}{K^{0.73/m}}\left(\frac{S^{0.73/m}\omega^{0.73}}{Q^{0.2}}\right) \tag{3.25}$$

式（3.25）是由式（3.5a）～式（3.5c）及宽深关系式（3.3）联解得到，其中挟沙力参数 m 取 1.0。

定性分析式（3.25）可以看出：比降与流量成反比，与含沙量及泥沙粒径成正比；在一般情况下，由于支流入汇，流量是沿程增加的；而含沙量则由洪水漫滩落淤或通过湖泊洼地落淤是沿程减小的；泥沙粒径由于在向下游运行过程中的水选及磨损作用也是沿程细化的。这些因素综合在一起，就使比降具有沿程变小的趋势。对式（3.25）作进一步分析，将其改写成

$$J = \frac{1}{A}\left(\frac{S^{0.73}D^{0.87}}{Q^{0.2}}\right) \tag{3.26}$$

式中，A 在特定河段内接近常量，如有足够实测资料，可由 Q, S, D 等值反求。

由式（3.26）可以看出，当造床流量 Q，相应含沙量 S 及悬沙粒径 D 为定值，既不因时而变，也不沿程变化，则纵剖面为一稳定的比降沿程不变的直线，可以称之为绝对平衡纵剖面，这样的平衡纵剖面实际上并不存在。

3.5.2 非平衡态下的河床纵剖面

在准衡时段上（数百年内），如果来水来沙条件比较稳定，则河床纵剖面（或者沿程各处的河床比降）也应当是稳定不变的。若河流上游的来水来沙量发生变化，则河床纵比降的均衡状态就会被破坏，引起河流调整其纵剖面，以适应新的条件，重新达到均衡状态。例如突发的灾害事件引起的来水量增加（特大洪水）、地震或火山爆发引起的泥沙输移增加等均会使原已均衡的河床纵剖面发生变化，而大量水利工程建设（如大型水库）也迫使河床纵剖面作出响应。调整河床纵剖面与调整沿程比降是同一个过程。纵比降的调整可以通过河床的沿程冲刷、淤积或流路弯曲程度的变化等形式来完成，这几种形式的调整可能共同发生，也可能单独发生。

地貌变化过程中的夷平作用使得在地貌学时间尺度（数万年、数十万年）上，全河道纵比降总的来说有变缓的趋势。一方面，在上游比降较陡的河段，河床发生沿程冲刷、泥沙输运至下游后，从比降最缓处（河口、水库库尾）发生溯源淤积。例如图 3.19（a）所示为美国加州北部 Eel 河沿程冲刷和溯源淤积。在均衡河流上游修建水库，一般会使库内

产生三角洲淤积，上游回水区出现溯源淤积、下游出现沿程冲刷。另一方面，在流量不变的情况下若流域产沙量突然增加，超过现有河流的输沙能力，则会发生沿程淤积。美国华盛顿州 St. Helens 火山于 1980 年 5 月爆发后，引发泥流（mudflow）大量进入 Toutle 河，造成了该河在泥沙汇入点以下沿程淤积，如图 3.19（b）所示。

(a) 美国 Eel 河沿程冲刷和溯源淤积

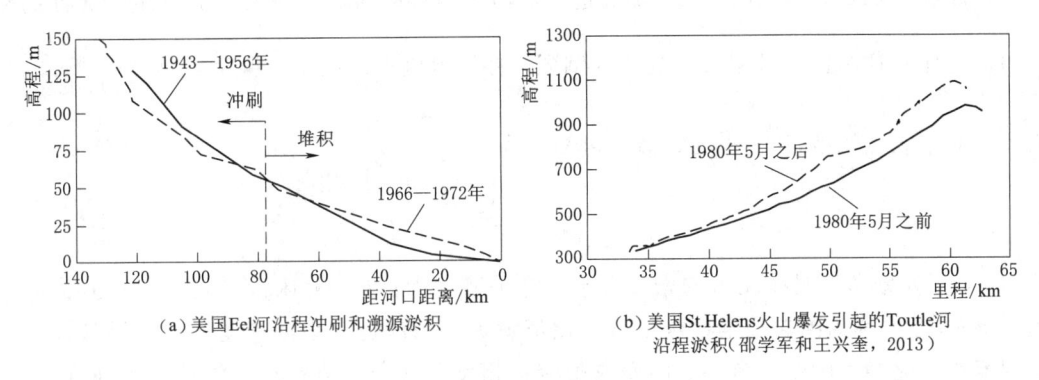

(b) 美国 St.Helens 火山爆发引起的 Toutle 河沿程淤积（邵学军和王兴奎，2013）

图 3.19　不同河流的河床纵剖面调整

以黄河下游游荡段为例，1985—1999 年，上游来水偏枯，河段持续淤积，因此河床纵剖面抬升［图 3.20（a）］。该时期游荡段累计淤积量为 16.4 亿 m^3，其中大部分淤积在滩地上。小浪底水库修建后，进入游荡段的沙量减少近 90%，河床发生持续冲刷，尤其是主槽大幅冲刷，冲刷量达 14.1 亿 m^3，河床纵剖面接近平行下切 2.2m［图 3.20（b）］。

(a) 持续淤积（1985—1999 年）

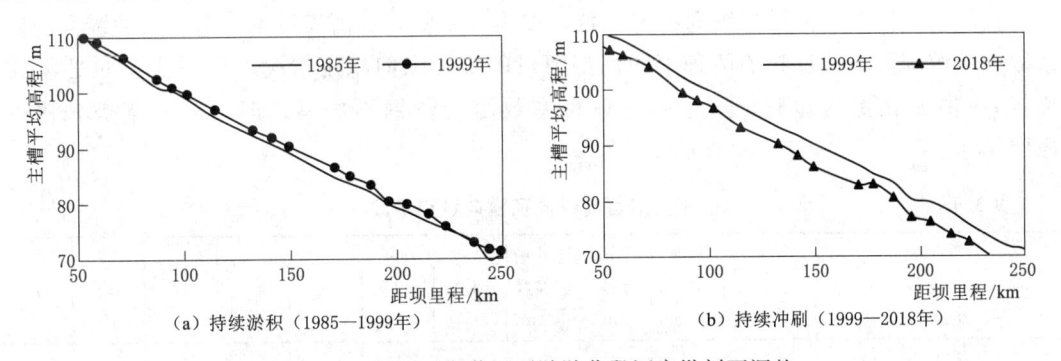

(b) 持续冲刷（1999—2018 年）

图 3.20　不同时期黄河下游游荡段河床纵剖面调整

3.6　河床稳定性及其表征方法

研究冲积河流的河床演变特点时，往往引入一些特征参数。将不同河流的这种特征参数进行对比，特别是与研究较多的河流的这种特征参数进行对比，就可对所研究河流的河床演变特性作出初步评价，而这种评价对于认识一条河流是十分必要的，河床的稳定指标是重要的特征参数之一。

稳定是变化的反义词，而变化则是与输沙平衡的破坏相联系的。从这个意义上看，稳定和输沙平衡这两个概念有一定的关联。另一方面，稳定与否通常系指变化的强度和幅度而言，并不涉及变化的平均情况，也就是说，如果平均情况不变，亦即输沙长时间内在总体上是平衡的，但在短期内变化较多，河床仍然是不稳定的，从这个意义上看，稳定与输沙平衡这两个概念又有一定的差别，本书所指的稳定概念是区别于输沙平衡概念的。

3.6.1 河床纵向稳定系数

河床纵向稳定系数（φ_{lg}），主要决定于泥沙抗拒运动的摩阻力与水流作用于泥沙的拖曳力的对比。这个比值可用希尔兹数的倒数，亦即爱因斯坦的水流强度函数 $\dfrac{(\rho_s-\rho)D_m}{\rho H_{bf}J}$ 来表示，对于天然泥沙，$\dfrac{\rho_s-\rho}{\rho}$ 为常数，可简化为

$$\varphi_{lg}=\frac{D_m}{H_{bf}J} \tag{3.27}$$

式中：ρ_s、ρ 分别为泥沙及水的密度；H_{bf} 为平滩水深；D_m 为床沙平均粒径；J 为河床纵比降；φ_{lg} 通称为纵向稳定系数，这个比值愈大，泥沙运动强度愈弱，河床因沙波运动或因流路变化产生的变形愈小，因而愈稳定；相反，这个比值愈小，泥沙运动强度愈强，河床愈不稳定。

洛赫京（B. M. Лохтин）早年所提出的纵向稳定系数：

$$\varphi'_{lg}=\frac{D_m}{J} \tag{3.28}$$

也常被采用，这里 D_m 以 mm 计，J 以 mm/m 计。

长江、黄河若干河段的纵向稳定系数，如表 3.4 所列。由表可见，弯曲段的纵向稳定系数大于游荡段，这反映了两种不同河型河段的实际纵向稳定情况。值得注意的是，φ'_{lg} 值较 φ_{lg} 值变化更为显著，这正是洛赫京系数尽管量纲不协调，但仍然经常被采用的原因。

表 3.4　　　　　　　　　　不同河型的纵向及横向稳定系数

河名	河段（河型）	平滩流量/(m³/s)	平滩宽度/m	平滩水深/m	床沙中值粒径/mm	枯水河宽/m	河段比降/‰	φ_{lg}	φ'_{lg}	φ_{lt}	φ'_{lt}	ϕ
长江（2003—2018年）	荆江（弯曲段）	32605~38949	1345~1373	13.7~15.4	0.22~0.30	889~999	0.41~0.52	0.33~0.47	4.48~7.12	0.98~1.07	0.66~0.74	0.36~0.53
黄河（1987—2020年）	孟津—高村（游荡段）	3229~7916	934~2324	1.18~3.91	0.06~0.21	265~760	1.88~1.99	0.18~0.36	0.31~1.10	0.18~0.39	0.20~0.59	0.01~0.17
	高村—陶城埠（过渡段）	1774~7583	454~864	1.94~4.97	0.05~0.13	349~527	1.15~1.34	0.16~0.26	0.37~1.08	0.46~0.95	0.51~0.86	0.05~0.20
	陶城埠—利津（弯曲段）	2499~7098	361~484	2.87~5.41	0.04~0.12	273~363	0.94~1.03	0.12~0.24	0.40~1.18	0.75~1.30	0.67~0.90	0.09~0.39

3.6.2 河床横向稳定系数

河床横向稳定与河岸稳定密切相关，但当前河岸稳定问题研究仍不够深入。从该问题的物理实质来看，决定河岸稳定的因素主要是主流走向及河岸土体的物理力学特性（抗冲

能力、抗剪能力等)。主流顶冲河岸，而河岸土体的抗冲能力越弱，则河岸越不稳定。此外，滩槽高差对河岸抗冲能力也有一定的影响。滩槽高差越小，则冲刷同样宽度须带走的土方量越少，因而需要的时间也越短，则河岸也越不稳定。然而，由于河岸土体垂向组成具有分层结构，其抗冲能力通常难以确定；至于主流走向，不同河型或同一河型的不同河段均有差异，也很难找到一个一般性的参数来加以表达。

为了解决上述困难，谢鉴衡（1981）等建议不用决定河岸稳定性的因素来描述河岸稳定性，而间接用河岸变化的结果来描述河岸的稳定性。为此，借用阿尔图宁（С. Т. Алтунин）提出的稳定河宽的经验公式计算河宽 B_{st}，并与平滩河宽 B_{bf} 作比较，即取

$$\frac{B_{st}}{B_{bf}} = \frac{\xi \dfrac{Q_{bf}^{0.5}}{J^{0.2}}}{B_{bf}} \tag{3.29}$$

式中：Q_{bf} 为平滩流量；ξ 为稳定河宽系数。

对于河床由粗、中、细沙组成的中游河段 ξ 为 1.0～1.1，对于河床由细沙组成的下游较稳定的河段 ξ 为 1.1～1.3，而较不稳定的河段 ξ 则为 1.3～1.7。显然，此值愈小，表明实际河宽相对较小，这自然是由于河岸抗冲能力较大造成的，因此可用这个比值表达河岸的稳定性。如略去 ξ，即取 $\xi=1$，则得到一个与特定流量及比降相应的虚拟河宽，此虚拟河宽与实际河宽的比值，自然也反映河岸的稳定性，而且由于消除了 ξ 的影响，可用于不同类型河段的对比。这样式（3.29）可改写为

$$\varphi_{lt} = \frac{Q_{bf}^{0.5}}{J^{0.2} B_{bf}} \tag{3.30}$$

φ_{lt} 愈大表示河岸稳定，愈小则表示河岸不稳定。为了表征河岸的稳定性，也可采用枯水河宽 B_{lw} 与中水河槽的平滩河宽 B_{bf} 的比值，即

$$\varphi'_{lt} = \frac{B_{lw}}{B_{bf}} \tag{3.31}$$

该比值愈大，说明枯水期露出沙滩较小，河身相对较窄，河岸较稳定；反之则较不稳定。长江、黄河等局部河段的横向稳定系数，见表 3.4。由表可见，游荡河段的横向稳定性最弱，过渡段次之，而弯曲河段的横向稳定性则较强。

3.6.3 河床综合稳定系数

由于河流是否稳定，既决定于河床的纵向稳定，也决定于河床的横向稳定，因此将这两个稳定系数联系在一起，就能构成一个**河床综合稳定系数**。钱宁等（1987）在研究黄河下游河床的游荡特性时，根据黄河、渭河、汾河、长江及永定河等 10 条沙质河流上 31 个水文站的资料，利用多元回归方法，得到了河流相对游荡强度 $\sum \Delta L/(B_{bf}T)$ 与水沙及河床边界条件之间的关系：

$$\frac{\sum \Delta L}{B_{bf}T} = \left(\frac{\Delta Q}{0.5TQ_{bf}}\right)^{0.387} \left(\frac{Q_{max}-Q_{min}}{Q_{max}+Q_{min}}\right)^{0.235} \left(\frac{H_{bf}J}{D_{35}}\right)^{0.230} \left(\frac{B_{max}}{B_{bf}}\right)^{0.113} \left(\frac{B_{bf}}{H_{bf}}\right)^{0.171} \tag{3.32}$$

式中：$\sum \Delta L$ 为一次洪峰过程中深泓线累计摆动的距离；D_{35} 为床沙中以重量计 35％均较之为小的粒径；B_{max} 为历年最高水位下的水面宽度；Q_{max}、Q_{min} 分别为汛期最大及最小日平均流量；ΔQ 为一次洪峰中流量涨幅；J 为水面坡降；Q_{bf}、B_{bf}、H_{bf} 分别为平滩流

量及与之相应的河宽和水深；T 为洪峰历时，以 d 计；其他单位以 m、s 计。

钱宁等（1987）将式（3.32）等号右边多项式的指数进行简化，提出如下形式的游荡指标：

$$\Theta=\left(\frac{\Delta Q}{0.5TQ_{bf}}\right)\left(\frac{Q_{max}-Q_{min}}{Q_{max}+Q_{min}}\right)^{0.6}\left(\frac{H_{bf}J}{D_{35}}\right)^{0.6}\left(\frac{B_{max}}{B_{bf}}\right)^{0.3}\left(\frac{B_{bf}}{H_{bf}}\right)^{0.45} \tag{3.33}$$

式（3.33）中 $\Delta Q/(0.5TQ_{bf})$ 表征洪峰陡度；$(Q_{max}-Q_{min})/(Q_{max}+Q_{min})$ 表征流量变幅；$H_{bf}J/D_{35}$ 表征河床的可动性；B_{max}/B_{bf} 表征滩地宽度，B_{bf}/H_{bf} 表征滩槽高差，两者结合在一起表征河岸的约束性。

图 3.21 为实测相对游荡强度与游荡指标之间的关系［式（3.32）］。这些资料说明，当 $\Theta>5$ 时，属于游荡型河流；当 $\Theta<2$ 时，属于非游荡型河流；当 $2<\Theta<5$ 时，属于过渡型河流。

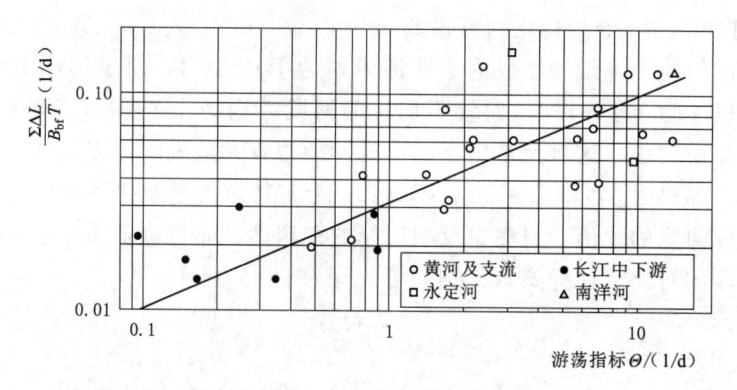

图 3.21 $\Sigma\Delta L/(B_{bf}T)$ 与 Θ 关系

谢鉴衡等（1990）认为对河床稳定起决定性作用的是纵向稳定与横向稳定系数，特别是横向稳定系数对决定河型有极为重要的作用，为此建议采用如下形式的河床综合稳定系数：

$$\phi=\varphi_{lg}\varphi_{lt}^2=\frac{D_m}{H_{bf}J}\left(\frac{Q_{bf}^{0.5}}{J^{0.2}B_{bf}}\right)^2 \tag{3.34}$$

式中，取 φ_{lt} 的指数为 2，是为了加强这一参数的作用。按式（3.34）对前述长江、黄河相应河段的计算结果，如表 3.4。从表中可以看出，游荡段与过渡段的分界点的 ϕ 值约为 0.082~0.095，过渡段与弯曲段的分界点的 ϕ 值约为 0.127~0.135。应该指出，这些分界点的数值仅对于分析资料所涉及的具体河流才有意义，对其他河流，这些数值还会出现波动。

第4章 顺直型河流的河床演变

所谓顺直型河流，是指冲积河流中河道曲折系数不大且能保持单一河槽形态的河段。自然界中的顺直型河段，多出现在河岸边界抗冲性强、河道横向发展受限的位置。弯曲型河段中比较长的过渡段或者上下两分汊河段之间的单一段也可视为顺直型河段。尽管顺直型河段被认为是冲积河流在一定条件下或一定发展过程中暂时存在的形态，但其水沙输移和滩槽格局具有较为独立的特征，在多数理论研究和工程实践中，仍将其作为基本河型之一。本章重点从形态特征、演变规律方面介绍顺直型河段，并对顺直型河流的形成条件也略作阐述。

4.1 河流基本特征

从河道宏观外形来看，顺直型河流的首要标志是河道的曲折系数较小。根据汀江、北江等30余处顺直型河段资料分析，这些河段的曲折系数都小于1.15，但对于曲折系数的上限，目前并无统一的认识。工程实践中，一些顺直微弯河段也表现出顺直河型的演变特点，因而有人将一些微弯河段也归为顺直河型（张瑞瑾等，1961）。

顺直型河段的另一特点是洪水满槽时流路单一不分汊，这是区别于分汊型河流、游荡型河流的一个重要特点。从顺直河段的断面河相系数 ζ 来看，不同河流的 ζ 值变化范围较大，在 1.39～7.80 之间，但对同一河流则变化较小。例如东江、浈水的顺直型河段，ζ 值可达 7～8，河床较为宽浅；而汉江一些顺直型河段的 ζ 值只有 1.4 左右，河床明显窄深。这表明在较大的宽深比关系变幅内，顺直型河段仍能保持其特性不变。

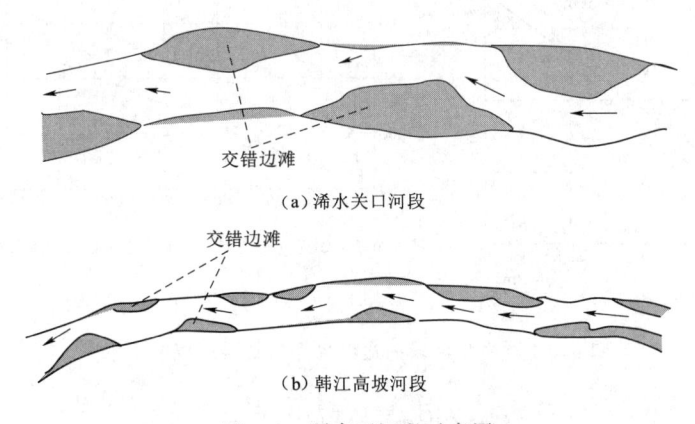

(a) 浈水关口河段

(b) 韩江高坡河段

图 4.1 顺直型河段示意图

顺直型河流虽然河身曲折系数小，但枯水河槽两侧具有**犬牙交错的边滩**，当边滩出露时，枯水流路仍显示出弯曲的倾向性。图 4.1（a）、图 4.1（b）分别是浠水关口河段和韩江高坡河段，清晰地表现出深槽与边滩交错分布这一特征。由于上下边滩交错分布，顺直型河段的深泓线在平面上呈弯曲状，只是曲率小于弯曲河型。Keller 和 Melhorn（1973）通过对弯曲河流和顺直河流的滩槽分布特征对比，得出这两类河型的深槽和浅滩的分布基本上遵循同一规律，只不过弯曲河段弯顶所处的深槽，其深度一般较顺直型河段上的深槽为大，如图 4.2 所示，前者称为一级深槽，后者称为二级深槽。该特点导致顺直河段内纵剖面高程与弯曲型河段较为相似，沿程起伏相间，但变幅较小。在顺直型河段内，上下深槽之间的过渡段，在深泓纵剖面上处于较高的位置，称为浅滩。

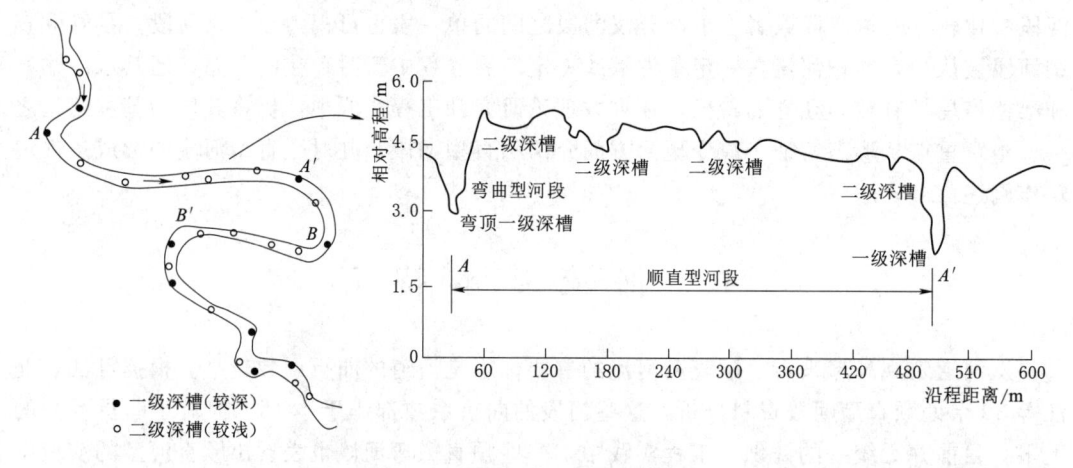

图 4.2 顺直型河段的深泓纵剖面

顺直河段内的边滩大小与河道尺度有关。大尺度的河道，其边滩尺度也大；小尺度的河道，其边滩尺度也小。图 4.3（a）、图 4.3（b）为若干河道在造床流量下边滩宽度 B_{pb}、边滩长度 L_{pb} 与平滩河宽 B_{bf} 的关系，其经验关系为（谢鉴衡等，1990）

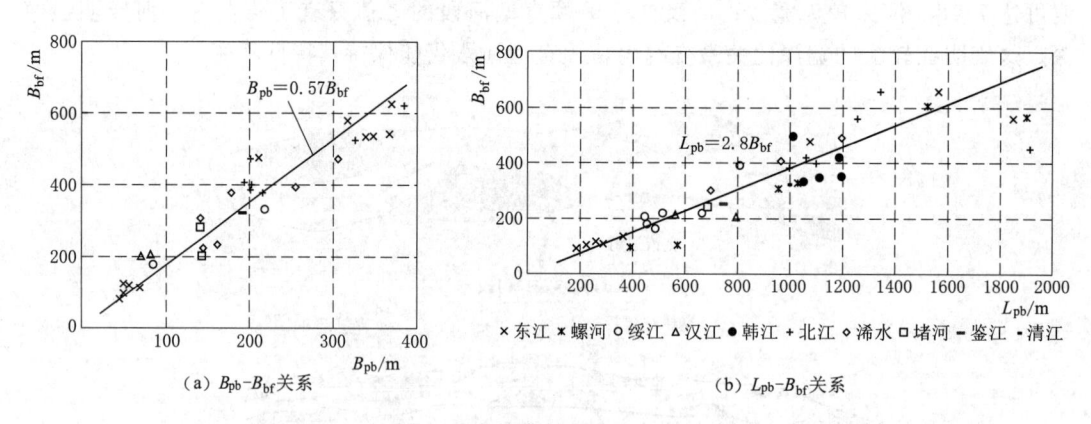

图 4.3 顺直型河段内边滩尺寸与平滩河宽的关系

$$B_{pb} = 0.57 B_{bf} \tag{4.1}$$

$$L_{pb} = 2.8 B_{bf} \tag{4.2}$$

上述二式清楚表明了边滩尺寸与河道尺寸的关系。也可看出，边滩的长宽比约为 5，几乎

4.1 河流基本特征

为一定值,而与河道尺度无关。此外,其他一些统计结果也表明,顺直河段内深槽间距的平均值是 5~7 倍河宽,该倍数与弯曲河段的河弯跨度与河宽的比值接近。这些特征表明,顺直河段内交错分布边滩导致的弯曲流路特征与弯曲型河流有一定的相似性。

需要指出的是,以上描述的顺直型河段内滩槽尺寸与河宽的关系,仅是指一种理想的平均情况,就自然界中某一顺直河段的特例而言,并不一定能完全符合。例如,由式(4.2)可知,顺直型河段以至少容纳一对交错边滩来衡量,则河长应在 6 倍河宽以上,但实际中很多顺直河段处于上下游弯道或汊道之间,其长度受制于首末端约束,无法达到 6 倍河宽以上,河段内难以完整发育一对边滩。又如一些顺直河段沿程宽度不均匀,使得河段内上下边滩的长宽倍比关系也不均匀。在这些情况下,顺直河段内将呈现出较为复杂的滩槽格局,如一大一小两个边滩或者仅形成单侧一个边滩,还有的情况下河段内边滩低矮不完整甚至被切割离岸成为心滩。如图 4.4 所示的长江中游湖广水道,虽然也呈顺直形态,但进出口及右侧沿程受到多个节点约束,河道内左右侧形成不对称边滩,左侧汪家铺边滩低矮,右侧边滩高大,某些年份右侧边滩常被切割。

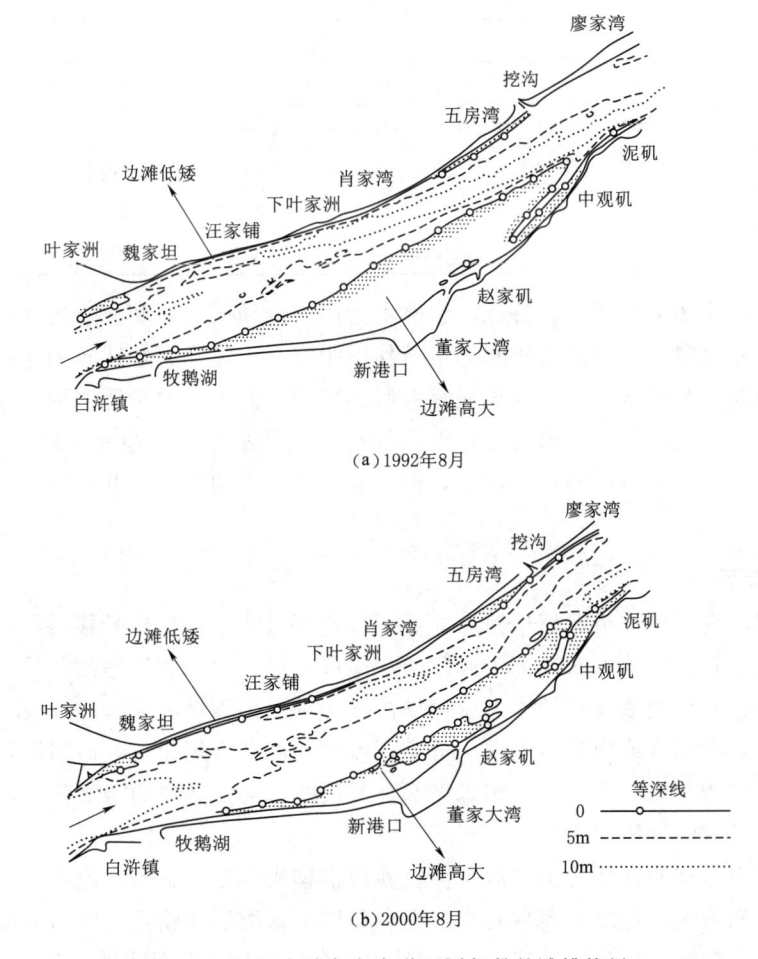

(a) 1992 年 8 月

(b) 2000 年 8 月

图 4.4 长江中游湖广水道不同年份的滩槽格局

4.2 水沙输移特点

4.2.1 水流特性

顺直型河段的河床形态以**深槽**与**边滩**在河槽两侧成犬牙交错分布、上下深槽之间以浅滩相间隔为主要特点，河段内水流特性主要受这种形态特点的影响。从纵向来看，低水位时，浅滩段水深小，比降陡，流速较大；而深槽段则水深大，比降受浅滩壅水的影响而减小，故流速较小（Richards，1976）。在中洪水期，随着流量的增加，浅滩和深槽的水流也随之发生相反的变化，表现为深槽段比降陡、流速大，而浅滩段比降缓、流速小。实测资料表明，水深、流速、比降随流量的变化均成指数关系，但浅滩与深槽段的指数值存在差异。就水深而言，浅滩段的指数大于深槽段；就流速而言，浅滩段的指数则小于深槽段；至于比降，则浅滩段为负指数，深槽段为较大的正指数（表 4.1）。

表 4.1　英国 Fowey 河浅滩与深槽断面水力几何形态的指数对比

河段	平面形态	β_1 深槽	β_1 浅滩	β_2 深槽	β_2 浅滩	β_3 深槽	β_3 浅滩	β_4 深槽	β_4 浅滩	水力几何形态关系
1	顺直弯曲	0.160	0.025	0.334	0.337	0.640	0.485	为较大的正值	常为负值	$B=\alpha_1 Q^{\beta_1}$
		0.076	0.003	0.222	0.469	0.697	0.524			$h=\alpha_2 Q^{\beta_2}$
2	顺直弯曲			0.230	0.530	0.750	0.480			$V=\alpha_3 Q^{\beta_3}$
				0.350	0.610	0.700	0.340			$J=\alpha_4 Q^{\beta_4}$

深槽与边滩交错分布的形态特点，也对水力因素的横向分布和河道内环流结构产生一定影响。在枯水流量时，水流受边滩的挤压作用很强，水流动力轴线较为弯曲；洪水和中水时边滩的影响甚微，水流动力轴线偏靠滩唇而取直。此外，由于边滩的存在，水流在边滩高程以下呈弯曲状态，产生离心力，因而深槽一侧的水位高于边滩一侧，形成横比降。由于流路弯曲，顺直河段同样存在环流，但其强度小于弯曲河段，并且滩面以下大于滩面以上部分。

4.2.2 输沙特性

顺直型河段内主槽和边滩流速差异大，泥沙输移可能同时呈现悬移质和推移质两种形式。从纵向的悬移质输移来看，由于浅滩与深槽段水深、比降和流速的差异，沿程挟沙力也存在差异，枯水期浅滩段挟沙力大于深槽段，而洪水期深槽段大于浅滩段。从悬移质的横向输移来看，在顺直或微弯河段内，弯道环流的强度和旋度相对弯曲河段较弱，上游泥沙和来自凹岸深槽冲刷的泥沙中的相当大部分，没有机会在凸岸边滩淤积，势必进入过渡段，因而容易导致浅滩段淤积。

冲积河流以悬移质输沙为主，但也存在沙质推移质。在顺直型河段内，由于边滩一侧水深小、水流动力弱，泥沙不容易起悬，更容易以推移质形式输移，因而边滩一侧的推移质输沙率远大于深槽。这种输沙特点，也导致同一个断面上靠近边滩一侧床沙粒径较细，而主槽内床沙粒径较粗。从纵向来看，由于边滩中部最高，而滩头与滩尾高程较低，由此导致单宽流量一定的情况下，边滩中部过流面积小，流速较大，边滩中部的推移质输沙率大于滩头和滩尾。

在河床组成级配较宽的顺直型河流，沿程的床沙粒径还具有明显的分选现象，粗颗粒聚集在浅滩上，深槽段的河床组成则偏细，见图 4.5。这种沿程的泥沙分选是由于洪水期泥沙运动强度较大时，深槽段流速远大于浅滩，粗颗粒泥沙自深槽向浅滩移动，并在那里堆积的缘故。从图 4.5 还可以看出，在浅滩段还存在垂直方向的泥沙分选，最粗的颗粒聚集在表层，底下的泥沙反而较细。根据 Bagnold（1954）的研究，这是由于松散体泥沙在运动过程中还受到垂直方向的离散力，并且离散力的大小与粒径的平方成正比。这样，粗颗粒承受的离散力较大，在运动过程中就会逐步聚集到河床表面。应当指出，这种泥沙的垂直分选不仅限于顺直型河流，在床沙级配较宽的弯曲型河流上同样存在，但这种特征在河床组成较细的冲积平原河流中并不显著。

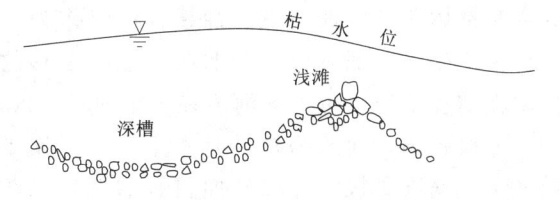

图 4.5 顺直型河段沿程与垂直方向的泥沙分选

综上所述，顺直型河段内的输沙特性可以归纳为：悬移质挟沙力在浅滩和深槽之间存在差异，并且汛枯季之间二者交替变化；存在环流输沙，但强度较弱，泥沙难以在凸岸边滩淤积，容易进入浅滩段；边滩一侧存在沙质推移质输移，并且以边滩中部输沙率最大。

4.3 顺直型河流的演变规律

4.3.1 年内冲淤变化

顺直型河段年内冲淤变化主要体现在浅滩和深槽段的交替冲淤，由以下几方面原因导致。首先，天然河流洪枯分明，洪水期来沙占一年总来沙量的大多数，当来沙量大于挟沙力时河段发生淤积。其次，洪水期浅滩段水动力条件弱、挟沙力小，而深槽段相对较大，导致洪水期浅滩淤积、深槽冲刷，而枯水期则相反。此外，汛期水流满槽时期边滩被淹没，顺直型河段内环流强度较弱，泥沙横向输移的强度也较弱，从深槽段冲起的泥沙很难到达对应的边滩，加重了下游浅滩段的泥沙负担。顺直型河段内的这种枯期浅滩冲刷、深槽淤积，洪水期浅滩淤积、深槽冲刷的周期变化规律与弯曲型河段具有一定类似性，但由于其环流较弱，上下深槽之间的过渡段易淤而难冲，浅滩枯水期水深往往较弯曲河段更不利。

除了悬移质中的床沙质之外，推移质输移也会导致顺直型河段的年内冲淤。由于推移质输沙主要以边滩一侧为主，并且边滩中部输沙率最大，因而滩顶泥沙向滩尾输移，边滩以类似沙波的形式向下游移动。需要说明的是，相比于悬移质运动，推移质运动速度更为缓慢，而且该过程在汛期边滩达到一定淹没水深的情况下才较为明显，因而汛期流量大、持续时间长的年份，边滩移动更为明显，而来水偏枯的年份，边滩位置变化很小。

4.3.2 交错边滩移动

就年际变化而言，顺直型河段的演变特征主要体现为犬牙交错的边滩缓慢向下游移动，浅滩和深槽的位置也相应同步移动。需要指出的是，顺直河段内滩槽位置的调整是一种整体移动，即边滩、深槽、浅滩作为一个整体发生下移，而它们的相对位置基本保持不变。与此对应，弯曲段深泓线下移的同时发生摆动。图 4.6 是苏联维斯雷河的滩槽演变情况，可见该河段在 1 年的时间内边滩、深槽、浅滩作为一个整体向下游移动了一段距离，而滩槽格局基本不变。相比于弯曲型河段内弯道蠕动，顺直型河段内滩槽下移速度更快，深泓平面位置的变化比较剧烈，因而顺直型河段相比于弯曲型河段较不稳定。

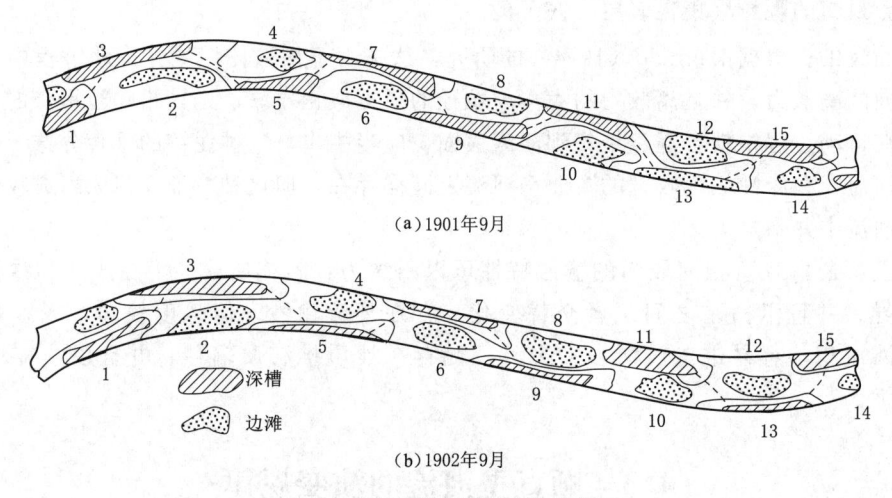

(a) 1901年9月

(b) 1902年9月

图 4.6 苏联维斯雷河的滩槽演变

顺直河段内边滩下移的原因，与该类型河段内泥沙输移特点有关。就悬移质输移而言，这类河段的曲率半径较大，弯道环流的强度和旋度相对较小，上游来沙以及由凹岸深槽冲刷而来的泥沙，在凸岸淤积的位置将偏向下游，从而促使凸岸边滩迅速向下游移动。凸岸边滩的位置既然迅速向下游移动，凹岸深槽的位置也就随之向下游移动，整个弯道以及弯道相应的环流结构也同样随之向下游移动。从推移质输移的角度来看，交错边滩向下游移动，可以看成是推移质运动的一种体现形式。由于边滩头部、中部的流速和推移质输沙率都大于滩尾，故滩头表现为冲刷后退，滩尾则淤积下延。同一河岸上边滩滩尾的淤积下移和下边滩头部的冲刷后退，引起两边滩间的深槽变化，表现为深槽首部淤积、尾部冲刷，于是整个深槽相应下移。由图 4.7 中的造床试验可见，随着时间推移，一方面边滩横向尺度不断加大，主泓更为弯曲；另一方面其位置不断下移，这充分体现了河段内同时共存的横向弯道环流输沙和纵向推移质输沙两方面效应（谢鉴衡等，1990）。

无论是天然河流还是室内模型小河，交错边滩移动是公认的顺直型河段最为典型的演变特征。即使是初始状态为规则断面的模型小河，只要其边界松散可动，经历一段时期后两侧必然会形成交错边滩。但对于犬牙交错边滩的形成机理，目前还缺乏比较一致的认识。稳定性理论认为，近壁附近水流受到微小扰动后总是循环地产生紊动猝发现象，并使

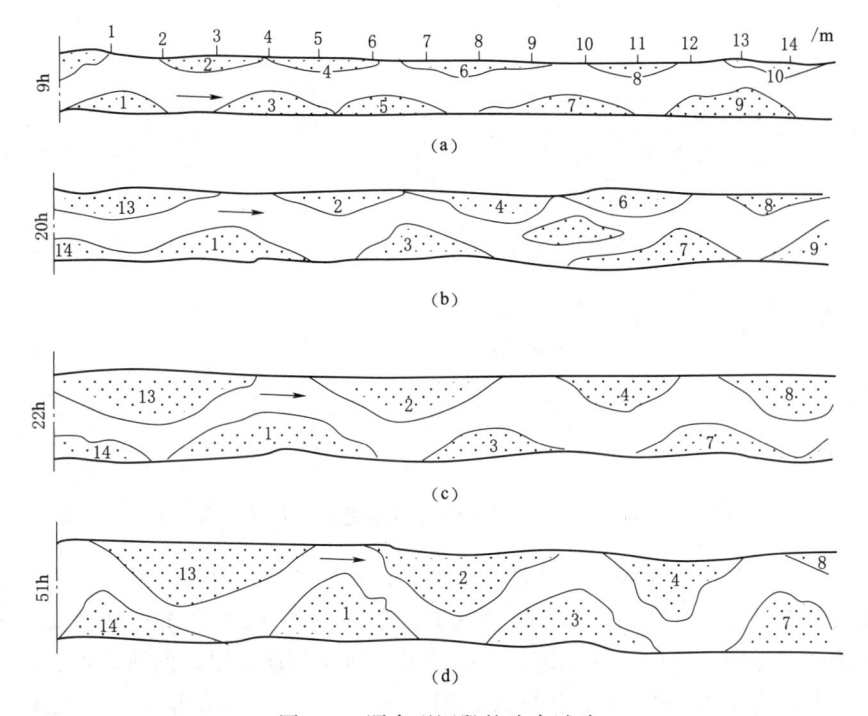

图 4.7 顺直型河段的造床试验

黏滞层处于波动状态，进而导致床面沙波的形成和发展。罗辛斯基和库兹明（1965）把边滩看成一种巨型沙波，认为当水深和水面宽之比小到一定程度时，沙波在运行中，沙峰线的任何倾斜将使得水流在沙波背流面一侧形成斜轴螺旋流，从而引起泥沙沿沙峰线转移，这种泥沙运动将不可避免地激起下游新沙波的形成，其沙峰线将与上游沙波的沙峰线相垂直，结果使得全河段沙峰线相互交叉，形成边滩交错依附两岸的局面。由能耗极值理论来看（Chang，1979），顺直型河段两岸受到约束，不能通过加大河长或河宽来调整能耗；河床物质被水流挟带而形成交错边滩之后，流路发生弯曲，增大了主槽长度，降低了比降。综合各种理论来看，只要河床可动，交错边滩是顺直型河段内必然出现的一种现象，这一规律已被大量的造床试验所证实。

4.3.3 河势调整及影响

由于交错边滩是顺直型河段内的固有特征，故交错边滩下移是该类河段内水沙输移的必然结果，这就决定了顺直型河段内的滩槽格局难以保持静态稳定。即使在来水来沙不变、河段内维持比降稳定、进出口沙量近似相等的准平衡情况下，滩槽和深泓平面位置依然会发生调整，这意味着顺直型河段内河势具有不稳定性。

从河岸和床面相对可动性角度看，当河岸几乎无法冲刷时，顺直型河段河势变化主要由边滩移动引起，与此相应，深槽和浅滩也向下游移动，深泓线发生左右摆动。

除边滩下移之外，根据河岸土质情况，顺直型河段还可能呈周期性展宽现象。图 4.8 为苏联伏尔加河—顺直型河段的周期性展宽过程。该河段河岸抗冲性较强，而由沙粒组成的床面活动性则很大，当边滩向下游移动时，可冲刷的两侧河岸为边滩所掩护而停止冲

第 4 章　顺直型河流的河床演变

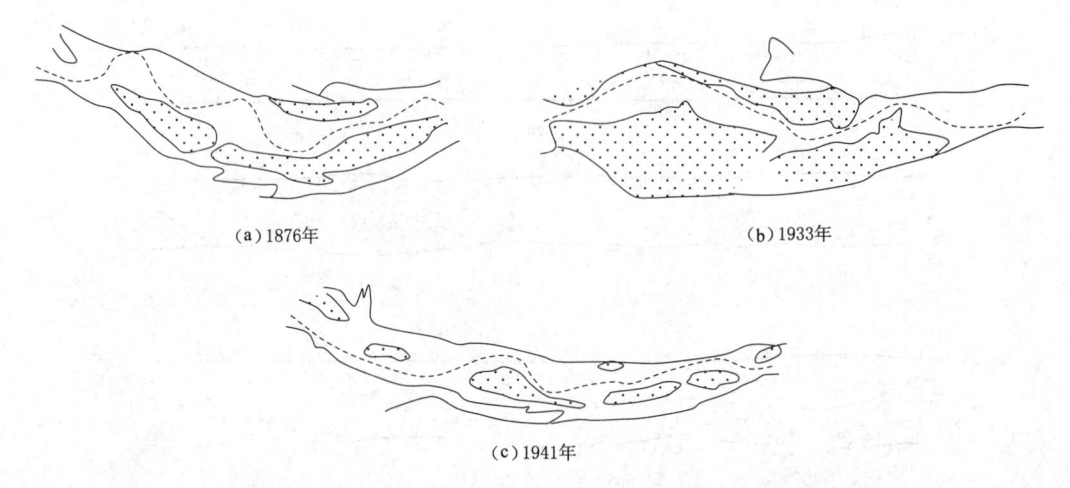

(a) 1876年

(b) 1933年

(c) 1941年

图 4.8　伏尔加河沙什卡尔河段的周期性展宽示意图（沙拉什金娜 H.C.，1965）

刷。与此相应，以前为边滩掩护的河岸则重新为水流所冲刷。这样经过一段时间后，在较长的河段内两岸都会发生冲刷，河床逐渐展宽。当展宽到一定程度后，边滩受水流切割而成为江心滩或江心洲。以后一汊淤塞，江心洲又与河岸相连，岸线向河心推进，河道再一次束窄。此后，展宽与束窄又交替出现。图 4.8 中 1876—1933 年为束窄过程，1933—1941 年为展宽过程。

顺直型河段内河势的不稳定性，可能会对生产实践带来一些不利的影响，尤其在航道维护与岸线利用方面。首先，滩槽格局调整导致浅滩位置不固定，且深泓上下或左右摆动，会导致航槽移位，给航道维护带来困难。其次，当河道两侧的边滩下移运行到港口码头时，会造成码头前沿淤积，船舶停靠困难；边滩下移到取水口时，导致取水口引水困难，甚至无法取水。如果顺直河段下游衔接分汊河道，当边滩下移至汊道进口位置时，还会在汊道进口形成淤积体，导致汊道进口的航道条件恶化。图 4.9 显示了长江中游界牌顺直河段内不同年份的深泓平面位置。由图可见，即使在右岸边滩修筑了一系列丁坝工程之后，河段内依然存在深泓左右摆动。图 4.10 显示了长江中游周公堤水道内不同年份滩槽格局调整，可以看出河段内蛟子渊边滩存在缓慢下移之后被切割的过程，导致水深条件变化。由这些例子可见，即使顺直型河段两侧岸线稳定，滩槽缓慢下移的固有演变特点依然会使河势不稳定，因而会给生产实践带来较大影响。

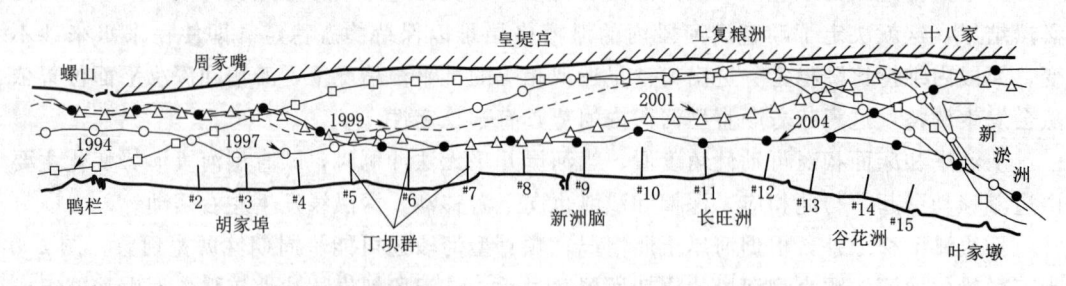

图 4.9　长江中游界牌顺直河段内深泓线的平面变化（1994—2004 年）

(a) 1984年10月

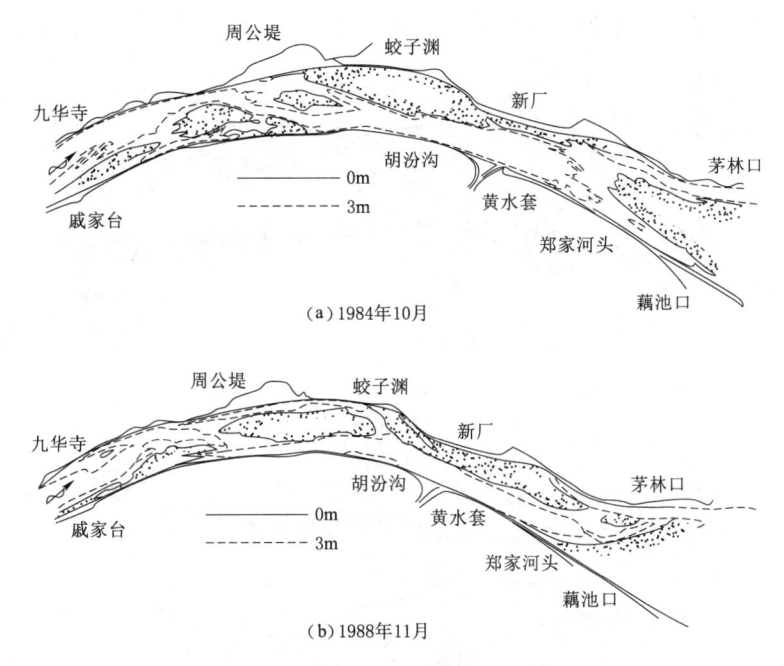

(b) 1988年11月

图 4.10　长江中游周公堤水道内滩槽格局变化

4.4　形成条件

  冲积河流中，某种河型的形成和维持，需要一定的来水来沙条件和边界条件（Ashworth，2012）。关于顺直型河段的形成条件，从现有资料看，当较长河段的两岸存在抗冲性较强的物质，如出露的基岩、黏土层、间距较密的人工节点等，河道的横向发展受到了限制，在这样的条件下，常形成顺直型河段。从这个角度来看，顺直型河段是河岸具有较大限制条件下的产物，与水沙条件关系不大（倪晋仁和王随继，2000）。也正是由于这种原因，天然冲积河流中的顺直型河段往往只在边界条件较为特殊的一段距离内出现，像弯曲型河流、游荡型河流存在长达数十公里甚至上百公里的情况，对于顺直型河流是不存在的。此外，弯曲型河段之间的长过渡段虽可视为顺直型河段，但它是弯曲型河流在正常发展过程中暂时形成的顺直河段，如果两岸不加限制，随着弯道的蠕动，将是一种难以长期稳定存在的形态。

4.5　顺直型河流的整治

  对顺直型河流实施整治，主要遵循两方面原则：一是对抗冲性较弱的岸坡实施护岸加固，避免岸线不稳引起河势变化；二是固定边滩，使其不向下游移动，从而达到稳定河段内滩槽格局的目的。由于顺直型河段内的边滩高程相对低矮，具有洪水淹没、枯水出露的特点，因而固定边滩的工程措施主要是修建淹没丁坝群或护滩带。这些整治建筑物既可防止滩头冲刷，又可加强边滩的淤积，使整个边滩稳定不变。如图 4.11 中荆江典型顺直河段碾子湾水道和铁铺水道整治，就实施了大量护滩带和护岸工程。

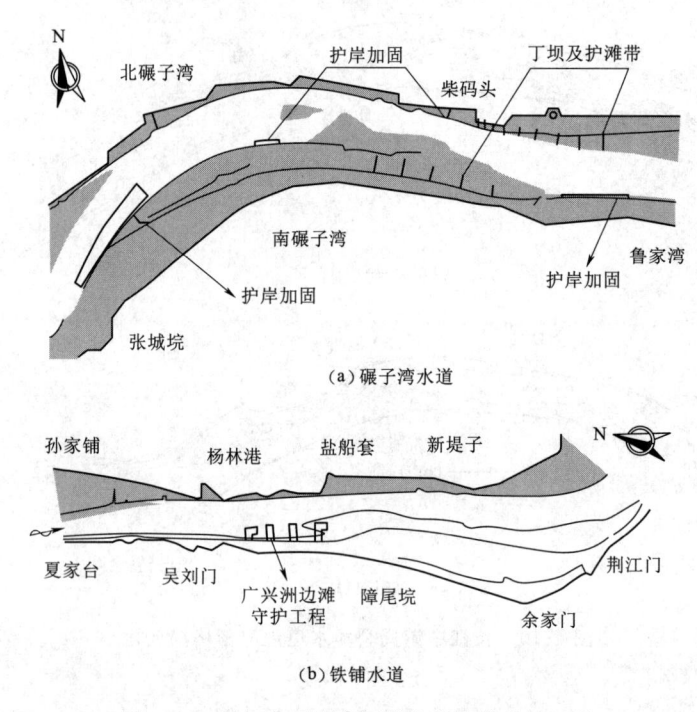

(a) 碾子湾水道

(b) 铁铺水道

图 4.11 荆江典型顺直河段内的航道整治工程

第 5 章 弯曲型河流的河床演变

弯曲型河流（meandering river）是冲积平原河流最常见的一种河型，也是 4 种河型中最为稳定的河型。掌握弯曲河段的演变规律，对于我国大江大河的河道整治具有重要指导意义，能有效保障我国沿江/河地区的社会经济发展。我国海河流域的南运河，淮河流域的汝河下游和颍河下游，黄河流域的渭河下游，长江流域的汉江下游以及向有"九曲回肠"之称的长江下荆江河段，都是典型的弯曲型河段。本章首先介绍弯曲型河道的河弯形态特征；其次阐述弯道的水沙运动规律、河床演变规律及其形成条件；再次介绍人工裁弯与弯道护岸工程；最后以都江堰水利工程为例，说明弯道水沙运动规律在实际工程中的具体应用。

5.1 河弯形态特征

5.1.1 河弯类型

河弯的分类方法很多，根据水流与河床相互作用的情况以及河谷特点，可将冲积河流的河弯分为自由河弯和限制性河弯，其中以自由河弯最为常见。自由河弯是指冲积平原上自由发育的、受边界条件约束较弱的弯道；限制性河弯是指在山体等部分或整体的约束条件下，发育而成的冲积性或者半冲积性弯道。根据河弯的弯曲程度（表 5.1），又可将弯曲度较小的河弯称为**微弯**，而弯曲度较大的河弯称为**急弯**。冲积性河道内急弯通常情况下是由微弯逐渐演变而来。

表 5.1 微弯与急弯河段的划分标准

指标	微弯*	急弯	来源
相对曲率半径（R_c/B_{bf}）	$R_c/B_{bf} > 2.0 \sim 3.0$	$R_c/B_{bf} \leq 2.0 \sim 3.0$	Bagnold，1960
	$R_c/B_{bf} \geq 10 C_f^{-0.25} H_{bf}/B_{bf}$	$R_c/B_{bf} < 10 C_f^{-0.25} H_{bf}/B_{bf}$	Wei 等，2016

* 表中的研究者将河弯分为轻度弯曲、中度弯曲及急弯河弯，而本书中将前两者统一称为微弯河弯。B_{bf} 是平滩河宽；R_c 是河道中心线的曲率半径；C_f 是无量纲的谢才系数；H_{bf} 是平滩水深。

5.1.2 平面形态

从平面上看，弯曲型河道是由一系列正反相间的弯曲段及较为顺直的过渡段组成。在均质土壤上，河弯外形比较规则圆滑，但在一般河流上，河漫滩中常存在胶泥层，会对弯道蠕动起阻碍作用，从而使河弯扭曲变形，有的发展成畸形河弯。

根据研究对象的空间范围，弯曲型河流的平面特征可以采用不同的参数进行表征：

（1）对于由多个正反相间河弯组成的长河段弯道，通常采用弯道的曲线长度 L_c 与弯道直线长度 L_l 的比值（**曲折系数** sinuosity ratio，SR）来表示其弯曲程度。其中弯道的曲线长度为河道中心线的长度，其起点通常为上游过渡段中心点，终点为下游过渡段的中心点。通常将曲折系数 $SR > 1.5$ 的河段称为弯曲型河段。

(2) 对于由 3 个反向河弯组成的连续弯道，通常考虑其弯距 L 与摆幅 M，类似于正/余弦函数的波长与波幅。**弯距** L 是相邻 3 个弯道中首尾弯道弯顶的水平距离，**摆幅** M 为两弯顶的垂直距离（图 5.1）。

(3) 对于单个河弯，其主要特征参数则包括平滩河宽 B_{bf}、曲率半径 R_c 和中心角 θ。其中曲率半径（curvature radius）与河宽的比值（R_c/B_{bf}）被用以表征单个河弯的弯曲程度，且通常当 $R_c/B_{bf} \leqslant 2.0 \sim 3.0$ 时，划分为急弯，反之为微弯（表 5.1）。**河弯中心角**是指单个河弯上游过渡段与下游过渡段辐射线所构成的夹角，用以衡量河弯的延展程度。

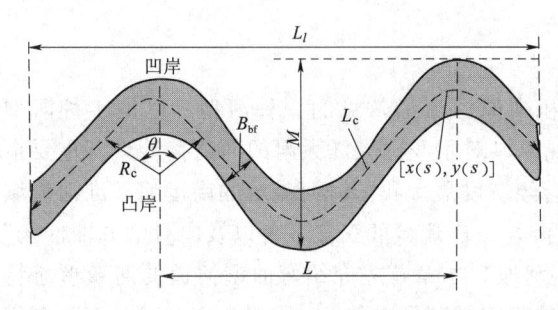

图 5.1 河弯的几何形态及特征参数表征

河弯曲率半径的大小与河流的河槽尺寸有关。天然条件下，流量越大，水流的惯性越大，因此河弯的曲率半径也就越大，反之流量越小，河弯的曲率半径越小，即"大河出大弯，小河出小弯"。

天然河弯的曲率半径通常也是沿程变化的，将曲率半径最小的位置称为**弯道顶点**（bend apex），并可进一步将河弯划分成弯顶上游（进口-弯顶）与弯顶下游（弯顶-出口）两个区域。但在一定范围内也可将河道中心线近似为圆弧形，用圆弧的半径来近似表示河弯的整体曲率半径。河弯中靠近该圆弧圆心的一侧河岸称为**凸岸**（convex bank），另一侧称为**凹岸**（concave bank）。通常情况下，凸岸淤积形成边滩（point bar），而凹岸冲刷形成深槽（pool）。

另外，设 $[x(s), y(s)]$ 为笛卡尔坐标系中河道中心线的坐标，s 表示沿河道中心线的距离。当需要准确获取河弯中心线各处曲率半径 R_c 的沿程变化时，则可采用下式计算：

$$R_c = \frac{(x'^2 + y'^2)^{3/2}}{x'y'' - y'x''} \tag{5.1}$$

式中：x'、y' 表示对 s 求一阶导数；x''、y'' 表示对 s 求二阶导数。

5.1.3 横断面与纵剖面形态

通常情况下，将河道中心线的延伸方向称为纵向，而将垂直于河道中心线的断面称为横断面。沿程各横断面上主槽区域最低点的连线，则称为**深泓线**。从横断面来看，弯曲段的地形呈非对称三角形，凹岸一侧坡陡水深，凸岸一侧坡缓水浅，而过渡段的地形为近似对称的抛物线形。由弯道段至过渡段断面形态的转变是沿程逐渐变化的。从河床纵剖面来看，深泓线也呈现出沿程起伏相间的变化特点，弯道段较低而过渡段较高。但值得注意的是，弯道段断面形态与凸岸边滩及凹岸深槽的发育密切相关，故也并非所有的河弯都呈现出这种特点。当河道内泥沙输移量较少，凸岸边滩不能充分发育时，弯道段断面形态也可能为近似对称的抛物线形。

(a) 河弯平面形态

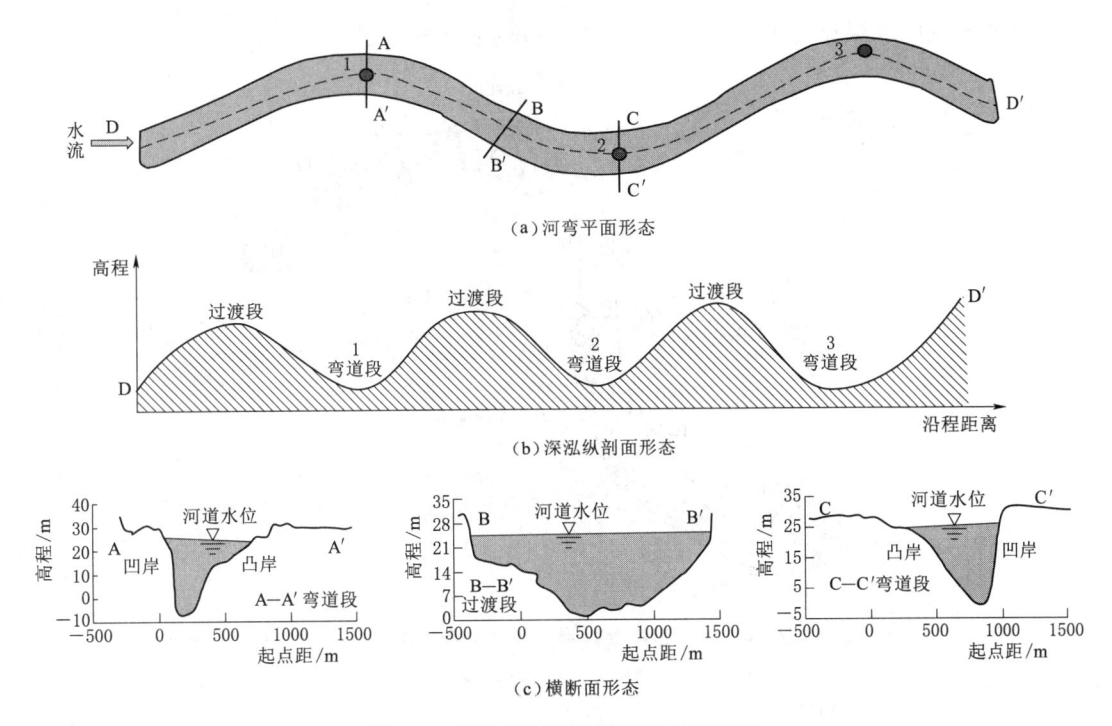

(b) 深泓纵剖面形态

(c) 横断面形态

图 5.2 弯曲型河流的河床形态示意图

5.2 弯道水沙运动

5.2.1 弯道水流运动

弯道水流不同于直线水流，当水流作曲线运动时，会存在一定的离心惯性力（centrifugal force），从而导致水流最大流速区向凹岸偏转，水流质量向凹岸集中。凹岸水位抬高，凸岸水位降低，水面形成横比降，由此造成静水压力（static pressure）梯度，并与离心惯性力一起引起了横断面上具有封闭性的**环流或二次流**（secondary flow）。环流与纵向水流（primary flow）结合，成为**螺旋流**（spiral flow）。此外，由于压力与比降的沿程变化，弯道段可能发生水流的分离现象（flow separation）。天然弯曲型河流是由一系列的河弯组成的，每个河弯的水流运动规律，除与自身有关外，通常还受到上下游河弯的影响。

1. 水流动力轴线

水流动力轴线被定义为沿程各断面最大垂线平均纵向流速所在位置的连线，又称为**主流线**。其与深泓线的区别在于：前者代表了水流流速最大的区域，而后者代表了水深最大的区域。天然冲积性河弯的水流动力轴线，一般在弯道进口段偏靠凸岸，进入弯道后逐渐向凹岸过渡，至弯顶附近，最大水深和最大流速均紧靠凹岸（图 5.3），这一现象在低水时期尤为明显。水流动力轴线逼近凹岸的位置称为**顶冲点**（impingement point），且自顶冲点以下的相当长一段距离内，水流动力轴线都紧贴凹岸。通常情况下，水流动力轴线与深泓线靠近，但两者并不完全重合，前者更偏向凸岸侧（图 5.4）。图中，h_{50} 与 u_{s50} 分别表示对各测点的水深和流速排序后，处于中位数的水深和流速。

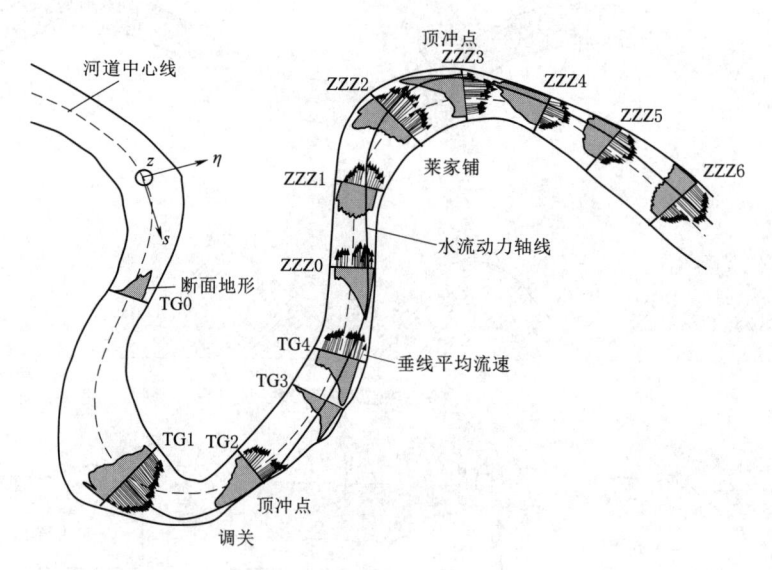

图 5.3　长江中游调关及来家铺弯道断面地形及流速分布（2019 年 7 月，$Q=24000\text{m}^3/\text{s}$）

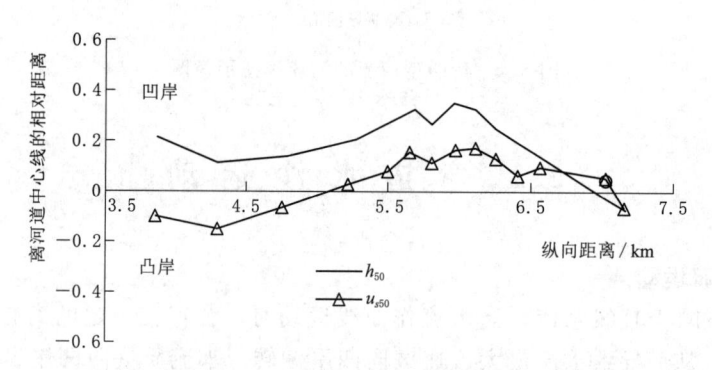

图 5.4　Wabash 河下游 Maier 弯道实测中位数纵向流速与水深的位置变化（Konsoer 等，2016）

在两岸约束较小的宽浅河段内，水流动力轴线的弯曲度因流量的变化而发生改变，具有"低水傍岸、高水居中"的特点，水流顶冲位置也随水流动力轴线的变化而上提下挫，在低水时顶冲点位于弯顶附近或稍上，高水时则下移至弯顶以下。图 5.5 给出了下荆江调关—来家铺弯道段概化模型试验中，测量的不同流量级下的水流动力轴线，可知在弯顶附近水流动力轴线的变化十分明显。另一方面，水流动力轴线又受两岸的约束，与河弯的曲率半径、河弯的宽深比等有关。张笃敬和孙汉珍（1983）根据上、下荆江河弯的实测资料，求得荆江河弯水流动力轴线曲率半径 R_f 的经验关系式：

$$R_\text{f}=0.26R_\text{c}^{0.73}\left(\frac{\sqrt{\overline{B}}}{\overline{H}}\right)^{0.72}(\overline{Q}H^{2/3}J^{1/2})^{0.23} \tag{5.2}$$

式中：Q 为流量；$\overline{B}$、$\overline{H}$ 为平均河宽与水深（相应 Q）；$\sqrt{\overline{B}}/\overline{H}$ 为河弯的平均宽深比；J 为水面纵比降，以万分率计。

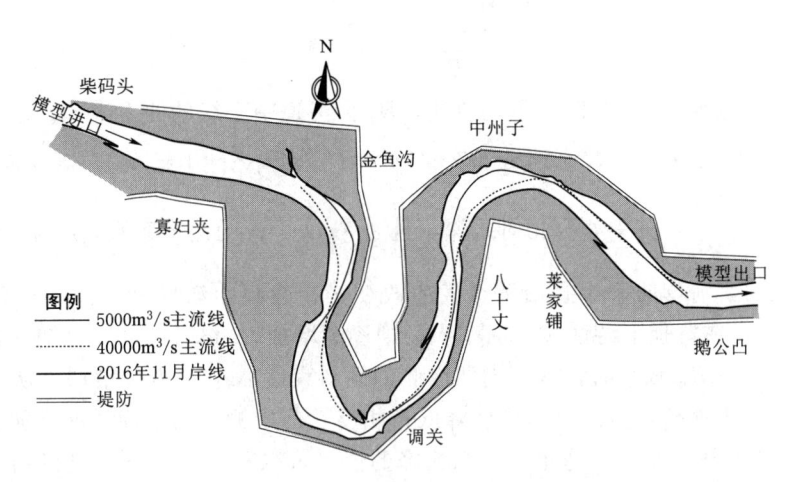

图 5.5 调关-来家铺弯道概化模型试验中不同流量级下的水流动力轴线变化（姚仕明，2020）

2. 水面比降

基于达伦贝尔原理，引入惯性力（这里为离心力），采用静力平衡的方法，计算水面横比降的大小。取长为一个单位、宽为 $\Delta\eta$ 的水体为研究对象，水柱沿横向的受力情况如图 5.6 所示，其中离心力 F_c 和水压力差 ΔP，可以分别表示为

$$F_c = \frac{1}{2}\rho\alpha_0(2h+\Delta z_\omega)\Delta\eta\frac{U_s^2}{R} \tag{5.3}$$

$$\Delta P = P_1 - P_2 = \frac{1}{2}\gamma h^2 - \frac{1}{2}\gamma(h+\Delta z_\omega)^2 \tag{5.4}$$

式中：ρ 为水的密度；U_s 为该水体垂线平均的纵向流速；α_0 为流速分布系数；h 为水深；Δz_ω 为水位差；γ 为水的容重；R 为水流流线的曲率半径。

当水体底面的摩阻力可以忽略不计时，则根据力学平衡，可得：

$$\frac{1}{2}\rho\alpha_0\left(2h+\frac{\partial z_\omega}{\partial\eta}\Delta\eta\right)\Delta\eta\frac{U_s^2}{R} + \frac{1}{2}\gamma h^2 - \frac{1}{2}\gamma\left(h+\frac{\partial z_\omega}{\partial\eta}\Delta\eta\right)^2 = 0 \tag{5.5}$$

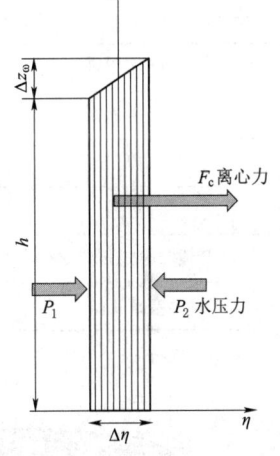

图 5.6 弯道中水柱受力情况分析

$\frac{1}{2}\left(\frac{\partial z_\omega}{\partial\eta}\Delta\eta\right)^2$ 为小量，可忽略，且取 $2h+\frac{\partial z_\omega}{\partial\eta}\Delta\eta\approx 2h$，上式可改写为

$$\frac{\partial z_\omega}{\partial\eta} = \alpha_0\frac{U_s^2}{gR} \tag{5.6}$$

式中：g 为重力加速度。

将式（5.6）沿河宽方向进行积分可得

$$\Delta z_\omega = \int_B \alpha_0\frac{U_s^2}{gR}\mathrm{d}\eta \tag{5.7}$$

若将河道作为一维问题考虑时，上式可近似写为

第 5 章　弯曲型河流的河床演变

$$\frac{\Delta z_\omega}{B}=\alpha_0\frac{U_m^2}{gR_c} \tag{5.8}$$

式中：B 为水面宽度；U_m 为断面平均流速；R_c 为河道中心线的曲率半径。

采用卡曼-普兰特尔对数流速分布公式 $u_s=U_s[1+\sqrt{g}(1+\ln\xi)/(\kappa C)]$，可得 $\alpha_0=\frac{1}{U_s^2}\int_0^1 u_s^2 d\xi = 1+\frac{g}{C^2\kappa^2}$，其中 ξ 为相对水深，且 $\xi=z/h$，C 为谢才系数，κ 为卡曼常数。

天然河道内，河弯曲率半径沿程会发生改变，在弯顶上游区域，曲率半径会沿程减小（曲率增加）；在弯顶下游区域，曲率半径则逐渐增加。由式（5.8）可知，在弯顶上游区域，当曲率半径 R_c 减小时，水面向凹岸侧的倾斜程度 Δz_ω 会沿程增加，从而导致凹岸侧水位沿程会有所壅高，纵向水面梯度降低；相反，凸岸侧纵向水面梯度增加。例如，表5.2 给出了长江荆江段来家铺弯道水面纵比降的值，可以看出，从弯道进口到弯顶，河弯曲率半径沿程减小，凸岸侧的水面纵比降大于凹岸，而从弯顶到弯道出口，河弯曲率半径沿程增大，凹岸侧的水面纵比降大于凸岸（图 5.7）。由谢才公式可知，水流流速与比降成正相关关系，故由于河弯两侧水面纵向比降的这种沿程变化特点，导致弯顶上游区域与下游区域水流纵向流速的横向分布存在区别。

表 5.2　　荆江来家铺弯道段实测水面纵比降

断面位置	凹岸水面纵比降/‰	凸岸水面纵比降/‰
弯道进口	−0.007	0.424
弯道进口与弯顶之间	0.019	0.079
弯顶	0.849	2.040
弯顶与弯道出口之间	0.530	0.210
弯道出口	0.700	0.797

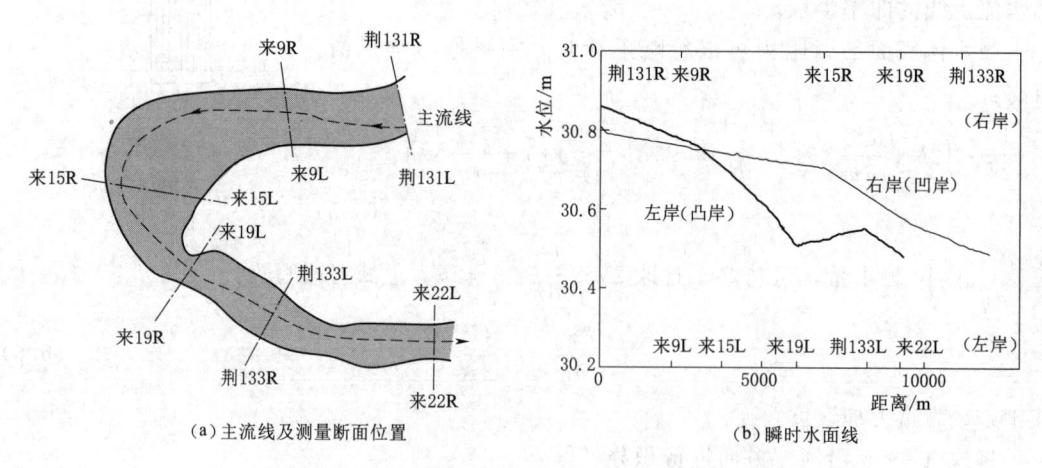

(a) 主流线及测量断面位置　　(b) 瞬时水面线

图 5.7　荆江来家铺河弯沿程水位变化（1964 年 5 月）

3. 环流

水面横比降所造成的压力差，沿水深是均匀分布的，方向指向弯道凸岸。离心力与水流流速的平方成正比，因此其从水面至河底逐渐减小，方向指向凹岸。水压力差与离心力共同形成的合力分布表现为：上层水体内合力指向凹岸，而下层水体内合力指向凸岸，由此造成了表层水流向凹岸、底层水流向凸岸的环流运动［图5.8（a）］。

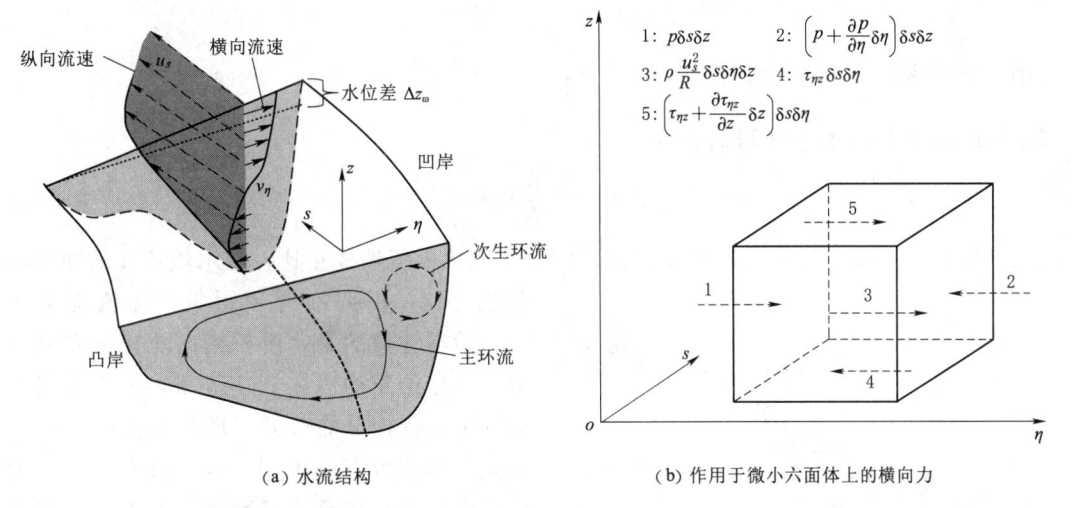

(a) 水流结构　　　　　　　　　(b) 作用于微小六面体上的横向力

图 5.8　弯道水流流速分布与环流示意图［图5.8（a）源自Blanckaert和de Vriend（2003）］

如果在弯道水流中取一个微小的六面体（$\delta s \delta \eta \delta z$）来观察，它的横向受力情况，如图5.8（b）所示，写出如下动力平衡方程式：

$$\left[p-\left(p+\frac{\partial p}{\partial \eta}\delta \eta\right)\right]\delta s \delta z-\left[\tau_{\eta z}-\left(\tau_{\eta z}+\frac{\partial \tau_{\eta z}}{\partial z}\delta z\right)\right]\delta s \delta \eta+\rho \delta s \delta \eta \delta z \frac{u_s^2}{R}=0 \quad (5.9)$$

式中：p 表示压力，且 $p=\gamma(z_\omega-z)$；$\tau_{\eta z}$ 为横向水流切应力；z_ω 为水位。

上式可以简化为

$$\underbrace{g\frac{\partial z_\omega}{\partial \eta}}_{\text{水压力沿横向的变化}}-\underbrace{\frac{1}{\rho}\frac{\partial \tau_{\eta z}}{\partial z}}_{\text{横向水流切应力沿垂线变化}}-\underbrace{\frac{u_s^2}{R}}_{\text{离心力}}=0 \quad (5.10)$$

其中横向的水流切应力又可写为

$$\tau_{\eta z}=\rho \varepsilon_\eta \frac{\partial v_\eta}{\partial z}=\frac{M_\eta}{h}\frac{\partial v_\eta}{\partial \xi} \quad (5.11)$$

假定横向动量传递系数 ε_η 与纵向传递系数 ε_s 相同，可得

$$M_\eta=M_s=\tau_{sz}\Big/\frac{\partial u_s}{\partial z}=\tau_{sb}(1-\xi)\Big/\left(\frac{1}{h}\frac{\partial u_s}{\partial \xi}\right) \quad (5.12)$$

式中：τ_{sz}、τ_{sb} 分别为水深等于 z 处及河底处的纵向切应力，且 $\tau_{sb}=\frac{\gamma U^2}{C^2}$。

可以看出式（5.10）中第1项及第3项均与变量 z 无关，故将式（5.11）和式（5.12）代入式（5.10），沿 z 方向积分可推得环流横向流速 v_η 的计算关系，且由于环流不产生横向的水流质量输移，故还需满足 $\int_0^1 v_\eta \mathrm{d}\xi=0$。

此外，求解横向流速 v_η，还需知道纵向流速 u_s 沿 z 方向的变化情况，故仍采用卡曼-

普兰特尔对数流速分布公式,并采用式(5.6)计算水面梯度。将式(5.6)、式(5.11)和式(5.12)代入式(5.10),积分可得

$$\frac{R}{h}\frac{v_\eta}{U_s} = \frac{1}{\kappa^2}\left[F_1(\xi) - \frac{\sqrt{g}}{\kappa C}F_2(\xi)\right] \quad (5.13)$$

其中,R 是该垂线处流线的曲率半径,$F_1(\xi) = -2\left(\int_0^\xi \frac{\ln\xi}{1-\xi}d\xi + 1\right)$,$F_2(\xi) = \int_0^\xi \frac{\ln^2\xi}{1-\xi}d\xi - 2$。
当 $\kappa \approx 0.5$,$C \geqslant 50$ 时上式可简化为

$$v_\eta = 6U_s \frac{h}{R}(2\xi - 1) \quad (5.14)$$

由式(5.14)可知,横向流速与水深及垂线平均的纵向流速成正比,与水流流线的曲率半径成反比,由此在弯顶附近,环流更为明显。值得注意的是,由于横向流速分布的推导是基于给定的纵向流速分布,如果采用不同的纵向流速分布公式,所得横向流速分布公式的形式也有所不同,但是基本关系仍为 $v_\eta \propto U_s h/R$。在天然河道内,由于水流流线的曲率半径计算相对困难,因此可近似采用河道中心线的曲率半径。图5.9给出了下荆江调关弯道段典型断面特定垂线处式(5.14)的计算值与2017年实测横向流速的对比。

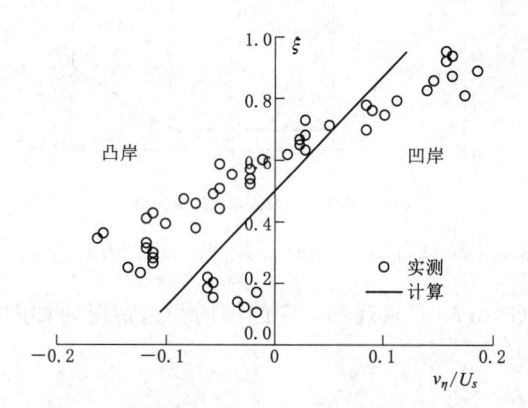

图 5.9 下荆江调关弯道段典型断面特定垂线式(5.14)计算值与实测横向流速的对比

为了量化环流的强弱,基于不同的角度,提出了多种环流强度的计算方法,本书仅介绍其中以水流动能为衡量标准及以断面纵横速比为衡量标准的两种计算方法。

(1)以水流动能作衡量标准时,环流强度 I 可以表示为

$$I = \int_A (v_\eta)^2 dA \Big/ \int_A u_s^2 dA \quad (5.15)$$

或

$$I = \sqrt{\int_A (v_\eta)^2 dA} \Big/ \overline{U}\,\overline{H} = \sqrt{\int_A (v_\eta)^2 dA} \Big/ (Q/B) \quad (5.16)$$

式中:A 为过水面积;$\overline{U}$ 为断面平均流速;$\overline{H}$ 为断面平均水深。

(2)以全断面的纵横向流速之比为衡量标准时,环流强度 I 可以表示为

$$I = \frac{1}{A}\int_A |v_\eta/u_s| dA \quad (5.17)$$

以上表示方式都是针对整个断面的环流强度。在同一个断面内,不同垂线或测点的环流强度,可以直接以点的横向流速 v_η 和 v_η/U_s 表示环流的绝对强度和相对强度,以 v_η/u_s 表示环流的旋度。

弯道内环流强度由进口至弯顶段逐渐增强,通常在弯顶附近充分发展,环流强度 I 达到最大,由弯顶至弯道出口段逐渐减弱。弯顶下游段的环流强度一般大于弯顶上游段,如

图 5.10 所示。另外，除水压力差及离心力引起的主环流外，在弯道凹岸侧可能还会存在强度较小、方向相反的次生环流，如图 5.8（a）所示。次生环流的形成被认为与河弯曲率、水流紊动、河岸形态及边壁阻力等有关，且较陡的河岸形态与较大的弯曲程度是有利于凹岸次生环流的形成。值得注意的是，由于天然河道水流及河床边界条件十分复杂，横断面上也可能出现多个环流。

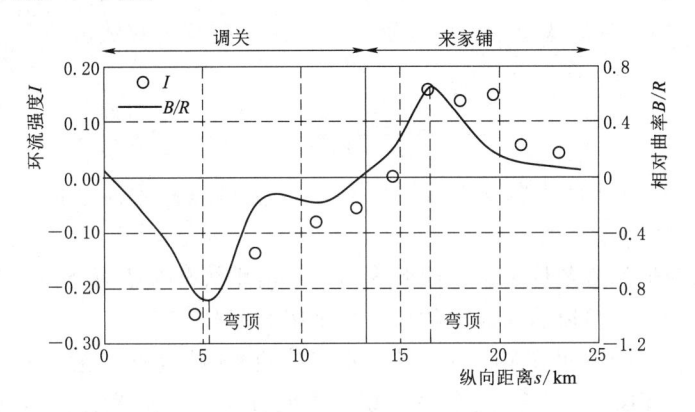

图 5.10 下荆江调关及来家铺弯道段环流强度（I）与相对曲率（B/R）的沿程变化

4. 水流分离

当水流沿弯曲的固体边界流动时，有时水流会脱离边界，在主流与固体边界之间形成漩涡，这个区域称为**水流分离区**，这种现象通常称为水流的分离。当弯道出现压力沿程增加区域，或水面出现纵向负比降时，则有可能出现水流分离的现象。前面提到过弯道水面纵比降的沿程变化特点，凹岸的上段与凸岸的下段均是纵向比降减小的区域，故这些区域很有可能出现水流分离（图 5.11）。当河弯曲率变化越大时（急弯河段），越易出现分离区，但影响弯道水流分离的因素复杂，还包括进口水流的紊动程度、进口断面的水流流速分布和边壁摩擦阻力等。

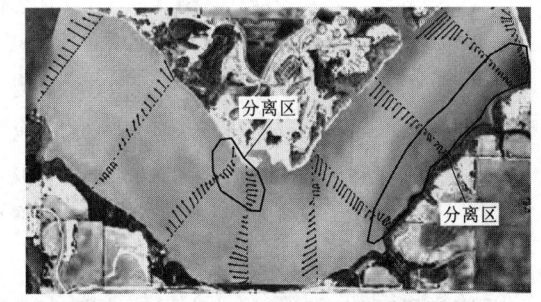

图 5.11 天然弯道段的水流分离现象（Parsons 等，2013）

5. 剪切应力

河道内水流运动时，会在床面与河岸形成河床剪切应力（bed shear stress），且其分布直接关系到床面的泥沙运动和河岸的侵蚀情况。天然河流内直接测量剪切应力目前具有很大的难度，因而通常采用间接方法来确定剪切应力。

3 种常见的计算剪切应力 τ 的方法，包括利用纵比降 J、垂线平均流速 U 及纵向流速 u_s 沿垂线的分布进行计算。其中基于垂线平均流速的计算方法在上节已介绍，此处不再重复。基于纵比降的计算方法为

$$\tau = \gamma h J \tag{5.18}$$

该式是基于恒定均匀流推导而得。由于弯道有附加的水头损失，且在存在沙波的情况下，作用在泥沙颗粒上的有效剪切应力并非水流施加的总的剪切应力。因此该式对于弯道的适用性还需依据实际情况而定。

基于纵向流速分布的计算方法，根据选取的流速分布公式的差别（如幂函数或对数函数分布），切应力的计算公式也会有所差别。此处仅介绍基于对数流速分布公式的计算方法，即

$$\tau = \rho \left(\kappa \frac{u_{s2} - u_{s1}}{\ln z_2 - \ln z_1} \right)^2 = \rho \kappa^2 m^2 \tag{5.19}$$

式中：u_{s1}、u_{s2} 为垂线上两点的纵向流速；z_1、z_2 为两点的垂向坐标；m 为纵向流速 u 与 $\ln z$ 关系曲线的斜率。

然而，天然河道水流条件复杂，因此纵向流速沿垂线分布很可能与这些理论公式不完全符合，这也就给天然河道剪切应力的计算带来很大困难。

关于床面切应力的空间分布特点，已有水槽试验的结果表明：在弯道水流中，床面剪切应力的分布与纵向流速的分布一致，流速大的区域，剪切应力也大。Hooke（1975）在定床和动床试验中发现，二者的剪切应力的分布基本一致。在弯道上段，最大剪切应力区靠近凸岸，到弯道中段，则向凹岸过渡。低剪切应力区位于弯道上段的凹岸和凸岸边滩的下游，如图 5.12 所示。此外，Hooke（1975）在模型中测量的凹岸边壁剪切应力表明：凹岸边壁剪切应力存在两个极值区域，最大的位于弯顶稍下游，次大的位于近弯道出口处，且它们位置基本不随流量而变化。

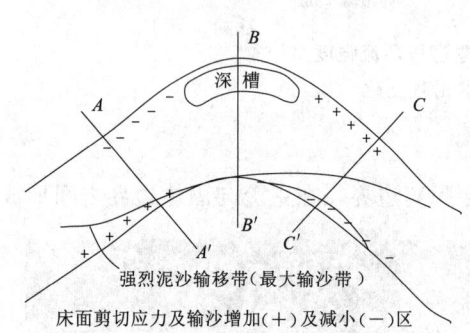

图 5.12 弯道床面剪切应力分布及推移质输移带

5.2.2 弯道泥沙运动

受弯道段环流运动的影响，泥沙输移过程也区别于顺直河段，呈现出净输沙方向指向凸岸的横向输沙特点。下面着重对弯道段横向输沙的相关理论进行介绍，包括悬移质输移（suspended sediment）和推移质（bed load）输移两类。

1. 悬移质输移

天然河流内悬移质含沙量沿垂线呈现出上稀下浓的分布特点。基于泥沙扩散方程及卡曼-普兰特尔对数流速公式，Rouse 推导出了二维恒定均匀流且河床冲淤平衡条件下的悬移质含沙量 S 的垂线分布公式，可表示为

$$\frac{S}{S_a} = \left(\frac{\xi_a}{1-\xi_a} \right)^Z \left(\frac{1-\xi}{\xi} \right)^Z \tag{5.20}$$

式中：S_a 表示在相对水深为 ξ_a 处的含沙量；Z 称为悬浮指标，且 $Z = \frac{\omega}{\kappa u_*}$，当悬沙的颗粒越粗，粒径越大时，悬浮指标 Z 越大；ω 为泥沙沉速；u_* 为摩阻流速。

5.2 弯道水沙运动

通过对上式沿垂线积分，获得含沙量沿垂线分布的容积平均值 S_{pj}，继而可将上式转化为

$$\frac{S}{S_{pj}} = \frac{1-\xi_a}{J_1}\left(\frac{1-\xi}{\xi}\right)^Z \tag{5.21}$$

式中：$J_1 = \int_{\xi_a}^1 \left(\frac{1-\xi}{\xi}\right)^Z d\xi$，且可取 ξ_a 为 0.01。

弯道内横向流速可采用式 (5.14) 进行计算，且其与式 (5.21) 均是通过卡曼-普兰特尔对数流速公式推求而得，具有共同基础。两式的乘积则表示单位面积上横向输沙率，故可得

$$q_{sz} = 6S_{pj}U_s \frac{h}{R}\frac{1-\xi_a}{J_1}(2\xi-1)\left(\frac{1-\xi}{\xi}\right)^Z \tag{5.22}$$

图 5.13 (a) 为式 (5.22) 的图解，可以看出环流下层的输沙率 (sediment discharge) 恒大于上层，且越靠近底部，横向输沙率越大。其原因在于：理论上，上下层水体内环流流速的大小保持一致，方向相反，故不造成水流质量的净输移；但由于下层含沙量高，而上层含沙量低，下层水体携带的泥沙多于上层水体，从而造成了泥沙质量的横向净输移过程，且净输移方向与环流下层的横向流速方向保持一致。

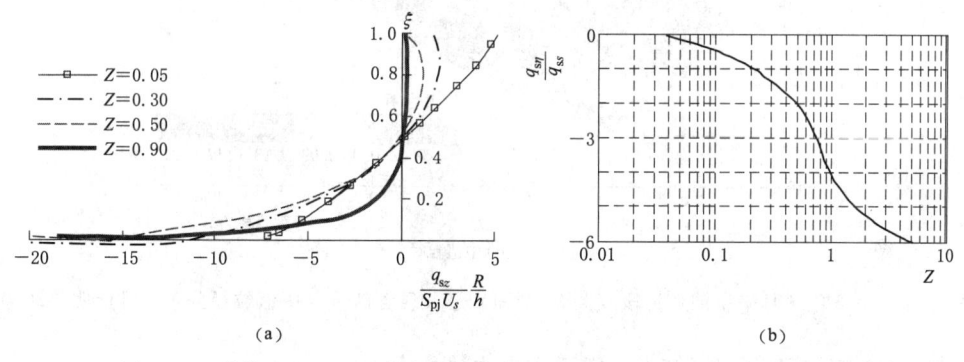

图 5.13 单位面积上环流横向输沙率与单位河长上环流净输沙率的图解

将式 (5.22) 沿垂线进行积分，可求得纵向单位水流长度上环流引起的横向净输沙率为

$$q_{s\eta} = U_s h S_{pj} 6\frac{h}{R}\frac{1-\xi_a}{J_1}\int_{\xi_a}^1 (2\xi-1)\left(\frac{1-\xi}{\xi}\right)^Z d\xi = q_{ss} 6\frac{h}{R}\frac{1-\xi_a}{J_1}J_\eta \tag{5.23}$$

其中

$$q_{ss} = U_s h S_{pj}, \quad J_\eta = \int_{\xi_a}^1 (2\xi-1)\left(\frac{1-\xi}{\xi}\right)^Z d\xi$$

式中：q_{ss} 为纵向单宽输沙率。

从式 (5.23) 可知，横向输沙同样与纵向输沙密切相关，其原因在于横向水流运动与纵向水流运动相互关联。图 5.13 (b) 为式 (5.23) 的图解，可知当悬沙颗粒越粗，悬浮指标越大时，横向净输沙量也越大，这与粗颗粒泥沙集中在近底层，而细颗粒泥沙沿垂线分布相对更为均匀的特性是一致的。经计算，当悬浮指标 $Z=1.6$ 时，下层水体的横向输

沙率已占上层与下层横向输沙率绝对值之和的99.8%。

弯道段悬移质含沙量及其粒径在横向分布上也呈现出独特的特点（图5.14），具体表现如下：

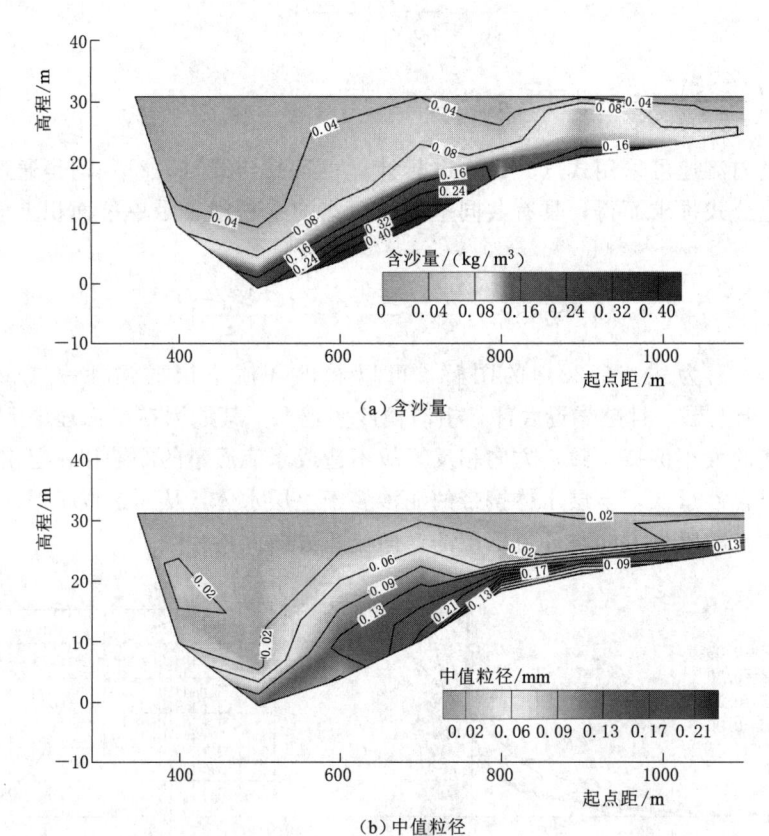

图5.14 2016年6月来家铺弯道段（关39断面）悬移质含沙量与中值粒径分布（姚仕明，2020）

（1）含沙量在凹岸一侧较小，靠近凸岸边滩最大。

（2）含沙量沿垂线的分布，在凹岸深槽均匀，越过深槽，底部含沙量立即增大，至凸岸边滩斜坡上达到最大，分布不均，其底部含沙量梯度大。

（3）悬沙中值粒径（medium diameter）的垂线分布与含沙量类似。

弯道内悬移质含沙量及其粒径的这种分布特点，与弯道环流直接相关。表层水流含沙量较小，流向凹岸后插向河底，攫取河床上较粗的泥沙，由下部环流带向凸岸，加大了凸岸侧底层泥沙含量，同时由于地形在凸岸边滩附近发生突变，故该处悬沙的这些变化也更为急剧，经过在边滩滩唇及滩面落淤之后，含沙量随之减少，粒径随之变细。

过渡段内含沙量分布基本是对称于河道中心线的，沿垂线分布相对较为均匀，同时垂线平均含沙量沿横向的分布也较为均匀。含沙量的最大值基本是居中的，没有显著的偏离。这种分布特点与弯道段大不相同，其原因是过渡段的环流较弱，且纵向流速分布较为均匀。

2. 推移质输移

区别于悬移质泥沙输移，推移质的平面运动主要受床面剪切应力的控制，且成带状，其横向输移还具有同岸输移和异岸输移的两种特点。同岸输移是指泥沙由弯道凹岸输移到下游弯道同一侧河岸（凸岸），而异岸输移是指泥沙由弯道凹岸输移到本河弯的凸岸和下游弯道另一岸（凹岸），即：泥沙越过河道中心线时，称为异岸输移；反之为同岸输移。

为了阐明弯道推移质泥沙的输移规律，以往研究开展了水槽试验。例如张瑞瑾和谢葆玲（1980）在单个弯道水槽不同部位铺上不同颜色的天然沙［图 5.15（a）］，以对推移质的输移轨迹进行示踪，试验结果如图 5.15（b）所示。不同研究者试验给出的弯道推移质输移具有如下共同特点：

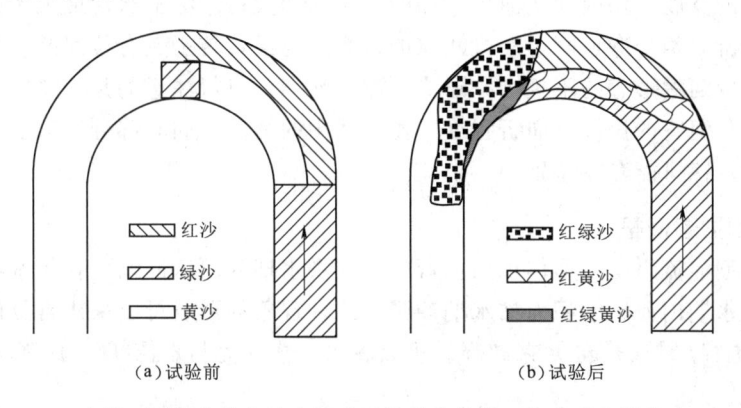

图 5.15　弯道不同部位的色沙在运动后的分布情况（张瑞瑾和谢葆玲，1980）

（1）同岸输移的规模一般超过异岸输移的规模。

（2）弯道上游段凸岸边滩冲刷下来的推移质以异岸输移为主，弯道下游段凹岸冲刷的推移质以同岸输移为主。

值得注意的是，不同研究者对于上述特点的解释存在区别。张瑞瑾和谢葆玲（1980）认为同岸输移泥沙的运动轨迹由凹岸运行至过渡段的中央部分，就受到下游弯道环流的影响，而运行到下一弯道凸岸边滩。Hooke（1975）根据弯道试验中剪切应力与泥沙分布情况，认为河床塑造结果将适应于剪切应力的分布，使河床各处的剪切应力正好能输送进入该处的泥沙，而之前过分强调了环流对推移质泥沙横向输移的影响。在弯道上段，高剪切应力区经过凸岸边滩的顶部，进入弯道下段后，高剪切应力区将穿过弯道中心线，并沿凹岸进入下游凸岸边滩，如图 5.12 所示，因此推移质同岸与异岸输移主要是由剪切应力控制。

5.3　弯道演变规律

如果弯曲型河流沿岸土质分布很不均匀，且又未加控制，则极易发展形成畸形河弯。这时，由于河身过分弯曲，阻力加大，比降减小，将会阻滞洪水的宣泄。随着河弯的发展，凹岸不断崩塌，有时还将威胁沿岸城镇和交通线的安全。河弯过长后，不但增加航程，而且形成碍航浅滩，影响航运畅通。然而，具有良好外形的弯道，水流结构相对简单，浅滩与深槽的位置比较固定。只要河弯曲度适当，凹岸有工程守护，则河弯的出流方向因入流方向或流量不同而改变的幅度可以限制在较小的范围内，弯道便具有良好的导流作用，对于航运和国民经济其他方面都有利。因此，无论从除害或兴利的观点出发，都需要掌握天然弯曲型河流的演变特性。

5.3.1 基本规律

弯曲型河道不仅有迂回曲折的外形，还具有蜿蜒蠕动的动态特征。早在 1908 年，Fargue 根据在法国加隆河上的长期观察结果，提出了天然河弯演变规律的几条基本定律 (Leliavksky, 1966)：①河弯深泓线靠近凹岸，凸岸淤积形成边滩；②凹岸深槽的水深及凸岸边滩的宽度，均因河弯曲率半径的减小而加大；③深槽水深最大及凸岸边滩最宽处位于弯顶下游。两个弯道间过渡段浅滩的最高点与河弯转折点有位移差；④曲率半径的突然改变会造成河槽形态的不规则，形成深潭和沙洲。值得注意的是，这些演变规律仅适用于河弯长度与河宽的比值（曲折程度）比较适中的情况，同时部分河流受人类活动的影响较大，演变规律可能存在差别。

5.3.2 纵剖面形态调整

天然弯曲型河流纵向变形体现为：弯道段在洪水期内河床冲刷而在枯水期内淤积，相反过渡段在洪水期内河床淤积而枯水期冲刷。这种现象的形成可以采用常见的挟沙力参数 $U^3/(gH\omega)$ 或 $HJ^{2/3}/(n^3g\omega)$ 来解释。可以看出，挟沙力与水深 H、比降 J 成正比，与糙率 n 成反比。

在洪水期内，弯道段的水面比降较大，而过渡段水面比降较小（图 5.16），因此弯道段的挟沙力大于过渡段。弯道段的水流足以携带由上游过渡段输移下来的泥沙，并会从河床上攫取部分泥沙，从而导致河床发生冲刷。相反，过渡段的水流挟沙力较小，无法携带由上游弯道段输移下来的全部泥沙，部分泥沙落淤至河床，从而导致河床淤高。

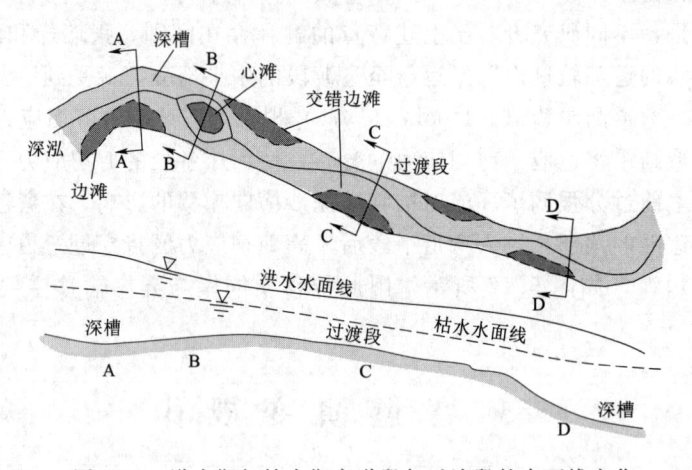

图 5.16 洪水期与枯水期弯道段与过渡段的水面线变化

在枯水期内，弯道段的水面比降较小，而过渡段的水面比降较大（图 5.16）。因此弯道段的挟沙力较小，不能携带由上游过渡段输移下来的全部泥沙，导致河床发生淤积；过渡段则刚好相反，水流挟沙力较大，足以携带由上游弯道段输移下来的泥沙，并造成河床冲刷。

5.3.3 断面形态调整

天然弯曲型河流横断面变形多表现为凸岸淤长，凹岸崩退。弯曲河流处于输沙基本平衡状态时，凸岸淤积的泥沙主要来自于凹岸的冲刷，两者联结的纽带即为弯道的横向环流。在变化过程中河弯的横断面不仅能保持其不对称三角形的断面形态［图5.17（a）］，且冲淤的横断面面积也基本接近相等［图5.17（b）］。

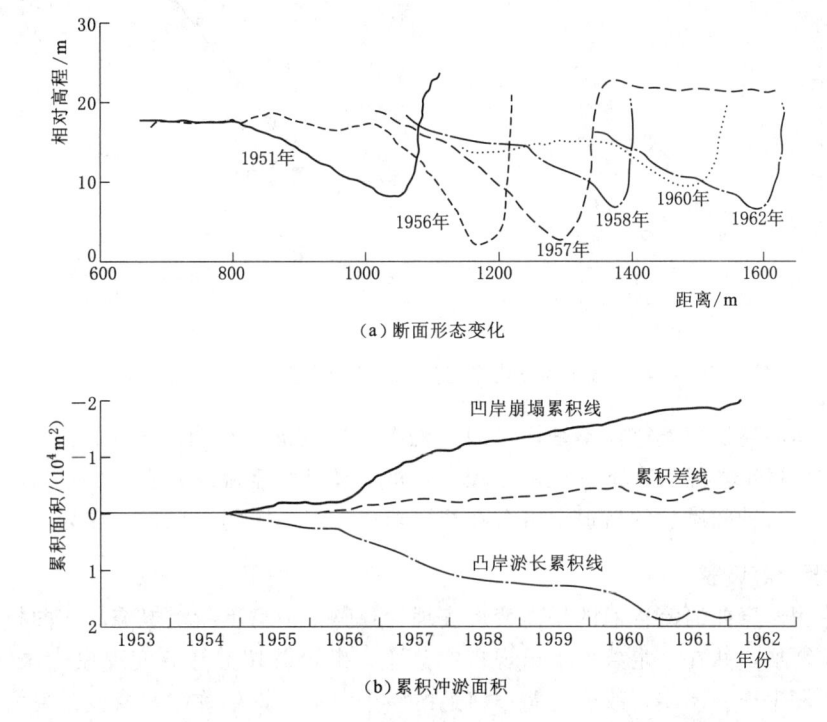

(a) 断面形态变化

(b) 累积冲淤面积

图 5.17 下荆江来家铺河弯横向摆动过程中断面形态与累积冲淤面积的变化

天然河道发生崩岸的原因可分为两大类：一类是水流的作用；另一类是外界条件造成的土体强度减弱和风化，且两者往往同时存在。水流对河岸的作用又可分为两种情况，分别为：①水流直接作用于河岸，冲动岸坡上泥沙颗粒并将它们带走；②水流冲刷坡脚，使岸坡的高度或坡度增加，导致上部岸壁因重力作用而坍塌。

冲积性弯曲型河流的河岸通常形成二元结构，即上部为黏性土，而下部为非黏性土。下层土体的抗冲性较差，易受水流冲刷，导致岸坡变陡，上层土体在重力等作用下发生崩塌。弯道崩岸的位置一般受水流动力轴线的变化所支配，崩岸最为剧烈的部位通常为水流动力轴线的顶冲区域。在高水期，水流动力轴线趋中，顶冲点在弯顶以下；枯水期水流动力轴线在弯顶贴岸，顶冲点上提。在弯道出口段，由于水流惯性的影响，很长一段距离内，主流线贴凹岸而行，故这些区域也是弯道段崩岸的集中区域。

影响弯道段崩岸强度的因素，包括水流强度、河弯形态和河岸土质条件等。通常情况下水流强度越大，崩岸强度也越大；畸形河弯的崩岸强度大于稳定河弯；非黏性土层厚的河岸，其崩岸强度大于黏性土层厚的河岸。例如，以单位河长的水流功率作为反映纵向水流强度的参数，图5.18（a）给出了荆江中洲子段水流功率与日均崩岸速率的关系，可见崩岸速率随水流能量的增大而增大。以深泓以上沙层厚度 δ 与滩槽高差 Δh 的比值来表示河岸抗冲能力，图 5.18（b）给出了荆江各河段平均崩岸速率与 $\delta/\Delta h$ 的关系，可以看出，抗冲能力越强（$\delta/\Delta h$ 越小），崩岸速率越小。此外，弯道凹岸的崩岸速率明显大于顺直段。

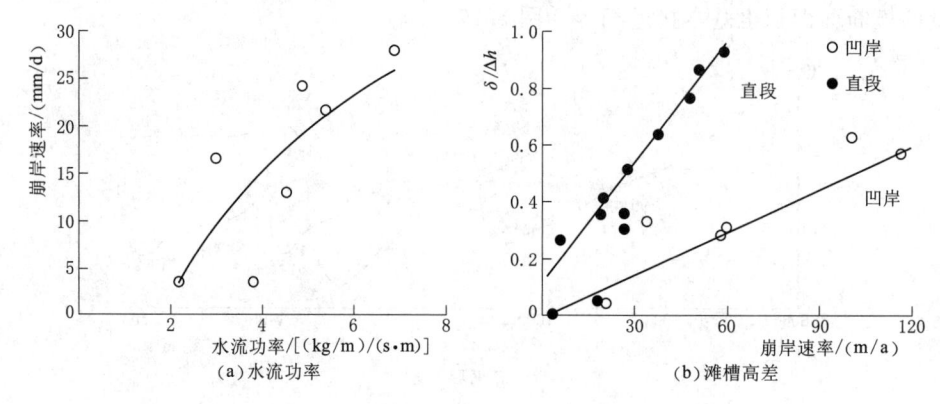

图 5.18 荆江中洲子河段崩岸速率与水流功率及河岸抗冲能力的关系

弯道凹岸的崩退速率往往不是均匀的，也不是连续的。在崩岸发生后的一段时间内，河岸将会维持稳定，然后在下一次发生较大洪水或经过水流持续冲刷一段时间后，继续发生坍塌。凹岸这种间歇性的后退，将会在凸岸形成一组集中的淤积带，成为鬃岗地形。

5.3.4 平面形态调整

天然冲积性弯曲河流普遍的平面变形表现为：整个河弯不断蜿蜒蠕动，曲折程度不断增大，河长增加，并在一定条件下出现自然裁弯、撇弯及切滩等突变现象。这样的变化，有时甚至会发生连锁反应，改变弯曲型河道的整个河势，即俗称"**一弯变，弯弯变**"。

1. 一般演变现象

河弯不断蜿蜒蠕动且曲折程度不断增大的主要原因在于：上述提到的凹岸不断崩退与凸岸相应淤长。这使得河弯在平面上不断发生位移，并随着弯顶的向下游蠕动而不断改变其平面形态。由此可见，横断面变形的结果必然会体现在平面变形上。

平面变形过程中河弯固然是不断变化的，但各河弯之间过渡段的中间部位则基本不变，仅过渡段变长或者缩短。其原因在于：这些过渡段区域通常是由天然节点构成，且过渡段水流泥沙分布较为均匀。因此，弯曲型河道的平面变形基本上是围绕由这些中间部位联成的摆轴进行的，且变形具有一定的限度（图 5.19）。

弯曲型河道平面变形的充分发展要求在河谷范围内有足够宽的摆动区域。如果控制性节点和地段过多或过密，则河道的发展受到限制，无法自由摆动，因而难于形成弯曲型河道。图 5.20 为下荆江河段近 200 多年的平面形态变化，可知其平面形态的变化相当显著，各个河弯的位置与形态均发生了巨大的改变。

2. 突变现象

国内将弯曲河道自然演变中的突变现象，通常分为**裁弯**、**撇弯**与**切滩** 3 种类型。在弯曲型河道演变中，由于某些原因，例如河岸土壤抗冲能力较差，使同一岸两个弯道的弯顶

5.3 弯道演变规律

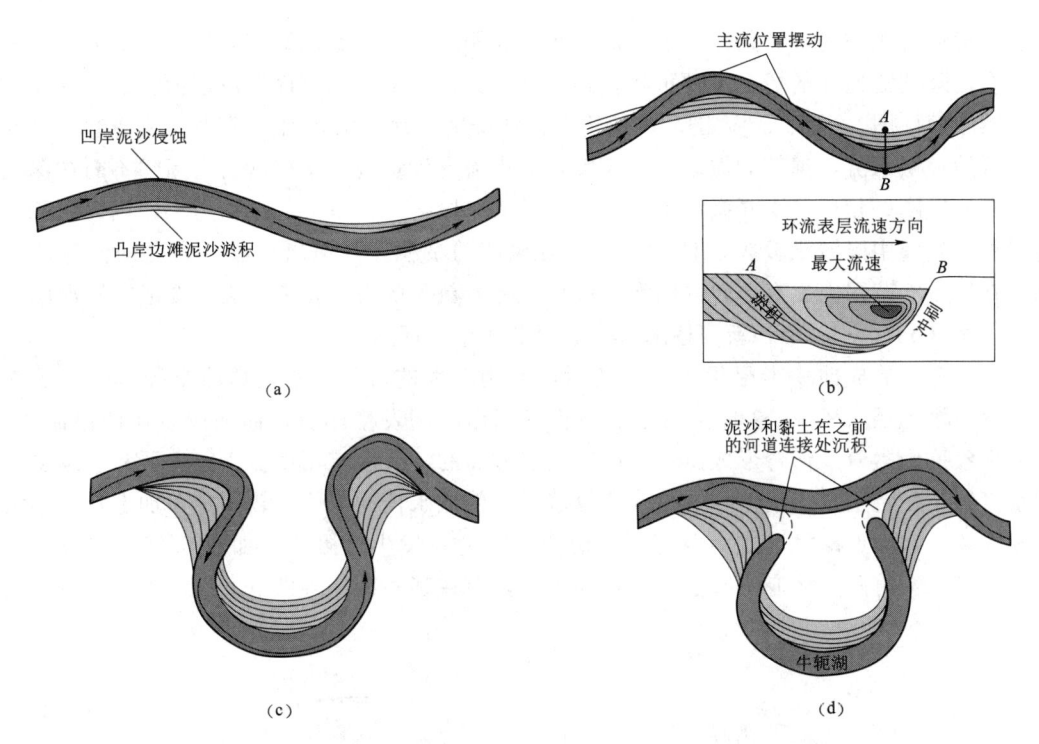

图 5.19 弯曲型河道平面变形过程示意图

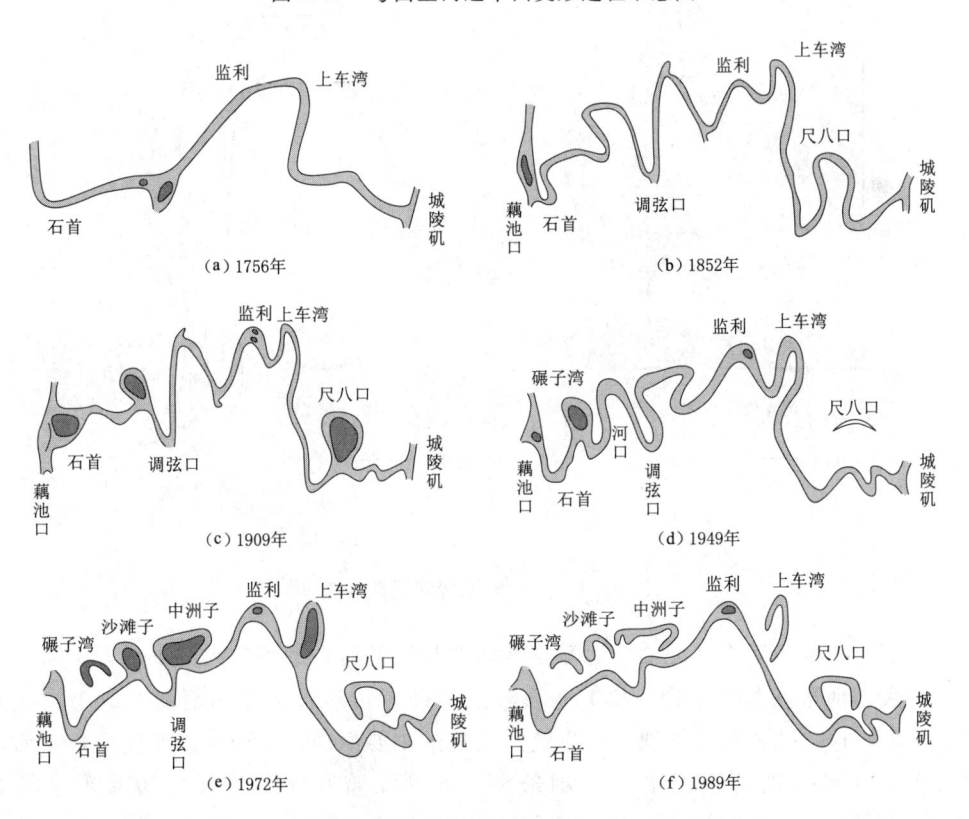

图 5.20 下荆江河段的平面形态变化（1756—1989 年）

崩退，形成急剧的河环和狭颈。狭颈的起止点相距很近，而水位则相差较大，如遇水流漫滩，在比降陡流速大的情况下便可将狭颈冲开，分泄一部分水流而形成新河。这一现象称为**自然裁弯**［图5.19（d）］。随后，由于新河比降大、流速大，且初期进入新河的为含沙量较低的表层水流，携带的泥沙颗粒较细，故水流含沙量远小于挟沙力，新河不断冲深展宽。老河则刚好相反，不断淤积缩窄，特别是进口段，来沙量大且挟沙力小，因此淤积最为严重。老河中段淤积较少，且多为细颗粒泥沙的淤积。老河出口段，因受回流等的影响，在较短的范围内也有比较多的泥沙淤积。随着新河的发展，老河逐渐变成与新河隔离的**牛轭湖**（oxbow lake），新河逐渐取代老河形成单一河道。

当河弯发展成曲率半径很小的急弯后，遇到较大的流量，水流弯曲半径（R_f）远大于河弯曲率半径（R_c），这时在主流带与急弯凹岸之间发生回流，而使原急弯凹岸淤积。这一现象称为**撇弯**。河弯形成急弯的原因是多方面的，从水流角度而言，主要是连续多年的水量偏小，特别是连续多年的枯水流量偏小，使低水顶冲部位比较固定，加上特定的河岸土壤条件，而逐渐发展成为急弯。下荆江上车湾就发生过撇弯，如图5.21（a）所示。由此可知，弯道凹岸演变的一般规律是冲刷的，但在某些特殊条件下，反常现象是可能出现的。

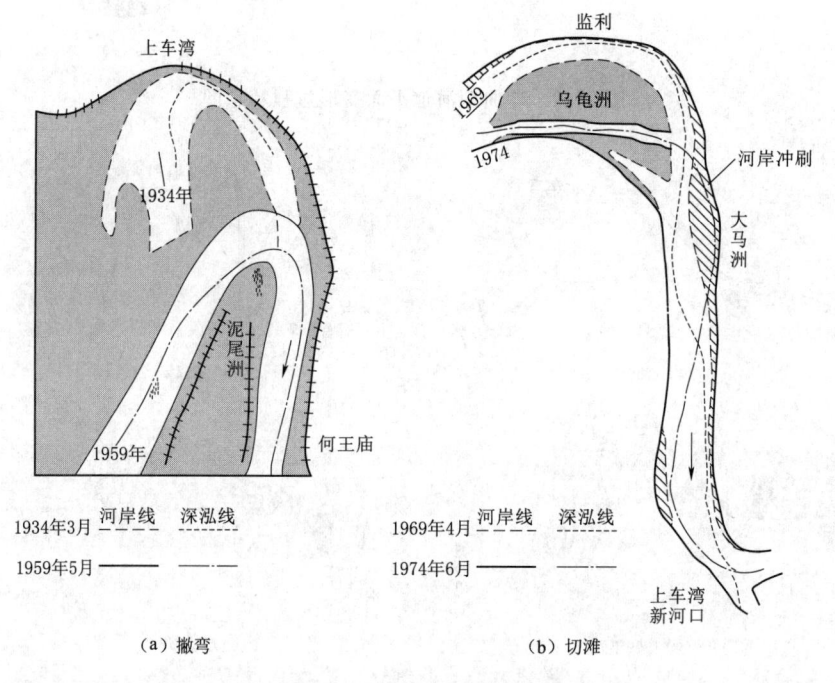

图 5.21 荆江段撇弯和切滩现象

（a）撇弯　　　　（b）切滩

当河弯曲率半径适中，而凸岸边滩延展较宽且较低时，遇到较大的洪水，水流弯曲半径（R_f）大于河弯的曲率半径（R_c）较多，这时凸岸边滩被水流切割而形成串沟，分泄一部分流量，这一现象称为**切滩**。产生这一现象的主要原因，是凸岸边滩较低，土质抗冲能力较差，为较大的流量提供了切割条件。下荆江监利河弯曾发生切滩现象，如图5.21（b）所示。

自然裁弯与切滩虽然有一些共同点，但实际上是两个不同的现象，自然裁弯是在两个河弯之间的狭颈上进行的，而切滩是在同一个河弯的凸岸进行的。切滩所形成的串沟，虽然也可以成为新河，但原河弯不会被淤积成为牛轭湖，而是形成两条水道并存的分汊河段。至于两者对河势的影响，自然裁弯当然比切滩要强得多。

值得注意的是，上述演变规律均是针对自由发展的急弯河段，但对于受人类活动影响较大的急弯河段，其演变特点可能会有所区别。以长江中游下荆江的七弓岭急弯河段为例，其凹岸及部分凸岸均修建了大量的护岸工程，限制了河弯平面形态的发展，该弯道出现了"凸冲凹淤"现象，但变化速率较上述突变现象要小得多，如图5.22所示。

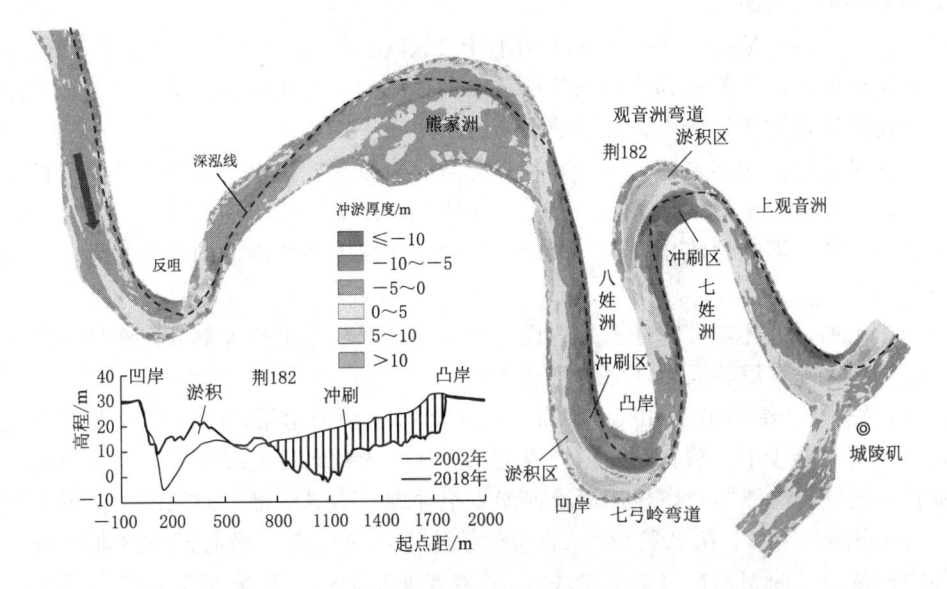

图5.22 下荆江反咀-城陵矶连续弯道段的河床冲淤分布（2002—2018年）

国外则将上述弯道自然演变中的突变现象均称为裁弯（cut off），并根据裁弯发生的位置的不同，划分为颈口裁弯（neck cut off）和斜槽裁弯（chute cut off）。颈口裁弯表现为弯道在凹岸侵蚀和凸岸淤积的同向驱动下，弯道段颈口宽度不断减小，直至颈口处上游河道和下游河道连通，实现裁弯并最终形成牛轭湖。根据触发模式的不同，又可将颈口裁弯分为漫滩和崩岸两种触发模式。斜槽裁弯则发生在弯道顶端和颈部之间的位置，水流冲刷切割漫滩并形成一个斜槽，新河道和原河道可共存，共同输送水流泥沙，这与国内"切滩撇弯"的概念有所类似。同样地，根据触发模式的区别，又可将斜槽裁弯分为串沟过流扩大、溯源切滩和主流顶冲3种模式（李志威等，2013）。

5.4 弯道形成条件

弯曲河流长期演变的周期性和自我调节机制（自然裁弯），决定了其平面形态动力学过程的复杂性。弯曲河流演变依赖于凹岸崩退和凸岸淤积的低速率横向迁移，以及自然裁弯发生时快速的冲刷过程。这使得弯曲河流的全演变周期（微弯-弯曲-裁弯-微弯）较长，而其中自然裁弯发生的时间又很短,因此,在野外对弯曲型河道的演变进行观测具有较大的难度。

目前对弯曲河流的形成过程和长期演变的研究还不成熟,特别是弯曲河流形成的原因、维持条件和裁弯机制存在较大争议。前人对冲积河弯的形成原因进行了广泛深入的探讨,形成了多个河弯成因假说,但均未形成统一认识。本书简单介绍基于能量耗散观点的相关假说:

(1) 能量消耗均匀分配。Langbein 和 Leopold (1966) 认为河流的自动调整要求能量消耗的沿程分配趋于均匀化,河弯的发育满足能量消耗沿程均匀化的要求,使得弯曲成为最可能出现的河流形态。

(2) 最小能耗。Yang(1971) 从最小能耗观点出发,认为天然河流将按照使得单位水体在单位时间势能消耗达到当地条件所要求的最小值,在流量恒定的情况下,河流只有通过减小比降来达到能耗最小,即形成河弯。

(3) 能量守恒。姚文艺等 (2010) 基于能量守恒原理,提出河流发生弯曲的机理是河流以弯曲促成上游壅水,增加势能,使下游比降相对增大,水流动能增加,保持河段内水沙输移达到平衡,即"动能自补偿"的弯曲机理,河段上下断面的动能差越大,河段弯曲度也越大。

应当指出的是上述观点都还只是假说,当河弯已形成,可作为解释河弯进一步弯曲的原因,但仍不能完全解释天然河弯的形成原因。

此外,图 5.23 给出了 Keller (1972) 提出的弯曲型河道形成的概化模型,共包括 5 个阶段。在第 1 阶段中,顺直河道内形成交错边滩,导致水流流线弯曲,主流向边滩对岸一侧靠拢。这使得边滩的对岸侧床面及河岸发生冲刷,形成深槽,而泥沙在上下边滩之间落淤,形成浅滩(第 2、第 3 阶段)。河岸持续冲刷,导致河床平面形态逐渐弯曲,由此顺直河道转变为弯曲型河道(第 4 阶段)。随着弯曲型河道的不断延伸,曲率增加,新的

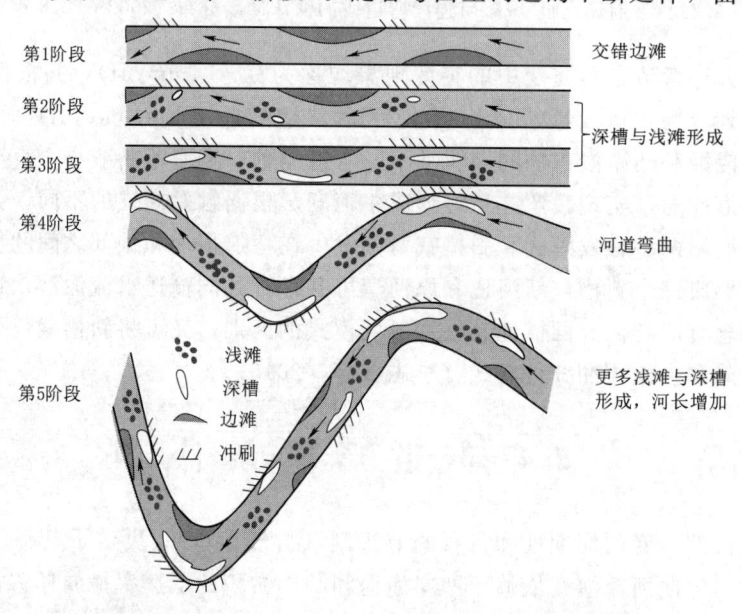

图 5.23 顺直型河道向弯曲型河道转化的概化模型 (Keller, 1972)

浅滩和深槽逐渐形成（第5阶段）。值得注意的是，Keller的模型并不完全适用于所有的弯曲型河流，浅滩和深槽的出现并非弯曲型河道形成的必要条件。

5.5 弯曲型河流的整治

5.5.1 人工裁弯

随着弯曲河流的弯曲度增大，航道长度和行洪时间会增加，对航运及防洪安全存在潜在威胁。对此可以通过人工裁弯工程，扩大河流的泄洪能力、减少行洪时间和缩短航道，确保两岸堤防和沿江地区安全。实施裁弯工程，使水流通畅，有利于防御极端洪水，减小主流横向摆动范围，进一步稳定有利河势。

人工裁弯工程最早在欧洲出现，后由美国工程师Ferguson提出引河法，并将其应用于密西西比河。引河法被引入国内后，经过不断改良，现称"基本成型法"，指在河流弯道段较为狭窄的位置，人工挖出一条引河，使其与上下游的河势平顺衔接，水流从引河过流并不断冲刷引河河道，最终使引河成为主要的水沙输运通道。

裁弯工程的实施需要有整体性的系统规划，首先要明确裁弯的目的以满足经济社会发展的需求，其次要注意因势利导，再次要拟定系统的裁弯规划方案，最后要拟定详细的观测计划。引河设计直接关系到裁弯工程的成败，是一项关键性内容，设计内容包括：引河路线的选择；进出口的布置；开挖断面的大小；引河发展到最终断面的大小与引河护岸工程设计。同时，还要考虑到裁弯对上下游河势变化及河道防洪等影响。长江中游下荆江于20世纪60—70年代在中洲子和上车湾两处实施了人工裁弯工程。

一般裁弯工程可采用**内裁**和**外裁**两种方式（图5.24）。若是内裁，则进口位置应布置在上游弯道凹岸的稍下方，且其与老河交角以较小为宜。这样可使得引河顺乎自然地迎接上游弯道导向下游的水流，同时在初期引进含沙量较小的表层水流，利于引河冲刷。出口应布置在下游弯道凹岸的上方，形成引河导流、下游河弯迎流的河势。若是外裁，进口宜选在上游弯道顶点的稍上方，迎接由弯道上段的水流，出口宜布置在弯顶稍下方，使水流出引河后，能与下游平顺衔接。中洲子和上车湾两处人工裁弯工程中新河河弯均凹向左岸，属于内裁，且中洲子引河进出口交角 θ 为 28°～30°，而上车湾为 20°～30°。

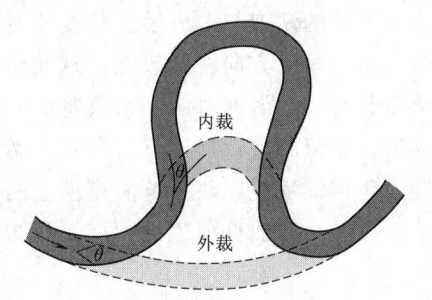

图 5.24 内裁与外裁示意图

引河设计中的几个重要指标包括：裁弯比、引河的曲率半径、引河进出口交角、引河河底高程、引河底宽、开挖深度、引河与老河断面面积之比（断面比）等。**裁弯比**是裁弯段老河轴线长度与引河轴线长度的比值，可以衡量裁弯取直的程度，根据以往的经验，裁弯比一般控制在3～7。各参数的设计需要综合考虑通航条件、经济效益、引河的发展、上下游河势变化等不同方面的需求，具体方法可参见河流工程的相关教材。表5.3给出了几个人工裁弯工程的具体参数。

表 5.3　　　　　　　　　　　　　　人 工 裁 弯 工 程 参 数

河　段	时期/年	原河长/km	新河长/km	裁弯比	进出口交角	引河长/km	引河断面底宽/m	开挖深度/m	断面比
密西西比河下游	1933—1942	320.90	76.40	—	—	—	—	—	—
黄河下游	2005	—	—	3～7	5°～25°	0.85	100	45	1/10～1/5
卫运河	1945—1948	42.44	8.81	12.2～50	—	—	—	—	—
中洲子	1966—1968	36.70	8.5	—	28°～30°	4.30	30	6	1/30
上车湾	1968—1983	32.70	3.63	9.3	20°～30°	3.50	30	6～13	1/25～1/17
永宁江	2002	12.76	3.84	2.0～4.5	15.5°～25°	—	—	—	—

5.5.2　护岸工程

天然弯曲型河道的河床形态复杂多变，很可能对于国民经济（防洪、航运、取水及港口等）产生不利影响，因此需要对河势变化复杂的河弯进行整治。优良的弯曲型河道一般具有河道归顺、水流平稳、主流与深泓摆动较小、水深沿程变化不大等特点。这样弯道的曲率半径、中心角及过渡段的长度，通常是尺度适当且配合良好的。

根据河段现状，可将弯曲型河道的整治分为两大类：一是稳定现状，防止其向不利的方向发展；二是改变现状，使其朝有利方向发展。稳定现状的主要措施是在弯道两岸修建护岸工程，增强两侧河岸的抗冲能力，防止其继续演变。改变现状的措施则是从根本上改变河道的现状，例如进行上述提到的人工裁弯。本节主要介绍稳定河道现状的护岸工程。

1. 规划布置

河弯的演变与上下游河势变化有关。上游弯道水流运动方向发生改变，会导致下游河弯来水的运动方向相应改变，从而引起下游河弯发生变形。当下游河弯发生裁弯等剧烈河势变化时，上游河弯由于水位降低，比降增加，流速增加，上游河弯的变形也可能加剧；同时，水流趋直，顶冲点下移，上游河弯内主要坍塌点也会发生改变。这样的变化，有时会发生连锁反应，改变弯曲型河道的整体河势。

因此，弯曲型河道的护岸工程布置，必须做整体性的规划。首先要掌握弯曲型河道的水沙运动、床面及河岸土体组成、上下游河势等基本情况；其次要拟订整治线；最后在整治线内布置整治建筑物。在拟订整治线时，除考虑本河道发展趋势外，还要考虑上下游河势，力求整治后的河岸线能匀顺衔接，使之获得较为平稳的水流和稳定的河床。在整治线内布置整治建筑物时，守护长度至少应将水流顶冲点上提下挫的范围包括在内，而守护部位则视河道目前变化和预估今后的变化而定。图 5.25 为护岸据点工程示意图，整个工程布置最好通

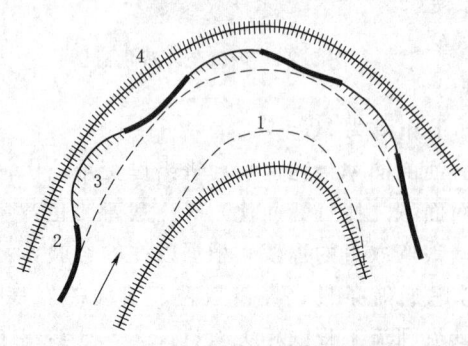

图 5.25　护岸据点工程示意图
1—整治线；2—护岸据点；3—凹入岸线；4—堤防

过模型试验来确定。

2. 护岸形式

弯曲型河道护岸建筑物的形式，可以是平顺式的护脚护坡形式，也可以是短丁坝或矶头形式。后者修建比较困难，且容易引起水流条件恶化，妨碍航运，故通常采用平顺式护岸结构。护岸结构又以枯水位为界，分为水上护坡和水下护脚。枯水位以上的护坡工程主要采用干砌石、浆砌石、模袋混凝土、混凝土预制块等结构型式。枯水位以下主要选用抛石、模袋混凝土、四面透水体框架、钢丝石笼、砂枕（模）袋、混凝土铰链排等护脚型式，其中抛石在长江中下游河道中最为常见（图 5.26）。此外，随着社会经济的发展，以及人类与自然界对良好生态环境的需求，生态型护岸结构逐渐发展（图 5.27）。其中水上护坡结构包括植被护坡、植被加筋护坡以及网笼或笼石结构等，而水下护脚结构包括卵石笼或网膜卵石排等。

(a) 混凝土预制块　　(b) 四面透水体框架　　(c) 抛石

图 5.26　传统护岸结构

图 5.27　生态护岸结构

3. 护岸后的河床演变

护岸工程的实施增加了河岸的抗冲能力，限制了河弯的横向变形，可使主流与河势在整体上保持稳定。但由于水流在横向上淘刷的泥沙减少，必然会加大对河床的冲刷，从而使得河弯的宽深比减小，河槽变得更为窄深。同时护岸工程前缘的河床，很可能会发生剧烈冲刷，继而可能引起工程发生局部破坏。图 5.28 为 2015—2017 年下荆江北门口护岸段水下坡脚前缘的河床变形，可以看出坡脚前缘的河床冲刷剧烈，最大冲刷深度超过 10m。

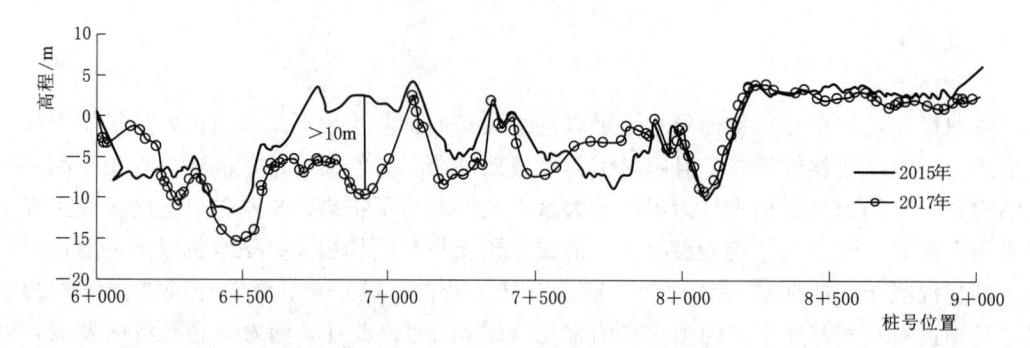

图 5.28 下荆江北门口护岸段坡脚前缘处的河床变形（2015—2017 年）

5.6 都江堰水利工程

公元前 256 年，秦国蜀守李冰父子修建都江堰，目的在于消除岷江水害，同时具备航运与灌溉之利。都江堰是世界上修筑最早且至今仍在发挥重要灌溉作用的水利工程，位于长江支流岷江的上游。岷江流至都江堰，地势由高山峡谷突变为平原，河床陡然开阔，水势趋缓。都江堰位于呈扇形伸展的成都平原的顶部，是设置渠首枢纽的最佳位置（王光谦，2004），从这里分流引出的水可自流灌溉到几乎整个成都平原。都江堰的 3 大工程包括"**鱼嘴**"分流分沙、"**飞沙堰**"泄洪排沙、"**宝瓶口**"束口防洪［图 5.29（a）］。

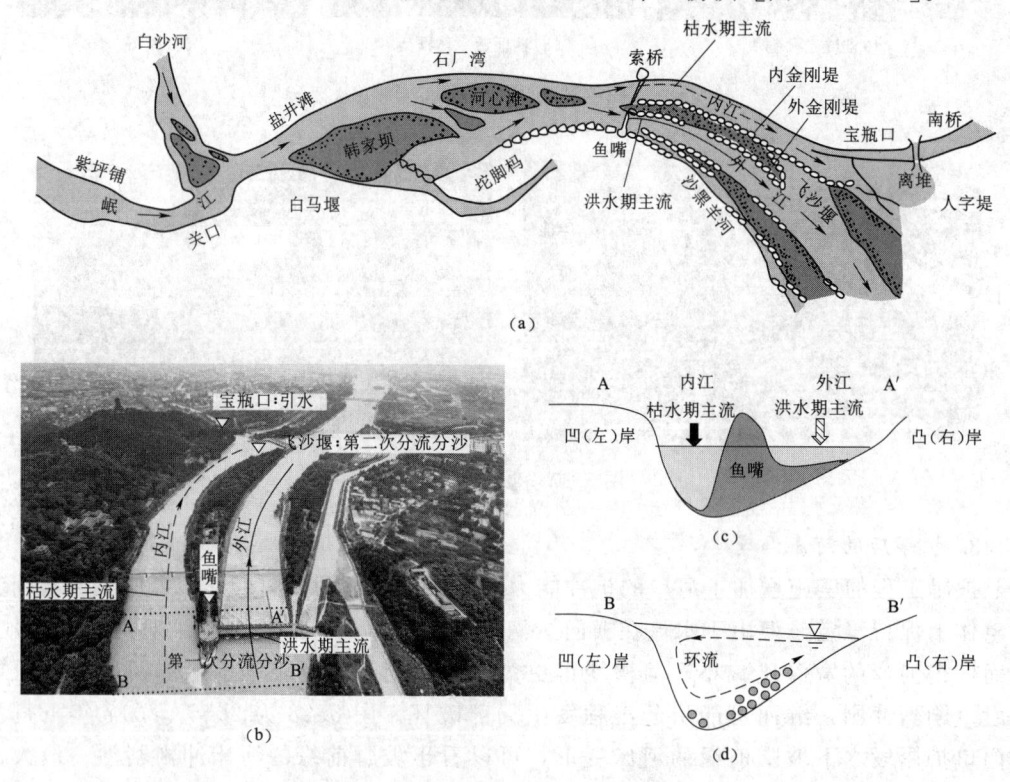

图 5.29 都江堰水利工程布置图

1. "鱼嘴"分流分沙工程

鱼嘴为都江堰的第一道分流分沙工程，其将岷江一分为二，左侧被称为内江，承担了整个成都平原的灌溉工程，右侧被称为外江，用以泄洪排沙。都江堰位于微弯河段，具有前面提到的主流高水居中、低水傍岸及环流横向输沙等水沙运动特点。由于内江窄而深，外江宽而浅，枯水期水位较低时，主流傍岸走内江［图5.29（a）～(c)］，60%的水量进入内江，而40%的水量进入外江，保证了枯水期成都平原的用水需求；洪水期，主流居中［图5.29（a）、(b)］，60%的水量进入外江，而40%的水量进入内江，从而起到泄洪的效果（谭徐明，2004）。此外，由于弯道环流横向输沙的作用（指向凸岸），外江分担了大部分泥沙的输移［图5.29（d）］。据测验结果，外江分流比为50%时，悬移质的分沙比达到60%，卵石的分沙比达到70%。当岷江流量在1000m^3/s以下时，内江卵石推移质的分沙比约为30%。

2. "飞沙堰"泄洪排沙工程

为了控制洪水期流入宝瓶口的水量，并减少泥沙淤积。在鱼嘴分水堤的尾部，靠近宝瓶口的地方，修建了分洪用的平水槽和"飞沙堰"溢洪道，形成了第二次分水分沙。

水流进入内江以后，局部河势仍属于微弯河段，河道内形成螺旋流。含沙量较低的表层水流流向凹岸（宝瓶口），含沙量较高的底层水流流向凸岸（飞沙堰）。底流横切越过堰顶，卵石和高浓度的近底悬沙能有效地排向外江。

飞沙堰采用竹笼装卵石的办法堆筑，堰顶做到合适的高度，还起调节水量的作用。当内江水位过高的时候，洪水由平水槽漫过飞沙堰流入外江，减少宝瓶口入水量，保障内江灌溉区免遭水灾。当岷江流量超过1000m^3/s时，飞沙堰开始过沙。根据模型试验观测结果，岷江流量为2000m^3/s，即当飞沙堰泄水分流比达40%以上时，95%以上的推移质均从飞沙堰泄往外江。

3. "宝瓶口"引水工程

宝瓶口由人工开凿，宽20m，高40m。一方面起到灌溉分水的作用；另一方面，由于宝瓶口束窄后的壅水作用，还可以限制过多洪水进入内江，同时一部分粗卵石将在壅水段淤积，之后可在冬天通过疏浚加以清除。

都江堰的工程管理遵守"深淘滩，低作堰"的原则（谭徐明，2004）。其中"滩"又名凤栖窝，指内江宝瓶口上游一小段河流，长度大致与飞沙堰相当。每年岁修时，需要对该处的河床进行清淤。然而河床若淘得过深，宝瓶口进水量偏大，会造成涝灾；淘得过浅，宝瓶口进水量不足，难以保证灌溉，因此要维持合适的河床高程。"低作堰"指飞沙堰在修筑时，堰顶宜低作，便于排洪排沙，起到"引水以灌田，分洪以减灾"的作用。

第6章 分汊型河流的河床演变

分汊河型又名江心洲河型,是指河道内水流被相对稳定的高大江心洲分成两股或多股,水沙随之分股输移的一种河型。分汊型河流是冲积平原河流中常见的一种河型,我国各大流域内都存在这种河型。例如珠江流域的北江、东江,黑龙江流域的黑龙江、松花江,长江流域的湘江、赣江、汉江等。特别是长江中下游这种河段最多,在全长1120km的城陵矶至江阴河段内,就有大的分汊河段41处,长817km,占该河段总长的73%。分汊型河道的形态特点导致该类型河段的水沙输移和河床演变存在特殊性,诸如洲头、洲尾的特殊水流结构和含沙量分布,主支汊之间分流分沙比在年内、年际的不断调整等。这样的水沙和河道状况往往难以稳定,给沿河的涉水工程和防洪、航运等带来不利影响。掌握分汊型河流的水沙输移特性及演变规律是开展河道整治的基础,本章对汊道特征和演变规律进行系统介绍。

6.1 河床形态特征

6.1.1 平面形态

虽然分汊型河流以水沙分股输移为主要特征,但并不是所有的水沙分股输移的冲积河流都可称为分汊河型(Carling等,2014)。具有分股输移特征的游荡河流、网状河流,就与分汊河流存在着显著的不同:游荡河流的流路散乱且沙洲非常不稳定,多出现在比降较大的河段;网状河流为流路分隔甚远的多河道系统,河道之间为低地平原而不是江心洲,多出现在比降平缓的入湖、入海三角洲。欧美文献中提到的辫状河型,多数情况是指游荡河型,少数情况下也指分汊河型,二者并无明显界限,这是由于国外河流中江心洲河型并不常见。根据我国长江中下游分汊河道的共性,分汊河型的典型平面特征是河道内存在一个或多个稳定江心洲,河流被江心洲分为二股或多股(图6.1)。显然,分汊型河流稳定性显著强于游荡型河流。

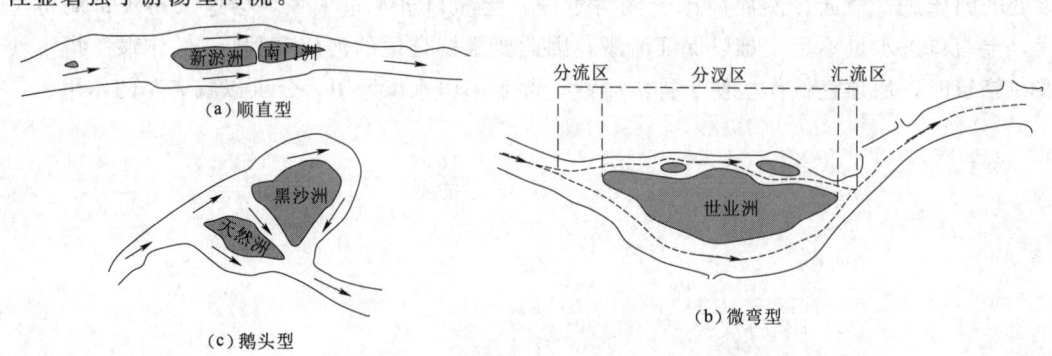

图6.1 不同的分汊河道类型

单个的分汊河段，其平面形态是进口端放宽、出口端收缩而中部最宽。宽段可能是两汊，也可能是多汊，各汊之间为江心洲。分汊河段从进口到出口可划分为上、中、下 3 段。上段自水流动力轴线的分汊点起，至河道外形成为两股或多股的分汊口门之间，称为**分流区**；中段指主、支汊内部的单一河道；下段指主支汊出口至水流动力轴线重新汇合的区段，称为**汇流区**［图 6.1（b）］。

就较长的河段看，其间常出现好几个分汊段，呈单一段与分汊段相间的平面形态。因为单一段较窄，分汊段较宽，故常形象地称其具有藕节状外形。处于上下游汊道之间的单一段，也存在着顺直单一段和弯曲单一段两种类型。

天然河流上，分汊河道在以上提到的共性特征基础上，还存在不少个性差异。直观上来看，汊道平面形态与江心洲的个体特征是不相同的，可采用一些定量指标来衡量。其中，分汊数是指分汊河段内汊道个数；分汊系数，是指各汊道的总长与主汊长度之比；汊道的放宽率，指的是汊道段的最大宽度（包括江心洲）与汊道上游单一宽度之比；汊道段的长度与汊道段的最大宽度之比，称为分汊段长宽比；江心洲长度与其最大宽度之比，称为江心洲长宽比。

根据以上定量化指标，可将天然河流上的分汊河道类型进行划分。以长江中下游为例，按平面形态的不同，可分为**顺直型分汊、微弯型分汊和鹅头型分汊** 3 类（图 6.1），一些典型汊道的平面特征值见表 6.1。

表 6.1　　长江中下游一些典型分汊河段的平面特征值（谢鉴衡等，1990）

汊型	分汊河段	$\sqrt{B/H}$ 分流点	$\sqrt{B/H}$ 汇流点	分汊系数	放宽率	分汊段长宽比	江心洲长宽比
顺直型分汊	仙蜂	6.1	4.1	2.0	1.68	5.4	4.7
	新堤	6.1	4.2	2.01	1.68	7.9	4.0
	嘉鱼	3.9	2.9	2.32	3.17	9.2	3.6
	铁板洲	3.8	2.4	1.94	1.69	2.8	4.0
	白沙洲	4.5	4.4	2.0	1.51	6.8	7.3
	人民洲	5.2	4.0	2.0	1.2	6.7	4.4
	东流	2.4	1.52	2.15	3.34	4.3	7.9
	马鞍山	2.24	2.11	2.38	3.45	4.1	2.9
	梅子洲	2.45	1.05	2.44	3.12	3.9	8.2
	平均值	4.07	2.96	2.15	2.31	5.67	4.36
微弯型分汊	天兴洲	5.2	4.6	2.14	3.21	8.1	6.0
	黄洲	4.8	2.8	2.14	2.84	4.4	3.5
	靳洲	4.7	2.9	2.0	3.29	5.2	6.1
	张家洲	2.18	1.96	2.26	6.82	3.1	2.8
	上、下三号	2.38	2.02	2.04	3.39	6.9	3.8
	和悦洲	2.32	2.11	2.41	1.92	3.9	2.7
	平均值	3.59	2.73	2.16	3.57	5.25	4.15

续表

汊型	分汊河段	$\sqrt{B}/H$ 分流点	$\sqrt{B}/H$ 汇流点	分汊系数	放宽率	分汊段长宽比	江心洲长宽比
鹅头型分汊	陆溪口	4.0	2.3	2.84	5.25	1.8	1.2
	团风	5.1	2.1	3.46	5.12	2.5	1.8
	龙坪	3.7	4.1	2.48	4.93	1.8	1.2
	官洲	2.39	2.09	2.71	7.7	2.9	1.9
	铜板洲	2.31	1.98	3.61	5.0	1.5	1.5
	黑沙洲	2.15	1.65	3.2	8.45	1.6	1.4
	平均值	3.27	2.37	3.05	6.07	2.01	1.18

从表6.1可知，3种分汊河道类型的平面形态指标有一定的规律性。顺直分汊型比较狭长，鹅头分汊型比较复杂，形态比较短胖，微弯分汊型介于两者之间。从分汊数来看，顺直和微弯分汊的汊道数量在2左右，而鹅头分汊的汊道数量平均为3左右。表6.1中各指标的显著差异表明，将汊道分为这3种类型是比较合理且又符合实际的。

6.1.2 横断面与纵剖面形态

分汊型河段的河床形态三维性特别强，除了平面形态之外，横断面和纵剖面也具有一些独特性，并且在汊道内部和进、出口均存在差异。为了比较清晰地认识其形态特征，下面分别从不同角度，针对不同部位加以叙述。

分汊型河段的横断面，在分流区和汇流区均呈中间部位凸起的马鞍形，分汊段则具有为江心洲分隔的复式断面，分汊数越多，复式断面形态也越复杂。总体来看，分汊河段断面相比于单一段显得宽浅，并且随着顺直分汊-微弯分汊-鹅头分汊的次序，宽浅程度有所增加。对于各支汊本身，仍保持着一般单一河道的特征，弯曲分汊具有明显的窄深主汊，并且弯曲汊道平面位置会因凹冲凸淤过程而发生调整。图6.2所示为长江中游陆溪口鹅头型汊道的横断面形态变化情况，可见汊道断面的深泓高程、位置均具有一定的不稳定性。

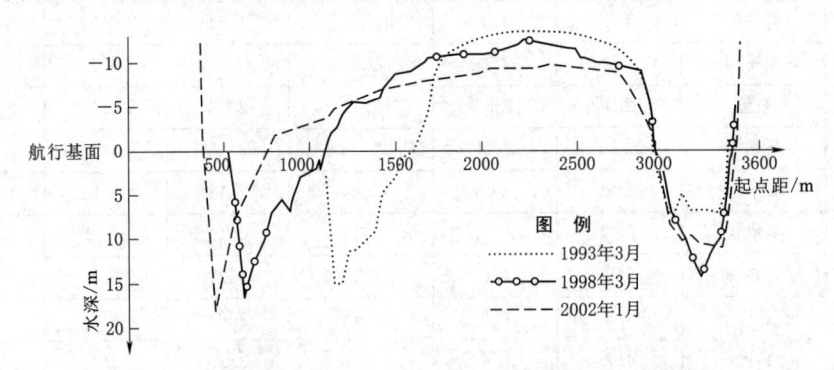

图6.2 长江中游陆溪口鹅头型汊道的横断面形态变化

分汊型河段的纵剖面，从宏观上看，是两端低中段高的凸起形态。而几个连续相间的单一段和分汊段，则呈起伏相间的形态，与弯曲型河段的过渡段和弯道段的纵剖面有相似之处。图6.3所示的长江镇扬河段深泓纵剖面，清楚地表明了这些特征。

6.2 水沙输移特征

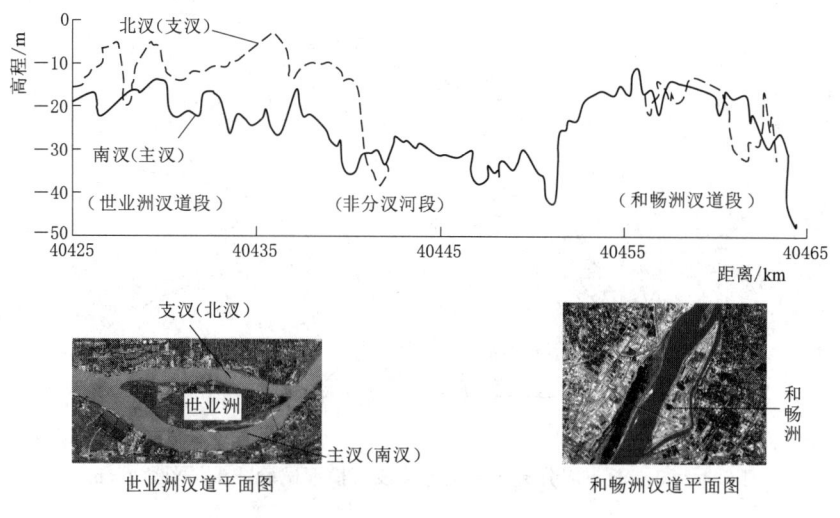

图6.3 长江镇扬河段的深泓纵剖面

从局部看，从分流区至汊道入口，自分流点开始，两侧深泓线先为逆坡而后转为顺坡，呈马鞍形，二者一高一低，高的为支汊，低的为主汊，支汊的逆坡恒陡于主汊的逆坡。二者最高点的差值，在长江中下游有的可达二三十米，如铜陵汊道，一般也有数米至十多米，如八卦洲汊道。而分流区的水下地形，支汊一侧恒高于主汊一侧，呈倾斜状。汊道出口至汇流区，两侧的深泓线呈顺坡下降，支汊一侧常陡于主汊一侧。就支汊一侧进、出口两个陡坡而言，出口的顺坡常陡于进口的逆坡，甚至形成明显的陡坎。

6.2 水沙输移特征

6.2.1 水流结构

分汊型河段水流运动最显著的特征是具有分流区和汇流区，而且这两个区域的河床地形突变，水流条件的变化相当复杂，下面重点就这两个区域的水流结构加以介绍（张瑞瑾等，1961；谢鉴衡等，1990）。

分流区的水流运动具有3个主要特征：一是深泓沿程抬升，易导致局部壅水，水面纵比降趋缓的同时，两侧产生明显横比降；二是断面扩宽，易使流速减缓、主流分散，水流动力轴线由一股分为两股或多股；三是水流趋向和流入汊道过程中，在分流区导致流线弯曲，并形成环流。

由于水下沙脊的沿程升高和阻水作用，分流区的水位沿纵向变化较为平缓，甚至沿程略有升高。由于支汊一侧河床高程较高，分流区的水位在支汊一侧高于主汊一侧，这导致分流区的纵向比降在支汊一侧总小于主汊一侧。分流区两侧存在的水位差，还导致两侧形成横比降（图6.4），其大小视流量而定，一般高水时小些，低水时则大些，但均沿流程而逐渐增大，至洲头附近达到最大值。分流区的这种水位和水面比降分布特征，在天然汊道得到证实，如天兴洲两侧的水位就相差5.5～7.0cm。

由于比降沿程减缓，分流区的断面平均流速沿流程也呈减小趋势，流向主汊一侧和支

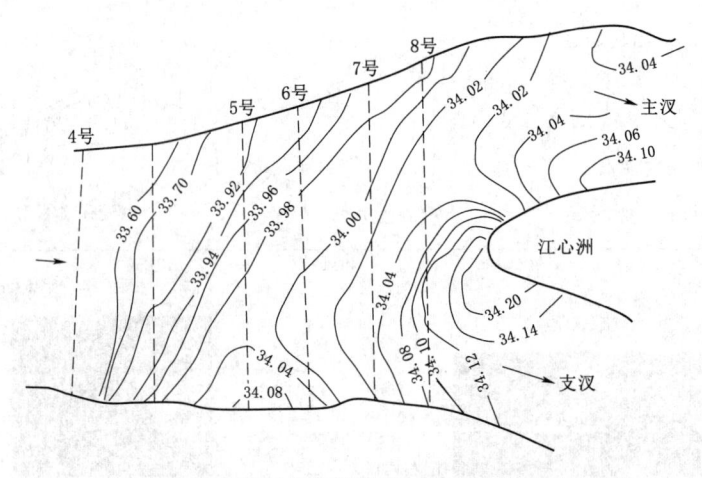

图 6.4 江心洲头部分流区水位等值线（模型试验结果，单位：cm）

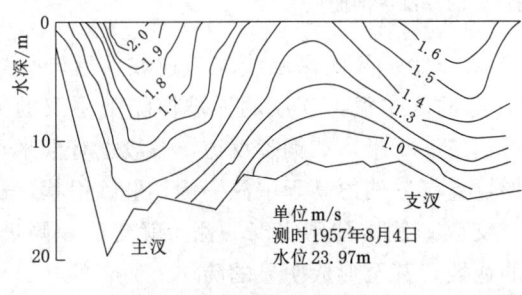

图 6.5 分流区断面等速线分布

汊一侧的水流垂线平均流速都沿程逐渐减小，且流向支汊一侧的要减小得更多一些。从断面流速横向分布来看，分流区内断面上有两个高速区，靠主汊一侧的流速最大，靠支汊一侧的流速次之，而中间则为低速区（图 6.5）。这样的分布规律是与横断面内主流部位相对应的。

分流区的水流动力轴线方向与位置并非固定不变，分汊之前的主流线方向在小流量时更偏向主汊一侧，大流量时向支汊一侧转移，分汊点的位置一般是高水时下移，低水时上提。这种动态变化的成因，一方面是由于来流动量大小不同，大水走直、小水趋弯；另一方面是由于水深增大之后支汊过流能力增强，而枯水期主汊吸流作用较强。

分流区水流在进入汊道过程中，会发生流线弯曲，底层水流由于受地形的影响较大，弯曲程度更明显，分流区的流向弯曲必然会导致环流。野外观测和室内模型试验均表明（图 6.6），分流区不同位置的环流分布具有多样性，有的位置为单向环流，有的位置为双向环流，有的位置则为多个多层的复杂环流。产生环流的原因是多方面的，最主要是分流时的流线发生弯曲所致。当存在主体环流时，其方向是与流线的弯曲方向相应的，即表层指向离心惯性力的方向，底层则相反。至于环流的沿程变化，可能由单向环流转为双向环流，也可能由双向环流转为单向环流，这主要决定于该处离心环流和上游环流沿程衰减后的大小和方向的对比关系。图 6.6 中还显示了环流绝对强度 $|\overline{v}_\eta|_{pj}$ 的横向分布，其中的 $|\overline{v}_\eta|_{pj}$ 是沿垂线取横向流速 v_η 绝对值的平均值。

与分流区类似，汇流区的水流结构同样具有明显的三维特性。从水位的横向分布来看，支汊一侧水位总是高于主汊一侧，故汇流区存在横比降。从水位的纵向分布来看，主支汊水位均呈沿程降低，但主汊流程短，主汊一侧水位比支汊一侧降低得更快些，因而纵比降是主汊一侧大于支汊一侧。汇流区存在沿程束窄，无论是断面平均流速，还是主汊一

6.2 水沙输移特征

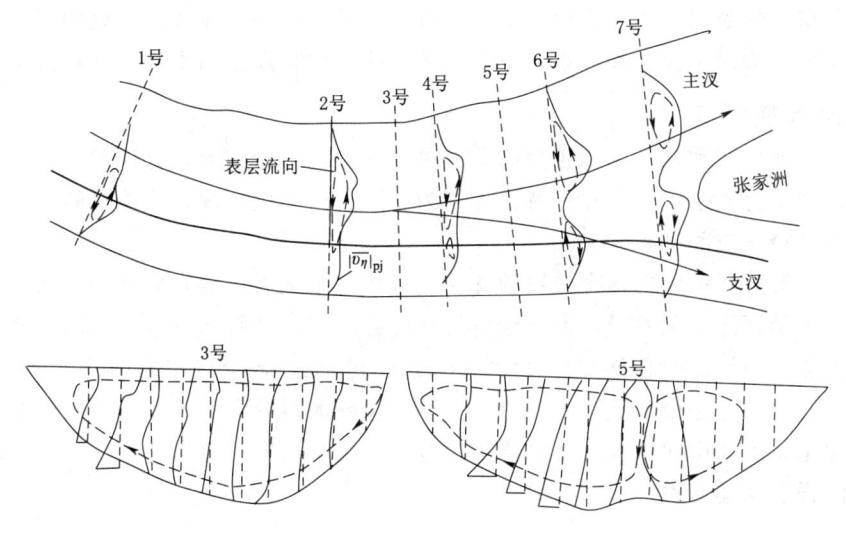

图 6.6 分汊型河段内分流区环流沿程变化

侧和支汊一侧的垂线平均流速均沿程增大,并且主汊一侧流速总是大于支汊。汇流区内存在主流速带汇集,断面上存在多个大流速区和中间低速区(图 6.7),低流速区位置与江心洲尾部相对应。汇流区也有环流,其原因一方面是由于存在流线弯曲,另一方面是由于存在横比降,环流的变化和分布情况与分流区类似(图 6.8)。

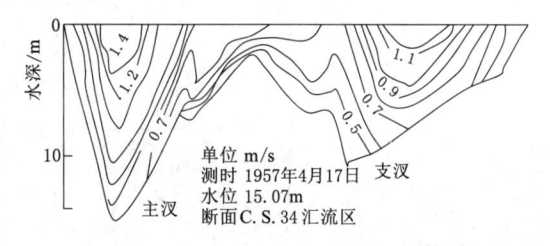

图 6.7 汇流区断面等速线分布

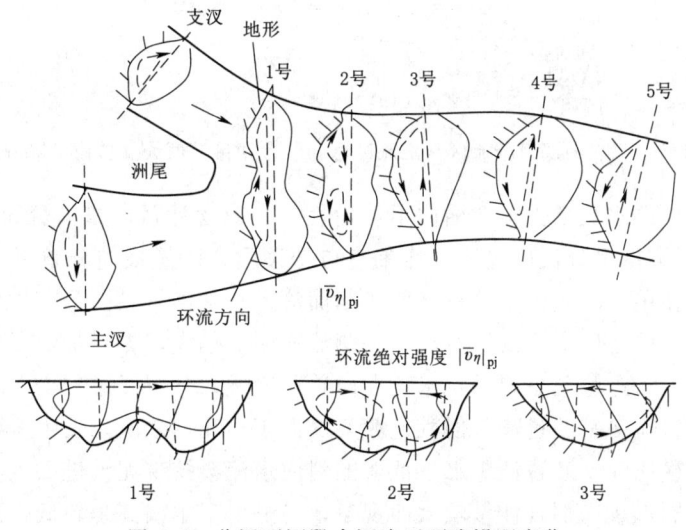

图 6.8 分汊型河段内汇流区环流沿程变化

归纳起来，分汊河段进、出口水流结构特征主要表现为主流线的分离和汇聚，伴随着明显的横比降和横向水流运动，以及空间上多样化和洪枯期之间不稳定的环流结构。

6.2.2 输沙特征

相对于流速分布和环流结构较为简单的单一河槽的弯曲河流，分汊型河段分流区、汇流区水流结构更为复杂，因而输沙特征也更为复杂。这不仅体现在含沙量的时空分布，还体现在床沙粒径的空间分布差异。

从天兴洲等分汊河段内多个位置的含沙量垂线分布来看，具有典型的上稀下浓分布规律，与其他类型河流并无差异，但含沙量的横向分布却具有鲜明特点。由图6.9所示的天兴洲汊道分流区与汇流区悬移质含沙量的断面分布可见，分流区左右两侧含沙量都较大，而中间较低，这显然是由于流速大的位置挟沙力也较大所导致的。汇流区的情况相反，左右两侧含沙量较小而中间较大，且底部的含沙量更大，这样的分布特点与汇流后两股水流掺混引起的强烈紊动有关。

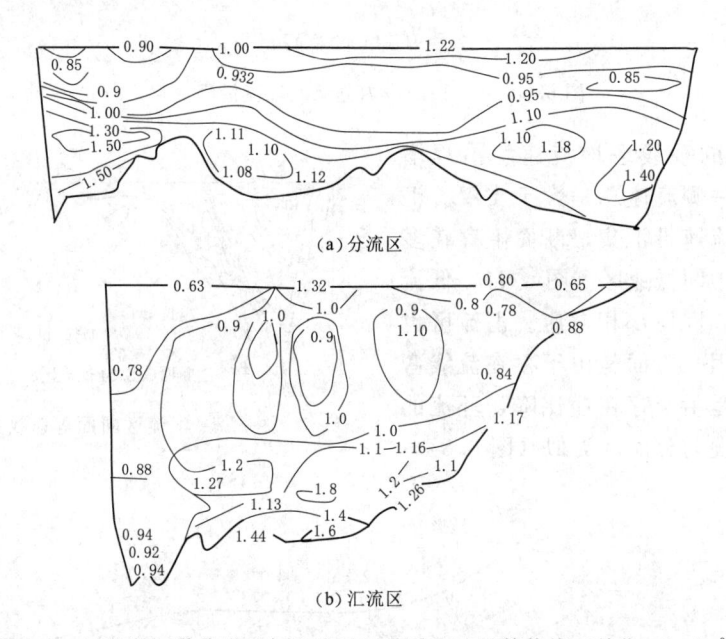

图6.9 天兴洲汊道分流区与汇流区悬移质含沙量等值线（单位：kg/m^3）

由于汊道进口的水流条件存在横向不均匀性，因此含沙量的横向分布也具有此特点。由图6.10中天兴洲汊道分流区垂线平均流速与悬移质含沙量横向分布可见，具有以下沿程变化现象：①在单一段主流未分汊之前，断面流速和含沙量横向分布均呈左侧略偏大的特点；②进入分汊区之后，主汊（右汊）一侧流速明显偏大，含沙量最大位置却出现在天兴洲洲头的低滩上。这些现象说明，水流在由单一段进入分汊段过程中，断面上的含沙量峰值位置发生了自左向右的过渡，但其过渡要滞后于水流。之所以发生这种变化，一是由于洲头部位存在横比降，漫过洲头水下低滩的斜向水流会挟带泥沙进入主汊，个别流量级下甚至因滩面冲刷形成局部含沙量较大的现象；二是由于主汊高程较低，而含沙量具有上稀下浓垂向分布特征，底部高浓度泥沙更易进入主汊。

6.2 水沙输移特征

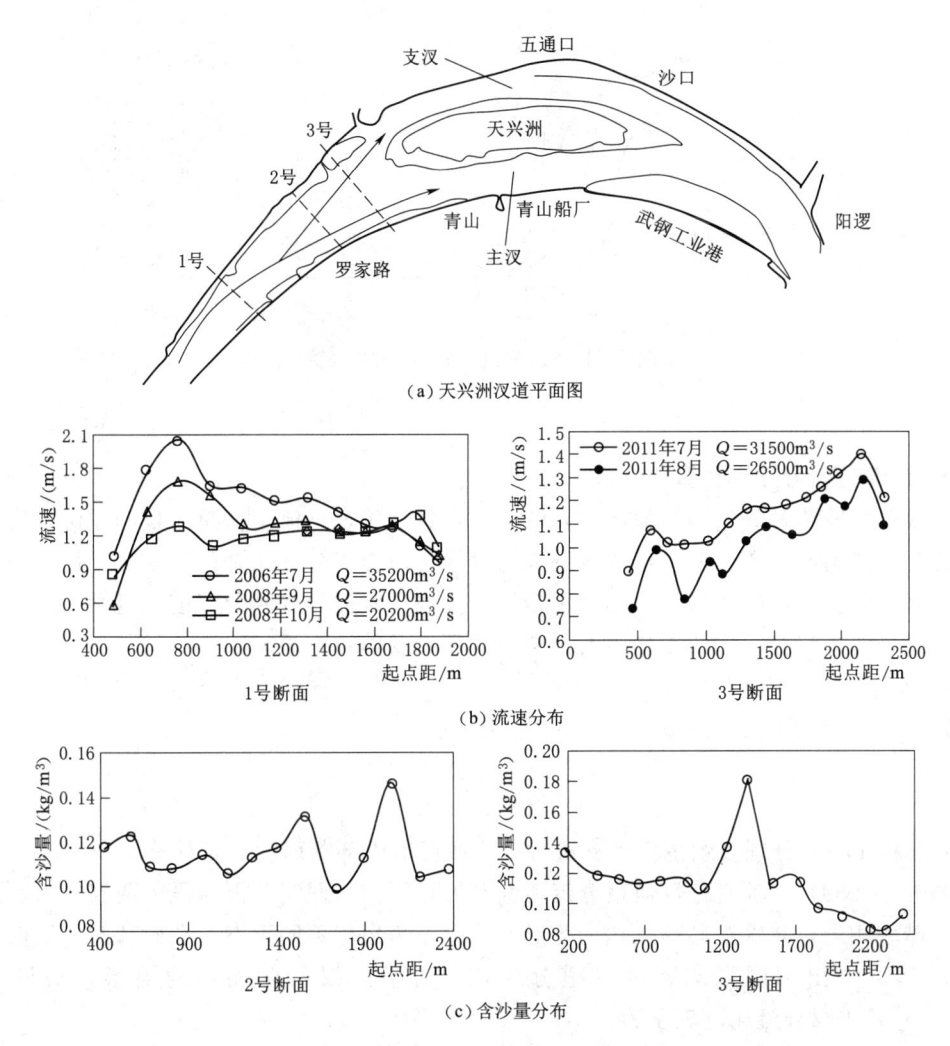

(a) 天兴洲汊道平面图

(b) 流速分布

(c) 含沙量分布

图 6.10 天兴洲汊道分流区垂线平均流速与悬移质含沙量的横向分布

表层床沙粒径在一定程度亦可反映泥沙输移特征。从长江天兴洲汊道分流区的床沙级配来看（图 6.11），其总体特点是支汊一侧的较细，主汊一侧的较粗，这与主、支汊的水流强弱一致。之所以出现这种规律，究其原因是支汊一侧高程较高、水动力条件也较弱；从悬移质角度而言，表层较细颗粒容易向支汊一侧输移，粗颗粒易向高程较低的主汊一侧输移；从推移质角度而言，支汊一侧水动力弱，细沙易以推移质沙波形式移动，而主汊一侧水动力强度大，细颗粒易被悬移分选，导致床面粒径偏粗。从图 6.11 中还可看出，汊道进口附近的床沙颗粒在汛期高水位时大幅度变细，枯季低水位时大幅度变粗，这与汊道段汛期淤积枯季冲刷的变化规律有关。

综合以上可知，由于水动力条件空间差异和地形高程差异，汊道段的泥沙输移具有明显的空间差异性。随着汛枯期来流量和来沙量的变化，也常常导致分流区、主支汊以及汇流区等不同位置的含沙量发生不同调整。但实测的水力要素和含沙量表明，在断面平均意义上，分汊河段内不同区段的床沙质水流挟沙力仍可用张瑞瑾提出的悬移质挟沙力公式加

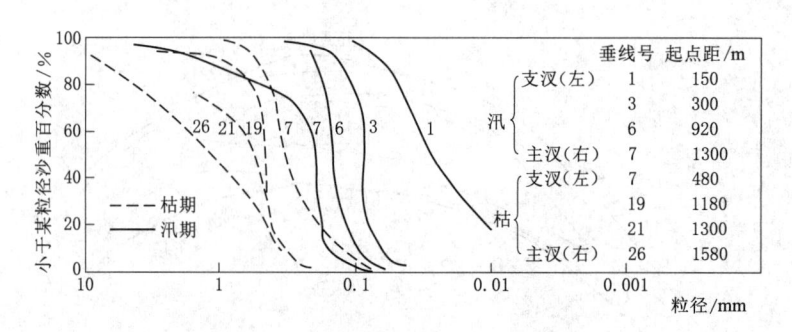

图 6.11　天兴洲汊道内的床沙级配

以描述。

6.2.3　汊道分流分沙比计算

水沙分股输移是分汊型河段最主要的特征，各个汊道分流量占总流量的比例称为**分流比**，各个汊道输沙量占总输沙量的比例称为**分沙比**。分流分沙比是区分主支汊地位的最重要指标，分流分沙比的年内、年际变化在生产实践中常被用以判断汊道稳定性。因此，有必要专门介绍分流分沙比的影响因素、变化特征以及估算方法。

1. 汊道分流比计算

以二汊为例，主汊的分流比（R_Q）可表示为

$$R_Q = \frac{Q_m}{Q_m + Q_n} \tag{6.1}$$

式中：角标 m、n 分别表示主汊和支汊，一般取汊道中部断面的流量计算。

高进（1999）曾针对分汊河道分流特性开展过研究，假定分汊河段内两汊的断面河相关系、糙率相同，并将江心洲概化为菱形、等腰三角形等不同形态，在此基础上根据最小能耗原理可导出不同形态下的汊道分流比，对于两汊长度相当的菱形江心洲［图6.12（a）］，主汊分流比可表示为

$$R_Q = \frac{b_m^{2.5}}{b_m^{2.5} + b_n^{2.5}} \tag{6.2}$$

(a) 菱形江心洲　　(b) 等腰三角形江心洲

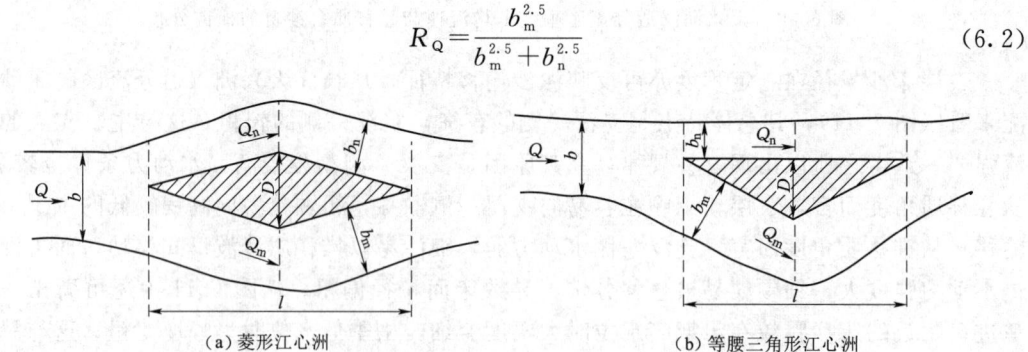

图 6.12　分汊型河段的菱形与等腰三角形江心洲概化图

对于图 6.12（b）所示的等腰三角形，主汊分流比表示为

$$R_Q = \left\{ \left[1 + \left(\frac{2D}{l}\right)^2\right] \Big/ \left(\frac{b}{b_m}\right)^{10} \right\}^{0.25} \tag{6.3}$$

以上两式描述了造床流量下分流比的估算关系，式中所含变量皆为江心洲或汊道形态因子。这说明，由于河道形态是水流塑造的结果，形态因子中蕴含着汊道的分流特性，因而汊道分流比能够用形态因子来表征。

对于两汊分流比的影响因素，还可按丁君松和邱凤莲（1981）提出的方法加以分析：在二汊内选取具有相对代表性的断面，计算其过水面积 A_m 和 A_n，平均水深 h_m 和 h_n，分流点至汇流点的二汊长度 L_m 和 L_n，以及曼宁糙率系数 n_m 和 n_n，按曼宁公式可得

$$R_Q = \cfrac{1}{1 + \cfrac{A_n}{A_m}\left(\cfrac{h_n}{h_m}\right)^{2/3}\left(\cfrac{L_m}{L_n}\right)^{1/2}\cfrac{n_m}{n_n}} \tag{6.4}$$

由该式可见，汊道分流比的影响因素包括河道地形、水位、糙率。根据长江白沙洲、梅子洲、八卦洲的统计，主支汊过水面积之比为 1.65~13.7，平均水深之比为 1.1~3.5，而糙率之比为 0.89~1.11，两汊的糙率虽然有差异，但相比过水面积、水深的差异要小得多，因此地形和水位是主要影响因素。根据长江中下游多个汊道资料的验算表明，即使假定两汊糙率相同，由式（6.4）计算的分流比误差仅为 4%。

需要指出的是，即使在河床稳定情况下，由式（6.4）估算的各级流量下汊道分流比依然是变化值，这是由于式中断面面积、水深均随水位而变，汊道长度也随着分流点在汛枯期之间的上提下移而变化。在这些因素综合作用之下，汊道分流比在水文年内动态变化。从长江中下游多个汊道的分流比年内变化特征来看，大致可以归纳为 3 种类型：第一类汊道的支汊分流比随着水位上涨而增大，汛期水位最高时达到最大，汛期过后，支汊分流比随水位回落而逐渐降低，长江中下游支汊绝大多数属于这一类型；第二类汊道的支汊分流比在水文年内变化很小，这类汊道数量较少，如马鞍山分汊河段的江心洲右汊和南京梅子洲分汊河段的右汊；第三类汊道的支汊分流比在年内增减变化过程，与水位涨落恰恰相反，这种情况仅出现于两汊主支转换的过程中，由于原本的支汊逐年冲刷而导致分流比增大，直至其成为主汊。

在分汊型河段内，从两汊或多汊道中判断和选取未来一段时期内的稳定主汊，是实施通航、建港、取水等工程的前提。从长江中下游的汊道观测资料来看，多数分汊河段主支汊地位分明，主汊分流比明显超过 50%，但也有少数汊道主支汊分流比较为接近。实践表明，主支汊分流比较为接近的汊道，其河道稳定性也显著偏弱，这一点在汊道整治中需要注意。

2. 汊道分沙比计算

汊道分沙常用分沙比表示，根据定义，主汊分沙比（R_S）可表示为

$$R_S = \frac{Q_m S_m}{Q_m S_m + Q_n S_n} = \cfrac{1}{1 + \cfrac{Q_n S_n}{Q_m S_m}} \tag{6.5}$$

式中：S_m、S_n 分别为主汊及支汊的断面平均含沙量，以 kg/m³ 计。

令含沙量比值 $S_m/S_n = K_S$，结合分流比计算式，则式（6.5）可表示为

$$R_S = \cfrac{R_Q}{\cfrac{1-R_Q}{K_S} + R_Q} \tag{6.6}$$

第 6 章　分汊型河流的河床演变

当分流比 R_Q 算出后,只要知道含沙量比值 K_S 便可求出分沙比。由上式可见,在具有两汊流量和断面平均含沙量观测资料的情况下,分沙比可直接计算。根据长江中下游汊道的实测资料,大多数主支汊比较明显的汊道,主汊含沙量 S_m 大于支汊含沙量 S_n,即 $K_S>1$,由式(6.6)可得主汊分沙比 R_S 大于分流比 R_Q。

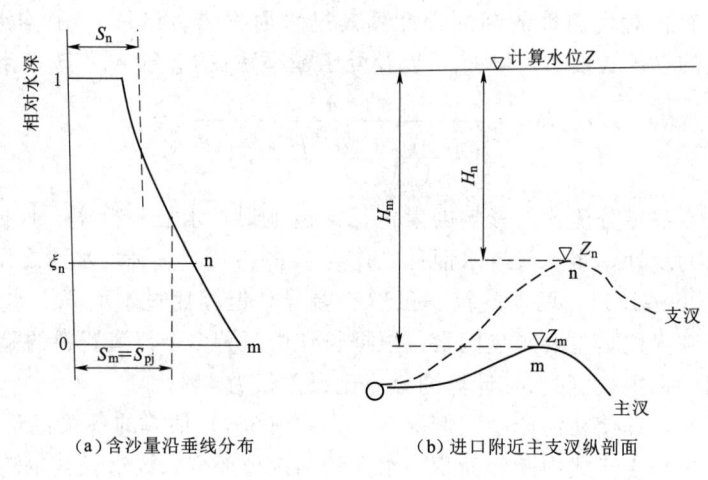

(a)含沙量沿垂线分布　　(b)进口附近主支汊纵剖面

图 6.13　汊道分沙模式

依据水沙观测资料计算分沙比的方法,虽然比较直接,但实测资料需求较大。丁君松和邱凤莲(1981)提出了一种计算分沙比的间接方法,其基本原理是基于两个事实:含沙量沿垂线分布具有上稀下浓的特征;分汊河段主支汊地形具有明显高程差,主汊一侧河床较低。根据这些特征,可利用主汊深泓纵剖面特征来确定 K_S 值(图 6.13),以主、支汊中最高点 m、n 为控制分沙的参考点,m 点至水面的平均含沙量 S_m 进入主汊,n 点至水面的平均含沙量 S_n 进入支汊。若选用劳斯(Rouse)含沙量分布公式,根据式(5-21)进入支汊的平均含沙量 S_n 为

$$S_n = \frac{1}{1-\zeta_n}\int_{\zeta_n}^{1} S_{pj}\frac{1-\xi_a}{J_1}\left(\frac{1-\xi}{\xi}\right)^Z d\xi = S_{pj}\frac{1-\xi_a}{1-\zeta_n}\frac{J_3}{J_1} \tag{6.7}$$

式中:ζ_n 为支汊最高点 n 的相对水深(H_n/H_m);$J_3 = \int_{\zeta_n}^{1}\left(\frac{1-\xi}{\xi}\right)^Z d\xi$;$Z$ 为悬浮指标;$S_{pj} = S_m$。

于是得主汊与支汊含沙量比值为

$$\frac{S_{pj}}{S_n} = \frac{S_m}{S_n} = \frac{1-\zeta_n}{1-\xi_a}\frac{J_1}{J_3} = K_S \tag{6.8}$$

按这样的分沙模式,$K_S = S_m/S_n > 1$,符合长江的实际情况。有了 K_S 和分流比 R_Q,便可按式(6.6)计算分沙比。经实测资料检验,该式计算结果比较符合实际,其误差为 3% 左右。上述分沙比计算对全部床沙质和不同粒径组泥沙同样适用。

由式(6.6)~式(6.8)可见,影响汊道分沙比的主要因素是分流比和两汊河床高差。支汊一侧河床高程较大,分入的多是表层清水,分沙比一般小于同侧的分流比。图 6.14 中显示了长江中下游若干分汊河段支汊分流比和分沙比的年际变化(中科院地理所等,

1985),可见支汊分沙比小于分流比的现象普遍较为明显,而且分流量大的支汊,这种关系越显著。只有在极个别河床变形较大的支汊,或者某些特殊水情下,才会出现分流比和分沙比交错变化的情况。

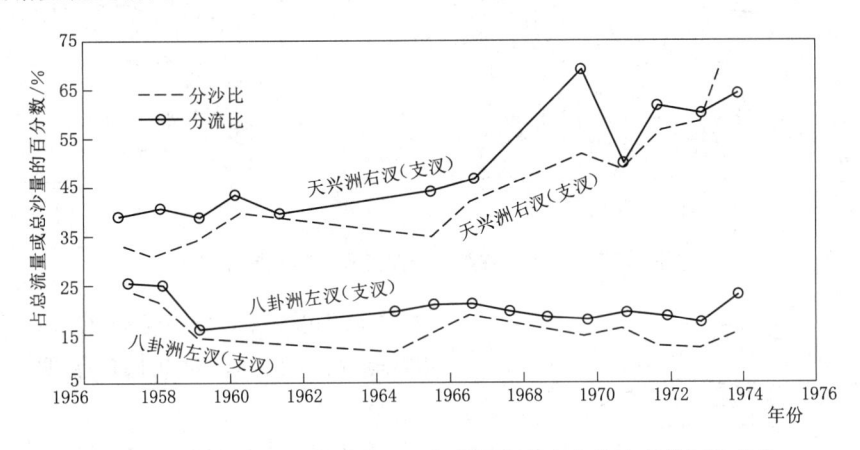

图 6.14　长江中下游若干分汊河段支汊分流比和分沙比的年际变化

6.3　不同类型分汊河段的演变规律

从工程实践的角度,较为关心的是分汊型河段内的冲淤演变现象,主要包括两类:一是随着来水来沙的年内丰枯涨落以及年际之间随机波动,洲头、洲尾和汊道内部可能产生的冲淤变形;二是在较长时期内,汊道可能发生的横向移位,乃至主支汊之间的易位。以上两种变化,前者由汊道进出口复杂且不稳定的水流结构所引起,变化的时间尺度较短;后者由上下游河势变化或者内部水沙输移长期累积作用引起,变化的时间尺度较大。一般而言,对于顺直、微弯、鹅头(弯曲)分汊,易发生的冲淤变形既存在共性,也可能存在一些差异,有必要分类介绍。

6.3.1　顺直型分汊河段演变规律

顺直型分汊河段的演变特点与顺直单一河段具有一定类似性,这类河段曲折系数小,河道内纵向排列有多个边滩或心滩。在河宽相对较大的位置,心滩逐渐淤积发展成为江心洲,由于两侧发展受限,其两汊平面形态比较对称,曲率均不大。这类汊道虽然具有分汊外形,但河段内滩槽演变规律与单一顺直河段较为类似,即表现为深槽与边滩的交错分布和平行下移,汊道的调整也多由边滩下移引起。常见的变化是上游边滩下移至汊道口门附近,甚至与江心洲洲头滩体连成一片(图 6.15),则汊道入流条件变差,进入流量减小,水流挟沙力相应减弱。某些情况下,汊道入流条件变差还会导致泥沙不断淤积,汊道逐渐衰退,与此同时另一汊则处于逐渐发展过程中,这就表现为主、支汊易位的演变。

6.3.2　微弯型分汊河段演变规律

微弯型分汊河段两岸受到自然或人工节点控制作用,岸线横向摆动受到限制,其主要演变特征是汊道进出口、汊道内部的年内冲淤变形,但从长期来看,主支汊之间也存在主

第 6 章 分汊型河流的河床演变

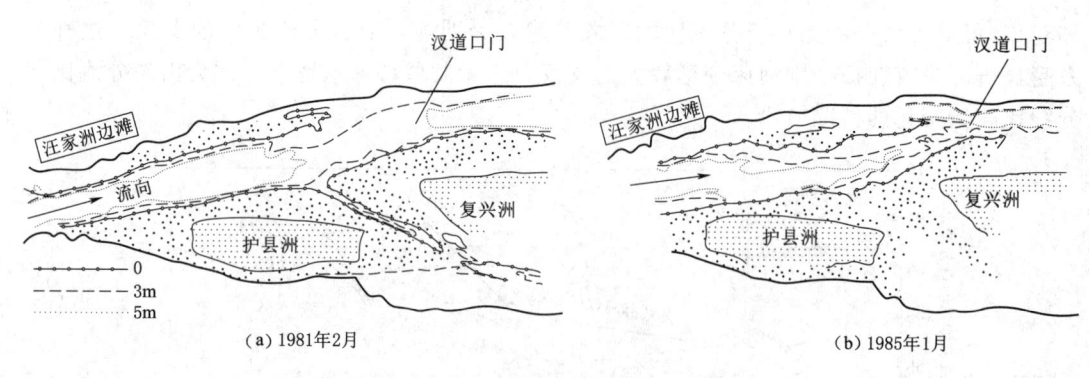

(a) 1981年2月

(b) 1985年1月

图 6.15 长江中游嘉鱼分汊河段内的滩槽分布

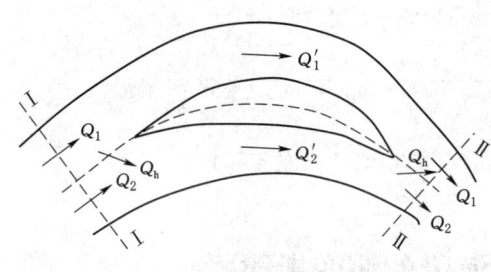

图 6.16 微弯分汊河段示意图

支交换的可能性。以下结合图 6.16 所示的概化分汊河段为例,对此加以说明(张瑞瑾,1996)。

图 6.16 所示的微弯分汊河段在长江中下游是较为常见的。设想断面Ⅰ-Ⅰ与断面Ⅱ-Ⅱ为不受分汊影响的过水断面,在断面Ⅰ-Ⅰ处,总流量为

$$Q = Q_1 + Q_2 \tag{6.9}$$

假定由于流程较长、比降较平以及其他原因,左侧支汊中不能通过流量 Q_1,只能通过流量 Q_1',Q_1' 较 Q_1 为小,在这种情况下,汊道的进口处,将产生横向流量 Q_h,显然

$$Q_h = Q_1 - Q_1' \tag{6.10}$$

与此相应右汊的流量 Q_2' 将大于 Q_2,显然

$$Q_2' - Q_2 = Q_h \tag{6.11}$$

在左汊进口附近,既然汊道的泄量小于上游的来水量,势必形成壅水现象,水面纵比降较为平缓;右汊的进口附近,既然汊道的泄量大于上游的来水量,势必形成降水现象,水面纵比降较陡。在左汊进口的壅水区域,流速减缓,常常发生淤积;在右汊进口的降水区域,流速增大,常常发生冲刷。如果只从纵向水流的这种现象来看,可判定左汊处于衰退阶段,右汊处于发展阶段。但是结合环流结构分析,就可看出情况并不是这样简单。

由于左岸水位高于右岸,底层水流将偏向右岸,因而使较多的泥沙进入右汊,右汊的含沙量将高于左汊。在右汊的进口段,由于比降较大,流速较急,水流挟沙力较高,虽然水中含有较多的泥沙,仍然能够挟带,而且还可能发生冲刷。但是到了汊道的出口段,情况就完全两样了。设想不受分汊影响的断面Ⅱ-Ⅱ,其最左的部分可通过流量 Q_1,靠右的部分可能通过流量 Q_2,由于 $Q_2 < Q_2'$,而 $Q_1 > Q_1'$,故将产生自右向左的横向流量 Q_h。与此同时,右汊的出口段产生壅水现象,左汊的出口段产生降水现象。进入左汊的泥沙本来较少,在进口段又发生淤积,因而左汊水流的含沙量显著降低。到了出口段,纵向比降加大,流速加大,水流挟沙力也加大,因而产生冲刷现象。反之,进入右汊的泥沙本来较多,在进口段又发生冲刷现象,因而右汊水流的含沙量显著升高;到了出口段,纵向比降减小,流速减小,水流挟沙力也减小,因而可能产生淤积现象,左汊自出口段开始的溯源

冲刷，势将产生扩大左汊泄量的效果；而右汊在出口段产生的淤积现象，势将逐渐减小右汊的比降和泄量。二者结合起来，有可能使进口处的分流分沙状态在发展过程中发生逆转，向相反的方向演变。上述分析可知，微弯分汊河道的分流分沙、局部冲淤变形、长期主支汊交替，是相互关联的。

6.3.3 鹅头型分汊河段演变规律

鹅头型分汊河段的典型特点是河道一岸有山矶控制，另一岸为抗冲性较弱的冲积物。在进口处节点挑流作用下，水流向抗冲性较弱的另一岸顶冲并形成弯道，随着弯道不断发展，弯顶逐渐下移，江心洲也相应向凹岸增长，形成类似鹅头的平面形态。长江中下游一些鹅头型分汊河段，大体上是这样发展演变而成的（罗海超，1989）。例如图 6.17 陆溪口汊道，在 1912 年以前，右汊为主航道；后来由于赤壁山上游河岸发生坍塌，赤壁山便突出于河岸而成为矶头，把水流挑向左岸，于是左汊逐渐发展，右汊相应衰退；经过 1926 年、1931 年和 1933 年几次大水后，左汊进一步横向发展，到 1934 年便成为典型的鹅头型分汊河段。

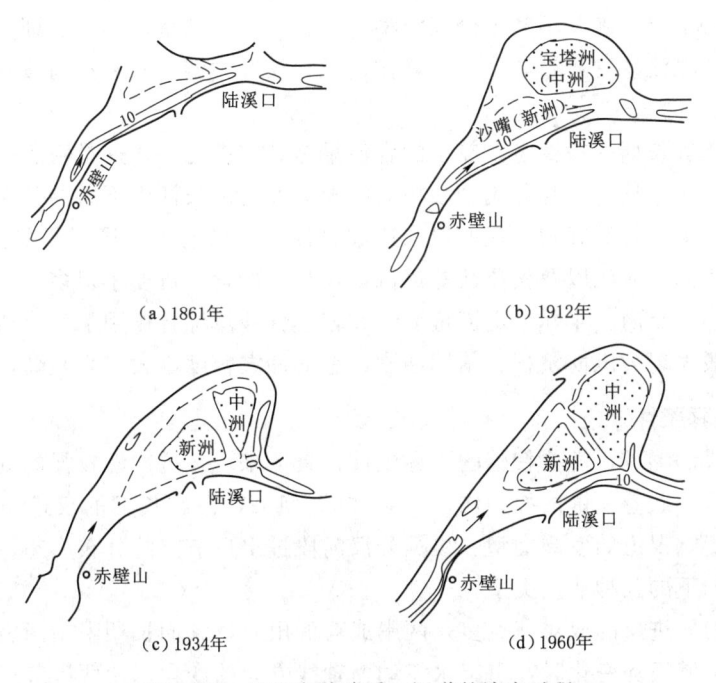

图 6.17 长江中游陆溪口汊道的演变过程

由于汊道宽度较大，鹅头型分汊河段内可以形成较多的并列形式的江心洲。这样导致水流愈加分散，进而成为多汊河段。一经形成多汊，其稳定性就愈来愈差。

鹅头型分汊具有周期性演变规律。由于弯道环流作用，弯曲一汊会愈来愈弯曲，最终形成反 S 形。当弯道过长，曲折度加大，不利于水流通过时，水流裁弯取直，以后又再次向弯曲发展，重蹈故辙，如此循环，成为往复性变形（冷魁和罗海超，1994）。以上变化过程，将会导致分汊河段内通航条件周期性恶化。例如陆溪口汊道，1960 年后，左汊入口段已淤浅变窄，难以通航，而右汊及中汊则逐渐成为通航汊道。长江中下游陆溪口、团风、龙坪、官洲、铜板洲、铜陵等分汊河段都具有这种周期性演变规律。

鹅头型分汊河段内，主泓这种切滩取直，在移动过程中实现新陈代谢的演变特点，与顺直或微弯汊道在主支汊不移动情况下，通过调整分流比而实现相互交替的规律，是一个很大的区别。

6.4 形成条件

6.4.1 水沙条件

对分汊型河段而言，主支汊的稳定一方面需要江心洲保持稳定，另一方面需要水流动力轴线的周期性摆动能够使任何一汊不至消亡。因此，一定的流量变幅有利于分汊河型的维持。根据方宗岱（1964）对国内外 74 条河流的统计分析，当洪峰变差系数 $C_v<0.3$ 时，将不能形成江心洲河型；倪晋仁和张仁（1991）对我国一些主要河流多年平均流量变差系数 C_v 的统计得出了相似的结论。事实上，当流量变幅过小以至于接近定常流时，由于动力轴线保持恒定，确实不利于分汊河型的发育，这已被室内实验所证实。丹江口水库建库后，由于下泄流量过程被调平，洪峰被消减，汉江中游一些分汊河段有向单一弯曲河型发展的趋势。

分汊河段能够长期维持稳定，较小的含沙量是其前提之一。这是由于较大含沙量容易导致汊道剧烈淤积，从而引起分流分沙格局的根本改变。长江中下游的分汊型河段绝大多数位于城陵矶以下，与洞庭湖入汇的清水造成含沙量降低有关。同样是稳定分汊型河流，湘江、赣江、西江、北江以及松花江等河流都比长江的含沙量要小得多。

综合来看，在年内、年际一定流量变幅和较小含沙量综合作用下，汊道能够长期维持动态稳定，一般表现为汛期淤积、枯期冲刷，总的冲淤幅度不大（余文畴，1994）。

6.4.2 河床边界条件

分汊型河段的形成，需要特殊的边界条件，具体来说，抗冲性较强的挑流节点在汊道形成和演变过程中起着关键的控制作用（余文畴，1987）。在长期的汊道演变中，节点的相对位置直接影响汊道的发展类型。根据分汊河段进出口节点的分布形态，可把节点对汊道的影响分成如下的几种演变类型。

位于分汊河段进口的成对节点多是两岸成对的山矶，它们长期限制河道的摆动，并且在水位涨落或上游河势变化时，引起水流动力轴线方向的变化，使两岸节点交替地起着导流或挑流作用，从而对河势演变产生影响，甚至引起汊道分流分沙比的变化，以致主、支汊易位。图 6.18 为长江下游马鞍山河段江心洲汊道的演变情况。大约 100 年以前，江心洲右汊为主汊，后来西梁山脱流，主流改经东梁山挑流指向江心洲左汊，于是逐渐发展成为主汊，而右汊衰退成支汊。

位于汊道进口的单侧节点多是由突出河道中的矶头所形成。其作用是一旦节点靠流，将水流挑向对岸，使河岸发生强烈冲刷，从而形成弯曲的汊道。长江中下游的鹅头型分汊河段，其进口一般均存在单侧挑流节点。

若分汊河段出口存在两侧成对节点，有缩窄河道、控制水流的作用，使上游受到壅水

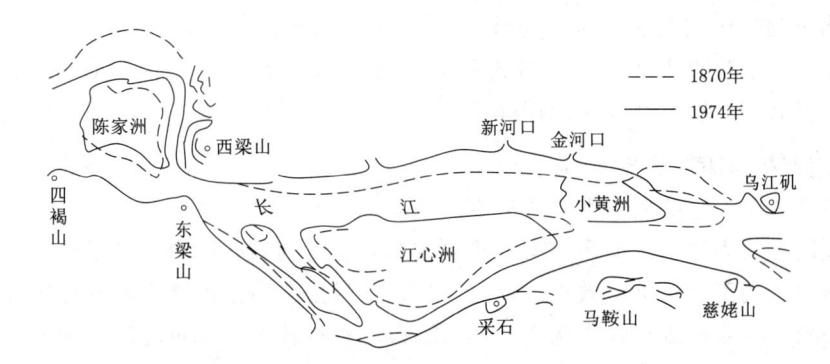

图 6.18　长江下游马鞍山河段江心洲汊道的演变

影响，泥沙落淤形成江心洲（图 6.19）。此外，江心洲尾靠近节点时，泥沙不易淤积，将限制江心洲尾的下移。

图 6.19　长江中游杨林矶、临湘矶成对节点对上游河势的影响

位于河道两岸的连续但交错分布节点，将限制河道岸线的横向摆动，形成较长的顺直或弯曲分汊河段。如图 6.20 所示的马当河段，右岸有小矶山、马当矶等连续节点分布，而左岸节点间距较大，形成了左岸弯曲的分汊河势。

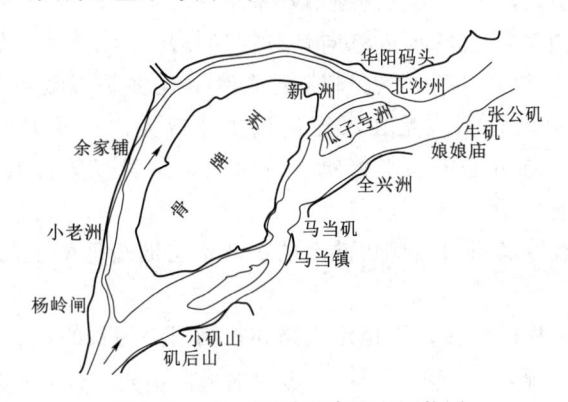

图 6.20　长江下游马当河段河势图

6.5　分汊型河流的整治

分汊型河流的演变可能会对防洪、航运、岸线利用、涉水工程安全等方面造成影响，因而需要通过河势控制工程稳定优良格局，或者通过整治工程改善已经出现的不利变化。例如，长江中下游"黄金水道"是长江经济带发展的重要依托。过去几十年，相关部门通过一系列航道整治措施，稳定分汊河势。荆江段维护水深已提高至 3.8m，南京以下

12.5m深水航道已全线建成，对拉动沿江GDP增长作出了重要贡献。由于分汊河段存在个体性差异，对于整治工程位置、型式和工程强度的选择，应结合实际情况开展具体分析。本节仅对其中一些共性原则加以介绍。

6.5.1 整治时机与策略选择

汊道演变具有一定的周期性，在演变周期的不同阶段其内部滩槽格局有一定差别，尤其是鹅头型汊道更为明显。如果在滩槽格局较为有利时期实施整治，只需要通过工程措施稳定河势即可达到事半功倍的效果。反之，如果在滩槽格局已出现不利变化之后才实施整治，则需要对水沙输移进行较大调整，此时不仅工程量较大，且对河流干扰大，需要谨慎论证才可实施。因此，分汊型河流整治的时机选择非常重要，应通过历史演变过程的分析对当前所处的阶段做出判断，尽量选择在河势较好的阶段实施整治。

与整治时机相对应，分汊型河段内的整治策略也可分为"防守"型与"改善"型。所谓"防守"型，是当分汊型河段处于有利状态时，通过护滩、护岸等方式使水流流路、分流比能够稳定下来。所谓"改善"型，是指当分汊河段的发展演变过程中出现与国民经济各部门的要求不相适应的情况，通过调整水流或河床的方式来改善汊道条件的整治策略，包括修建控导工程调整水流流路、归顺河势，改变汊道宽度束水攻沙、增加水深，通过疏浚调整分流比等。

6.5.2 常见工程措施

分汊河道演变受到进口、出口和汊道内部形态等多种因素影响，为了达到某种整治目的，常需要多个位置的工程协同作用。以下结合一些河段的工程实例，来说明分汊河段内不同部位常见的工程型式以及可实现的整治效果。

汊道进口形态对进入汊道的水流流向具有控导作用，此外江心洲滩头部具有明显的横比降和斜流，因而在汊道上游至进口修筑整治工程多是以控导流路、调整分流比、改善斜流为目标。常见工程型式是在汊道进口主汊或支汊一侧修筑丁坝、护滩带，改善分流比、束窄水流；在江心洲头部修筑分流鱼嘴、鱼骨坝等，避免洲头低滩的后退，从而减少漫滩斜向水流，达到改善进口水深的目的。图6.21为长江中游监利乌龟洲汊道进口的航道整治工程，其进口右侧边滩上的护滩带与洲头低滩上的单侧鱼骨坝相配合，可增加右汊进口航深。

汊道内部的整治工程措施多是以稳定流路和控制河势为目的，少数情况下也需要局部束窄河槽以束水攻沙，还有一些情况要辅以局部疏浚。稳定河势的工程型式以护岸最为常见，多修筑在江心洲滩缘或者弯曲流路的凹岸，如图6.21中乌龟洲右缘的护岸、图6.22中南阳洲右汊内两侧的护岸。束窄河道防止水流发散的工程型式以潜丁坝或护滩带为常见，多修筑在弯曲汊道内的凸岸边滩。还有一些汊道需要采取潜锁坝等工程以减小支汊分流比或者采取疏浚工程以增大主汊航深，其中封堵支

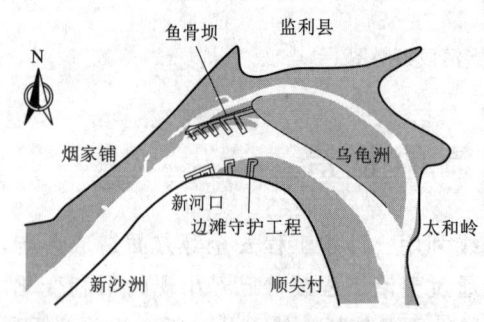

图6.21 长江中游监利乌龟洲汊道进口的航道整治工程

6.5 分汊型河流的整治

汊的工程多修筑在支汊进口或出口，疏浚工程多在汊道内的上下深槽之间的浅区实施。图 6.22 中的南阳洲右汊整治就是以整治建筑物辅以局部疏浚相互配合，从而增大航道水深。

相比于汊道进口与汊道内部，汊道出口修筑整治工程的情形较为少见。工程实践中修筑汊道出口附近的工程主要有 3 类：一是在江心洲尾部修筑守护工程以保护较为高大的滩形，从而减弱洲尾两汊水

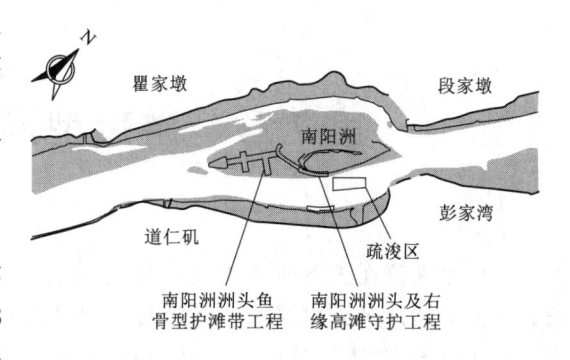

图 6.22 长江中游南阳洲右汊航道整治工程

流汇合时产生的复杂流态，避免局部淤积；二是在江心洲尾部存在河道岸线不稳的位置修筑护岸，避免局部崩岸导致汊道平面位置移动；三是在水流汇合区下游一岸侧修筑工程，避免两股水流掺混区的大量淤积。如图 6.23 中新洲汊道出口存在浅水区，通过在右侧徐家湾边滩上修筑护滩带工程，从而在枯水期起到束窄河宽维持航深的效果。

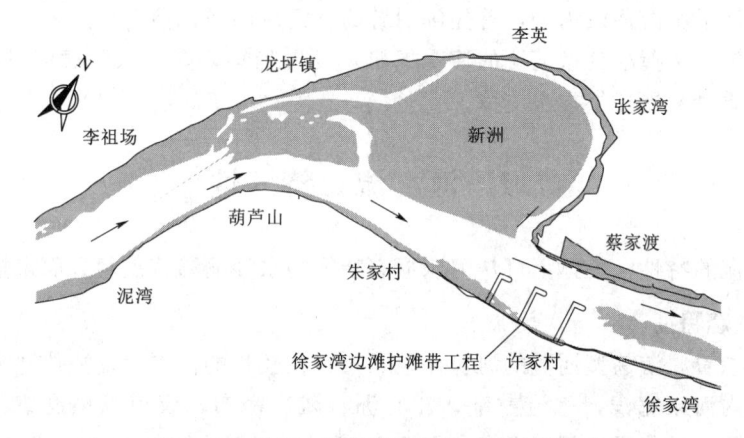

图 6.23 长江中游新洲汊道出口的整治工程

综合而言，分汊型河段的治理要遵循因势利导的理念，抓住有利时机，按照"由粗到细"的思路，先稳定整体河势，再调整局部水沙输移，通过多个位置、多种工程措施的组合，达到预期的整治目的。

第7章 游荡型河流的河床演变

游荡型河流在天然河流中较为常见，在国内外分布较广，如黄河中游的小北干流河段、下游的孟津至高村河段、汉江丹江口至钟祥河段、塔里木河干流阿拉尔至新其满河段、南亚的布拉马普特拉河（Brahmaputra）、欧洲的塔纳河（Tana）、北美的红狄尔河（Red Deer）等都是典型的游荡型河道。游荡型河流具有独特的河床形态特征，如河身顺直且宽浅、滩槽高差较小，洲滩密布、汊道交织。游荡型河流还具有复杂的河床演变特征，如主流摆动不定，河势变化急剧；河床易冲易淤，且冲淤幅度较大；河岸抗冲性差，极易发生坍塌。游荡型河流的这些特征常常对两岸的防洪、工农业生产等带来不利影响。因此研究游荡型河流的河床形态特征与演变规律等内容，在理论与实践上都有重要意义。本章主要以黄河下游游荡段为例，首先阐明游荡型河流的河床演变特点，然后简述游荡段的河床整治措施。掌握游荡型河流的演变规律及发展趋势，能为保障黄河下游长治久安、促进全流域高质量发展提供技术支撑。

7.1 河 流 特 性

游荡型河流的特性，大体上可从河床形态特征与水沙输移特点两方面来描述。

7.1.1 河床形态特征

从平面形态看，游荡型河流的河身比较顺直，在较长的范围内，往往宽窄相间，类似藕节状。河段内河床宽浅，水流散乱，江心洲（滩）密布，汊道纵横交织。图7.1(a)为黄河下游花园口游荡段的平面形态，图7.1(b)为汉江中游白家湾游荡段的平面形态，两图明显地表现出上述特点。游荡型河段平面形态的另一特征是河道弯曲程度很弱，其曲折系数一般仅略大于1，通常都小于1.3。如黄河下游高村以上游荡段的曲折系数为1.15，渭河下游咸阳至泾河口游荡段的曲折系数为1.05，汉江襄阳至宜城游荡段的曲折系数为1.24，比下荆江弯曲型河段（裁弯前）的曲折系数2.84要小得多。

滩地较宽的游荡型河段，由于滩地横比降较大，随着主槽的摆动和滩地的切割，在滩地与大堤之间存在大量串沟和堤河。黄河下游滩地上多分布纵横交错的串沟，在中常水位时过流量相当大，有时便截夺主流，造成河槽摆动范围较大。这种串沟在东坝头以下的游荡段分布最多，其中最长可达16km，最宽可达1.5km，最深超过2m。而且这一带南北两岸偎堤均有深槽，称为顺堤河（简称**堤河**），其中北岸多于南岸，有的堤河终年积水，水深可达4～5m。**串沟**一般都直接或间接通向堤河，其横比降远大于河道纵比降。在洪水期，水流漫滩后顺串沟直冲大堤，甚至夺溜而改变大河流路，威胁大堤的防洪安全。图7.2为东坝头下游河段串沟及堤河的分布，几乎自成一个水道网。

从纵剖面形态看，游荡段的河床纵比降一般比弯曲型河段的大。黄河下游游荡段的纵

7.1 河流特性

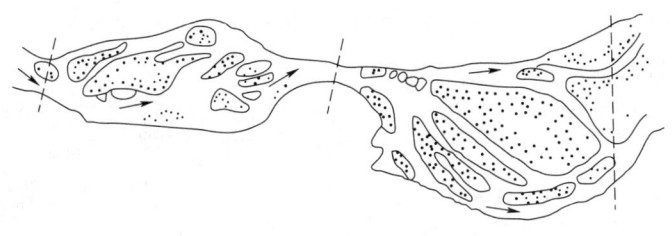

(a) 黄河下游花园口河段

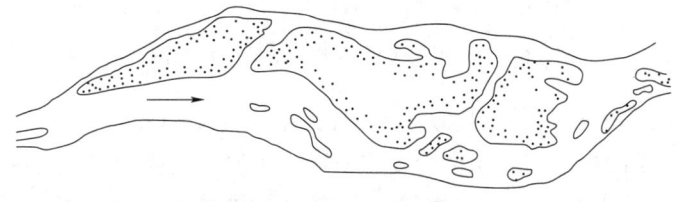

(b) 汉江中游白家湾河段

图 7.1 典型游荡型河段的平面形态

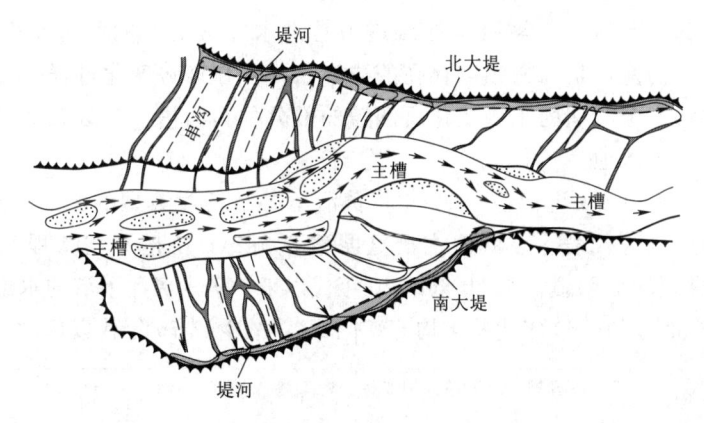

图 7.2 东坝头下游河段串沟及堤河的分布

比降在 $(1.5\sim4.0)\times10^{-4}$ 之间，永定河下游游荡段的纵比降为 5.8×10^{-4}，汉江中游襄阳至宜城游荡段的纵比降为 1.8×10^{-4}。而在河床几何尺寸相近的弯曲型河段，其纵比降一般都在 1.0×10^{-4} 以下，如汉江下游弯曲段的平均纵比降为 0.9×10^{-4}，下荆江弯曲段的纵比降为 $(0.2\sim0.6)\times10^{-4}$。所以河床纵比降较大是游荡型河流纵剖面的显著特征。

从横断面形态看，游荡段的断面形态十分宽浅，其河相系数 ζ（$=B_{bf}^{0.5}/H_{bf}$，B_{bf} 与 H_{bf} 分别为平滩河宽及平滩水深）相当大。黄河中游小北干流河段，平均滩槽高差仅为 $1.0\sim2.0\text{m}$，河相系数高达 $40\sim52$；下游高村以上的游荡段，滩槽高差为 $1.0\sim3.0\text{m}$，一般不超过 2m，ζ 值在 $19\sim32$ 之间变化，个别局部河段可超过 60；汉江中游襄阳至宜城游荡段，ζ 值在 $5\sim28$ 之间变化。相比之下，长江中游荆江段（弯曲河段）的 ζ 值仅为 $2.2\sim4.5$。因此游荡型河段的河相系数远比弯曲型河段的大。我国北方一些游荡型河段不仅断面宽浅，而且由于泥沙不断淤积，河床常高出两岸地面而成为"悬河"（图 7.3）。如黄河下游大堤的临河和背河地面高差一般达 $3\sim5\text{m}$，最大达 10m 以上；永定河卢沟桥以

第 7 章 游荡型河流的河床演变

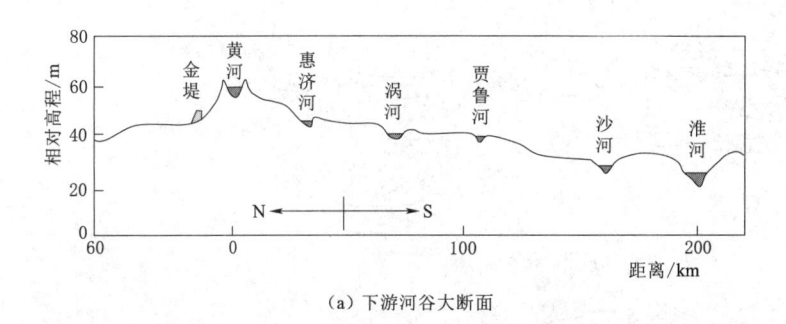

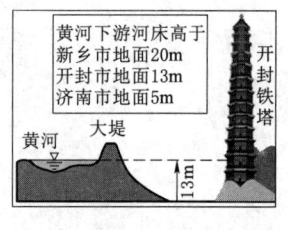

(a) 下游河谷大断面

(b) 下游河床高于开封铁塔底部

图 7.3 黄河下游"地上悬河"示意图

下的游荡型河段,1950 年实测深泓线高程比堤外地面高 4~6m。

黄河下游游荡段的横断面形态多为复式断面,主要由主槽和滩地组成。游荡段河床相当宽浅,滩地一般可分为 3 级,即**嫩滩**、**低滩**(二级滩地)和**高滩**(三级滩地)[图 7.4 (a)],这类断面形态在东坝头以上河段较为常见。小浪底水库运用前,由于下游河床淤积严重,三级滩地越来越不明显,习惯上将枯水河槽(深槽)及一级滩地(嫩滩)合称为主槽,为水流的主要通道。嫩滩与低滩是中常洪水经常上水的两个滩面,它们面积广阔,具有滞洪沉沙功能,是深槽赖以存在的边界条件。在河势变化过程中,主槽位置经常发生调整,通常将一个时期内主槽变化所涵盖的部分称为河槽,二级滩地(低滩)与三级滩地(高滩)合称为滩地。

图 7.4 (a) 给出了 20 世纪 50—60 年代黄河下游游荡段典型的断面形态,以 1967 年汛前的常堤断面形态为代表。该断面主槽宽度达 3.6km,主槽平均高程 72.5m,比低滩低 2.0m,滩槽高差较为明显。自 20 世纪 70 年代以来,进入黄河下游的水量明显偏少。花园口站水量由 20 世纪 50—60 年代的年均 500 亿 m³,减少到 70 年代以后的年均 330 亿 m³,

(a) 常堤(1967年汛前)

(b) 禅房(1999年汛后)

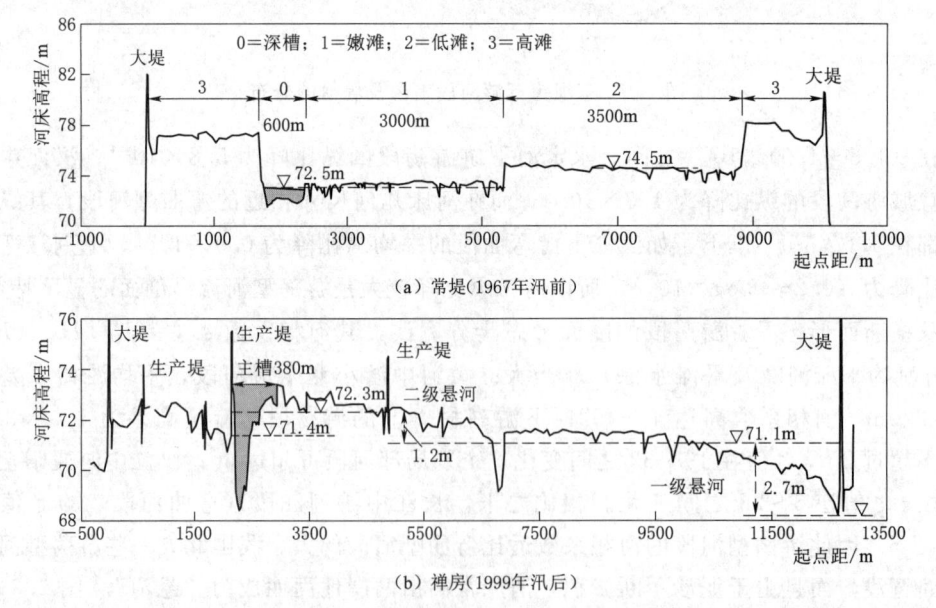

图 7.4 黄河下游游荡段不同时期的断面形态

下游发生大漫滩洪水的年份减少。滩区群众为发展生产，在主槽两侧大量修筑生产堤，人为地缩窄了下游河道的行洪通道，进一步减少了生产堤与同侧临黄大堤之间滩地的洪水漫滩次数，因此发生淤滩刷槽的次数进一步减少，从而加快了主槽的淤积抬高速率。主槽淤高的速率大于滩地淤高的速率，其中生产堤与同岸临黄大堤之间的滩地淤积抬高速率则更慢。故局部河段就出现了河槽的平均河底高程高于滩地平均高程，而滩地高程又高于堤后地面高程的"二级悬河"现象，尤其在东坝头至高村之间的游荡段较为常见。图 7.4（b）为"二级悬河"河段典型的断面形态，以 1999 年汛后的禅房断面形态为代表。该断面主槽宽度仅为 380m，平均河底高程为 71.4m；河槽平均高程（72.3m）比右岸滩地平均高程（71.1m）高出 1.2m，比堤后最低床面高程高出近 4.0m。

7.1.2 水沙输移特点

1. 水流特点

游荡型河流由于河床宽浅，平均水深一般很小。如黄河下游花园口河段平均水深在 1～3m 之间；汉江襄阳至碾盘山河段枯水期平均水深不足 1m。然而由于这些游荡段的河床纵比降大，流速也较大，如 1977 年 8 月洪水期花园口断面的平均流速最大可达 3.7m/s。由于水深小、流速大，黄河下游游荡段的水流弗劳德数（Fr），远大于一般冲积河流。图 7.5 给出了花园口断面 1977 年实测 Q-Fr 的关系，实测到的最大弗劳德数可达 0.73。

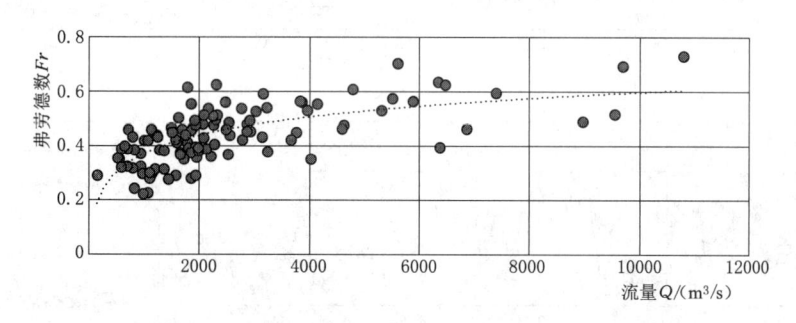

图 7.5 黄河下游花园口站 1977 年实测 Q-Fr 的关系

游荡段洪水一般具有暴涨暴落的特性。图 7.6 给出了黄河下游花园口站 1958 年汛期流量与水位的变化过程。由图可知，在最大洪峰流量为 22300m³/s 的一次洪水过程中，超过 15000m³/s 的流量持续时间不到 20h。

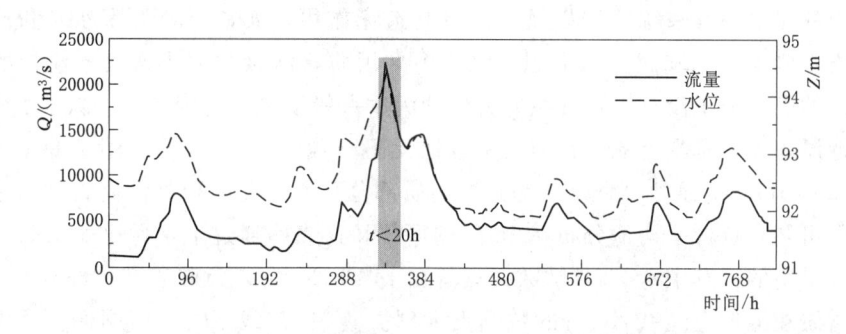

图 7.6 黄河下游花园口站 1958 年汛期流量与水位的变化过程

第7章 游荡型河流的河床演变

2. 泥沙输移特点

游荡型河流的含沙量往往较大,例如黄河下游花园口站多年平均含沙量为 27.1kg/m³,永定河三家店站为 44.2kg/m³。与此相应的另一重要特点是,同流量下的含沙量变化很大,流量与含沙量的关系极不明显。也就是说,同流量下的输沙率变化很大,全沙与床沙质输沙率都是如此。

此外游荡型河流的水量、沙量主要集中在汛期输送,但不同时期汛期水沙量占全年的比值会有所调整(图 7.7)。例如 1951—1960 年为三门峡水库修建前的天然情况,该时期黄河下游游荡段年均来水量 489 亿 m³,来沙量 14.9 亿 t,平均含沙量 30.5kg/m³,为丰水多沙系列。该时期洪峰与沙峰比较适应,多年平均的汛期水量占年水量的 62%,汛期沙量占年沙量的 85%。小浪底水库的运用显著改变了进入下游游荡段的水沙条件(1999—2015 年):汛期水量占全年的平均比重减少至 37% [图 7.7(a)],沙量主要集中在汛期下泄,汛期沙量占年沙量的 95% [图 7.7(b)]。

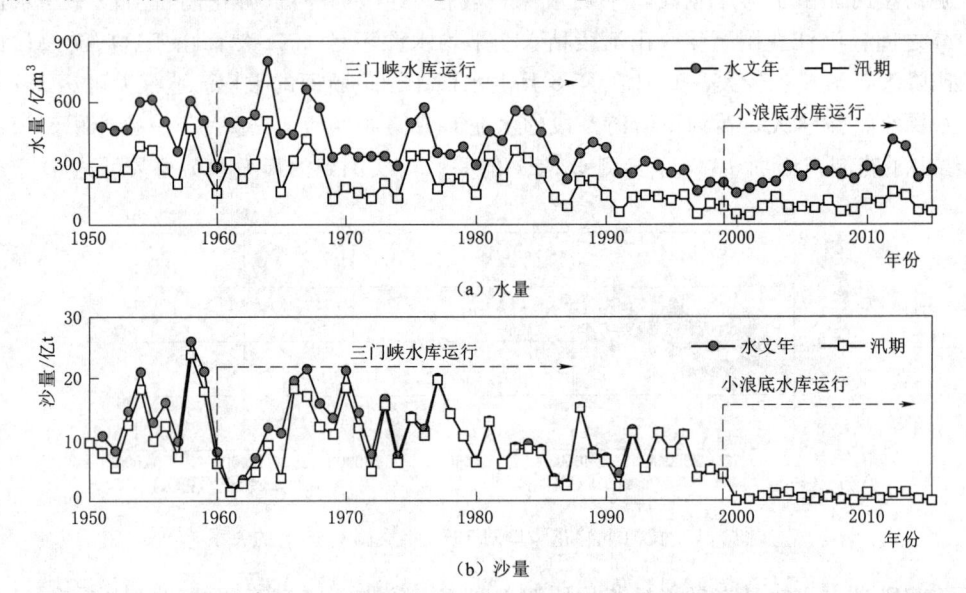

图 7.7 黄河下游游荡段水量与沙量的逐年变化(1950—2015 年)

3. 汛期泥沙的"多来多排"现象

河流中的泥沙按其来源不同以及是否参与造床作用,通常可分为床沙质和冲泻质两类。冲泻质主要来自流域面上的冲刷,水流中冲泻质含沙量的大小取决于流域的补给情况,与河流的水力因子没有密切关系。另外冲泻质一般不参与造床运动,除了洪水漫滩时造成的滩地淤积外,基本上能够在河道中畅通无阻(钱宁等,1981)。图 7.8 是黄河下游粒径小于 0.025mm 的悬沙(通常认为是冲泻质部分)通过花园口站和高村站数量的对比关系。由图可知,点群平均地分布在 45°线的两侧,这表明通过上下两个水文站的冲泻质数量是大致平衡的。其中 7、8 月的数据点落在 45°线的上方,意味着有一部分冲泻质随洪水漫滩而落淤在滩地上。9、10 月的数据点大部分落在 45°线下方,表明冲泻质随着滩地坍塌进入河道,再一次为水流所带走。至于床沙质含沙量的大小,通常由水流的水力因子决定，两者之间存在着比较明确的关系。因此在讨论冲积河流的水流挟沙力时，应该注意正确划分冲泻质与床沙质的界线，需要重点研究悬移床沙质的挟沙力。

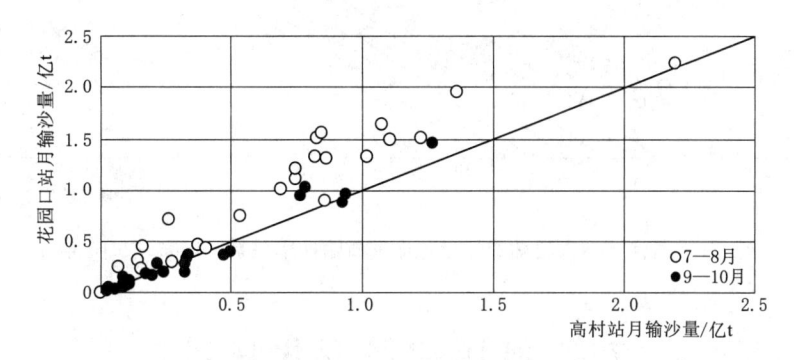

图7.8 黄河下游花园口站与高村站汛期冲泻质月输沙量对比（1986—1999年）

根据钱宁等（1981）分析，流量（或其他水力因子）和床沙质输沙率之间的关系在多沙和少沙河流上存在着明显不同。在少沙河流上，当来流含沙量超过水流挟沙力时，多余的泥沙将沉积在河床上。当含沙量小于水流挟沙力时，不足的部分就通过冲刷河床得到补给。由于少沙河流的冲淤量不大，在冲淤过程中，河床的断面形态和边界物质组成变化较小。因此，在同样流量下，处在冲刷过程中和淤积过程中的水流挟沙力虽然有些差别，但其差别幅度较小，从而使床沙质含沙量和流量之间存在比较确定的函数关系。

在多沙河流上，尤其在游荡河段，来沙量一般偏多，并且同流量下的含沙量变化很大，故流量与床沙质输沙率的关系极不明显。造成这一现象的主要原因是洪水来自流域的不同地区，来水中携带的含沙量大小不同。当上游来水含沙量较大时，在相同流量条件下，沿程各河段的床沙质挟沙力都会增大。当上游来水中的含沙量较小时，沿程各河段的挟沙力就会减小，即使经过几百公里，水流还能保持这种"多来多排，少来少排"的输沙特点。产生这个现象的主要原因是河床冲淤发展迅速，调整幅度较大，由此造成决定输沙能力的一些重要因素，如断面形态、局部比降、床沙组成等调整较快，因而在同流量下可以输送不同数量的泥沙。

实测资料分析表明，多沙河流的床沙质输沙率不仅是流量的函数，而且还与上游来水中的床沙质含沙量有关，其经验关系可以写成如下形式：

$$Q_{S下}=KQ_{下}^{a}S_{上}^{b} \tag{7.1}$$

式中：$Q_{下}$为下站的流量，m^3/s，$Q_{S下}$为下站的床沙质输沙率，t/s；$S_{上}$为上站来水中的床沙质含沙量，kg/m^3；K为挟沙系数，与河床前期冲淤有关；a为流量指数，一般为$1.1\sim1.3$；b为含沙量指数，一般为$0.7\sim0.9$。

图7.9是1986—2015年黄河下游高村站的流量与床沙质输沙率关系。如果仅考虑流量一个因素，这些数据点十分散乱。如果加上上游来水中的床沙质含沙量，并作为另一个参数，就可以得到比较有规律的一簇曲线。由此可见，由于多沙河流河床冲淤幅度大，河床边界条件的变化十分显著。因此多沙河流的床沙质输沙率与流量关系也要比少沙河流复杂得多。

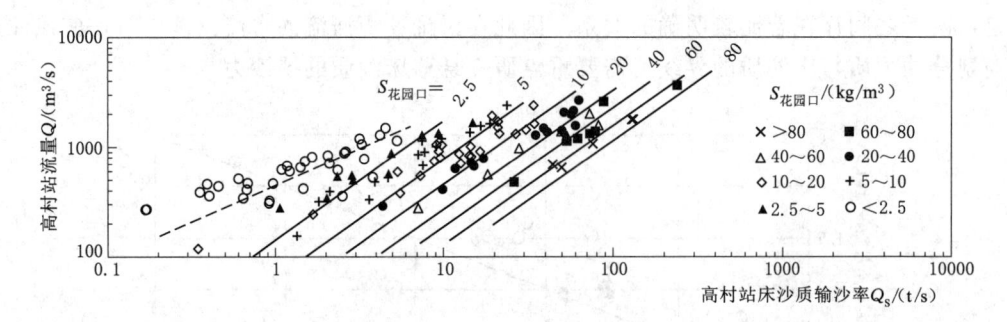

图 7.9 黄河下游高村站的流量与床沙质输沙率关系（1986—2015 年）

7.2 河床冲淤变化规律

多沙游荡型河流由于来沙量大，年际和年内的来水来沙量又有很大变化，故河床的冲淤变化规律十分复杂。但是如果按照不同的时间尺度去分析河流的演变过程，那么仍可以发现一些基本规律。此处主要以黄河下游游荡段为例，分别从场次洪水、年内、年际变化及多年平均等不同时间尺度来分析游荡段的河床冲淤变化特点。

7.2.1 场次洪水的河床冲淤变化

黄河下游游荡型河段的冲淤变化特点，基本上遵循"涨水冲刷、落水淤积"的规律，对猛涨暴落或涨落平缓的洪峰来说都是如此。从图 7.10 可以看，在同水位下过水面积的增减和洪水涨落具有同步关系，而且洪峰涨落的速率和河床的冲淤速率也是成正比的。当然，由于黄河来沙量大，场次洪水含沙量可以相差很多，有时也可能出现反常的情况。但是从多组实测资料来看，涨冲落淤的规律在游荡段仍占统治地位。

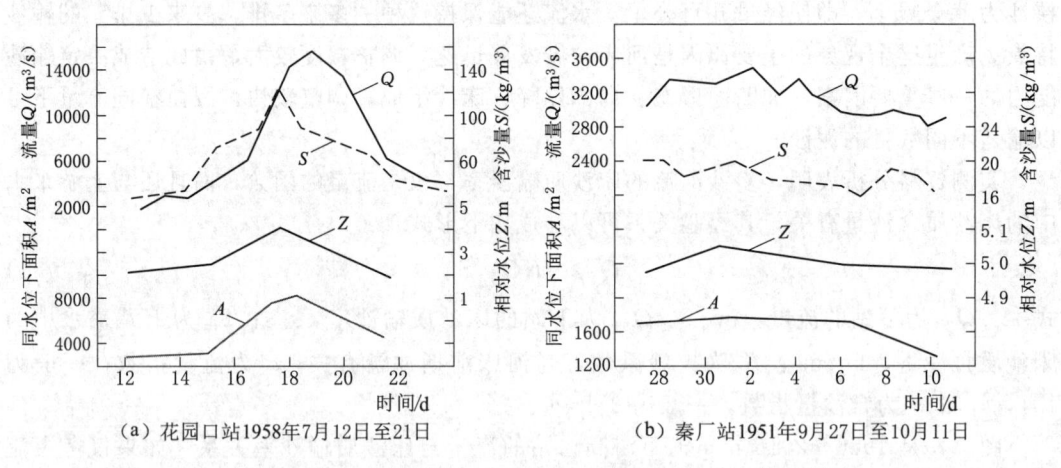

（a）花园口站1958年7月12日至21日　　（b）秦厂站1951年9月27日至10月11日

图 7.10 黄河下游游荡段不同峰型下典型断面的涨冲落淤规律

除了大漫滩洪水，就一次洪水过程中黄河下游的冲淤强度来说，它与洪水的平均流量及来沙系数关系密切。图 7.11 分析了黄河下游 1952—1974 年间 80 次洪水资料，结果表明这些点群遵循下列关系：

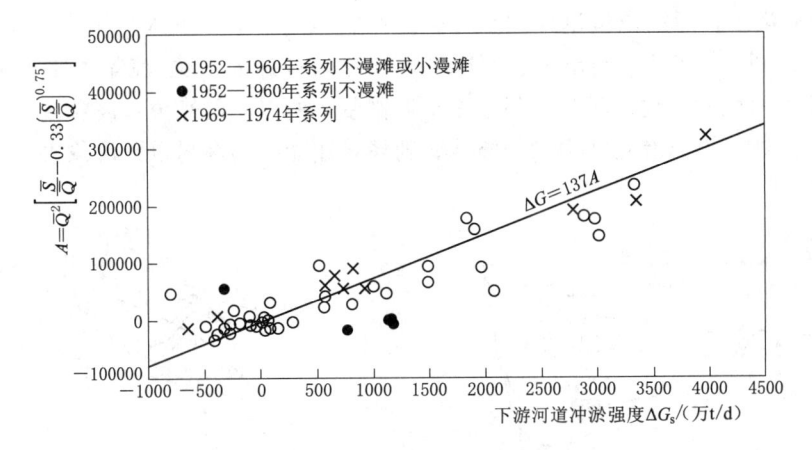

图 7.11 黄河下游洪峰平均冲淤强度与来水来沙条件的关系

$$\Delta G_s = 137\overline{Q}^2 \left[\frac{\overline{S}}{\overline{Q}} - 0.33\left(\frac{\overline{S}}{\overline{Q}}\right)^{0.75}\right] \quad (7.2)$$

式中：ΔG_s 为洪峰期冲淤强度，t/d，负值为冲刷，正值为淤积；$\overline{S}/\overline{Q}$ 为**来沙系数**，kg·s/m⁶，其中 $\overline{S}$ 为洪峰期的平均含沙量，kg/m³，$\overline{Q}$ 为洪峰期平均流量，m³/s。

在特定的边界条件下，游荡型河段具有宽窄相间的平面形态，当水流漫滩后，由于滩槽水流阻力不同，滩槽的水流、泥沙产生横向交换。经过一次洪水过程后，滩地淤积，主槽有冲有淤。当来沙系数大于或等于 0.015kg·s/m⁶ 时，黄河下游游荡段滩槽均淤；当来沙系数小于 0.015kg·s/m⁶ 时，滩淤槽冲。

7.2.2 高含沙洪水作用下的横断面形态调整

黄河下游汛期经常发生含沙量超过 200~300kg/m³ 的高含沙洪水，这些高含沙洪水过程是造成下游河道严重淤积的重要原因之一。在高含沙洪水作用下，游荡段的断面形态调整，一般可分为两个阶段：

（1）高滩与深槽的塑造阶段。高含沙洪水涨水初期，尤其在洪水明显漫滩以前，主槽发生大量淤积，平滩流量减小，相对加重了高含沙洪水的漫滩程度。随着流量增大，漫滩程度不断增加，由于滩地水流明显较主槽弱，使滩地淤积明显大于主槽，形成相对的高滩深槽，其过程如图 7.12（a）所示，结果使得滩地水流条件与主槽差异更加悬殊。随着淤积发展，河宽进一步缩窄，使主槽内水流挟沙力相应提高。这样调整结果可使主槽由淤积转为冲刷状态。但总体来讲，主槽冲刷后排沙能力的提高，还不足以补偿嫩滩严重淤积造成挟沙能力的降低之前，河道水位将以较大的涨率增高，而且较一般洪水位明显偏高。

（2）主槽的强烈冲刷阶段。这是高含沙洪水在游荡型河段对断面塑造的第二阶段。高含沙洪水在主槽强烈冲刷的原因除其自身物理特性以外，主要是嫩滩淤积促使主槽宽度缩窄非常显著，大大集中了水流能量的结果。高含沙洪水对主槽冲刷的强度还与后期来水来沙条件有关，如 1977 年 7 月的高含沙洪水，后续来水来沙条件有利，下游花园口站主槽发生强烈冲刷，使 4000m³/s 水位比洪水前下降了近 1.3m，而且这种冲刷向下游发展较远。在夹河滩站，由于主槽冲刷，4000m³/s 的水位也较洪水前下降近 0.8m。而 1977 年

8月的高含沙洪水，后期流量迅速减少，主槽冲刷强度不大，洪水后4000m³/s的水位反而有所抬高。图7.12（b）给出了这两次洪水在花园口站的水位-流量关系。由于高含沙洪水在游荡型河段的滩地淤积量远超过主槽冲刷量，所以总的来说，高含沙洪水在宽浅河段淤积是严重的。也只有宽浅河段的滞沙、削峰，才能减弱高村以下河段由于洪水及泥沙带来的危害。

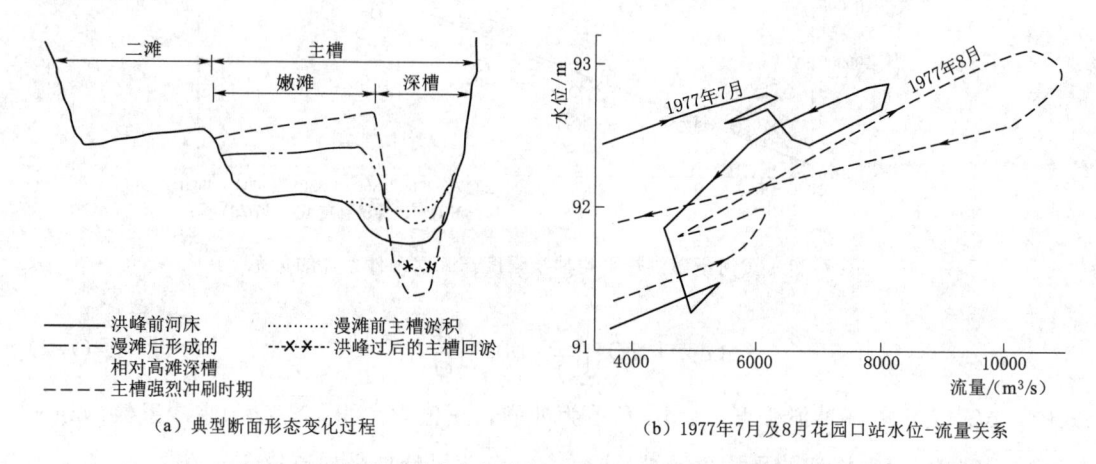

（a）典型断面形态变化过程　　（b）1977年7月及8月花园口站水位-流量关系

图7.12　高含沙洪水期间断面形态调整与水位-流量关系变化

这里异常洪水位指高含沙洪水水位超过相同流量的低含沙洪水位。高含沙洪水在宽浅游荡河段淤积使过流断面缩窄，引起洪水位抬高。对某一次高含沙洪水来说，除洪水过程中断面收缩、排洪能力减少的原因外，还与洪水来临前，前期淤积已使床面抬高的因素有关。这两方面的因素叠加起来，造成洪水位的"异常"现象。

7.2.3　年内冲淤变化规律

游荡型河段年内的河床冲淤变化，一般是汛期主槽冲刷，滩地淤积，而非汛期则主槽淤积，滩地崩塌后退。这样的冲淤规律与河段的来水来沙条件和河床形态有关。例如黄河下游游荡段，床沙较细且含沙量大，主槽糙率很小，一般为0.01左右，而滩地糙率受植被覆盖影响，约为0.04，这样就使滩槽的水流挟沙力相差很大，为汛期大幅度冲槽淤滩提供了条件。同时由于河道平面形态沿程呈宽窄相间的变化，自窄河段进入宽河段时，含沙量较大的水流自主槽进入滩地，在滩地大量落淤，而自宽河段进入下一个窄河段时，由于泥沙在上一段滩地落淤后，水流含沙量有所降低，这时从滩地回流到主槽的水流含沙量较小，促使主槽冲刷。在上述两种因素的共同影响下，黄河下游游荡段在汛期的槽冲滩淤往往能向下游延伸较长的距离。

至于非汛期，因为流量减小，水流归槽，主槽挟沙能力大幅度降低，而来沙量除由上游挟带下来的外，因主流摆动，滩坎受到冲刷而坍塌后退，更增加了来自滩地的泥沙，其结果是主槽淤积。至于滩地，则主要表现为横向坍塌后退，滩面看不到面蚀现象。因而每经过一个汛期的洪水漫滩后，滩面都会有所抬高。洪水漫滩的次数愈多，漫滩范围愈广，含沙量愈高，滩地落淤沙量也愈大，滩面抬高也越多。

从一个水文年看，主槽虽有冲有淤，但在长时间内，仍表现为淤积抬高，而滩地则主要表现为持续抬高。一部分滩地虽然坍塌后退，但另一部分滩地又会淤长，长时间内变化不大。滩槽高差也因经过汛期虽略有增加，汛后又复见减小，长时间内也变化不大。

小浪底水库运用前（1986—1999年），黄河下游游荡段汛期通常发生淤积，非汛期通常发生冲刷，其中汛期淤积多年平均值为2.16亿m^3/a，非汛期冲刷多年平均值为1.01亿m^3/a，因此从一个水文年来看，游荡段河床整体是淤积的。小浪底水库运用后（1999—2020年），游荡段汛期与非汛期普遍发生冲刷，汛期冲刷的多年平均值为0.18亿m^3/a，而非汛期冲刷的多年平均值为0.42亿m^3/a。因此小浪底水库运用后，黄河下游游荡段年内冲淤规律也发生了显著变化（图7.13）。

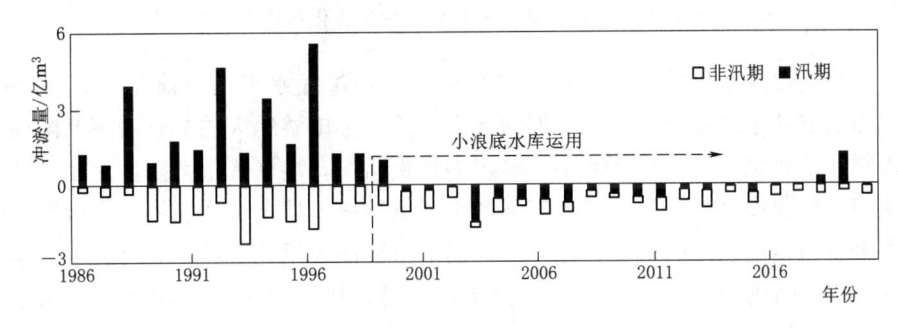

图7.13 黄河下游游荡段汛期与非汛期冲淤量的逐年变化（1986—2020年）

7.2.4 年际冲淤变化规律

从长远来看，黄河下游一直处于堆积状态。根据地质、地理学家的研究，在距今26000—8000年前，华北平原还是一个大海湾；到8000—7500年前，黄河下游的冲积扇顶端尚在京广铁路桥以西的地区，海拔约15m。在以后漫长的历史时期中，由于没有堤防的约束，黄河通过改道和摆动，将大量泥沙淤积在整个三角洲洲面上，并不断向海中延伸，形成了今天面积达25万km^2的华北大平原。为了维持输水输沙所必须的纵比降，在河道不断延伸的过程中，黄河下游河床也逐渐抬高。根据目前京广铁路桥附近的地面高程（海拔90m左右）估算，在历史时期，河床抬升的速率大致是1cm/a。在具有比较完整的堤防系统之后，黄河下游尽管还不断发生决溢，但由于河道的流路相对固定，泥沙散布的范围有了限制，黄河下游河道延伸和河床抬高的速率增大。根据张仁和谢树楠（1985）对明清时期黄河南流时故道的研究，在过去660多年中，河道向海域延伸了180km之多，东坝头到废黄河口间的河道抬高了17~18m，平均每年堆积升高2.5~2.7cm。

近70年来黄河下游的冲淤演变与进入下游河道的水沙条件（包括水沙总量与过程）密切相关，而水沙条件变化主要受流域上中游气候变化与人类活动的共同影响。根据1950年以来黄河下游的来水来沙特点、三门峡水库及小浪底水库的运用方式，可以分1950—1960年（三门峡水库运用前）、1960—1986年、1986—1999年（小浪底水库运用前）和1999—2020年（小浪底水库运用后）4个不同时期来分析下游河床的冲淤过程及特点。图7.14给出了黄河下游及游荡段的累计冲淤量过程（1950—2020年）。下面重点分析小浪底水库运用前后黄河下游游荡段的年际冲淤规律。

第 7 章　游荡型河流的河床演变

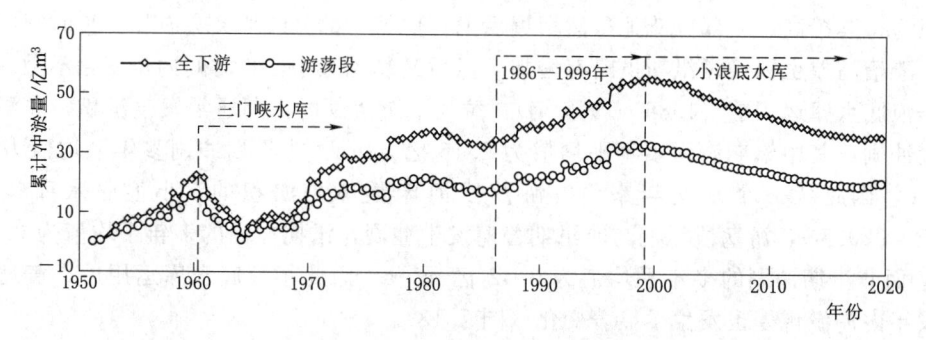

图 7.14　黄河下游及游荡段的累计冲淤量变化（1950—2020 年）

（1）小浪底水库运用前游荡段河床冲淤特点。小浪底水库运用前（1986—1999 年），受龙羊峡和刘家峡水库的调节、水资源的开发利用、上中游地区的综合治理及降雨等多个因素的影响，下游汛期来水比例减小，非汛期比例增加，洪峰流量大幅度减小，枯水历时增长，主槽行洪面积明显减小。该时期下游水沙条件属于枯水少沙系列，下游游荡段河床调整主要表现为河槽萎缩的演变特点。该时期下游游荡段累计淤积 16.1 亿 m^3，年均淤积 1.2 亿 m^3。淤积主要集中在发生高含沙洪水的年份，如 1988 年、1992 年及 1996 年（水文年）游荡段的淤积量分别达 3.6 亿 m^3、4.0 亿 m^3 和 3.9 亿 m^3。

（2）小浪底水库运用后游荡段河床冲淤特点。小浪底水库蓄水拦沙运用后（1999—2020 年），黄河下游河道沿程发生剧烈冲刷。据统计，该时期下游河道累计冲刷量达 19.9 亿 m^3。从冲刷的沿程分布来看，游荡段冲刷量最大，累计达 13.4 亿 m^3，约占下游总冲刷量的 67%。

河床纵向变形同样体现在水位的变化上，花园口至高村河段，在 1960—1972 年的 10 多年内河床平均上升速度为 5.9~9.7cm/a，可见河床淤积相当快。表 7.1 为黄河下游游荡段各水文站历年同流量下（3000m^3/s）的水位变化情况，表中 1952—1999 年下游游荡段整体发生淤积，故各水文站同流量下水位持续抬升，但不同时期河床上升幅度不同。1952—1965 年各站水位平均抬升 1.4m，1965—1986 年三门峡水库不同运用时期，黄河下游河床先经历淤积然后转为冲刷，因此水位抬升幅度不大，平均抬升 0.2m。小浪底水库运行前（1986—1999 年），下游来水来沙属于枯水少沙系列，游荡段河床持续淤积，各水文断面河床接近平行抬升，平均升高 1.2m。自小浪底水库运行后（1999—2020 年），黄河下游转为冲刷状态，尤其是游荡段发生大幅冲刷，河床平均下切 2.1m，与 1999 年相比，2020 年各水文断面水位下降 2.1m 以上。

表 7.1　黄河下游游荡段各水文站 3000m^3/s 下水位的变化情况 （m）

站名	距小浪底大坝里程/km	1952 年	1965 年	1986 年	1999 年	2020 年
花园口	131.9	91.91	92.50	92.62	94.14	90.08
夹河滩	236.1	72.19	73.84	73.92	74.75	72.65
高　村	309.6	59.54	61.38	61.87	62.90	59.08

7.3 平面形态变化规律

游荡型河流的平面形态变化规律，主要表现为主流摆动不定，主槽位置也相应摆动，且摆幅相当大，导致河势变化剧烈。此外，大尺度的岸线崩退、畸形河弯与横河斜河的形成，也属于河床平面变形的范畴。

7.3.1 主流或主槽摆动

主槽中心线是沿程各断面主槽中心点的连线，其横向摆动具有复杂的时空变化规律。主流线与主槽中心线两者不完全重合，但主槽中心线摆动一定程度可反映主流摆动。游荡型河段内洲滩较多，主槽边界多由易冲刷的粉细沙组成。在较强的水流作用下，汛期河势变化非常快，往往一次洪水涨落过程中，就可能引起主流位置发生很大的变化。

图 7.15（a）为永定河卢沟桥下游游荡段的河势变化，1920—1956 年该河段河势曾发生多次左右摆动，与之相应滩槽也经常变化，永定河的命名正好反映了人们对这条变化无定的河流的正确认识。黄河下游的有些河段，在汛期一昼夜之间主流能摆动数公里之多。在 1954 年 8 月一次洪水中，在下游柳园口险工附近，主流原来靠近北岸，洪峰到达后，主流开始南移，北岸则淤出大片滩地，但不久主流又由南岸北移，重新回到原来的位置。

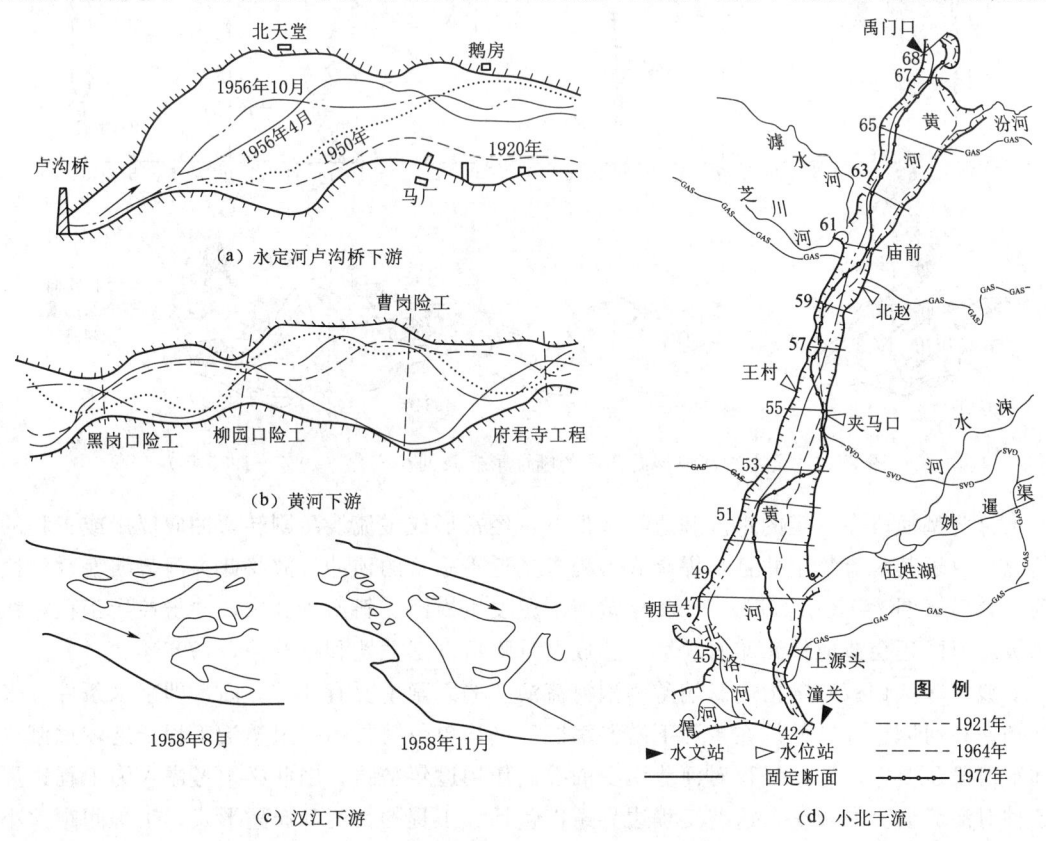

(a) 永定河卢沟桥下游

(b) 黄河下游

(c) 汉江下游

(d) 小北干流

图 7.15 典型游荡段的河势变化

第7章 游荡型河流的河床演变

在一昼夜内，主流来回摆动达6km之多[图7.15（b）]。汉江下游游荡段的主流摆动也较为显著[图7.15（c）]。黄河中游小北干流为典型的堆积性游荡型河道，在天然情况下，河道主流线年内的摆动幅度可达3~4km，上段禹门口至庙前河段最大摆幅达10km，下段夹马口至潼关河段最大摆幅达14.8km。图7.15（d）给出了黄河小北干流主流线的历年变化过程。由于主流经常摆动，冲滩塌岸，该河段素有"三十年河东、三十年河西"之说。

贾木纳河（Jamuna River）是孟加拉国的一条大河，是布拉马普特拉河（Brahmaputra River）下游进入孟加拉国境内的名称，河流由北向南流，在戈阿隆多附近与恒河汇合。该河为典型的游荡型河流，长约240km，最大流量约3万 m^3/s。河段内多汊河、沙洲和浅滩，河漫滩宽56~64km。河床纵比降平缓，低水位时水面宽5~7km，洪水位时水面宽可达11km以上。该游荡段主槽摆动频繁，横向迁移速率超过500m/a，年际间断面形态变化显著（图7.16）。

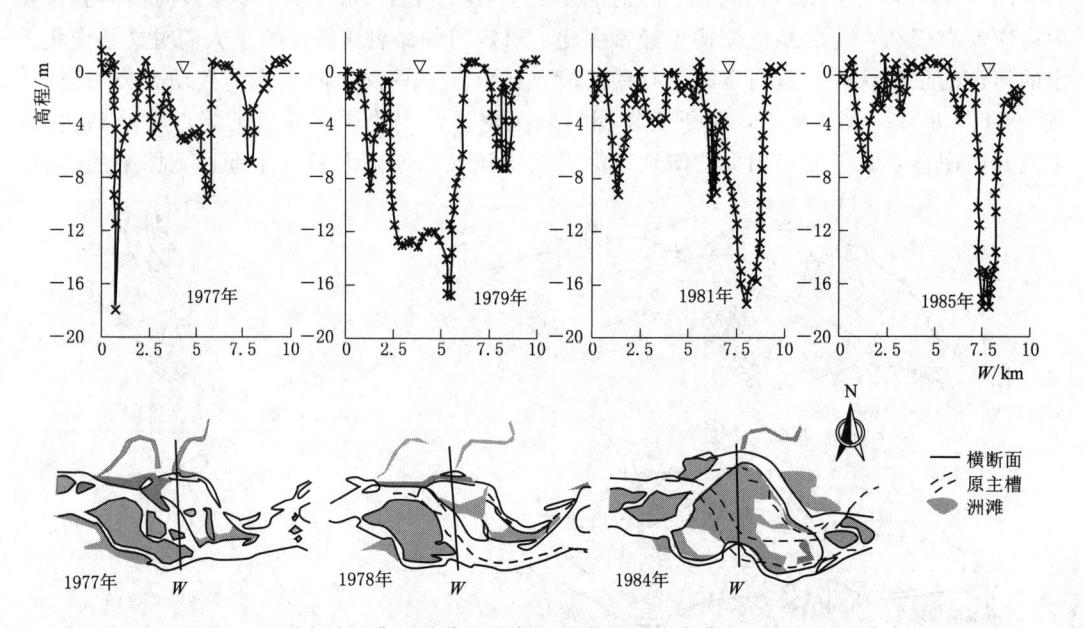

图7.16 贾木纳河典型游荡段的断面形态及河势变化（1977—1985年）

游荡型河段在一定的水沙和边界条件下，经常形成主流线急剧转弯冲向堤岸或工程的情况，由于其水流集中并且与堤岸或工程多呈近乎垂直的顶冲，故将此类河势演变称为**横河、斜河**（图7.17）。1951—1994年黄河下游发生横河、斜河188次，冲击控导工程，在二级悬河段还会造成低滩滩唇坍塌，造成严重险情（王恺忱和王开荣，1996）。

钱宁等（1987）曾指出影响游荡型河流演变的因素主要有3个方面，即来水条件、来沙条件和河床边界条件。在黄河下游游荡段，平均单位河长的河道整治工程长度较过渡段和窄河段还要大，这些工程对河势演变的控制作用逐年增强，因此必须考虑人为工程边界条件对河势演变的影响。这些工程边界条件包括：工程的长度和布置形式、工程间距大小和上下游衔接情况、工程前沿深泓状况以及工程着溜部位与长度情况等。对横河、斜河影响较大的因素为：①流量大小、洪峰陡涨陡落、含沙量高、冲淤交替转换快；②河槽宽窄

7.3 平面形态变化规津

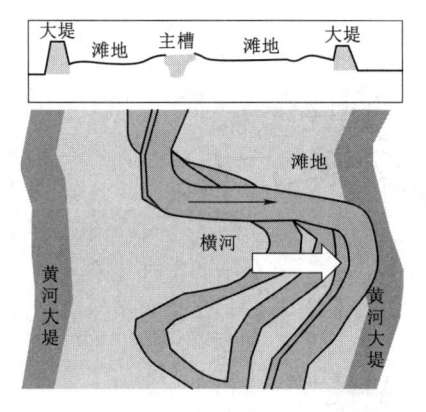

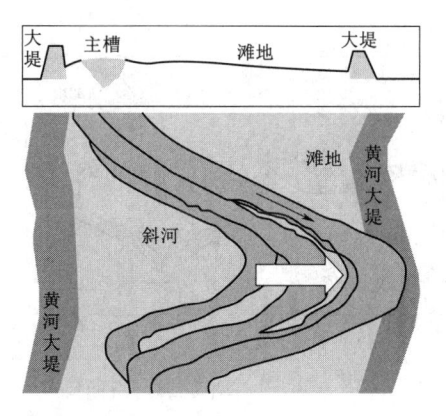

图7.17 黄河下游游荡段横河、斜河示意图

相间、滩槽高差小、横比降大、工程间距大和布置不当或长度不足(王恺忱和王开荣,1996)。1950—1993年花园口年均含沙量大于40kg/m³的有6年,年均发生8.2次横河和斜河,较多年平均5.6次有所增加。在突然扩大和突然收缩河段的上下游(如京广铁桥、黑岗口河段)1950—1993年期间发生的横河、斜河次数占游荡段总次数的56%。

1. 主槽摆动特征参数的计算方法

主槽摆动宽度及强度的计算方法,主要包括以下3个步骤:①根据当年及上一年汛后遥感影像资料确定各断面的主槽摆动宽度;②根据当年及上一年汛后实测断面地形资料,确定各断面的平滩河宽;③采用基于对数转换的几何平均与断面间距加权平均相结合的方法,计算河段平均的平滩河宽、主槽摆动宽度及强度。

游荡段主槽摆动速度快、幅度大且具有季节性变化等特点。一般来说,汛期主槽摆动幅度要大于非汛期,因为汛期水流的造床作用要比非汛期强得多。由于汛期水量大,洪水漫滩后,滩槽难以区分;而汛后流量减小,主流归槽,河道内水位相对较低,能确保从遥感影像中提取主槽位置的计算精度,故通常选取汛后高分辨率的卫星遥感影像,开展汛后主槽两侧水边线的提取。通过游荡段统测断面的坐标绘制出相应的断面位置,并计算出主槽水边线与各断面的交点[图7.18(a)]。用(X_{iL}, Y_{iL})、(X_{iR}, Y_{iR})求出各断面主槽中心点的坐标(X_{iC}, Y_{iC}),相邻两年各断面主槽中心点之间的距离即为该断面主槽摆动宽度ΔB_{mc},如图7.18(b)所示。

与3.4.1节中计算河段尺度的平滩河宽类似,此处采用河段平均的方法计算河段尺度的主槽摆动宽度。由于个别年份的主槽摆动宽度可能为0,因此该计算公式写为

$$\Delta \overline{B}_{mc} = \frac{1}{2L_2} \sum_{k=1}^{N_2-1} (\Delta B_{mc,i+1} + \Delta B_{mc,i}) \Delta l_i \tag{7.3}$$

式中:$\Delta \overline{B}_{mc}$为河段平均的主槽摆动宽度,m;$\Delta B_{mc,i}$、$\Delta B_{mc,i+1}$分别为第i、$i+1$断面的主槽摆动宽度,m;N_2为河段内划分的断面数;Δl_i为相邻两断面(i,$i+1$)主槽中心点的间距,m;L_2为基于遥感影像资料确定的研究河段总长度,m。

此处定义一个无量纲参数M_{mc}作为主槽摆动的强度指标,即

第7章　游荡型河流的河床演变

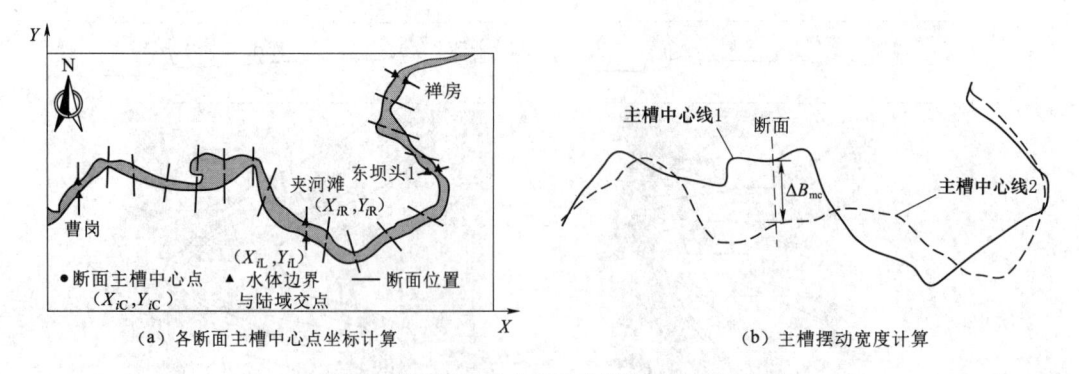

图7.18　断面尺度的主槽摆动宽度的计算示意图

(a) 各断面主槽中心点坐标计算
(b) 主槽摆动宽度计算

$$M_{mc} = \frac{\overline{\Delta B_{mc}}}{(\overline{B}_{bf1} + \overline{B}_{bf2})/2} \tag{7.4}$$

式中：$\overline{B}_{bf1}$、$\overline{B}_{bf2}$ 分别为上一年及当年河段平均的平滩宽度，m。

2. 黄河下游游荡段的主槽摆动特点

1986年后进入下游河段的水沙条件发生了较大变化，使得下游游荡段河床发生持续淤积，主槽摆动频繁。而小浪底水库运行后，下游游荡段河床持续冲刷，横向摆动幅度减小。图7.19（a）给出了1986—2016年游荡段3个典型水文断面花园口（HYK）、夹河滩（JHT）、高村（GC）的主槽摆动宽度。从中可以看出：小浪底水库运用前（1986—1999年），这3个断面的平均主槽摆动宽度分别为540m/a、341m/a、92m/a；小浪底水库运用后（1999—2016年），这3个典型断面的平均主槽摆动宽度分别为244m/a、296m/a、48m/a，与水库运用前相比分别减小了55%、13%、48%。小浪底水库运用前后，花园口与夹河滩断面的多年平均主槽摆动宽度都明显大于高村断面，主要因为与其他两个断面相比，高村断面更为窄深，而且该断面右岸有河道整治工程控制，可以起到控导

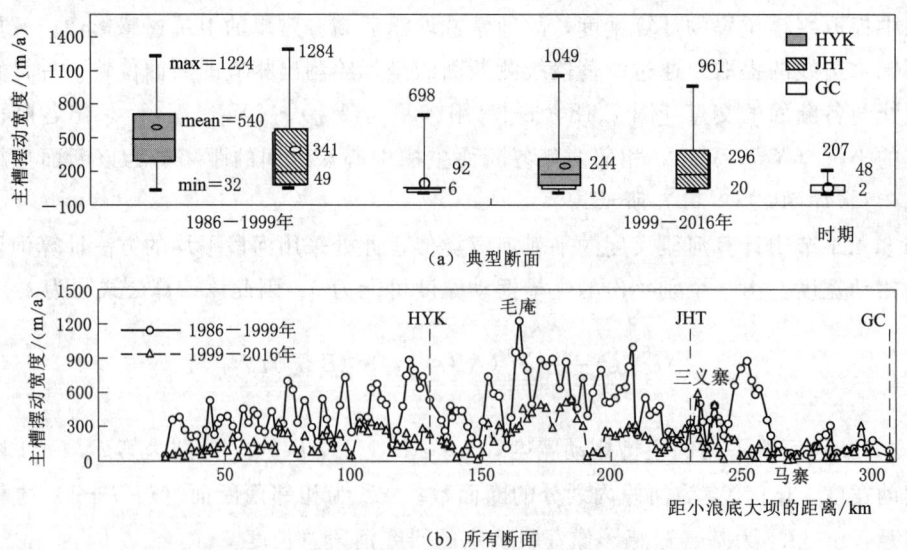

(a) 典型断面

(b) 所有断面

图7.19　黄河下游游荡段断面尺度的主槽摆动宽度变化

7.3 平面形态变化规律

局部河势的作用,故主槽摆动宽度相对较小。

受来水来沙条件、河床边界条件及河道整治工程等因素的影响,游荡段主槽摆动宽度沿程差异较大。图7.19(a)点绘了小浪底水库运用前后游荡段各断面多年平均的主槽摆动宽度。小浪底水库运用前,位于夹河滩断面上游66.2km的毛庵断面主槽摆动宽度最大,该断面多年平均主槽摆动宽度达到1225m/a;小浪底水库运用后,位于夹河滩断面下游2.9km的三义寨断面主槽摆动宽度最大,而位于夹河滩断面下游37.6km的马寨断面主槽摆动宽度最小,2个断面多年平均主槽摆动宽度分别为591m/a和20m/a。小浪底水库运用后,绝大多数断面多年平均主槽摆动宽度均比水库运用前减小,仅有19个断面主槽摆动宽度比水库运用前增大,这表明由于小浪底水库蓄水拦沙作用,游荡段主槽摆动幅度减弱,河势趋于稳定。从沿程变化来看,花园口-夹河滩段各断面平均主槽摆动宽度最大,这主要是因为该河段河床宽浅散乱、床沙组成较细,缺乏有效的整治工程控制;另外滩岸易发生崩塌,使得主槽中心线有可能从一个支槽摆动到另一个支槽。

采用河段平均的方法计算了1986—2016年游荡段河段平均的主槽摆动宽度,如图7.20(a)所示。1988年游荡段平均主槽摆动宽度最大,达到659m/a。1986—1999年,河段平均的主槽摆动宽度约为410m/a。小浪底水库运用后,年均最大的主槽摆动宽度发生在2003年,约为303m/a,这主要是因为2003年汛期发生了5次含沙量较低的大流量洪水过程,引起河床大幅度冲刷,主槽频繁摆动。1999—2016年河段平均主槽摆动宽度波动幅度较小,基本稳定在多年平均值185m/a左右,比水库运用前减小了55%。

图7.20 黄河下游游荡段主槽摆动特点(1986—2016年)

同样采用河段平均的方法计算了游荡段的主槽摆动强度,图7.20(b)给出了摆动强度随时间的变化过程。1986—1999年,主槽摆动强度变化范围为0.2~0.4,年际变化不大,年均主槽摆动强度为0.28;小浪底水库运用后,前4年主槽摆动强度较大,其中2003年汛后最大达到0.28;此后呈逐渐减小趋势,该时期主槽摆动强度多年平均值为0.16,比水库运用前减小了44%。这主要是因为小浪底水库的蓄水拦沙作用导致下游河床持续冲刷,床沙粗化增强了河床自身的抗冲能力,削弱了水流塑造河床的能力。因此小浪底水库运用后,黄河下游游荡段的主槽摆动宽度和强度都相应减小,游荡程度降低。

3. 黄河下游游荡段主槽摆动剧烈的原因

根据实测资料分析,黄河下游游荡段主槽或主流横向摆动如此剧烈的原因,大致可归纳为下面几点(钱宁和周文浩,1965;胡一三等,1998):

首先是河床淤积抬高,主流夺取新道。在沙滩罗列、汊沟纵横交错的河槽中,主流原来所在汊道的河床较低,但由于泥沙淤积,河床和水位逐渐抬高,迫使水流转向河床较低和较为顺直的沟汊中分流,经过一次大水后,主流便改走新道,原来的主汊则逐渐淤塞。

其次是洪水漫滩拉槽,主流改道。当洪水漫滩后,滩地对水流的控制作用较弱,水流因惯性作用而取直,于是在河滩上冲出一条新的河汊,逐渐发展成为主流。这种情况在滩面高程较低的河段上更为多见。

再次是洲滩移动,主流变化。由于游荡型河段内洲滩很多,且多由易于冲刷的细沙组成,在较强的水流作用下,洲滩易被冲刷移动,使主流位置相应发生变化。

此外,上游主流方向的改变也是常见的原因。由各种原因引起的上游主流方向的变化常会导致下游主流流路的改变,引起主槽摆动。游荡段主流和主槽的变化十分迅速,给预测带来很大的困难,这正是当前治理游荡型河段的困难所在。

7.3.2 深泓摆动规律

深泓点是主槽内床面的最深点,与断面最大流速所在位置基本一致。深泓线是河道深泓点的连线,其变化趋势不仅能反映河势变化,而且对研究冲积河流横向稳定性及河床演变规律至关重要。已有研究表明,上游来水来沙条件、水库调控方式以及河床边界条件的变化都会引起河道深泓线的摆动。但当前对河道深泓摆动的定量研究较少,大多还处于定性描述阶段。

为定量描述游荡段深泓摆动过程,可以采用深泓摆动宽度和强度作为衡量指标,具体计算方法主要分为两步:首先根据当年及上一年汛后实测断面地形资料,确定出各断面深泓摆动宽度及平滩河宽;然后采用基于对数转换的几何平均与断面间距加权平均相结合的方法,计算河段平均的深泓摆动宽度及强度。

1. 深泓摆动特征参数的计算方法

首先选取汛后实测的统测断面地形资料,逐一确定出每个断面的主槽区域、平滩河宽以及主槽区最低点(深泓点)。定义各断面当前及上一年汛后深泓点位置的变化距离为该断面的**深泓摆动宽度** ΔB_{th}。以黄河下游游荡段花园口断面为例,由图7.21(a)可知该断面所在局部河段洲滩密布、汊道交织,几乎没有有效的控制工程。经过一年时间(1999年10月—2000年10月)平滩河宽略有增加,深泓点由右岸摆动到左岸。采用上述方法确定出该断面的平滩河宽和深泓摆动宽度,如图7.21(b)所示。平滩河宽由1999年汛后的1480m增加到2000年汛后的1613m,深泓摆动宽度达到1545m/a。

采用Xia等(2014)提出的方法,河段平均的深泓摆动宽度($\Delta \overline{B}_{th}$)计算公式可表示为

$$\Delta \overline{B}_{th} = \exp\left(\frac{1}{2L} \sum_{i=1}^{N-1} (\ln |\Delta B_{th,i+1}| + \ln |\Delta B_{th,i}|) \Delta x_i \right) \tag{7.5}$$

式中:$\Delta \overline{B}_{th}$ 为河段平均的深泓摆动宽度,m;$\Delta B_{th,i}$、$\Delta B_{th,i+1}$ 为第 i、$i+1$ 断面的深泓摆动宽度,m。

一般而言,断面形态越宽浅的河段,其深泓摆动的宽度越大,河势也越不稳定。此处引入一个无量纲参数(M_{th})作为深泓摆动的另一个特征指标,可写为

$$M_{th} = \frac{\Delta \overline{B}_{th}}{(\overline{B}_{bf1} + \overline{B}_{bf2})/2} \tag{7.6}$$

式中:M_{th} 为河段平均的深泓摆动强度。

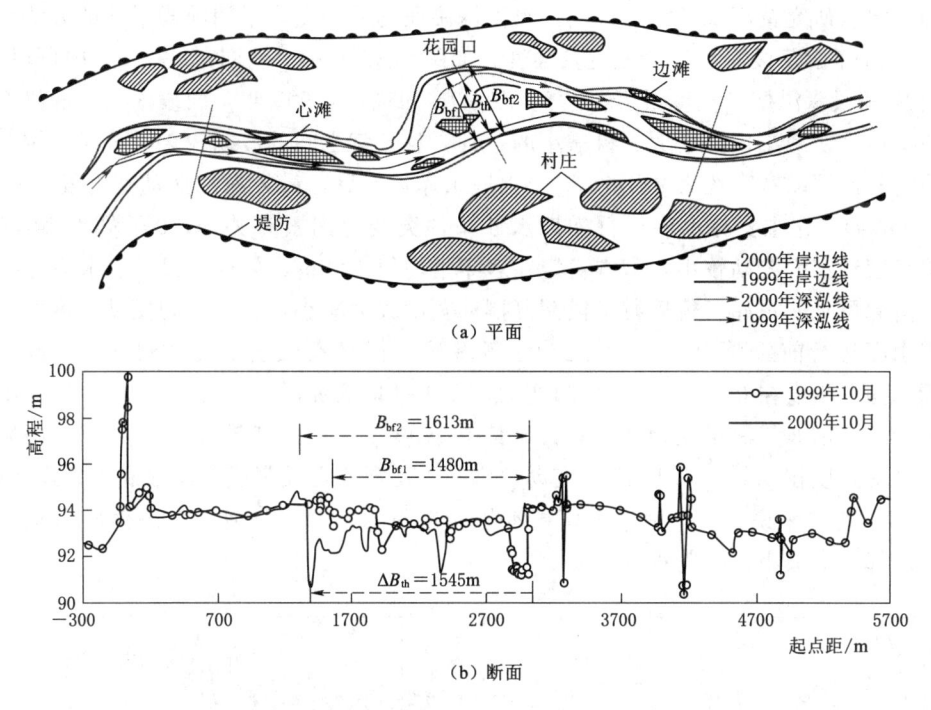

图 7.21 花园口河段的平面及断面形态变化

2. 黄河下游游荡段深泓摆动特点

黄河下游游荡段河床演变特点之一是主流摆动频繁且剧烈，即深泓摆动速度快，且摆动幅度往往以数千米计，河势变化在洪峰与落水阶段尤为剧烈，有"大水走中，小水坐弯；一弯变，多弯变"的特点。

受水流条件、河床边界条件等因素的影响，黄河下游各断面深泓摆动宽度沿程差异较大。小浪底水库的运用，对黄河下游游荡段深泓摆动宽度变化有重要影响。为了定量研究小浪底水库运行前后各断面深泓摆动宽度的变化情况，计算了 1986—1999 年和 1999—2015 年黄河下游游荡段 28 个淤积断面多年平均的深泓摆动宽度、最大和最小深泓摆动宽度。

计算结果表明：在 1986—1999 年期间，八堡断面（位于小浪底大坝下游 140.1km）多年平均深泓摆动宽度最大，达到 1457m/a；在 1999—2015 年期间，摆动宽度最大值发生在辛寨断面（位于小浪底大坝下游 165.7km），达到 1578m/a。小浪底水库运用前，最大深泓摆动宽度超过 4500m/a，小浪底水库运行后，最大深泓摆动宽度约为 3700m/a。值得注意的是，对比这两个时期各断面摆动宽度可以发现，水库运用前多年平均深泓摆动宽度大于水库运用后。该河段内八堡断面在小浪底水库运用前多年平均的深泓摆动宽度比运用后大 1071m/a。这说明受小浪底水库蓄水拦沙作用影响，坝下游游荡段的游荡程度有所降低，总体河势向稳定方向发展。从沿程变化来看，无论是水库运用前还是运用后，游荡段中段的深泓摆动宽度远大于上段和下段，其主要原因与各断面的河床边界条件不同有关，中段断面的河床边界条件使其更易发生横向摆动。

为了定量研究黄河下游游荡段河段尺度深泓摆动的特点，采用河段平均的方法计算了1986—2015年游荡段深泓摆动宽度及强度，如图7.22所示。从图7.22（a）中可以看出，1989年游荡段深泓摆动宽度最大，达到412m/a。1986—1999年，河段平均的深泓摆动宽度经历了增大、减小、再增大、再减小的过程，且各年之间的波动较大，该时期游荡段多年平均的深泓摆动宽度约为234m/a。小浪底水库运行后，最大深泓摆动宽度发生在1999年（342m/a），这主要与水库运行初期水沙条件突变等因素有关。1999—2015年河段平均的深泓摆动宽度波动较小，基本稳定在多年平均值123m/a左右，相当于水库运行前的53%。由此可见，水库运行后游荡段深泓摆动宽度大大减小，且各年间摆动宽度的波动明显小于水库运行前。图7.22（b）给出了游荡段深泓摆动强度的变化过程，1986—1999年，深泓摆动强度在0.08~0.20之间变动，多年平均的深泓摆动强度约为0.17。小浪底水库运行后，前3年深泓摆动强度较大，其中1999年摆动强度最大达到0.36。而后游荡段深泓摆动强度在0.03~0.15之间变动，多年平均深泓摆动强度较小浪底水库运行前小，约为0.12。总体来说，受小浪底水库蓄水拦沙作用的影响，黄河下游游荡段深泓摆动宽度和强度都相应减小，游荡程度降低。

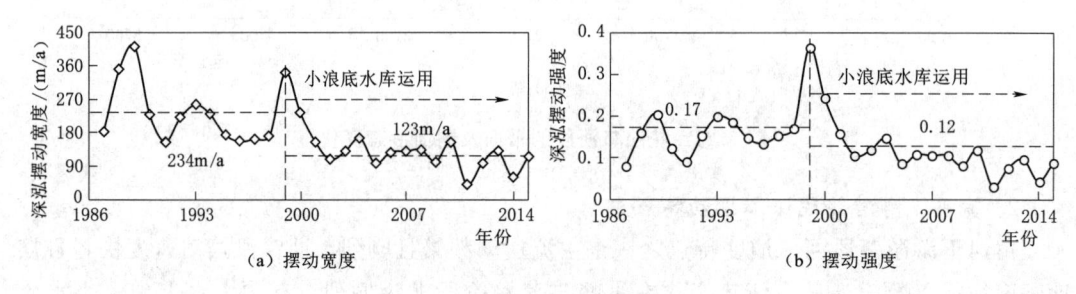

图7.22 黄河下游游荡段的深泓摆动特点

7.3.3 黄河下游游荡段岸线崩退特点

在冲积河流中，岸线崩退是水流和滩岸相互作用的结果，是一种很重要的横向演变过程。当河流滩岸土体的受力状态发生变化而不能满足其稳定条件时，滩岸土体就会发生失稳而崩塌，这一过程称为岸线崩退。以黄河下游游荡段为例，小浪底水库运用后，下游河道经历了持续冲刷，至2014年平均冲刷深度为1.5m，严重的河床冲刷造成游荡段滩地持续崩塌，小浪底至苏泗庄河段的累计岸线崩退面积可达41km^2。以辛寨-韦城游荡段为例，2018水文年内该河段左右岸崩退长度约为20km，平均崩退宽度约为300m，如图7.23所示。另以铁谢-花园口河段为例，2000—2020年该河段左右岸累计崩退面积约为61km^2，崩退体积达2.48亿m^3，约占该河段冲刷量的46%。

岸线崩退机理十分复杂，影响河流崩岸的因素是多方面的，主要包括水沙条件及滩岸边界条件（夏军强等，2005；余文畴和卢金友，2008）。国内外许多研究认为，水流冲刷是造成岸线崩退的主要原因，其他因素是通过对水流与河床边界的改变来影响岸线崩退的强度（岳红艳和余文畴，2002；Darby等，2007）。

7.3.4 节点对平面变形的控制作用

游荡型河段沿程往往宽窄相间。在宽河段，洲滩密布，水流分股，汊道纵横，河势散

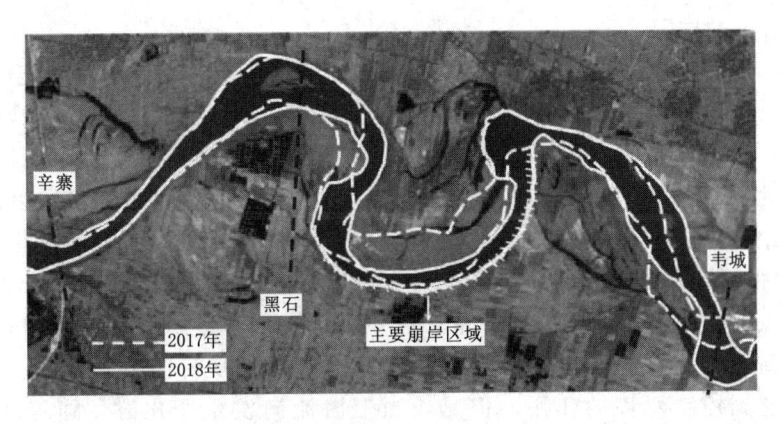

图 7.23 黄河下游游荡段的岸线崩退（辛寨-韦城河段）

乱；在窄河段，沙洲较少，水流较为集中，主流摆动幅度较小。窄河段长度远小于宽河段长度的地方，习惯上称为**节点**。

游荡型河流虽然以主流迁徙不定为特点，但对于某一特定的河段来说，主流摆幅的大小是与该河段河身的宽浅与岸线的外形有密切关系。凡是岸线为凸出的山嘴、抗冲的胶泥嘴或人工建筑物所控制，则主流的摆幅就受到限制，而在没有控制物的河段，主流摆幅就要大得多。

表 7.2　黄河下游游荡段典型断面的主槽摆动幅度与滩岸形状（钱宁等，1987）

地名	摆幅/km	岸线形状	地名	摆幅/km	岸线形状
裴峪沟	2.4	山嘴突出	柳园口	3.0	险工凸出
温县	6.5	山嘴后退	古城	4.5	堤线凹入
孤柏嘴	1.0	山嘴突出	府君寺	1.5	胶泥嘴突出
石槽沟	2.5	山嘴后退	清河集	3.0	堤线凹入
枣树沟	1.5	山嘴突出	贯台	0.6	——
姚期营	5.0	山嘴后退	西坝头	3.5	堤线凹入
京广铁路桥	1.5	铁桥护岸	东坝头	2.0	险工凸出
保和寨	4.5	险工凹入	耿新庄	4.5	堤线凹入
花园口	3.0	险工凸出	斜新街	3.0	堤线凹入
田双井	5.0	险工凹入	高寨	4.5	堤线凹入
来童寨	3.5	——	冯楼	2.0	护岸凸出
黄练集	5.0	堤工凹入	贾庄	3.0	——
黑石湾	2.0	自由河弯	七堤	1.5	自由河弯
韦城镇	5.5	堤线凹入	高村	0.5	险工

由表 7.2 可以看出，各种凸出的控制物对主流摆幅的限制作用是十分显著的。由于主流流向的变化在相当程度上反映了主流摆动的幅度，所以也可以利用这方面的资料说明河道宽度限制河流游荡性的作用。因此由控制物形成的窄深河段对游荡型河流的河势变化具有不可忽视的节制作用，故可以将这些窄深河段统称为河流的节点。下面将进一步讨论节

点在控制河势中的作用。

据钱宁和周文浩（1965）分析，游荡型河流上的节点可分为两种类型：一类是两岸皆有依托，位置固定，长年靠流，称之为一级节点。其形成的条件通常是：一岸是险工或崖坎，另一岸是具有抗冲作用或修建了护滩工程的滩坎。图7.24是黄河下游典型一级节点的形成条件。除了京广铁路桥上、下游完全是受两岸工程约束的束窄段以外（b），其余节点一岸不是崖坎（a），便是险工[(c)，(d)，(e)]。另一岸则是天然胶泥嘴（c）和护滩工程（d）。另一类节点只有一岸有依托，另一岸则是易于冲刷的新滩，称作二级节点。当水流方向恰好在那里形成一个弯道，弯道凹岸和抗冲的一岸相重合，位于凸岸的新滩则受环流作用带来的泥沙所补给，当能够较长期地保持稳定时，这类节点就可以起到控制河势的作用。但是，当上游流向发生变化时，随着新滩的消长，着流位置就会上下变动。有时流向改变破坏了二级节点的滩地，节点的束水作用也就不复存在。不过当一个二级节点被破坏后，时常在其他地方又形成另外一个二级节点。游荡型河流上的节点不仅对节点所在河段的主流摆动有控制作用，而且对节点上下游的宽浅河段也有节制作用。

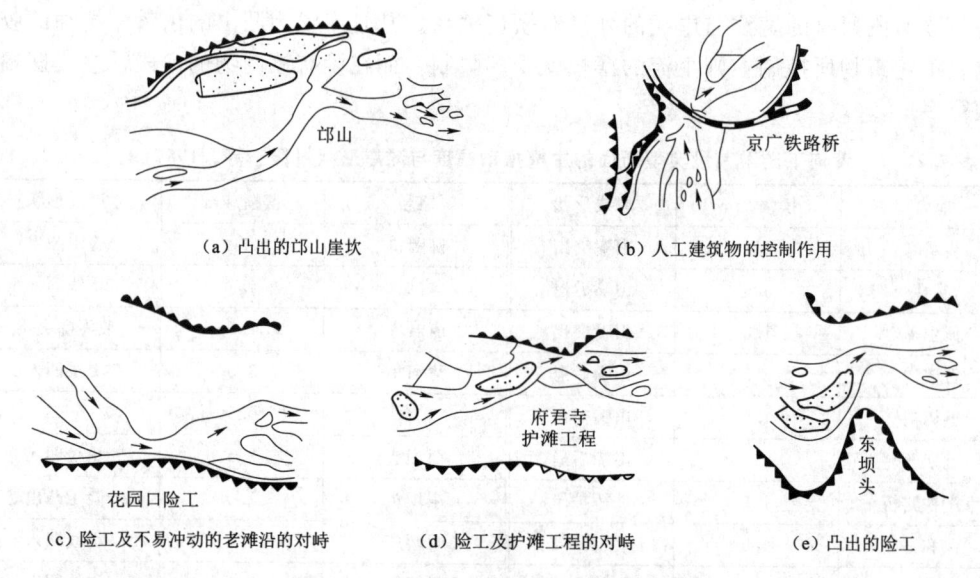

图7.24 黄河下游一级节点的形成条件

节点的控制作用发挥得如何，与节点间距以及狭窄段、放宽段的宽度有关。钱宁等（1987）对黄河上控制作用发挥得较好的节点进行了统计分析，得到如下经验关系：

$$B_w = 3.82 B_n - 1.45 \tag{7.7a}$$

$$B_w = 0.34 L - 0.31 \tag{7.7b}$$

式中：B_w为宽段的主槽摆幅；B_n为窄段的主槽摆幅；L为宽段的长度。

上述经验关系表明，节点处的宽度愈窄，节点之间的间距愈短，则控制河势的作用愈强。也就是说，节点的对峙愈紧，间距愈近，则宽段主流摆动范围愈小。当节点夹持过紧，将受到水流的巨大冲击，对节点本身的安全是不利的。因此，对治理游荡型河流来说，增加节点数目，合理地选择节点外形是控制河流基本流路的一个重要途径。

7.4 横断面形态调整特点

游荡型河流横断面形态的调整方式与来水来沙条件及河床边界条件密切相关。水沙条件通常指一个时期内的水量沙量、洪峰流量及沙峰含沙量大小与洪水期水沙搭配过程；河床边界条件主要指河流本身所具有的宽窄相间的河床平面形态、河床组成、滩岸抗冲性及河道整治工程等。一般情况下，大水淤滩，小水淤槽，滩地淤积为主槽冲刷创造条件，而主槽淤积又给洪水漫滩增加机会。黄河下游游荡段河床冲淤善变，而且主槽位置经常变化。因此黄河下游游荡段横断面形态调整较为复杂。此处分析近30年来下游游荡段横断面形态的调整特点，并且分小浪底水库运用前（1986—1999年）及运用后（1999—2015年）两个时期来描述。

7.4.1 持续淤积过程中的横断面形态调整特点

1986年后进入黄河下游的水沙条件发生了较大变化，具体表现为汛期来水比例减小，非汛期比例增加，洪峰流量大幅度减小，枯水历时延长。长时期枯水少沙作用，使得下游游荡段横断面形态调整，主要以河槽严重萎缩为特点（潘贤娣等，2006；申冠卿等，2008）。

在游荡段，中小流量的高含沙漫滩洪水，使宽河道嫩滩淤积加重，主槽宽度明显变窄，逐渐形成一个枯水河槽。河床持续淤积过程中河槽萎缩，过洪能力降低，洪水期易造成小水大灾。在小浪底水库运用前（1986—1999年），花园口以上河段主槽平均缩窄270m，河槽平均淤积厚度达1.4m；花园口以下游荡段的河槽淤积严重，断面形态由宽深变为窄浅。图7.25分别给出了1986年10月—1999年10月花园口与来童寨断面形态的变化情况。在花园口断面，平滩河宽缩窄近600m，平滩水深由1.4m减小到0.8m；在来童寨断面，河槽大幅淤积，主槽严重萎缩，平滩河宽缩窄近1700m，平滩水深减小0.7m。

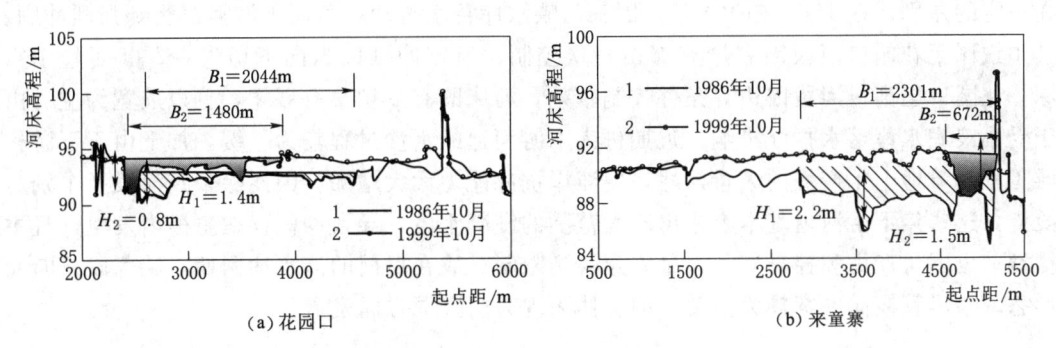

图7.25 小浪底水库运用前游荡段典型断面的形态变化

7.4.2 持续冲刷过程中的横断面形态调整特点

1999年小浪底水库蓄水拦沙，使进入下游河道的洪水含沙量大幅度减小，长时间长距离的冲刷使游荡段横断面形态发生了较大的调整。图7.26分别给出了游荡段典型断面的形态变化过程。

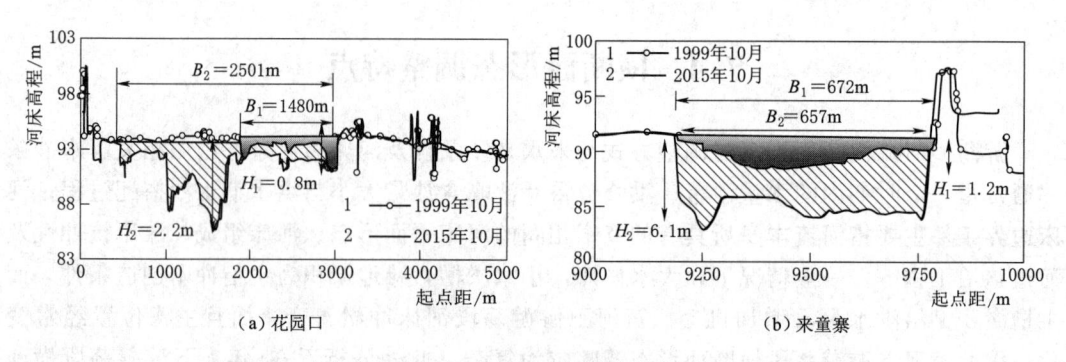

图 7.26　小浪底水库运用后黄河下游游荡段典型断面的形态变化

游荡段花园口站 1999 年、2015 年汛后断面形态,见图 7.26（a）。1999 年汛后该断面主槽宽度（B_1）仅 1480m,平滩水深（H_1）约为 0.8m。2015 年汛后,该断面滩岸累计崩退 1021m,平滩河宽（B_2）增加到 2501m,增幅为 69%,平滩水深（H_2）增加到 2.2m,增幅达 175%,相应的平滩面积也由 1222m^2 增加到 5571m^2。河相系数从 1999 年汛后的 46.3 减小到 2015 年汛后的 22.4。小浪底水库运行后来童寨断面大幅冲深,平滩河宽变化较小,河床以冲刷下切为主,平滩水深增加近 5m。

黄河下游河床冲刷时横断面形态的调整方向取决于河道特性、河段位置及水库运用方式,既有可能出现断面展宽的情况,又有可能出现断面趋于窄深的情况。在一定的水沙条件下,当河岸组成物质抗冲性较强,横向展宽程度小于垂向冲深时,断面趋于窄深;反之,断面趋于宽浅。横断面的宽深比是反映断面形态的重要参数,通常可用河相系数 ζ 来表示,即 $\zeta=\sqrt{B_{bf}}/H_{bf}$,式中 B_{bf}、H_{bf} 分别为平滩宽度与水深。已有研究表明（夏军强等,2016）,在小浪底水库蓄水拦沙期间,下游各河段平滩宽度的调整程度均小于平滩水深,因此横断面形态调整以冲刷下切为主,各河段均向窄深方向发展。小浪底水库运用后黄河下游游荡段的断面形态的这种调整特性,与 1961—1964 年三门峡水库清水冲刷期存在一定的差别。在 1961—1964 年,因三门峡水库蓄水拦沙,黄河下游河道受到强烈冲刷。其中铁谢至花园口河段因右岸有邙山崖坎控制,河床冲刷以纵向下切为主,断面趋于窄深;花园口至高村河段因边界条件控制较差,河床既有下切又有展宽,且以展宽为主。由于受小浪底水库蓄水拦沙影响,近期进入下游河道的水沙过程较为平缓,加上由于下游护滩工程及滩地上生产堤的大量修建,使滩岸抗冲能力大大增加,因此除个别河段及个别时段外,这些年下游河道基本上未出现大范围的漫滩水流,导致冲刷仅在主槽内发生,且主槽摆动也因生产堤和控导工程大量修建受到限制。故在目前的清水冲刷期,游荡段横断面形态调整尽管横向展宽较为显著,但整体表现为向窄深方向发展。

7.5　游荡型河流的形成条件

游荡型河流的河床形态与演变最基本的特征是水流散乱和主流摆动不定。根据这两个特征,就可以将游荡型河流区别于其他类型的河流。具备这两个特征的河流,需要具备两个条件:一是对于一定的流量来说,河床纵比降较陡,流速较大,水流的弗劳德数较大;

另一是组成河槽（包括床面与河岸）的物质为颗粒较细的散粒体泥沙，在水流强度较大的条件下，易冲易淤。有了这两个条件，不但河岸会发生严重冲刷崩退，使河床变得相当宽浅，洲滩的消长和运动速度也必然很大，从而构成水流散乱和主槽摆动不定的局面。从床面与河岸相对可动性角度来分析，可以认为当两者的可动性都相当大时将形成游荡型河流。

除上述形成游荡型河流的必要条件外，还有其他条件对加强河流的游荡性强度起促进作用，具体包括：

(1) 河床的堆积作用。堆积性较强的河流，挟沙往往处于过饱和状态，容易淤出十分宽浅的河槽，促使主流摆动，显著加强河流的游荡强度。

(2) 洪、中、枯水的变幅大及洪峰暴涨暴落，也有利于加强游荡强度。河床地形是与一定的流量相适应的，大流量要求河槽的断面和曲率半径较大，小流量则要求河槽的断面和曲率半径较小；而河床的冲淤变化是滞后于水流变化的，当洪峰暴涨暴落、流量变化迅速时，较小流量塑造的河床地形，往往被洪峰流量所破坏，引起主流和河势的变化；而由洪峰流量所塑造的河床地形，又不能与暴落后的较小流量迅速适应，也会淤出各种形式的沙滩。这种变化迅速的流量过程有利于游荡强度的加剧。

(3) 同流量下含沙量变化大也有利于加强游荡强度。因为在相同流量下，含沙量大时河槽发生淤积，含沙量小时又转向冲刷，导致下游河势变化频繁。

上述游荡型河段的形成条件和有利于加强游荡强度的因素，是就决定河段现时游荡特性而言的。如果就形成游荡型河流的最基本的条件看，则是河床的堆积作用。对冲积河流来说，河床纵比降是河流本身的产物，是在一定来水来沙条件下，通过河床的堆积作用形成的。来水量小，来沙量大，河床纵比降就大；来水量大，来沙量小，河床纵比降就小。至于河槽为颗粒较细的散粒体泥沙组成，更是河床堆积作用的直接产物。堆积性很强的冲积河流，以细沙和极细沙为主体的床沙质大量落淤，则组成河岸和床面的泥沙自然极易冲刷。

综上所述，可以认为形成游荡型河段的基本条件是河床的堆积作用，而决定河段游荡的水力、泥沙条件，则是河床具有较大的纵比降和组成河床的物质为颗粒较细的散粒体泥沙，因而河岸和床面的可动性均较大。

7.6 游荡型河流的整治

游荡型河段整治总的要求是把宽浅散乱、主流多变的游荡型河段整治成比较窄深归顺的河道，使之有利于防洪、取水等国民经济各个部门。我国治理黄河、永定河等河流的实践表明，要彻底治理好游荡型河段，应采取综合治理措施。这些措施主要包括水土保持、修建水库、发展淤灌和河床整治。

游荡型河段之所以堆积，其根源在于来沙过多，水流无法挟带下泄，治理对策首先就要减小泥沙来量。为此必须在其上游流域内进行水土保持。水土保持措施很多，主要包括工程措施和生物措施两大类。工程措施主要是：治坡工程，如修造梯田等；治沟造田工程，如建坝淤地，削山填沟等；小型蓄水拦沙、用洪用沙工程，如水堰、引洪淤灌等。生物措施主要是：植树造林、种植牧草等。水土保持对治理游荡型河段是带根治性的措施，但由于面积广，工作量大，要相当长的时间才能完成，一般须控制 75%～85% 的水土流失面积才能生效。

在河流的中、上游修建水库，以调节下游河段的来水来沙条件，是治理游荡型河段的一个重要措施。然而采取何种调度运用方式才能取得最优的综合利用效果，则是一个十分复杂的问题。实践表明，水库下泄清水，对冲刷下游游荡型河段，促使其减弱游荡强度并向非游荡型河段转化，当然是有利的，但对库区淤积和对下游河道过量冲刷都会带来新的问题。黄河上的水库大多采用蓄清排浑运用方式，上述问题在一定程度上得到了解决，但对黄河下游游荡型河段存在的问题并无明显改善。最近的倾向是，利用修建在黄河中游的水库，拦截粗沙，排泄细沙，并针对黄河水沙异源的特点，调水调沙以增大下游河道的水流挟沙能力，减少河道淤积。这是治理黄河下游游荡型河段一个值得重视的方面。修建水库以调节水沙，能为治理游荡型河段创造有利条件是肯定的。但在目前条件下，对游荡型河段进行河床整治仍是治理的一个主要措施。

1946年人民治黄以来，黄河下游河道按照"宽河固堤"方略，逐步兴建了以中游干支流水库、下游堤防、河道整治工程、分滞洪工程为主体的"上拦下排，两岸分滞"防洪工程体系，同时确定了黄河下游河道治理方略：稳定主槽、调水调沙、宽河固堤、政策补偿（胡一三等，1998）。

7.6.1 河道整治原则与方案

胡一三和张原峰（2006）从实践中总结出了黄河河道整治应遵循的主要原则为：防洪为主、统筹兼顾；河槽滩地、综合治理；中水整治、考虑洪枯；以坝护弯、以弯导流等几个方面。游荡段河道整治一直是水利部门关注的重要问题，在近期有关游荡段整治方案中，具有代表性的有3种，即卡口整治方案、麻花型整治方案、微弯型整治方案。

1. 卡口整治方案

卡口整治方案又称节点整治或对口丁坝整治方案。分析黄河下游河槽的沿程宽度发现，存在着河宽沿程宽窄相间的变化现象。在洛河口至苏泗庄长约300km的河段上，几乎平均每12km河长就有一次河宽收缩与扩张。收缩段常有节点存在，节点多由山嘴、险工、胶泥嘴等构成。节点的存在限制了主流的平面摆动，导致了河床的缩窄。在扩张段因无节点控制，主流可以任意摆动，导致河床宽浅，水流散乱。因此增加沿河节点数目，是控制主流摆动的一条重要途径。

但黄河下游游荡段采用节点卡口方案实现控制河势的问题较多，主要表现为：①独立卡口不能控制其下游河势；②卡口大大缩窄了原来的河道，在卡口上游会造成相当大的壅水，对防洪安全不利。

2. 麻花型整治方案

麻花型整治方案的提出是出于这样的认识：在孟津白鹤镇至兰考东坝头游荡段中，河道虽具有宽浅散乱和变化无常的特点。但是从历史河势分析，在流路方面，仍具有一定的规律性。即经过概化多年河道主流线，基本上是两条，每条都具有曲直相间的形态，两条的关系是两弯弯顶大致相对，在平面形态上犹如麻花一样交织。由此设想，利用自然和人工卡口作为节点，在节点之间按两条流路控制，即在各弯顶均布设整治工程，当一种流路

7.6 游荡型河流的整治

出现后,由一种流路的工程控制;当另一种流路出现后,由另一种流路的工程控制。因此按照两种基本流路,修建两套工程控制河势。这样可使白鹤镇至东坝头河段游荡范围进一步缩小,以利防洪。将来根据上中游水沙条件的变化,最后选定其中一流路作为基本流路,以达整治目的。

不难看出,麻花型整治方案的缺点是两套工程长度比微弯型整治方案大。这样两岸工程总长度可能达到河道长度的140%以上,因此这种整治方案需要的工程投资较多。

3. 微弯型整治方案

游荡段虽然外形顺直,汊道交织,沙洲众多,主流摆动频繁,但就某一主流线平面外形而言则具有弯曲的外形,并为曲直相间的形式,只是其位置及弯曲的状况经常变化而已,同时河势变化还具有弯曲型河流的一些演变规律。黄河下游河道整治的实践也表明,微弯型整治方案是可行的,如具有部分游荡特性的过渡河段按微弯型整治已取得了明显的效果。

微弯型整治是通过河势演变分析,归纳出几条基本流路,进而选择一条中水流路作为整治流路,该中水流路与洪水、枯水流路相近,能充分利用已有工程,对防洪、引水、护滩综合效果较优(图7.27)。整治中采用单岸控制,仅在弯道凹岸修建工程。按照已有的整治经验,在按规划进行治理时,两岸工程的合计长度达到河道长度的80%左右时,一般可以初步控制河势,故节省投资。

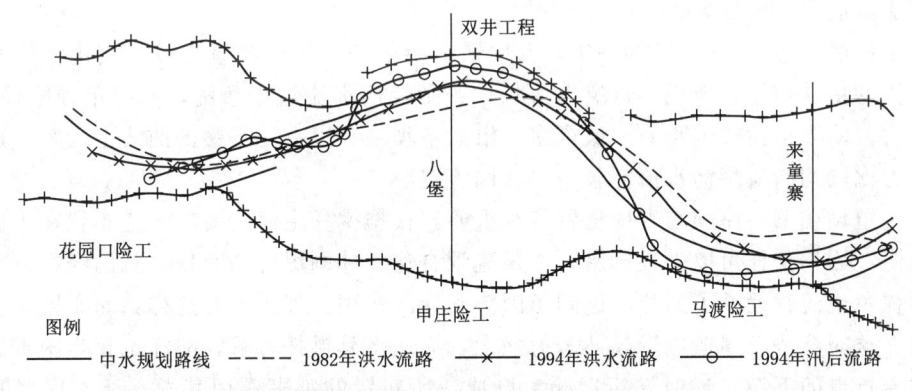

图 7.27 黄河下游花园口至来童寨河段大中小水流路与中水规划流路比较

7.6.2 游荡段的河势控制工程

游荡型河段的河床整治,不论是在自然情况下还是在来水来沙得到一定程度控制的情况下,都是必须进行的。此处仅重点介绍自然情况下的游荡段河床整治。游荡型河段在自然情况下整治的主要任务是控制河势,只有河势得到了一定的控制,主流才能比较稳定,游荡程度才会有所减弱。控制河势的工程措施主要是护岸、护滩工程,此外还涉及到堤防工程。

控制河势最主要的目的是控制主流,固定险工位置,以保护堤岸,为此必须修建护岸工程。游荡型河段护岸工程的布置,与弯曲型河段有所不同,弯曲型河段因主流比较稳定,顶冲部位的变化较小,故需要护岸的部位比较容易确定。而游荡型河段,在自然情况下,由于主流摆动频繁且缺乏一定的规律性,难于估计其顶冲部位。一般是根据汛后变化了的河势，实地查勘，运用以往经验来预估可能发生的变化，然后确定需要护岸的部位。游荡型河段的护岸工程在黄河上累积了比较丰富的经验，下面以黄河下游为例，介绍有关护岸工程的一些问题（谢鉴衡等，1990）。

1. 护岸工程的类型

黄河的护岸主要是修建坝工，是一种非淹没式的下挑丁坝，这是黄河现有护岸工程的特点。坝的类型，就其作用来说，可分为3类：一是长坝，坝身较长而突入河中，呈下挑式，其作用是挑托主流离开堤岸，掩护其下游的堤岸不受冲刷；二是短坝，也叫垛，坝身较短，也略呈下挑式，其作用是迎托水流，消减水势，不使水流沿堤岸冲刷，但不能挑托水流远离堤岸；三是护坡，也称护挡或护沿，是将石块直接铺护在堤岸坡面，以防止坝间正流或回流冲刷堤坡，同时挡御风浪对堤坡的冲击。坝、垛和护坡三者要紧密配合，相互为用。

2. 护岸工程的布置

工程布置方面，在河道宽阔，主流横向摆动大，河势流向变化剧烈的河段，以坝为主，以垛为辅，如有必要，则在坝档间进行护坡。这样，一方面发挥了坝的主导作用，在冲刷不是很强的部位也发挥了垛和护坡应有的作用，同时可节省工程量和投资。在河槽狭窄，主流横向摆动不大的河段，或者岸线凸出的河段，则以短坝为主，护坡为辅，短坝建在内凹堤线之处，以迎托水流不使靠近堤岸。至于护坡工程，则修建在坝的上下游遭受正流或回流淘刷堤坡的地方。

坝工护岸一般是3～5道为一组，其中最上游的一个坝应布置得较为突出，使其承担挑移主流的主导作用，但也不可突出太长，否则会使水流过于紊乱，同时单独吃溜过长，受力太大，防守也比较困难。一般说来，沿岸各坝坝头以在一平缓的曲线上为宜，这样则各坝受力比较均衡，坝前水流亦较平缓，回流也小。

第一组坝或第一座坝布置的位置甚为重要，根据挑托主流的要求，应布置在主流转折点的上游，因为这样可以先发制水，在主流没有达到冲刷堤岸的时候，就已经在一定程度上控制住了主流，消杀了溜势，起到了因势利导的作用。如果不是这样，而布置在主流的转折点，这时溜势已逼近堤岸，冲击力强大，无法将其挑托外移，防守也相当困难。如果布置在转折点的下游，这时转折后险象已成，所布置的工事作用甚微。至于坝档间的长度，黄河下游的经验是：凡改变流向迎挑主流的坝，坝长一般为其上首坝有效长度的1.5～2.5倍；主流行将外移而顺托水流以防止边流靠岸冲刷的坝，坝长一般可取上首坝有效长度的3～5倍。坝身的长度原则上应使挑出的主流不影响对岸险工和堤防，也不能引起对岸滩地的重大坍塌或坐弯，以致影响下游河道发生较大的变化，造成下游防守上的困难。关于坝身的方位，凡是为了迅速改变流向迎托主流的坝，坝轴线与水流方向可成40°～55°的夹角，险工下游顺托水流的坝，可成35°～45°的夹角，如图7.28（a）所示，坝头形式以修成抛物线、圆弧线或斜线为好，因为抛物线及圆弧线的坝头能适应流向变化，抗溜作用强，但坝头上首发生的回流也较大，用在水流急而变化大的地方比较适宜。斜线形坝头上游面发生的回流较小，但不能适应流向变化，如图7.28（b）所示。

3. 抛石护根

坝、垛建筑物的迎溜着水部分均须抛掷石块，以防淘刷根底，影响建筑物安全。抛石

7.6 游荡型河流的整治

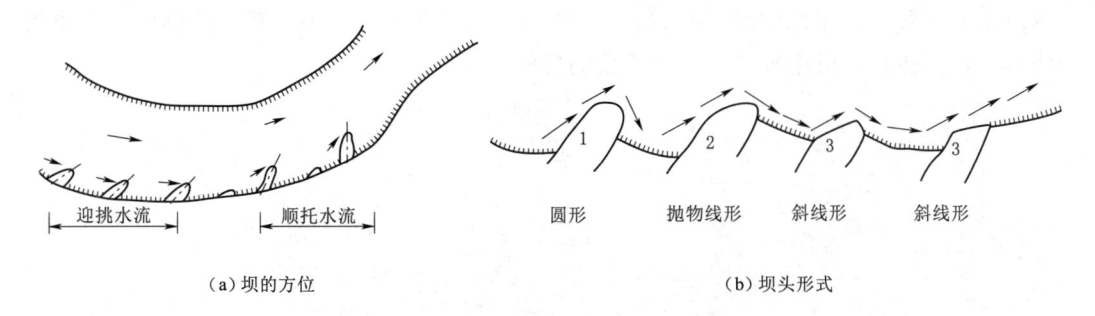

(a) 坝的方位　　　　　　　　(b) 坝头形式

图7.28　丁坝布置的方位与坝头形式
1—圆形；2—抛物线形；3—斜线形

护根后，每当汛期在大溜顶冲或回流刷岸之处，根石往往发生蛰陷或走失现象，此时应随即补抛，这样随蛰随加，坝、垛才会逐渐稳固。

根石走失与溜势强弱、建筑物形状、布置、方位有关。根据黄河下游一些有代表性的险工经验，根石走失部位有下面几种情况。

坝位突出，溜势约以90°的角顶冲坝上角时，坝前溜势翻花搜淘，以致将根石掀动冲走，见图7.29（a）。溜势顶冲坝头，将根石淘走，或坝头下角发生严重回流，卷走根石，见图7.29（b）。两坝间距布置不当，坝档发生大回流，淘刷上一坝的下角，使根石走失，见图7.29（c）。由上可知，根石走失主要在坝的迎溜上角和回流淘刷之处，根据黄河修防经验，要防止或减少根石走失，首先要使根石的起动流速大于坝前的最大流速；其次，坝的形状、布置和方位要适应水流流态，避免突出，以减弱回流；再次，抛石应保证施工质量，达到适当的坡度。

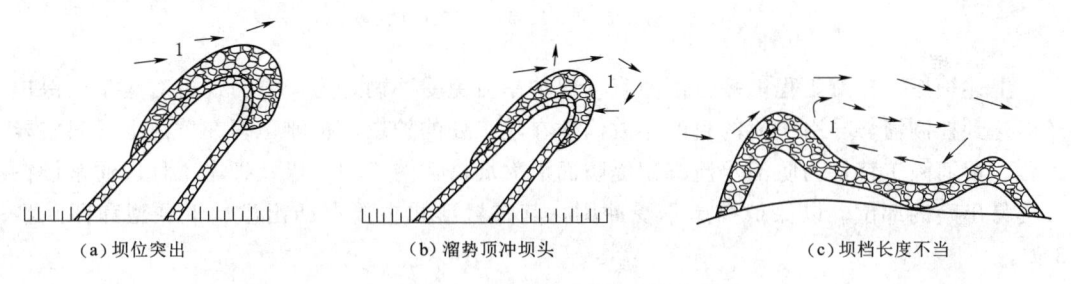

(a) 坝位突出　　　　(b) 溜势顶冲坝头　　　　(c) 坝档长度不当

图7.29　根石走失（1-根石走失处）

4. 护滩工程

黄河下游护滩工程主要以控制中水流量，稳定中水河槽，保滩固堤，维护防洪安全为目标。护滩工程顶部高程一般与滩面相平或略高于滩面。洪水期允许漫顶，既不影响滩地行洪，还可使洪水漫滩落淤，清水刷槽，增大滩槽高差。

河势的控制，险工位置的固定，除有赖于护岸工程外，还与滩地能否得到保护有关。图7.30中A处滩地被冲，形成了坐弯的河势，于是主流折冲右岸B处险工，造成险工吃紧危及大堤的局面，但不久左岸滩嘴C即被刷去，主流乃偏左取直，河势下挫，B处险工才得脱溜。若滩地A已被保护，自然不会造成这样险恶的河势。所以滩地的保护与否也直接关系到河势的变化和险工部位。又如图7.31所示，该河段左岸滩地不断坍塌，引起

第7章 游荡型河流的河床演变

右岸险工 B 上提,为了固定险工位置,在左岸 D、E 两处修建护滩工程,控制住了左滩的平顺形势,不使其再坍塌坐弯,达到了预期目的。

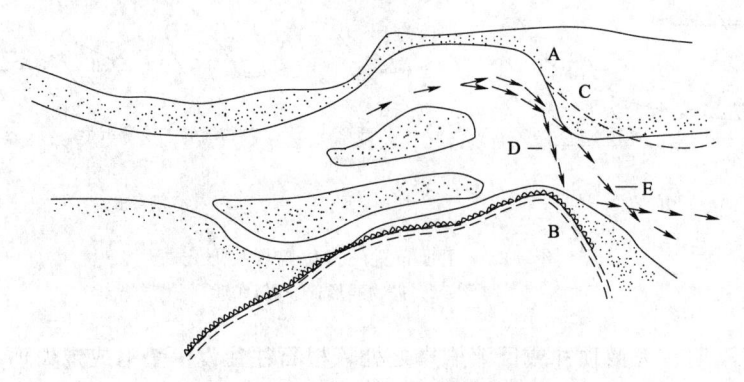

图 7.30 滩地与河势的关系

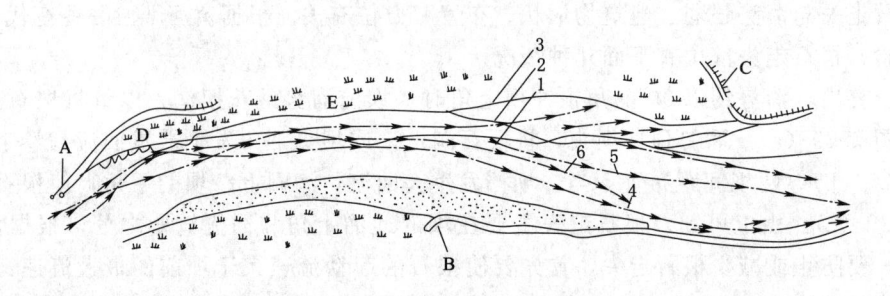

图 7.31 护滩工程
A、B、C—险工;D、E—护滩工程;1、2、3—1952 年、1954 年、1956 年滩缘;
4、5、6—1952 年、1955 年、1956 年溜势

上述护岸、护滩工程,一方面能直接保护岸滩免受冲刷,另一方面通过对险工的保护还能达到控制河势导引主流的目的。故修建在险工处的护岸、护滩工程在黄河上又叫**控导工程**。**黄河险工**特指为防治水流淘刷堤防而沿大堤修建的丁坝、垛及护岸工程。通常设在大堤易出险的部位,以保护堤岸不受冲刷,其布置形式主要有凸出型、平顺型和凹入型 3 类。

第8章 浅 滩 演 变

浅滩是河床深泓纵剖面上的浅埂，是决定冲积通航河道水深的重要因素，在工程实践中受到重点关注。浅滩在各种河型条件下都普遍存在，其成因及演变特性千差万别。因此，开展浅滩整治工程之前，首先需要掌握浅滩存在和发展的主要制约因素与一般规律。本章系统介绍浅滩基本特性与演变规律，为航道整治提供参考。从工程实践角度出发，本章重点关注可能碍航的浅滩。

8.1 浅滩的定义

处于上、下两边滩之间的斜向沙埂，是最常见的浅滩河床形态，可作为典型来认识浅滩的基本形态特征。由图8.1可见，浅滩由5部分组成，即上、下边滩，上、下深槽和浅滩脊。浅滩脊是浅滩可能出浅碍航的关键部位[图8.1（a）]。船舶下行时，一般是从上深槽经过浅滩脊而进入下深槽，上行时则相反。沿航线的浅滩纵剖面如图8.1（b）所示，其迎流部分称为浅滩的上坡或前坡，比较平缓；背流部分称为浅滩的下坡或后坡，比较陡峻；最高点称为鞍凹，经过鞍凹沿浅滩脊取剖面[图8.1（c）]，则中部低而两侧高。从两个不同的剖面看，鞍凹沿航线为最高点，沿浅滩脊则为最低点。

需要指出的是，航道部门常用的浅滩图，是根据设计枯水位或航行基准面绘制的，以设计水位为0水位。低于设计水位的水下部分，用等深线表示，其数值为正，高于设计水位的部分，不论是水下还是水上，均以从设计水位算起的等高线表示，其数值为负。

工程实践中，航道建设、管理和维护部门除了关心航道水深条件之外，还比较关心浅滩位置的稳定性。所谓的优良浅滩，一般是水深和稳定性两方面均较好的

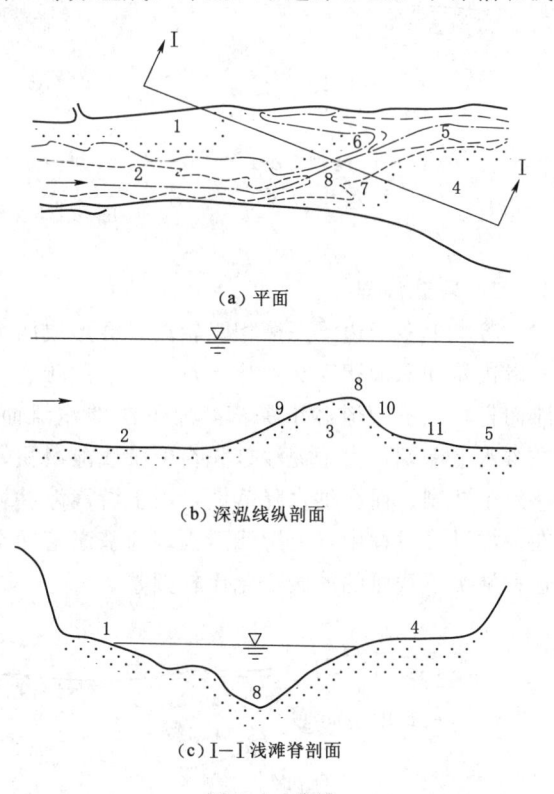

图8.1 浅滩
1—上边滩；2—上深槽；3—沙埂；4—下边滩；5—下深槽；
6—上沙嘴；7—下沙嘴；8—鞍凹；9—沙埂迎流面；
10—沙埂背流面；11—坡脚

浅滩。图 8.1 所示的是多数情况下较为典型的浅滩形态，称为正常浅滩，其特点是边滩和深槽上下左右对应分布，上、下深槽不交错，浅滩脊与枯水河槽交角不大，鞍凹明显。水流从上深槽过渡到下深槽的流路比较集中、平顺，年内冲淤变化不大，平面位置也比较稳定，对通航影响较小。但在天然河流中，由于不同河段水沙条件和河床边界条件差异，浅滩的形态可能与图 8.1 中有所偏离，浅滩河段实际情况与图 8.1 中优良滩槽格局的偏离程度越大，其碍航程度也越大，常见有以下几种情形。

8.1.1 交错浅滩

在上下深槽相互交错的情况下，下深槽的首部为窄而深的倒套，浅滩脊宽而浅，鞍凹既浅且窄，且浅滩冲淤变化较大，位置经常变动，有时候甚至不存在明显的鞍凹，航道条件极不稳定。这类情况下的浅滩称为交错浅滩，其又可分为两个亚类：一类是沙埂较宽，缺口较多，其水流动力轴线的摆动一般是随着上边滩的下移而逐步下移，下移到一定程度后，突然大幅度上提；另一类是沙埂窄长并与河岸基本平行，往往无明显的鞍凹，其水流动力轴线一般是随上游河岸崩塌变形和上、下边滩的发展变化而左右摆动。图 8.2 表示长江中游这两种类型的交错浅滩（谢鉴衡等，1990）。

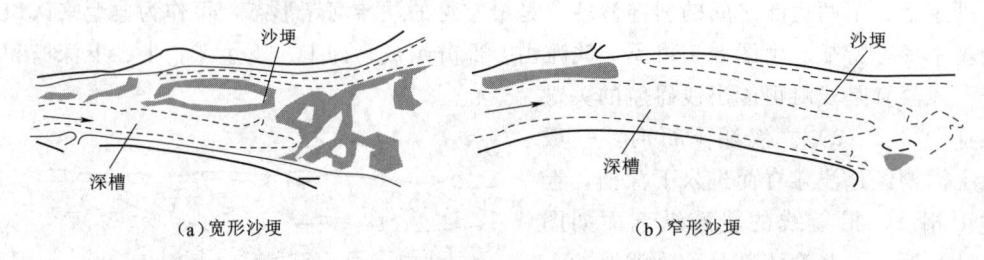

（a）宽形沙埂　　　　　　　　　（b）窄形沙埂

图 8.2　交错浅滩

8.1.2　复式浅滩

若上下多个边滩深槽相距较近，会形成两个或多个浅滩所组成的滩群。其主要特点是两岸边滩和深槽相互交替分布，上、下浅滩之间有着共同的边滩和深槽，它们对上游的浅滩而言，是下边滩和下深槽，对下游的浅滩而言，则是上边滩和上深槽 [图 8.3（a）]。在洪水上涨期，由于泥沙首先在上游浅滩淤积，减少了下游浅滩的来沙量，可能使下游浅滩发生冲刷；而在洪水降落期，由上游浅滩冲刷下来的泥沙，有一部分就淤在下游浅滩。在一次洪峰过程中，上游浅滩表现为涨淤落冲，而下游浅滩则可能表现为涨冲落淤，所以这种情况下浅滩的冲淤变化比较频繁。

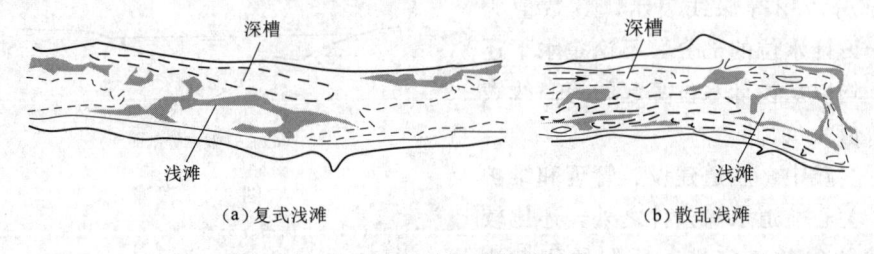

（a）复式浅滩　　　　　　　　　（b）散乱浅滩

图 8.3　复式浅滩和散乱浅滩

8.1.3 散乱浅滩

在一些滩槽格局较为复杂的河段，没有明显的边滩、深槽和浅滩脊，在整个河段内，十分零乱地分布着各种不同形状和大小的江心滩、潜洲。这种情况下，河段内水流分散，航槽水深小且位置极不稳定。图 8.3（b）为长江中游在切割上边滩后所形成的散乱浅滩。

上述交错浅滩、复式浅滩和散乱浅滩，浅滩冲淤多变，稳定性差，常导致航槽不稳、航深不够的碍航局面，多被称为坏滩或不良浅滩。

8.2 浅滩的成因及类型

8.2.1 浅滩成因

冲积河流经过长期调整，河床形态和水沙条件能够维持一种动态平衡，但即使大范围、长时间内输沙是平衡的，由于在河床上存在成型堆积体，河床在小范围、短时间内总是在不断地发生变化。浅滩演变所关注的就是在以上过程中特定河段内的各种成型堆积体的变化及其伴随的河势调整。作为一种局部的河床形态，浅滩出现的原因及其演变特性应更多地归因于所在河段的河床边界等外部条件影响。浅滩之所以碍航，主要由于泥沙淤积形成浅水区，局部水深过小，隔断上、下深槽。

浅滩演变的影响因素很多，就其共同因素而言，主要是流速的减小、环流的变化、洪枯季水流流向不一致和输沙不平衡等。姑且不论这些因素之间的相互关系，可以发现它们均与特殊的河床边界有关，甚至特殊的河床边界可能使得以上几种因素同时出现。

（1）流速减小的原因很多，诸如河槽过水断面的显著增大，比降的减小，流量的减小以及局部壅水作用等。这与河段是否属于放宽段，是否存在分汇流口门，下游是否存在造成壅水的局部卡口等边界条件密切相关。

（2）环流是冲积河流中各种泥沙堆积体出现的主要原因，环流的强度及旋度与河床形态密切相关。弯道段环流单一且强度大，易塑造完整的边滩和深槽；而顺直过渡段则转化为比较复杂且强度很弱的多层多个环流，有时甚至消失，使得横向输沙基本停止，这就消弱了水流塑造深槽的能力，造成泥沙淤积而出浅。

（3）洪、枯季水流惯性的差异，以及河床约束作用随水位高低的变化，必然造成流向的不同，但这种差异却与河床形态关系很大。弯曲窄深型河槽对水流约束作用大，洪枯流向差别不大；而顺直放宽的宽浅段却易使主流摆动，甚至游荡。而主流的摆动必然引起边滩的消长和切割，进一步加剧主流的摆动幅度。洪水期淤积在枯水航道上的泥沙若不能全部冲走，即会形成浅滩。

正是由于河床边界对浅滩的形成具有主导作用，因而浅滩总在一定的河段内出现，而不会自行消失。国内外长期观测资料表明（陆永军和刘建民，2002；Pinter 等，2004；李义天等，2012），过去存在浅滩的河段，在相当长的时期内仍然存在浅滩，很少发现浅滩自行消失的情形。长江自有资料记载以来还没有发现过浅滩自行消失。例如长江中游张家洲浅滩，20 世纪 40—50 年代时就是严重碍航的浅滩，在三峡水库建成后仍严重碍航，只是浅滩位置和碍航程度各年有所不同而已。可见只要河床边界形态没有根本性的变化，浅滩就不会自动消失，并具有一定的稳定性。

综上所述，浅滩演变与河床边界条件密切相关。不同水沙年或大洪水年等各种随机事件虽能暂时性地改变或影响浅滩演变趋势，但长期来看，影响浅滩的是河道自身的河床形态特点。

8.2.2 浅滩类型

工程实践中，对于浅滩类型划分存在不同的思路。一种思路是如 8.1 节中所述，根据浅滩河段实际情况与正常优良浅滩的差异，在正常浅滩之外又划分了交错浅滩、复式浅滩和散乱浅滩等类型（谢鉴衡等，1990）。这种分类思路较为直观地体现了边滩、深槽、浅滩的格局类型，也便于根据名称来区分某个浅滩是正常还是碍航浅滩。但在航道整治工程实践中，更为关心的是浅滩河段的水沙运动特性和河床冲淤规律。由于一定水沙条件下，浅滩形成的根本原因、演变特性等与其所在河床边界条件密切相关。若要从更深的层次上研究浅滩演变，就需要将河段的水沙输移特征与其边界条件相联系，分析浅滩具体形成的原因及其内在规律性，这样才能从浅滩形成的普遍原因中抓住其特殊的一面（孙昭华等，2011）。从这个角度出发，就形成了浅滩分类的第二种思路，即根据河段边界特征或者浅滩出现的部位进行分类，其类型包括弯道段浅滩、顺直段浅滩、分汊段浅滩、分流汇流段浅滩、湖泊水网区浅滩和潮汐河口浅滩等。

根据浅滩分类的第二种思路，浅滩类型主要由所在河段的平面形态所决定，河段易出现碍航浅滩的原因可归结为顺直段过长、河段过于放宽、凹岸过于发展使曲率半径过小等，图 8.4 从这几个方面对浅滩作出粗略的分类。由图 8.4 可见，不少平原河流的浅滩常在两种或两种以上的复杂河段条件下形成。对于具有分汇流等局部边界条件的浅滩，演变的制约因素往往是多种边界因素交织在一起的综合作用，故图中未将其单独列出。

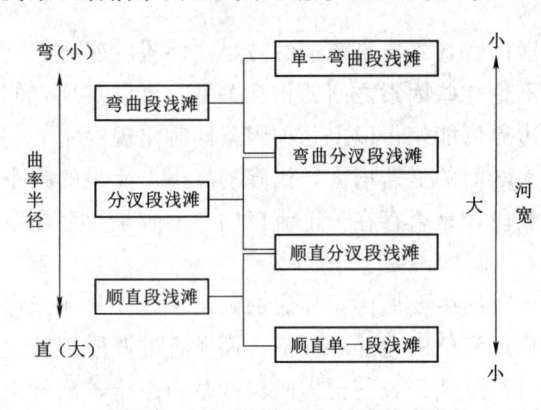

图 8.4 基于河床形态的浅滩分类

8.3 浅 滩 演 变 特 点

8.3.1 浅滩演变的共性特点

浅滩演变是河床演变的组成部分，但作为一种局部河段的河床演变，浅滩演变对水沙条件的变化更为敏感。即使是长期看来处于冲淤平衡的河段，浅滩也呈现周期性的冲淤变化。这表明，浅滩的变化从局部河床形态这个微观层次反映了河床边界对水流的适应过程。正因为如此，浅滩演变表现出不同于一般河床演变的独特特点。

由于河床边界对浅滩演变起主导作用，比较类似的河床边界或河道形态常使河段内的浅滩演变也存在相似特点。以长江为例，陆溪口、东槽洲等鹅头型分汊河段的形成与上游

8.3 浅滩演变特点

存在单侧抗冲节点密切相关,而其演变特性均表现为周期性遵循新汊的产生、扩大、平移、衰亡等过程,并伴随浅滩条件的周期性恶化(图 8.5);周公堤、姚圻脑等顺直河段以交错浅滩为主,界牌、东流等顺直分汊段则表现为左右汊的交替发展并伴随过渡段周期性地上提下移,浅滩位置非常不稳定(中科院地理所等,1985)。根据以上特性进行归纳,浅滩演变具有以下两种共性特点。

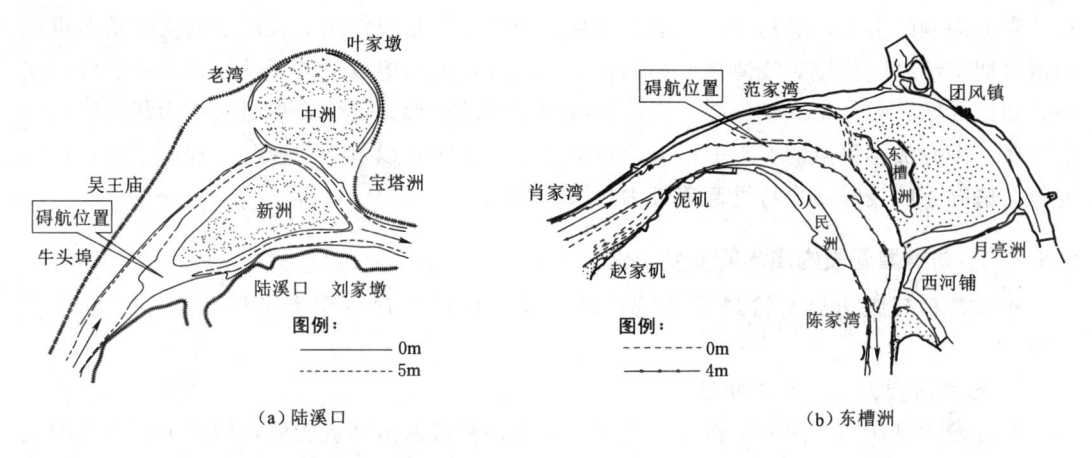

图 8.5 长江中游一些鹅头型分汊河段内的浅滩

1. 周期性与累积性

由于河道水文过程的周期性变化,浅滩演变最主要的形式为复归性变形,即随水位、流量、含沙量、主流走向等的周期性变动,呈现出周期性的冲淤变化。除具有年周期性的变化规律之外,浅滩还具有多年周期性的变化规律。在浅滩河段上排列的一定形式的边滩、江心滩、沙埂等,构成一定形态的浅滩,在年周期性的演变过程中,可能还蕴涵着单方向的冲淤变化。一旦这种量变累积到一定程度,通过大洪水等条件诱发,便会发生较大幅度的调整,这种调整可能包括淤积体平面形态或位置的改变、主流的易位等,而后又开始新一周期的浅滩形态逐年变化。以上过程中,新形成的浅滩形态及格局与上一周期开始时的情况非常类似。

2. 水文条件与河床边界的双重影响

由于浅滩演变对水沙条件的敏感性和浅滩河段本身的不稳定性,浅滩碍航可能由以下两种原因引起的:一是河势比较稳定,而由于水沙过程的波动性,一旦出现不利的水沙组合,便造成滩势恶化而出浅,这可能是由于出现小水大沙年、沙峰滞后于洪峰、上游边滩遭切割造成局部来沙过大等原因;二是河势本身不稳定性与水沙过程的波动性交织作用,造成河势易变,主流位置不固定,从而使航槽不稳。可以看出,前一种原因应更多地归咎于相对不利的水沙条件,暂时性的碍航现象随着水沙条件的优化会逐渐消失;后一种原因中河道自身特点所起的作用更大,出浅次数频繁,并且随着河势调整,河段的碍航特性有所变化。从长江上实际浅滩资料来看,某些一般滩段仅在不利的水文年后才造成碍航,而某些重点滩段出浅次数频繁,甚至一些滩段几乎年年出现碍航局面。因此,不同浅滩河段整治目的也应有所区别。对一般浅滩河段,只要稳定河势条件,消除易于淤积的水流条件即可;而对另一些河段,则需采取人为措施优化河势并使之稳定。

需要指出的是，枯水期的河床边界条件包括了河床的平面和纵剖面形态、江心滩和江心洲的部位、形态和高程、床面与河岸物质组成及可动性等。在一个水文年内，洪水期水流对河床的塑造起主导作用，枯水期河床则对水流起着很重要的制约作用。对于类似长江的通航河流而言，输沙率一般随流量增加而呈指数增长，汛期来沙量大于河道输沙能力，而枯期则相反，因此泥沙淤积主要发生在汛期。在汛末流量仍较大，含沙量却已大为减小，水流冲刷能力大，对枯季河床形态格局的塑造起着重要作用，长江上的实际情况也说明退水期持续时间长短对浅滩演变影响很大。此外，河床组成及其可动性也影响着浅滩演变，如组成物颗粒较粗或黏性强，则可以限制浅滩的变形；反之，如组成物为颗粒较细的散粒体，则会加剧浅滩的变形。以上特点对于水库下游，以及其他径流过程与来沙性质改变较大情况下的浅滩演变特性起着较为显著的影响。

8.3.2 不同类型河段内浅滩的演变特性

比较各种河床边界与浅滩演变特性的关系，可以发现不同类型河段内浅滩的演变规律。

1. 顺直河段内浅滩演变特性

顺直段常是弯道之间的过渡段，由于上、下深槽段弯道环流较弱，致使上、下边滩较低，水流较分散，鞍凹普遍较浅。如果河槽过于放宽或下游存在束窄段造成周期性壅水，则造成水流分散、流速降低、挟沙力弱，使得泥沙易落淤成丘，随着水位的变化，主流摆动不定，河床变化急剧。可以发现，随着顺直段由窄而宽，由短而长，浅滩越趋复杂，碍航越严重：

(1) 若顺直段长度和宽度适当，受上下游弯道影响，环流强度较大，能够淤成较高的上、下边滩。高边滩在枯季能够对水流产生较强的限制作用，加之河段长度适当，河道本身不宽，洪枯流路差异较小，因此上、下深槽之间过渡平顺，易形成正常浅滩，一般不碍航。

(2) 若顺直段过长，一方面环流较弱，易造成淤积；另一方面流向也易于摆动，因此易形成纵向相连的滩群，即复式浅滩。环流较弱使得中间的深槽不明显，边滩高程低，水流分散；由于洪枯流向差别大，使中间公共边滩易被冲刷，深槽也不稳定。

(3) 顺直段长且放宽，将使得浅滩更加复杂。若河槽较宽，将使得边滩高程低，枯水流路过于弯曲，易形成交错浅滩，并且年际之间随着上、下边滩冲淤变形，枯期的深泓位置不断调整，航槽位置和浅滩水深非常不稳定（图 8.6）。若放宽率很大，则边滩易被切割而形成河中的洲滩 [图 8.7 (a)]，水流更加分散。若顺直河槽长且放宽，则不能形成规则的复式浅滩，而是无规则排列的散乱滩群 [图 8.7 (b)]。但从顺直段的滩槽平面形态及演变规律来看，却存在一些共同点：当放宽率不大时，边心滩普遍较低，横跨河槽的过渡段较弯曲，且存在上提下移。这表明顺直放宽使得水流分散，洪枯流向差异大。河段过宽过长将使以上现象

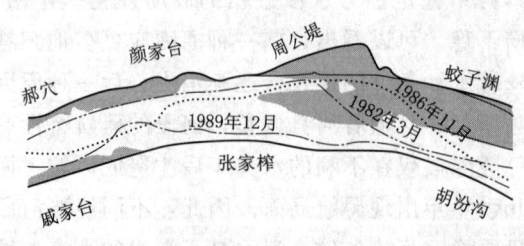

图 8.6 长江中游周公堤水道不同年份的枯期深泓线变化

8.3 浅滩演变特点

更趋明显。周公堤水道内过渡段的上下移动伴随着下边滩滩头的冲刷切割，但水流还未能切割下边滩根部使之成为心滩；而界牌段由于更宽更长，个别年份水流能冲刷新淤洲北汊使得过渡段淤死[图 8.7（b）]。贵池河段则没有边滩，形成上下两心洲，即使枯水时也有三汊分流[图 8.7（a）]，使得水流分散而冲刷动力较弱，浅滩在枯期容易出浅。顺直段浅滩与河道形态之间关系，可由图 8.8 表示。

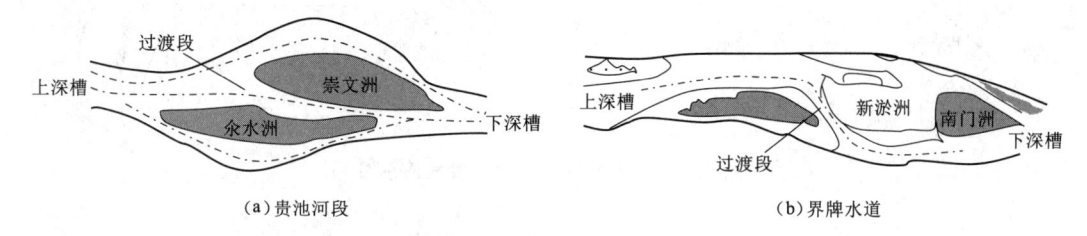

图 8.7　长江中游顺直放宽河段内滩槽格局与过渡段浅滩位置

2. 弯曲河段内浅滩演变特性

弯道水流的重要特点是存在较强的弯道环流和横向泥沙输移，而长期的凹冲凸淤使得弯道段宽度远大于其进出口过渡段，宽度的增加导致水流散乱、主流位置不稳定。即使在岸线比较稳定的情况下，随流量变化水流惯性存在着差异，随水位升降河槽约束作用也发生变化，一旦水流弯曲半径与河道曲率半径不相适应，弯道段便出现撒弯切滩现象，这将造成滩形散乱、航槽不稳。实际中易出现碍航浅滩的弯曲河段一般是处于凹岸冲刷后退较多，河道宽度大甚至出现分汊的河段，可以发现这类河段的共性规律：

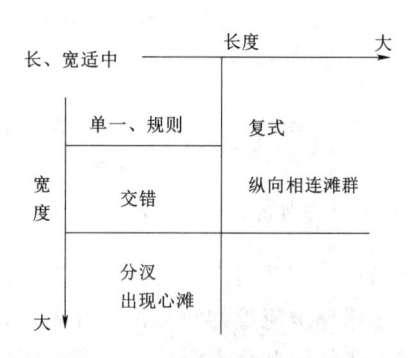

图 8.8　顺直段浅滩特征与河道形态关系

（1）弯道放宽率小，无分汊或支汊分流不明显。除进出口过渡段外，弯道内环流强，一般不易出浅。但若弯段曲率较大，由于弯道水流动力轴线具有"低水傍岸、高水居中"的特点，若出现大水年，将使凹岸产生回流淤积，产生撒弯；凸岸边滩过宽时，还可能切割边滩形成汛期过流的支汊，使水流分散而出浅。图 8.9 中监利弯道曾于 1931 年大水切滩撒弯，但之后主流又很快恢复走北泓，乌龟洲南汊淤积仅在汛期过流，个别年份南汊分流多使北汊淤积出浅。1971—1975 年下荆江裁弯，由于三口分流比减小以及河床冲刷等原因，监利弯道也曾发生主泓南移造成航道连年出浅（图 8.9），直到 1976 年主泓恢复北汊航道条件转好。可见，曲率较小的放宽型弯道内浅滩对水流条件变化是十分敏感的。

（2）弯道放宽率较大，两汊并存。经过长期发展，双分汊河道比较稳定，洲滩较完整，双汊的演变多表现为随上游河势变化而出现两汊的主支交换。汊道兴衰交替时期，两汊势均力敌，易导致浅滩恶化而碍航，但这种交换的周期很长。较常见的碍航现象是洲头滩地淤积伸入航道，汛后水流条件不好时因冲刷不及而出浅，图 8.10 中的长江武穴水道右汊进口就是此类浅滩的典型代表。

（3）弯道放宽率、弯曲率均很大，分汊数较多。此类弯曲分汊型河道在长江中下游较为常见，平面形态多呈鹅头型，进口存在单侧抗冲节点，节点有较强的挑流作用，而且限

第8章 浅滩演变

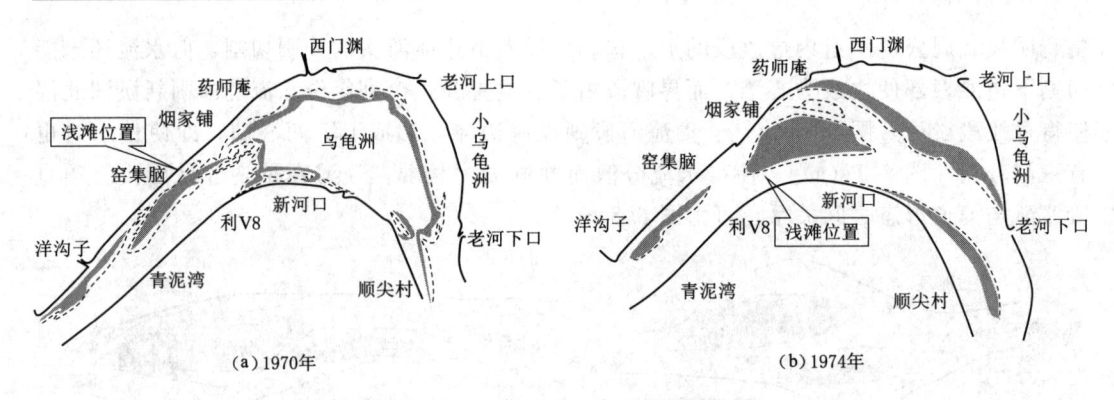

图8.9 长江中游监利弯道段浅滩演变

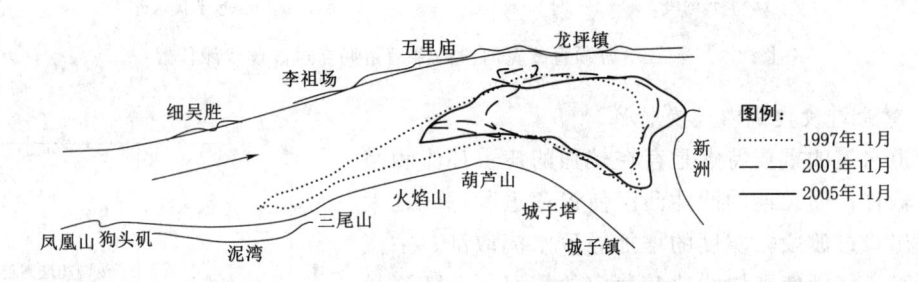

图8.10 长江中游武穴水道鸭儿洲心滩1m等深线（相应于航行基面）年际变化

制所在一侧的河床冲刷，使对岸不断冲刷后退，曲率不断加大，以至河中淤出大片滩洲。由于汛期被淹没的洲滩抗冲性差、加之节点挑流作用比较稳定，心滩上重新冲出新汊并发展为主汊，此后主汊又重新弯曲消亡，再次冲出新汊。长江中游陆溪口水道新老两个中汊的交替就是一个典型的循环过程。由于主汊位置不定，加上新老汊交替时水流分散、水深不足，严重碍航。此类河段的演变规律表现为弯曲的主汊周期性地强弱转化，伴随洲滩分合。由于演变周期短，造成航槽位置不稳和浅滩周期性恶化。

由以上可见，弯曲段内浅滩的演变对水流条件变化较为敏感，而在水沙条件变化不大的情况下，随放宽率或分汊数的增加，浅滩演变趋于复杂，碍航情况也愈严重，如图8.11所示。

3. 分汊河段内浅滩演变特性

分汊河段处于放宽段，具有W形断面形态，可能存在低心滩、高滩或江心洲。关于分汊河段整体的演变特征在第6章已有所涉及，此处只讨论分汊河段内的浅滩演变。

分汊河段最易出浅的部位，一般位于汊道进口，这是由于进口部位处于水流挟沙力减小的区域，并且两汊进口之间常存在漫过江心洲头部低滩的横流，从而导致局部淤积。此外，分汊河段本身可能处于顺直或弯曲的放宽段，主支汊自身也具有顺直或弯曲的形态，前述的顺直、弯曲形态与浅滩演变的关系依然存在。因此，分汊河段

图8.11 弯道形态与浅滩演变关系

8.3 浅滩演变特点

内浅滩可能由多种原因导致，可能出现在汊道进口、汊道内部等多个部位（孙昭华等，2013）。以长江中游的戴家洲汊道为例，对此加以说明（图8.12）。戴家洲水道微弯放宽且纵向长度较大，河段内多个位置频繁出浅；由于弯曲程度受限，两汊分流比相差不大，不同来水来沙条件下左侧圆港进口的巴河边滩和右侧直港进口的耀子山边滩交替发展，并与新洲头部低滩相连造成出浅；直港形态顺直、长度过大，汊道内形成纵向排列的多个不稳定边滩，随着边滩纵向的缓慢变形，可能在直港中部、尾部形成浅区。

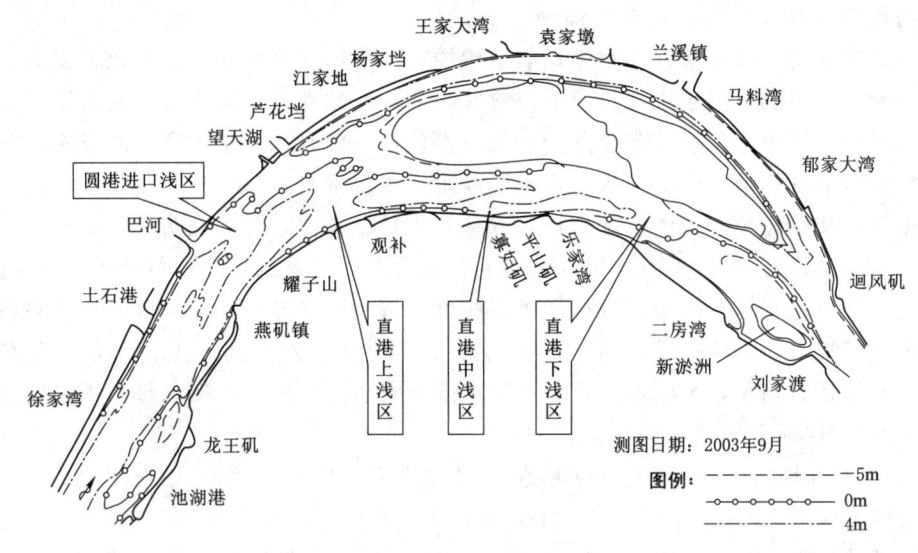

图 8.12 长江中游戴家洲水道浅区位置

4. 局部特殊边界对浅滩演变特性的影响

除了河道自身形态之外，实际中常常还有其他局部边界条件对河势、浅滩产生重要影响，如附近的分、汇流口门，局部的挑流建筑或矶头等。当这些局部边界作用较大时，将对河势和浅滩演变起着重要作用。图 8.13 中天星洲水道具有顺直放宽的平面形态特征，边滩移动容易导致浅滩调整。除此之外，该河段内主流的摆动受不同时期藕池口分流比大小变化的影响，也会导致浅滩位置和浅滩水深发生较大变化。

(a) 天星洲水道河势　　　　　　　　(b) 典型年主流走向

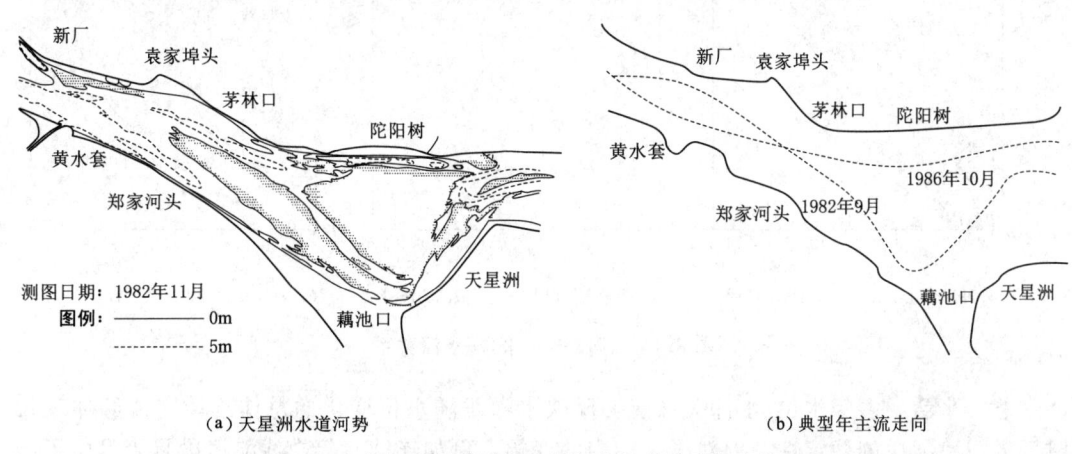

图 8.13 长江中游天星洲水道河势及其典型年主流走向

8.4 浅滩水深分析

浅滩部位的水深不仅随着水位升降而变，即使在水位变幅较小的情况下，河床冲淤也会导致浅滩水深变化。通过对浅滩部位的水深分析，一方面可以明确航道的通过能力；另一方面也可以通过水深变化规律间接地反映浅滩演变规律。因此，浅滩水深分析是浅滩演变分析的重要内容（丁君松，1965）。

需要指出的是，浅滩水深通常是指航道内浅滩部位的最小水深，这类数据多由航道维护部门日常观测得到，最小水深对应的位置并不固定。此外，浅滩水深变化与水文过程直接相关，必须与河道水位联系起来分析。浅滩部位如果没有水文站，还需通过附近测站的水位资料通过沿程插值或相关分析，得到浅滩附近水位资料。

根据工程实践需要，浅滩水深分析可以从几个角度开展，分别说明如下：

（1）多年的水位-水深关系。根据多年的多测次水位、水深同步观测资料点绘水位-水深散点关系图，根据点群的分布规律和密集程度可以判断浅滩水深与水位的总体关系。在理想的定床情况下，水位-水深之间为单一关系，但在天然冲积河流中，流量过程在汛枯季之间反复涨落，河床也不断冲淤，并且河床变化滞后于流量，因而水位与水深变化不同步，水位-水深必然是非单一关系。

图 8.14 是几种有代表性的浅滩多年水位-水深关系。图 8.14（a）是长江中游某浅滩的情况，总体表现出两个特点：一是水位高则水深大，水位低则水深小，但水位涨落数值并不等于水深增减数值；二是散点比较集中，同一水位下的水深变幅较小。这表明该浅滩多年来较为稳定，不需要整治。图 8.14（b）所示的另一个浅滩水位-水深关系较为散乱，同一水位下的水深变幅很大，二者几乎没有相关关系。这表明该浅滩冲淤变化剧烈，水深极不稳定，整治相当艰巨。图 8.14（c）所示的浅滩情况介于前两图的状态之间，水位-水深关系虽然较乱，但仍呈带状分布，说明该浅滩要维持一定的航深也存在困难，需要适度整治。

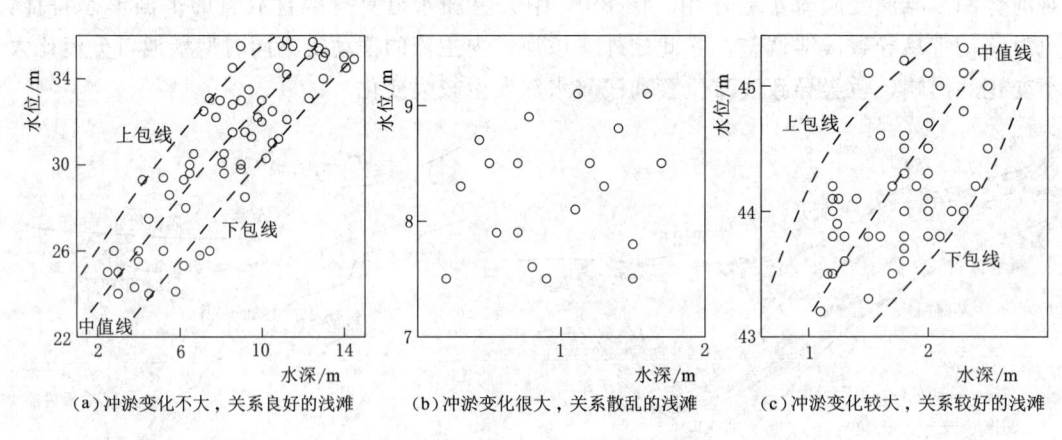

(a) 冲淤变化不大，关系良好的浅滩　　(b) 冲淤变化很大，关系散乱的浅滩　　(c) 冲淤变化较大，关系较好的浅滩

图 8.14　浅滩多年水位-水深关系

总体来看，多年水位-水深关系能够反映水深跟随水位变化的总体规律，能够体现长时期内浅滩河段的稳定性。但对于短期内的变幅，例如连续几年内浅滩河段是否发生了趋

势性变化，从该类关系图中无法判断。

（2）历年的年内水位-水深关系。在工程实践中，某些情况下需要判断浅滩的演变趋势，即当前的浅滩条件是处于转好趋势，还是处于向更恶劣方向调整的过程中。尤其对于要实施浅滩整治的河段，如果能够判断出整治的最佳时期，可达到事半功倍的效果。通过比较各年枯水期的水位-水深关系，能够帮助工程技术人员了解浅滩的年际变化趋势。

图 8.15 是长江中游某浅滩的多年枯水期水位-水深关系。由图 8.15 可见，对应同一水位，1958—1959 年关系线比 1957—1958 年关系线右移，表明 1958—1959 年浅滩水深加大；1959 年之后，各年枯水期水位-水深关系逐年左移，表明同一水位下的水深逐年减小，浅滩条件在逐渐恶化。

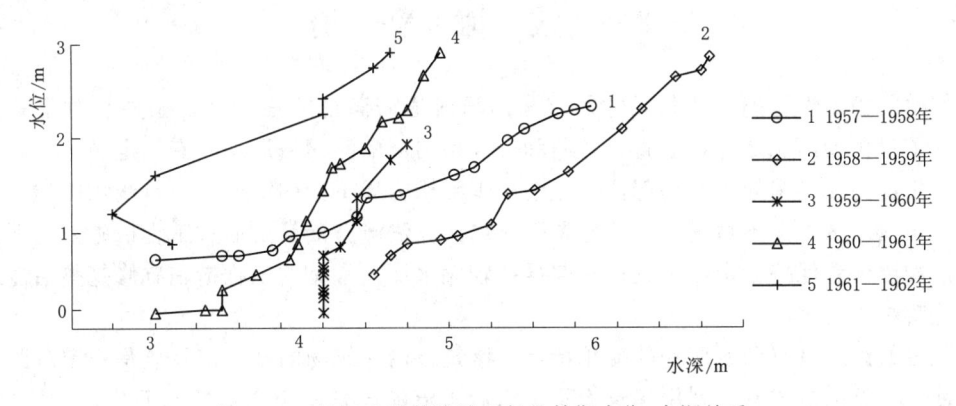

图 8.15　长江中游某浅滩历年的枯期水位-水深关系

（3）涨落水过程中的水位-水深关系。为了区分涨淤落冲型和涨冲落淤型浅滩，还可选择涨水期和落水期分别绘制水位-水深的时序图，从而直观地反映浅滩随水位涨落而发生的冲淤变化。图 8.16（a）是某浅滩于某年 6 月 11—24 日落水过程与 6 月 25 日至 7 月 2 日涨水过程的水位-水深关系。由图 8.16 可见，无论落水期还是涨水期，数据点的连线与横轴夹角均大于 45°，这表明该浅滩在落水期水位下降速率大于水深减小速率，浅滩是冲刷的；在涨水期水位上升速率大于水深增加速率，浅滩是淤积的。相反，图 8.16（b）中的数据点连线与横轴夹角均小于 45°，这表明该浅滩在涨水期冲刷而落水期淤积。

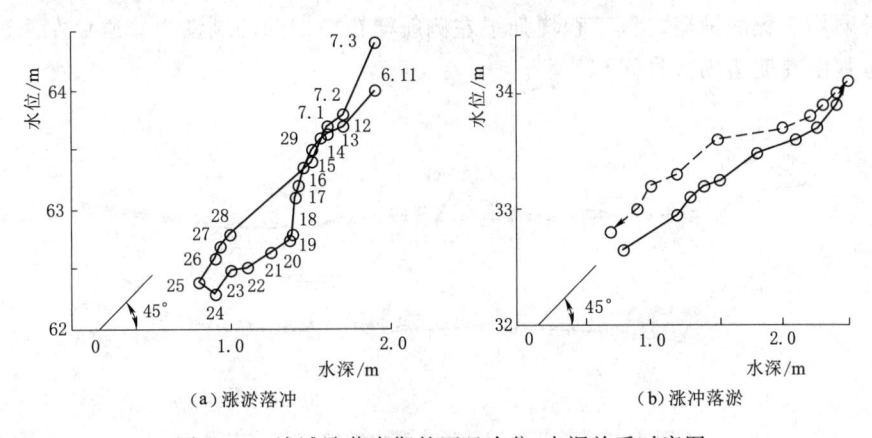

图 8.16　浅滩涨落水期的逐日水位-水深关系时序图

类似图 8.16，根据涨落水期浅滩水位-水深数据点连线与横轴夹角，可以判断浅滩发生冲淤的时期。一般而言，夹角大于 45°的涨淤落冲型浅滩，在冲积平原河流中占大多数，夹角小于 45°的涨冲落淤型浅滩较为少见。如果数据点连线与横轴夹角时而大于 45°，时而小于 45°，则表明该浅滩冲淤规律比较复杂。这个夹角的大小还可用于判断浅滩冲淤强度，夹角偏离 45°越多，说明冲淤强度越大。

在研究浅滩演变规律和判断浅滩冲淤类型时，涨、落水期的水位-水深关系都需要绘制。在分析航深变化时，则更关心落水期的水位-水深关系，这是由于浅滩水深不足绝大多数发生于落水期，航道部门一般只绘制这一时期的关系曲线。

8.5 浅 滩 整 治

航槽的稳定性、连通性和尺寸需求是内河航道需满足的三个必要条件。对于平原河流，除了游荡型河流之外，顺直、弯曲和分汊型河流的滩槽格局均具有一定稳定性，但在年际、年内主流摆幅较大的局部位置也会出现滩槽格局不稳的情况：一是浅水区位置不稳定；二是浅水区水深不稳定，由此导致碍航局面。**浅滩整治**就是通过工程措施使上下深槽之间的浅埂位置保持稳定，并且在枯期维持较大水深。常见的工程措施有修筑整治建筑物和实施疏浚。

大多数浅滩具有涨淤落冲的变化特点，修筑整治建筑物的基本出发点是稳定流路、束水攻沙，常见的方式有：利用建筑物稳定汛后水流流向，避免主流摆动而难以冲出航槽；利用建筑物束窄枯水河宽，增大汛后水流的冲刷动力；通过低滩上的护滩带等建筑物维护高大滩体，避免汛后水流发散而失去冲刷动力。这些整治措施必须结合具体河段特点而制定，其基本原则在前述各章已有详细介绍，此处不再赘述。

对于涨冲落淤型浅滩，多是由于上游滩体上的汛期淤沙在汛后至枯期被水流冲刷而下，在下游浅水区淤积所导致。对于这类浅滩可视情况采取以下整治措施：一是对上游边滩实施守护，避免汛后大量冲刷向下游提供沙源；二是在浅水区修筑建筑物以集中水流，增强枯期冲刷动力从而避免淤积。如图 8.17 所示武桥水道为长顺直河段，两侧的边心滩在汛后常发生泥沙接力转移，导致航槽出浅。该水道的整治采取在白沙洲尾部的水下潜洲上修筑长顺坝工程的策略，该工程增强了左侧航槽在枯期的冲刷动力，避免左侧边滩上泥沙下移过程中在航槽内大量淤积。

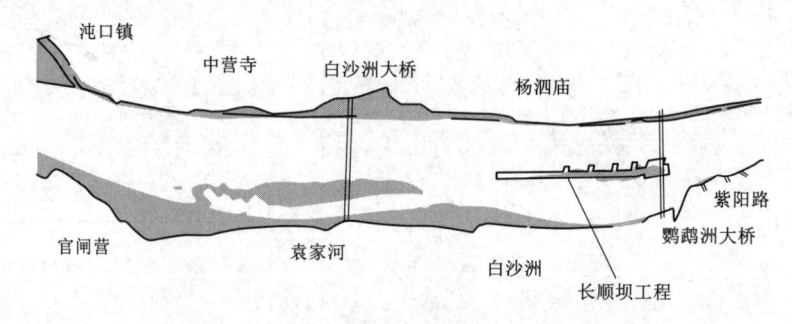

图 8.17 长江中游武桥水道内的航道整治工程

8.5 浅 滩 整 治

疏浚工程是利用挖泥船浚深拓宽航槽，从而使其满足航道尺寸要求。疏浚工程多用于两类浅滩：一种是多数年份碍航不严重，但遭遇不利水文年后发生碍航的河段，如1998年大洪水后长江中游许多浅滩发生严重淤积，汛后实施了应急疏浚；另一种是碍航问题虽较为严重，但由于对浅滩演变规律认识不够深入或者其他外部条件制约，短期内难以实施整治工程的河段。疏浚工程的实施要注意挖槽的轴线尽量与水流方向一致，使挖槽成为一条输沙通道以减少回淤。

第9章 潮汐河口的演变

河口是河流与海洋、湖泊、水库等集水区之间的过渡段。其中入海河口由于分布广，区域人口密集、工农业生产发达，与人类社会经济发展密切相关而受到较多关注。由于受海平面、径流、潮汐、波浪等因素的综合作用，入海潮汐河口的水沙运动及河床演变最为复杂。本章将阐述潮汐河口的水动力特征、泥沙运动特征，并简要介绍潮汐河口的演变特点。

9.1 潮汐河口的动力因素

9.1.1 径流

径流是河口区的重要动力因素之一。随着沿程支流入汇，河流干流水量沿程往下游增大，如长江干流螺山站、汉口站及大通站，距河口里程分别为 1345km、1136km 和 624km，其多年平均径流量分别为 6402 亿 m³、7392 亿 m³ 和 9110 亿 m³。由于河槽调蓄作用，径流年内过程沿程坦化，特别是洪峰过程。图 9.1 是长江沿程 3 个水文站某次洪峰传播变形情况。径流的大小具有因时变化的随机性，但是其流向始终指向海洋。由于水流和泥沙输移的自动调整作用，一般平原河流的纵剖面呈下凹形曲线，河床纵比降越趋近河口越小，因而断面平均流速向下游递减。径流向口外流动过程中与潮汐、波浪等海洋动力相互作用，于是形成了河口水流特有的陆海双向、旋转、垂向分层等复杂动力结构，其非恒定性及非均匀性远远超过内陆河流。图 9.2 所示的钱塘江河口区内不同测站流速逐时变化，就是这种水流运动特性的典型。

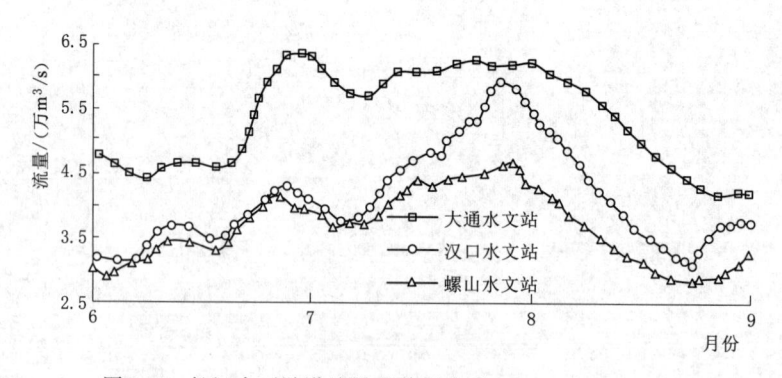

图 9.1 长江中下游洪峰沿程传播变形（2010 年 6—9 月）

9.1.2 潮汐

1. 定义

潮汐是海洋水体受月球和太阳引力作用而形成的一种周期性水位升降和水流水平运动

9.1 潮汐河口的动力因素

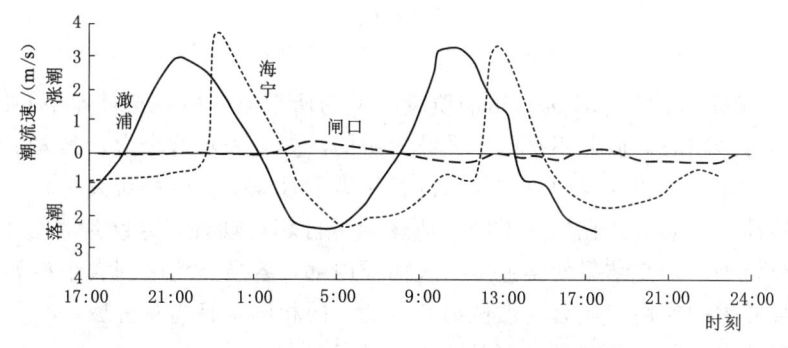

图 9.2 钱塘江河口各测站的涨、落潮流速变化

现象，白天海水上涨称为**潮**，晚上海水上涨称为**汐**。

在潮汐升降的一个周期中（图 9.3），当海面升至最高时称为**高潮**，降到最低时称为**低潮**。高潮位至基准面高度称为高潮高，低潮位至基准面高度则为低潮高，而一个周期内相邻的高潮位和低潮位之间的水位差为潮差。从高潮到低潮，水位逐渐下降称为**落潮**，其所经历的时间称为落潮历时；而由低潮到高潮，水位逐渐上升则称为**涨潮**，其所经历的时间称为涨潮历时。当潮汐分别达到高潮或低潮时，称为**平潮**（或停潮），该时间的长短因地而异，一般为几分钟至几十分钟，也可长达一两小时。通常取平潮的中间时刻为高潮或低潮时，但也有一些地方为了方便而取平潮开始的时间为高（或低）潮时。

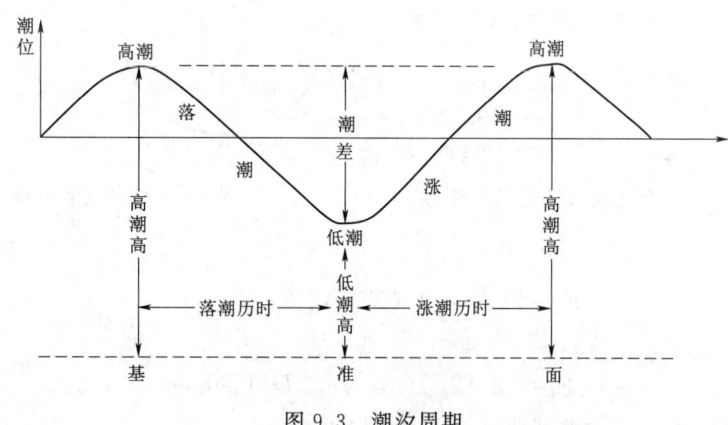

图 9.3 潮汐周期

2. 潮汐的产生原理

产生潮汐现象的主要原因是地球各点离月球和太阳的相对距离和角度不同，所受的引力有所差异，且地球围绕太阳、月亮围绕地球存在周期性自转和公转，从而导致地球上海水的周期性运动。海洋潮汐主要是由月球和太阳的引力产生的。以地月系为例，就地球而言，作用其上的力有两个：一个是月球对地球的引力；另一个是地球绕地月公共质心作平动运动时受到的惯性离心力，这两个力是引起潮汐的原动力（严恺，2002；Fairbridge，1980）。

（1）月球引力。根据万有引力定律，地球上任意地点单位质量的物体所受的月球引力为

第9章 潮汐河口的演变

$$f_m = \frac{KM}{X^2} \tag{9.1}$$

式中：K 为万有引力常数；M 为月球的质量；X 为所考虑的质点至月球中心的距离；f_m 的方向均指向月球中心，彼此不平行。图 9.4 中的实矢量表示这个力，其大小随质点所在位置的不同而变化。在图 9.4 中，以矢量的长短表示月球引力的相对大小。

（2）公转惯性离心力。在地月系中，地球除了自转运动外，还绕地月公共质心公转，这种公转为公转平动，其结果使得地球（表面或内部）各质点均受到大小相等、方向相同的公转惯性离心力的作用。此公转惯性离心力的方向相同，且与从月球中心至地球中心的连线方向相同，即方向均背离月球（图 9.4），大小为

$$f_e = \frac{KM}{D^2} \tag{9.2}$$

式中：D 为月地中心距离。

（3）引潮力。地球绕地月公共质心运动所产生的惯性离心力与月球引力的合力称为引潮力。地球上各点的引潮力，如图 9.4 所示。可见地球表面各点所受的引潮力大小、方向均不相同。在地球表面 P 点处（图 9.5），引潮力 F 可写为

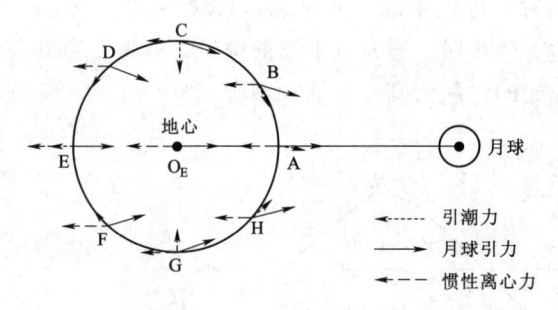

图 9.4 月球引力、地球公转离心力及引潮力

图 9.5 任一点的引潮力分量

铅直分量：
$$F_v = [g(Mr^3)/(ED^3)](3\cos^2\theta - 1) \tag{9.3}$$

水平分量：
$$F_h = [3/(2g)(Mr^3)/(ED^3)]\sin 2\theta \tag{9.4}$$

式中：r 为地球半径；E 为地球质量；θ 为天顶距。

引潮力的量值与天体的质量成正比，而和天体到地球中心距离的三次方成反比。太阳的质量约为月球质量的 2717 万倍，但日地距离平均约为月地距离的 389 倍，计算可得月球引潮力约为太阳引潮力的 2.17 倍。可见，海洋的潮汐现象主要是由月球引力产生，其次是由太阳引力产生，其他天体距离地球较远，引潮力作用很小，一般可以忽略不计。

9.1.3 波浪

1. 波浪要素及其分类

波浪是海洋中的波动现象。实际上，不论是水面相对于平均海平面的高度 η，还是三个方向的水质点速度 u、v、ω（u、v 为水平方向速度，ω 为垂直方向速度），随时间变化都是不规则的。图 9.6 为经过概化以后某一时刻的海洋波浪剖面。波峰与波谷间的高差

9.1 潮汐河口的动力因素

H 称为**波高**，相邻两波峰或相邻两波谷间的距离 L 称为**波长**。在一固定点上观测，连续两次出现波峰或两次出现波谷的时间 T 称为**周期**。波形传播的速度 C 称为**波速**，规则波的波速等于其波长与周期的比值：$C=L/T$。波高 H 与波长 L 的比值 $\Delta = H/L$ 称为**波陡**。周期 T 的倒数 $f=1/T$ 称为**频率**，其 2π 倍即 $\omega = 2\pi/T$，称为圆频率，单位为 rad/s。波长的倒数的 2π 倍即 $k=2\pi/L$，称为波数。波高 H、波长 L 和周期 T 是波浪的基本要素。

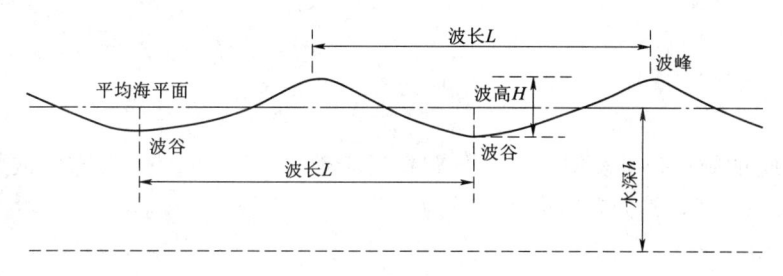

图 9.6 海洋波浪剖面

从力学角度来看，产生波浪应当具备三个条件：一是水体存在一个相对平衡的位置；二是有一种破坏水体平衡的扰动力；三是在平衡遭到破坏以后有一种使水体重新建立平衡的恢复力或稳定力。表 9.1 为曼克（W. H. Munk）建议的海洋波浪的分类及其与扰动力、恢复力的关系（吴宋仁，2004；王运辉，1992）。

表 9.1　　　　　　　　　海洋波浪的分类

分　类	周期范围	恢复力	成　因
毛细波	<0.1s	表面张力	风
短周期重力波	0.1～1s	表面张力、重力	风
普通重力波（风浪、涌浪等）	1～30s	重力	风
长周期重力波	30～200s	重力、柯氏力	风、地转效应
长波（风暴潮等）	>5min	重力、柯氏力	风暴、地震
普通潮波	12～24h	重力、柯氏力	日月引潮力
长潮波及其他波	>24h	重力、柯氏力	风暴、日月引潮力

对于河口，由于水域辽阔，风浪是最常见的也是最重要的动力因素之一。扰动力是风力，恢复力是重力，因此属于重力波。风浪是海洋中最常见的波浪，波峰尖瘦，海面凌乱，波峰线（波峰的横向连续线）短，风力大时波峰处常有白色浪花，是一种强迫波。风浪的产生和发展首先取决于风速，低于 1m/s 的风速一般仅能产生波高不足 1mm 的毛细波。风速增大，波浪的波高亦增大，逐渐发展成重力波。这时风速大于波速，风向波浪输送能量。若风速不再增大，最终波浪消耗的能量会与风输入的能量平衡，波高不再增大，风浪达到充分成长的状态。通常用海面以上 10m 处的风速作为计算风速。风浪的成长还取决于风区和风时。风区是指风向和风速基本一致的风在海面上的吹刮长度，也称为吹程；风时是其吹刮的时间长度。此外，风浪的生成和成长与海域大小、水深、风力和风向

等有关。

2. 波浪的统计特征

基于风浪的不规则性和随机性,通常用统计方法进行研究。通常将波浪看作为平稳随机过程,服从遍历假设,固定测点的取样有足够的代表性。在平稳海况下某测站测量的波浪高度 $\eta(t)$（从静水面算起）近似符合于均值为 0 的正态分布规律。若取均方差为 $\sigma=\sqrt{\overline{\eta(t)^2}}$,则其概率密度 $p(\eta)$ 为

$$p(\eta)=\frac{1}{\sqrt{2\pi}\sigma}e^{\frac{-\eta^2}{2\sigma^2}} \tag{9.5}$$

对波高 H 的统计分析表明,它的分布接近于瑞利 (Rayleigh) 分布。波幅 α 为波高 H 的一半。$\alpha=H/2$,其分布密度 $p(\alpha)$ 为

$$p(\alpha)=\frac{\alpha}{\sigma^2}e^{\frac{-\alpha^2}{2\sigma^2}} \tag{9.6}$$

常用的波高统计参数有（王运辉,1992）:

(1) 平均波高 $\overline{H}$。N 个波高的算术平均值称为平均波高,即

$$\overline{H}=\frac{1}{N}\sum_{i=1}^{N}H_i \tag{9.7}$$

(2) 均方根波高 H_{rms}。它为各波高平方的平均值再开平方根,与波浪的能量有关,即

$$H_{rms}=\sqrt{\frac{1}{N}\sum_{i=1}^{N}H_i^2} \tag{9.8}$$

它与平均波高 $\overline{H}$ 的关系为

$$H_{rms}=1.13\overline{H} \tag{9.9}$$

(3) 波列累计频率波高 H_F。它为在波高累计频率曲线上相应于概率 F (%) 的波高,也称为保证率波高。例如概率为 1% 的波高记为 $H_{1\%}$,概率为 13% 的波高为 $H_{13\%}$ 等。H_F 与平均波高的关系为

$$H_F=K_F\overline{H} \tag{9.10}$$

式中:K_F 为其模比系数。对于深水波,K_F 值见表 9.2。

表 9.2　　　　　　　　　深水波的模比系数 K_F

$F/\%$	0.5	1	5	10	13	30	50	90
K_F	2.60	2.42	1.75	1.71	1.67	1.24	0.94	0.37

(4) 最大波高 H_{max}。在波高统计样本中的最大值即 H_{max},它与样本的大小即总数 N 有关,也是一个随机变量。通常根据有效波高 $H_{1/3}$（按波高大小排列,前 1/3 大波平均波高记为 $H_{1/3}$）,或 1/10 大波平均波高 $H_{1/10}$（按波高大小排列,前 1/10 大波平均波高记为 $H_{1/10}$）,来划分海洋中波浪的级别,见表 9.3。

表 9.3　　　　　　　　　　　　海洋波浪级别的划分

波级	波高范围/m $H_{1/3}$	波高范围/m $H_{1/10}$	波浪名称	波级	波高范围/m $H_{1/3}$	波高范围/m $H_{1/10}$	波浪名称
0	0	0	无浪	5	2.5～4.0	3.0～5.0	大浪
1	0～0.1	0～0.1	微浪	6	4.0～6.0	5.0～7.5	巨浪
2	0.1～0.5	0.1～0.5	小浪	7	6.0～9.0	7.5～11.5	狂浪
3	0.5～1.25	0.5～1.25	轻浪	8	9.0～14.0	11.5～18.0	狂涛
4	1.25～2.5	1.25～2.5	中浪	9	>14.0	>18.0	怒涛

9.2　潮汐河口的水流运动

9.2.1　水流运动特点

河口水流同时受到河流径流和海洋潮汐、波浪的影响。潮汐运动可以用简谐函数来表示。潮波周期 T 及潮波波长 L 均较大，因此水体运动主要是与河道轴线一致的水平运动，垂向加速度运动可忽略，潮波压力服从静水压力分布，振幅一般比水深小，波长远大于波高，属浅水长波，其波速近似为 $C=\sqrt{gh}$，大于径流速度和潮流速度，其中 h 为水深。潮波在河口内的传播是非常复杂的不稳定流动，当河口宽度很大时，柯氏力的影响也不能忽略（谢鉴衡等，1990）。

1. 潮流界和潮区界

潮波在河口内向上游传播过程中，同时受到河口形态、河床阻力及径流顶托的作用。河口喇叭形态有助于潮波能量聚集，导致潮差增大，由此可能形成涌潮，比如我国钱塘江的涌潮。而河床阻力和径流会使得潮波衰减，导致潮差减小，比如长江口的潮波衰减。若将河口沿程各测站潮位点绘出来，则呈向上游逐渐衰减的平缓波状水面，此即为潮波曲线[图 9.7（a）]，若绘出不同时刻 t_1、t_2、t_3…的潮波曲线，就可清楚地看到波峰不断向上游推进的传播过程。

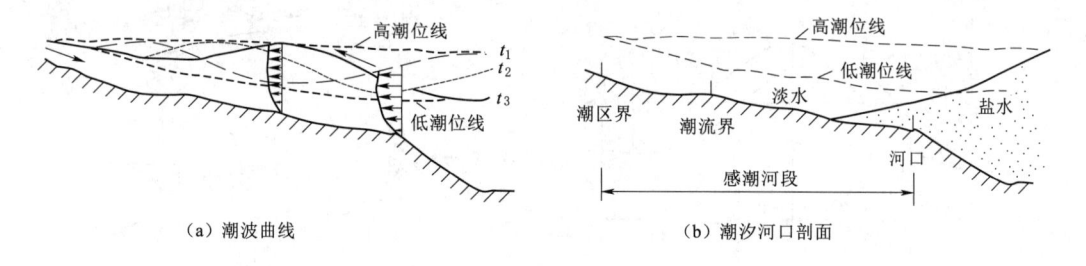

(a) 潮波曲线　　　　　　　　　　(b) 潮汐河口剖面

图 9.7　潮波曲线及其传播

潮波上溯过程中，潮差越来越小，同时发生潮波变形，涨潮历时越来越短，落潮历时越来越长，潮流速越来越低。当涨潮流速正好与河水下泄的流速相等时，潮水即停止倒灌，此处称为**潮流界**。在潮流界以上，潮水虽停止倒灌，但河水受阻仍有壅高现象，潮波仍继续上溯，但潮差急剧降低，潮差为 0 的临界点便称为**潮区界**。由河口口门至潮区界之间的河段称为**感潮河段**[图9.7（b）]。显然，潮流界和潮区界的位置随潮汐的强弱及径流的大小而变动，但是潮流界总是位于潮区界的下游。

感潮河段内，沿程各站最高潮位的连线称为高潮位线；最低潮位的连线称为低潮位线。高、低潮位线之间的河槽容积称为**潮水域**或**潮棱体**。

在潮流界和潮区界之间，水位受潮汐涨落的影响而经常变动。涨潮过程中水位壅高，沿程纵比降减小且流速变缓；落潮过程中则相反。但是水流的流向总是指向海洋，属非恒定的单向水流，断面及垂线上的流速分布依然遵循无潮河流的规律。在潮流界以下至口门，水位受径流、潮流的双重作用，水流的流向有时指向海洋、有时指向上游，属于往复流。口外区域，水流可能呈现圆周往复运动，属于旋转流。

2. 河口水流的涨落过程

浅海潮汐受海床底部摩擦力的影响，水面有垂直波动和水平移位，具有波动性质。进入河口后，受河川径流和河床的约束作用，形成水位周期升降，流向前进后退的往复水流[图9.8（a）]。在一般情况下，整个往复流分为四个阶段（谢鉴衡等，1990）：

第一，海洋中涨潮，海水流向河口与河水相遇，因海水与河水存在密度差，于是密度大的海水潜入河底并向上游推进。此时河口水位上升，水面壅高，坡降变小，但仍向下游倾斜，河水流速仍较潮流速大，故表层水流仍流向下游，如图9.8（b）中①所示。在径流较强的某些情况下，底层也可能不出现方向相反的水流，称为**涨潮落潮流**。

第二，随着海水的上涨，河口水面继续壅高，涨潮流速逐渐增大，以致大于河水流速，水面坡降也转为向上游倾斜。此时整个断面上水流都转向上游推进，如图9.8（b）中②所示，称为**涨潮涨潮流**。

第三，当潮波向上游推进相当距离后，海洋中已开始落潮，河口的水位随之下降，但在惯性力的作用及充填上游河谷储蓄的需要下，水流方向仍指向上游，如图9.8（b）中③所示，称为**落潮涨潮流**。

第四，河口水位继续下降，潮流速进一步减弱，水流终于由流向上游而转为流向河口，水面坡降亦转向下游倾斜，称为**落潮落潮流**，如图9.8（b）中④所示。

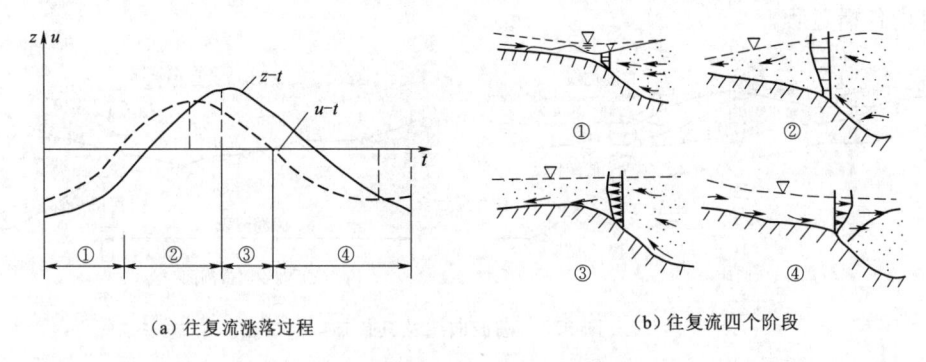

(a) 往复流涨落过程

(b) 往复流四个阶段

图9.8 潮汐涨落过程

①—涨潮落潮流；②—涨潮涨潮流；③—落潮涨潮流；④—落潮落潮流

3. 潮波变形

浅海潮波侵入河口后，因种种原因而发生变形，潮波变形主要表现在以下几个方面：

(1) 潮差变化。潮波自口外向口内传播时，由于受边界条件及水深变化的影响，潮差变化有两种情况：一种是沿程逐渐减小；另一种是先增大再减小。潮差除了纵向变化外，在北半球因受柯氏力作用而存在横向差异，涨潮时左岸的潮位高于右岸，落潮时则相反。

(2) 涨落潮历时变化。由于河口内潮波传播速度 $C=\sqrt{gh}$ 与水深有关，高潮时水深大，传播快，低潮时水深小，传播慢，由此使得潮波在河口内向上游传播过程中，产生前坡变陡，涨潮历时缩短，后坡坦化，落潮历时加长的变形。研究表明，若以潮波行经单位距离后涨潮历时缩短值表示潮波变形率 ς，则潮波变形率与高低潮水深比值 $\zeta=\sqrt{1+\Delta h/H_L}$（$\Delta h$ 为潮差，H_L 为低潮水深）有关，图 9.9 为 6 个河口资料所得的结果（谢鉴衡等，1990）。

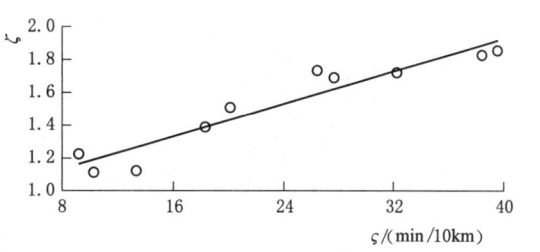

图 9.9 潮波变形率与高低潮水深比的关系

(3) 水位与流速过程线的相位变化。潮波变形还表现在水位和流速的过程线存在一定的相位差。这种相位差变化基本可分为 3 个阶段。图 9.10 (a) 为潮波开始变形的第一个阶段，此时涨落潮历时仍较接近，涨潮最大流速略早于高潮位出现，但一般不超过 1h，涨潮流水位 (a~b) 的平均值大于落潮流水位 (b~c) 的平均值，除枯水大潮外，断面平均流速均是落潮大于涨潮。第二个阶段，潮波一方面衰减，继续变形，涨潮最大流速出现早于高潮位时间约 2h。第三个阶段又分两种情况：一是有一定径流下泄，河床阻力较大，潮波能量以衰减为主，此时涨潮流历时进一步缩短，流速减小，落潮流历时加长，流速大于涨潮流，如图 9.10 (c_1) 所示；二是径流很小，或受拦河闸坝的阻拦，潮波反射作用显著，涨潮最大流速早于高潮位时间约 2~3h，这时转流发生在高低潮附近，潮波接近驻波性质，如图 9.10 (c_2) 所示。

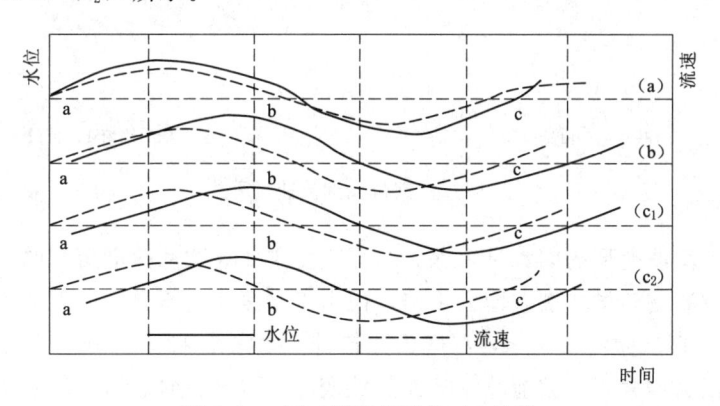

图 9.10 河口潮波变形的三个阶段
(a) 第一阶段；(b) 第二阶段；(c_1) 第三阶段（一定径流下泄）；(c_2) 第三阶段（小径流下泄）

从潮波变形的主要影响因素来看，首先是河口的平面形态。平面外形比较顺直的河口，潮波上溯中主要受地形摩阻影响，潮波反射较少。因此，随着能量的逐渐消耗，潮差沿程减小，潮位和潮流速曲线的相位差沿程变化很小。平面外形呈明显喇叭形的河口则不

第9章 潮汐河口的演变

同，潮波变形以能量聚集为主，虽然河床摩阻会有能量消耗，但因潮能聚集，潮差在一定河段内反而沿程增加，潮位和潮流速曲线相位逐渐改变，有时最大流速出现的时间可能先于高潮位1/4周期，形成类驻波。

图9.11为长江口与钱塘江口的河势。由图9.11可见，钱塘江河口呈喇叭形，口门宽100km，至上游95km的澉浦，河宽缩窄到20km，即收缩率为0.84km/km，而长江口自九段沙至徐六泾长97km，河宽由15km收缩为4km，收缩率为0.11km/km，仅为钱塘江的13%。这两个河口的平均水深基本接近，一般为8~10m，但长江径流巨大，且由于平面形态的差异使得两河口内的潮波变形显著不同。由表9.4可见，从口外绿华山传到170km上游的钱塘江澉浦站，潮差增大1倍，而传到164km上游的长江七丫口时，潮差减小至2.30m，不到澉浦站的1/2。同时由图9.12可见，澉浦站的潮位、潮流速曲线相位差大，而七丫口两者相近，即前者潮波变形大而后者变形小。

图9.11 长江口及钱塘江口河势

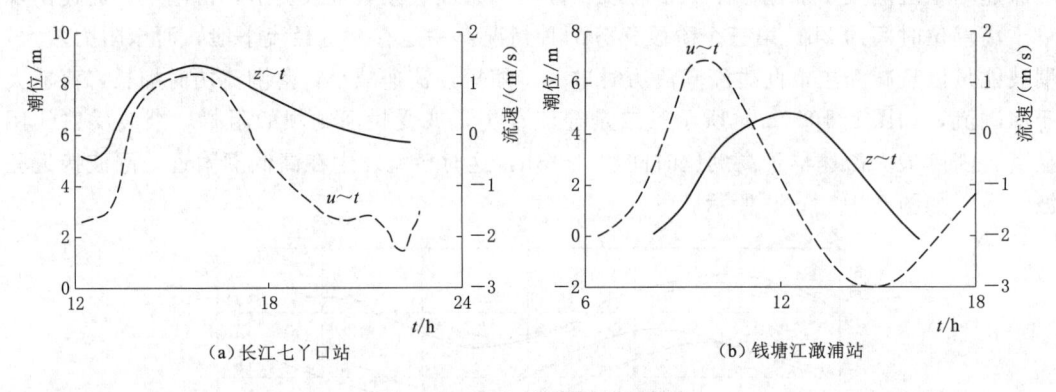

(a) 长江七丫口站　　　(b) 钱塘江澉浦站

图9.12 潮位及潮流速过程线

其次，影响潮波变形的因素是水深。水深变化主要导致涨落潮历时的改变。如钱塘江潮波从口门传到澉浦，虽然潮差增大1倍，但由于水深变化不大，所以涨落潮历时无大的变化（表9.4）。但自澉浦至海宁，河底迅速抬升，水深由10m急剧减小到2~3m，使得低潮位抬高，阻力增大，潮波前坡变陡而后坡变坦，涨潮历时缩短，落潮历时延长。

最后，影响河口潮波变形的因素是上游径流。在一定的潮水域条件下，上游径流量大，则涨潮流量必然减小，历时缩短，而落潮流量增加，历时延长。反之，如果径流量小，感潮河段内原被径流占据的容积改为潮水填充，因而进入的潮水量增加，涨潮流历时增长，落潮则相反。此外，径流对潮位也有影响。图9.13为钱塘江不同流量下的高、低潮位线。径流量大时，沿程高低潮位均显著抬高，越往上游抬高越多。

表 9.4　　　　　　　　　　长江口和钱塘江口潮汐要素比较

河口名	站名	距绿华山/km	潮差/m	涨潮历时/(h：min)	落潮历时/(h：min)
	绿华山	0	2.68	6：18	6：07
长江河口	吴淞	127	2.35	4：33	7：52
	七丫口	164	2.30	4：14	8：13
	徐六泾	198	2.05	4：16	8：08
	江阴	284	1.62	3：41	8：45
钱塘江河口	金山	127	3.99	5：16	7：14
	澉浦	172	5.45	5：29	6：55
	海宁	219	3.54	2：20	10：06
	闸口	264	0.49	1：38	10：46

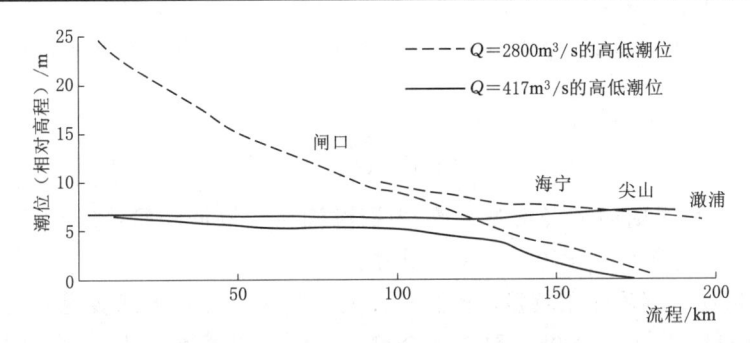

图 9.13　钱塘江河口洪、枯水的潮位线

9.2.2　盐水异重流

据计算，海洋中氯化钠总量若平铺在陆地上厚达 150 余 m，显然海水的含盐度很高。在海岸附近，含盐度一般为 20‰～30‰，变化不大。海水进入河口后与径流汇合，含盐度逐渐减小。当含盐度为 2‰～3‰时，已不影响农作物的生长，所以常将 2‰含盐度的咸水所及的地方称为**咸水界**。显然，咸水界也是随着潮汐的强弱和下泄径流的大小而在一定范围内变动。

1. 咸淡水的混合

咸水界以下河段内，不同密度的咸淡水的混合可分为 3 种类型（图 9.14）。

(1) 弱混合型。咸淡水之间有明显的分层现象，如图 9.14 (a) 所示淡水在咸水的上层下泄。此时在交界面上产生的剪切力与咸水的密度坡降之间保持平衡，使咸水呈楔状侵入河口，因而有盐水楔之称。这种混合形式多见于潮汐较弱、径流较强的河口，或出现在一般河口的洪汛期内，这种情况称为**盐水楔异重流**或**成层型异重流**。

(2) 缓混合型。咸水和淡水不存在明显的交界面，但底层与上层的含盐度仍有显著的差异，因此水平与垂直方向上均有密度梯度存在。虽然不出现上下分层现象，但含盐度的等值线以类似盐水楔的形状伸向上游，淡水主要由上层下泄，而底部则有盐水上潮，如图 9.14 (b) 所示。这种混合一般发生在径流和潮流作用均比较强的河口或季节。

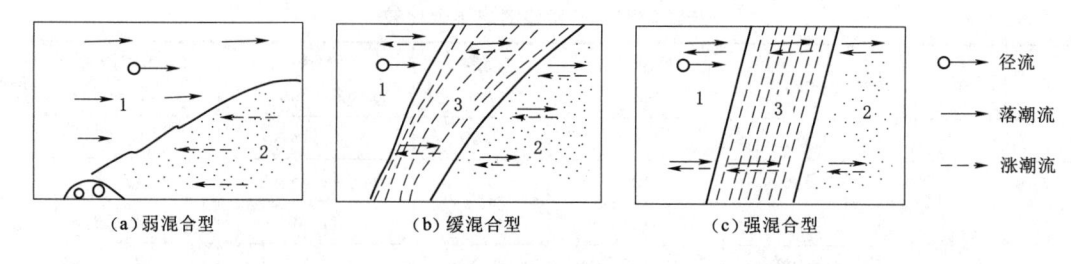

图 9.14 咸淡水的混合类型
1—淡水；2—盐水；3—混合水

(3) 强混合型。咸淡水充分混合，垂直方向上几乎不存在密度梯度，而水平方向却有明显的密度梯度，含盐度等值线坡度较大，有时接近垂直，此时不存在盐水楔，如图 9.14 (c) 所示，这种混合类型多发生于强潮河口。在一些潮差比较大的河口，枯水大潮期间亦有可能发生。

西蒙斯（H. B. Simons）建议用**掺混系数** β 判别咸淡水混合类型的指标（谢鉴衡等，1990）为

$$\beta = \frac{V_1}{V_2} \tag{9.11}$$

式中：V_1 为一个潮周期内的径流量；V_2 为涨潮潮量。根据经验：$\beta \geqslant 0.7$ 为弱混合型；$\beta = 0.2 \sim 0.5$ 为缓混合型；$\beta \leqslant 0.1$ 为强混合型。

我国大多数河口潮汐作用较强，径流量也大，咸淡水混合多属缓混合型与强混合型。如钱塘江河口观测得 $\beta = 0.005$，属强混合型；长江口洪季有 75% 以上的天数属缓混合型（如南港 $\beta = 0.21$），枯季缓混合型也占 50% 以上；珠江的西江磨刀门河口则为典型的弱混合型，实测掺混系数可高达 $\beta = 2.02$。同一河口在不同季节，由于径流和潮流的不同组合，咸淡水混合类型也有变化。如长江口在洪水小潮期间，涨潮流速显著减小，水流紊动掺混作用弱，所以有时也出现弱混合型。

2. 盐水楔异重流对河口流速分布的影响

在淡水控制的区域内，没有密度梯度的影响，涨潮流和落潮流的垂线流速分布与无潮河流相似。在盐水异重流影响范围内，水流受密度梯度的影响，垂线流速分布发生了明显的变形。涨潮流期间，密度坡降与水面坡降一致，密度坡度起着加大涨潮流速的作用。但因密度坡降随水深加大而增加，因此密度坡降附加流速对表层和底层大不一样，以致使最大流速出现于接近 1/2 水深之处，呈类似圆管内的流速分布，如图 9.15 (a) 所示。落潮流期间，密度坡降与水面坡降方向相反，密度坡降起着减小落潮流速的作用，但底部密度坡降大，因而对底部流速的阻滞作用相应就大，所以水流主要从表层排出，从而使表层流速相应加大，此时垂线流速分布如图 9.15 (b) 所示。

在落潮流到涨潮流的转流过程中，由于水面比降接近于 0，密度坡降起控制作用，使得底部水流流向上游，而表层水体在惯性作用下继续向下流动，因而出现表层为落潮流、底层为涨潮流的环流状态，其流速分布如图 9.15 (c) 所示。

由此可见，在涨落潮全过程中，断面上任一位置流速的大小和方向均在不断变化之

9.2 潮汐河口的水流运动

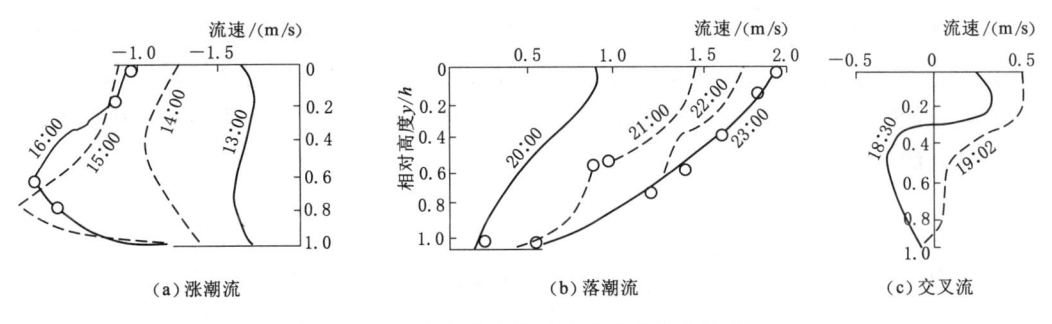

(a) 涨潮流　　　　(b) 落潮流　　　　(c) 交叉流

图 9.15　盐水楔异重流对流速垂向分布的影响

中。可绘出涨落潮全过程各点的流速过程线，如图 9.16 所示为水面与接近河底两点的流速过程线。常将流速过程线与横坐标轴之间所包围的面积称为流程，涨、落潮流程的代数和称为净流程。就整个断面讲，落潮流程必须大于涨潮流程，即净流程指向海洋，因而径流才能得以宣泄。但是，对各测点则不一样，一般是表层测点的落潮流程大于涨潮流程，底部测点则相反。

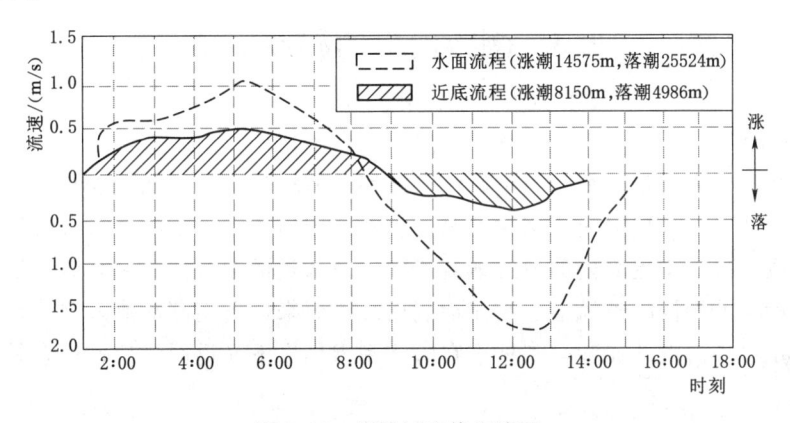

图 9.16　流速过程线和流程

咸淡水混合类型不同，各测点的流程情况也有区别。在强混合型河口，不论表层或底层净流程均是指向下游；对于弱、缓混合型河口，则表层的净流程指向下游，底部净流程指向上游。这就表明，此类河口底部水体及其所挟带的泥沙是往上游输送的。显然，这种情况对研究河口河床冲淤状态是很重要的。

在盐水楔异重流作用下，垂线流速分布的上述变形，使得整个河口区的水流情况发生了相应的变化。在没有密度流影响的河口上段，因为有径流要排泄，在一涨一落之间，从表层到底部，水流均是净向下泄的所谓下泄流 [图 9.17 (a)]。河口下段，上游径流主要从表层排泄，底部流速过程线和流程在密度坡降作用下，产生净向上游流动的所谓**上溯流**。如果将各测点的全潮流速过程线中落潮流曲线与横坐标包围的面积（落潮流程）除以涨落潮流曲线所包围的总面积（全潮流程），其比值即代表该测点下泄水流所占百分比，其比值大于 50%，表示落潮流程大于涨潮流程，**为下泄流**，反之为上溯流。如果再将纵向各相应测点的结果绘在一起，可连成一曲线，即为"优势流"曲线（图 9.17）。当下泄流所占百分比为 50%时，表示涨落潮流程相等，水流在统计意义上停滞。由图 9.17 (b)

可见，N 点的上游，受密度影响较小，表、底层水流均为下泄流；N 点的下游，受密度影响较大，表层仍为下泄流，但底部已转为上溯流。称 N 点为**滞流点**，滞流点的位置，实际上就是此时上溯流的上界，它随径流和潮流作用的强弱而变化，洪水、大潮下移，枯水、小潮上溯。

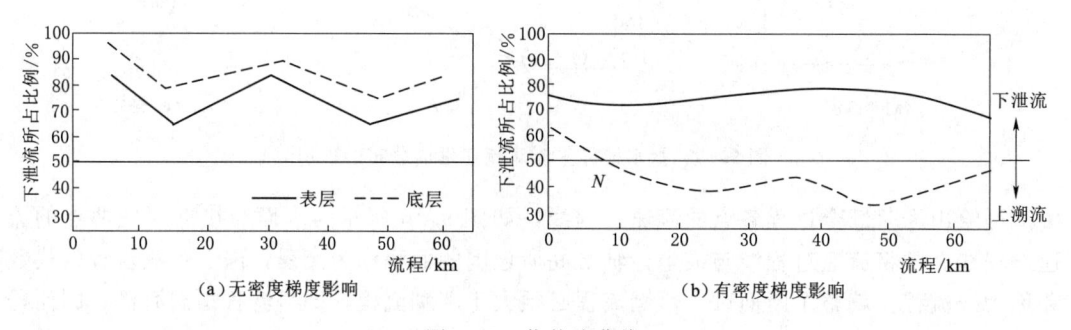

图 9.17 优势流曲线

9.3 潮汐河口的泥沙运动

9.3.1 泥沙来源

由河流径流带来的陆相泥沙与由潮流、波浪从海域带来的海相泥沙是河口泥沙的主要来源。河流泥沙可以根据河流水文站的测量资料或用河流动力学的方法进行估计，其来沙的多少及组成，决定于流域内的地质地貌、气候及人类活动等。海域来沙的情况则比较复杂，有的是沿岸沙洲浅滩被风浪、潮流冲刷而悬浮起来，再随潮流流入河口；有的是汛期被径流输送至口外海滨的泥沙，到枯季在海洋动力作用下又返回河口；也有是来自临近河口的泥沙。

除了上述泥沙来源外，河口地区生物生长、死亡所形成的有机质，人类活动、工业和城市排污而形成的固体物质，也是河口泥沙的一种来源。

9.3.2 推移质运动

由无潮河流研究可知，推移质泥沙运动强度与流速的高次方成正比（谢鉴衡等，1990）。上游来的推移质泥沙，运动至潮区界以下时，这里虽然不出现流向上游的负流速，但是径流的流速仍受潮汐影响而有所增减，这就使得本来就比较复杂的推移质泥沙间歇运动更加复杂。在潮流界以下，由于涨潮出现负流速，因此推移质运动不再是单一的向下游输移，而是前进又后退，后退又前进的往复运动。此外在出现盐水楔异重流的河口，底部水流指向上游，因此底部推移质泥沙也会向上游运动。一般情况下，无论是上游来沙或口外来沙大都在咸水界上下界限之间停留下来，但在大洪水时，也可能一直被推移到口门，堆积在拦门沙外。

潮汐河口与无潮河流一样，河床上起伏不平，出现沙波和沙丘。由于潮汐水流具有周期性往复流动特性，因此沙波一般难以达到完全发育的稳定状态，但它仍然具有迎流坡平缓、背流坡较陡的形态特征。由于河口存在交替发生的涨潮和落潮两个不同方向的流动，它们的强弱对比就决定了沙波的形态特征。图 9.18（a）为长江口南港下段的沙丘示意图，从它的形态就可判断这里是受落潮流控制的。图 9.18（b）是法国卢瓦尔（Loire）河口沙丘示意图，洪水季节沙丘不对称，波高可大于 1.5m，波长为 40~50m，波峰随涨落潮而摆动，振幅可达数米；枯水季，沙丘两边对称，且比较稳定。以上说明此河口在洪季受落潮流控制，枯季涨落潮势力均衡。

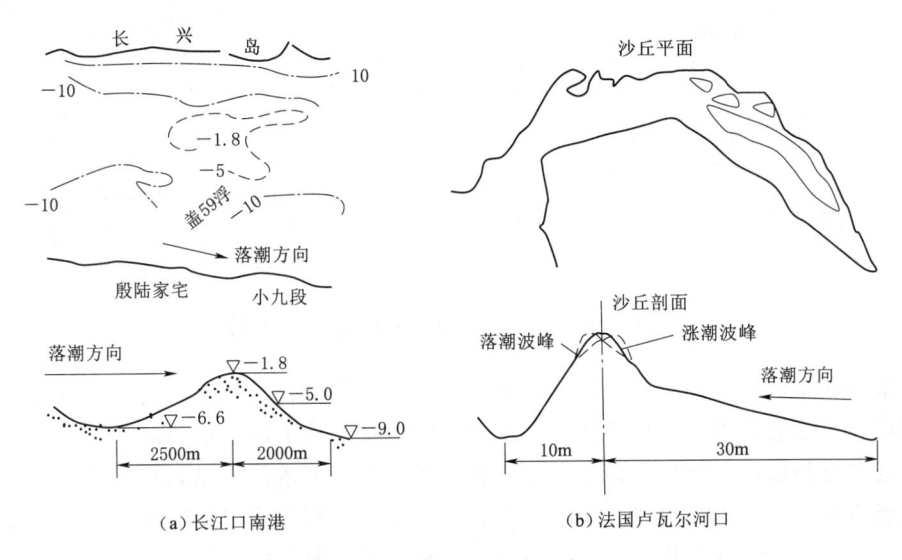

图 9.18 河口的沙丘形态

9.3.3 悬移质运动

河口区的悬移质泥沙，经常处于往复搬运、时沉时扬的过程之中，这与周期性的往复水流密切相关。当潮流相对较强时，悬移质含沙量随涨潮流流速的逐渐加大而增大，在涨潮流速达到最大值的稍后时刻，出现涨潮最大含沙量。此后，随着涨潮流速的逐渐减缓，含沙量也逐渐减小，憩流稍后含沙量最小。憩流之后转为落潮流，随着落潮流速的逐渐加大，含沙量亦随之增大，在最大落潮流速稍后时刻出现落潮期最大含沙量，然后含沙量又随落潮流速减小而降低，在下一次涨潮之前出现落潮最小含沙量（图 9.19）。如果径流相对较强，潮流相对较弱，则悬移质含沙量在一个潮周期中只出现一个明显的沙峰，最大含沙量出现在落潮流期间，最小含沙量出现在涨潮期间，整个含沙量的变化比较平缓。由于惯性作用，出现含沙量变化落后于流速变化的所谓"滞后"现象，泥沙颗粒越细该现象越突出。

河口悬移质泥沙运动另一特点是易产生絮凝现象。其原因首先是河口悬沙中含有很多极细（<0.062mm）的粉沙和黏土等细颗粒泥沙，细颗粒泥沙之间本身由于双电层作用而互相聚集成团。其次是含盐的海水是一种电解质，易于促进细颗粒泥沙间的胶结。泥沙颗粒絮凝成团，絮团粒径显著增大，有效密度减小，沉降速度大大增加。据试验，含盐度在 3‰以下时沉速增加缓慢；含盐度为 3‰~20‰时，沉速增加极快（图 9.20），如含盐度 20‰时 $\omega_{0.75}$ 约为淡水中沉速的 8~11 倍（$\omega_{0.75}$ 为悬浮的泥沙沉降 75%时段内的平均沉速）；含盐度再增加沉速不再增大。

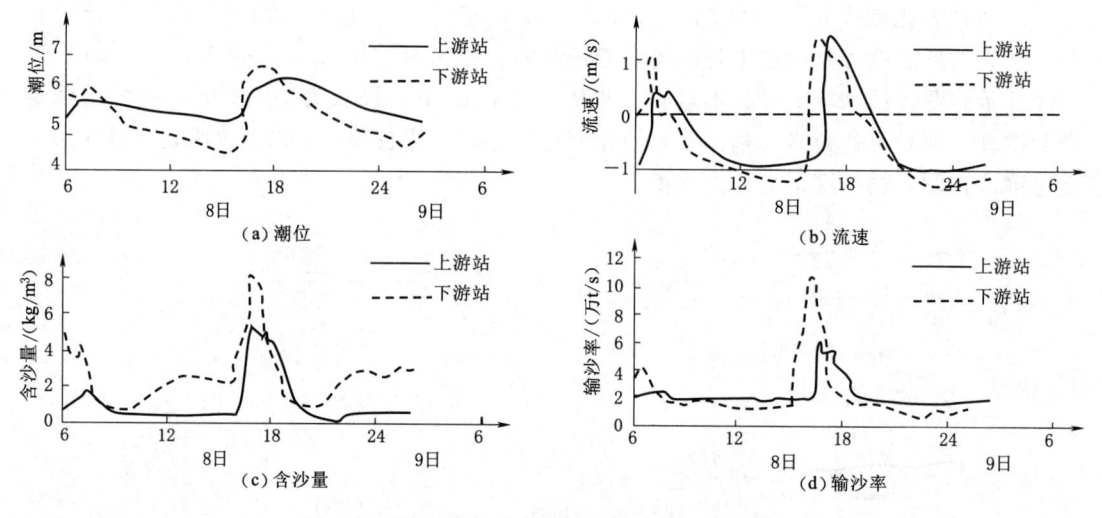

图 9.19　相邻测站潮流期间水力泥沙因素过程线

盐水楔异重流对含沙量的分布有明显的影响。对弱混合型与缓混合型河口来说，在滞流点附近，正是底部处于下泄流转变为上溯流的区域，从上游下泄的泥沙和从下游上溯的泥沙，均在这里集中。此外，流域里的细颗粒泥沙遇到咸水后大量絮凝沉至底部，也被底部上溯流带往滞流点附近集中。因此，在弱混合型与缓混合型河口的滞流点附近的近底部分，往往存在一个含沙量很大的高含沙量区，称作**河口最大浑浊带**。这个高含沙量区的位置及含沙浓度的大小，随流域及海域的来水来沙条件不同而变化，与河川的径流量关系比较密切。洪季高含沙量区向下游推进，枯季则向上游移动，这种变化与滞流点位置的变动基本是一致的。洪季盐水楔异重流作用强，底部泥沙更易集中，同时上游来沙多，也为泥沙集中提供了物质来源，所以洪季高含沙量区比枯季明显得多。

实测资料表明，河口内最大浑浊带的存在，直接影响到河床的淤积，不少河口在滞流点的变动范围内均存在明显的浅滩，称作**河口拦门沙**。图 9.21 为长江口拦门沙与滞流点位置的关系（谢鉴衡等，1990）。

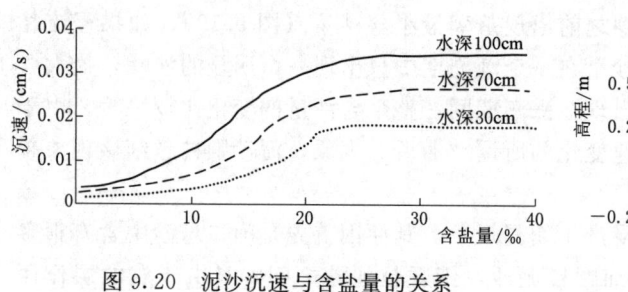

图 9.20　泥沙沉速与含盐量的关系

图 9.21　浅滩与滞流点变化关系

9.3.4　浮泥运动

1. 浮泥的泥沙组成

我国有许多河口属于淤泥质环境，淤泥中含有大量粉沙（$0.004\text{mm} < d < 0.062\text{mm}$）和黏土（$d < 0.004\text{mm}$）等细颗粒泥沙，这类细颗粒泥沙具有黏性，与非黏性沙的输移动

力过程显著不同,包括絮凝和加速沉降、生成浮泥、沉积固结等。细颗粒泥沙絮凝后,呈圆形、链形或树枝形的絮凝集合体迅速下沉。当下层含沙量达到一定浓度后,就会形成清晰的清浑水交界面(浮泥面)继续下沉。絮凝集合体下沉至底部后,在重力作用下,絮凝结构中的一部分水分将逐渐析出,其结构网格将被迫压缩,密度逐渐增大。在密度增加到 $1250\sim1300\text{kg/m}^3$ 时将失去流体性质而成为塑性体。通常把密度为 $1250\sim1300\text{kg/m}^3$ 的流动状淤泥称为**浮泥**。淤泥在固结过程中,含沙浓度可用下式表示(图 9.22):

$$S=\alpha\lg t+\beta \tag{9.12}$$

式中:t 为时间;α 为与粒径有关的系数;β 为与水质有关的系数。

2. 浮泥成因

浮泥尤其可能在河口最大浑浊带区域形成。河口浮泥就其动力的成因来说,可分为下列三种:①河口盐水楔浮泥,在陆相来沙河口,洪季径流量大,挟带大量泥沙,至河口后,遇盐水产生絮凝沉降,尤以洪季小潮时出现明显;②风暴浮泥,河口遇大风,河道两侧滩面的泥沙被风浪搅动,形成薄层浮泥,为波动水流与风吹流把此薄层浮泥带入河道主槽,形成底部浮泥层;③疏浚浮泥,细颗粒泥沙沉积于床面底部,如时间较长,密实后不易起动;一旦需疏浚开挖增深拓宽,受到扰动,特别是疏浚的泥沙抛沉于航道两侧时,床面的泥沙容重小,起动容易,在遇到适合的动力条件,则集中于航槽,形成浮泥层。

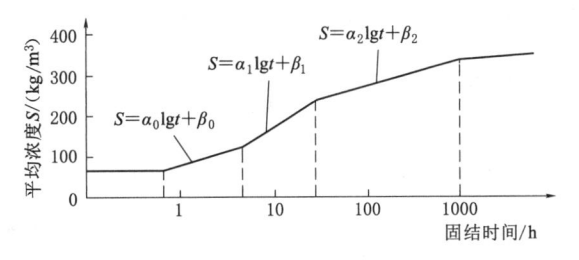

图 9.22 淤泥的固结过程

3. 浮泥运动过程

河口淤泥质运动主要有悬沙运动及异重流运动两种形式。当淤积底层密度较小时($1100\sim1200\text{kg/m}^3$),在水流作用下,浮泥运动将经历 3 个阶段:①在流速达到一定数值后,泥面受水流剪切应力作用而出现波动;②随流速增大,泥面波随水流运动而向前推移;③流速进一步加大,泥面波发生卷曲破碎,泥沙被扬起而进入悬浮状态。

异重流是浮泥与环境水之间存在一定而又微小的密度差而形成的。若将浮泥近似作为非牛顿体,则存在极限剪切力 τ_B。当这种浮泥尚不具有明显的 τ_B 时,就能在几乎是接近水平的底面上运行很远的距离。由于这种异重流挟带有大量的泥沙,而且只要具备一定的动力条件就可源源而来,因此,它往往是造成一些沿海岸滩、港口、航槽严重淤积的主要原因。

细颗粒泥沙在沉降淤积过程中,若淤积底层密度比较小时($1100\sim1200\text{kg/m}^3$),在水流流速或波浪作用下,淤积层表面出现波动现象。当流速(或底部剪切应力)超过一定数值后,大量淤沙被悬浮。由于底部淤积物可以不断地供给泥沙,于是在淤积物的交界面上形成浓度较大的一层浑水。淤积物中的泥沙不断通过浑水层的底面补充进来,又通过浑水层的顶面不断向水流供给悬沙。这种类似转运站的"过渡层"随着水流向前运动,常称为**浮泥流**。浮泥流也是一种不稳定的过渡状态体,当流速再增大时,它将直接转化为悬移质,若流速降低,它又转化为淤泥。这种淤泥过渡层一般仅厚 10cm 左右,因此浮泥流的输沙量并不大。当淤泥继续固结到密度大于 1200kg/m^3 时,淤积物黏滞性逐渐增大,慢

第9章 潮汐河口的演变

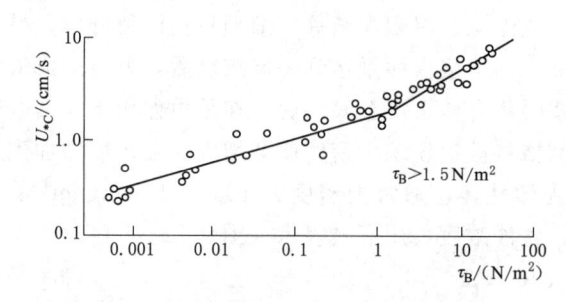

图 9.23 淤泥冲刷流速与极限剪切应力的关系

慢失去流体性质，只有流速（或剪切应力）较大时，才能将这种浮泥直接扬起成为悬移质。

据非洲和法国一些河口海岸淤泥的试验研究（Migniot，1968），认为淤泥冲刷的临界摩阻流速 U_{*C} 或冲刷临界剪切应力 τ_C 与淤泥质的极限剪切应力 τ_B 有较好的关系（图 9.23），基本可归结为两条直线：

当 $\tau_B < 1\text{N/m}^2$ 时，$U_{*C} = \sqrt{\dfrac{\tau_C}{\rho}} = 1.78 \tau_B^{0.25}$ (9.13)

当 $\tau_B > 2\text{N/m}^2$ 时，$U_{*C} = \sqrt{\dfrac{\tau_C}{\rho}} = 1.58 \tau_B^{0.5}$ (9.14)

式中：U_{*C} 为临界摩阻流速，cm/s；τ_B 为极限剪切应力，N/m^2。

9.4 潮汐河口的河床演变

9.4.1 不同类型潮汐河口的演变规律

入海河口水文、地质、地貌条件的不同，河床演变的规律也不同。为了研究的方便，可从不同角度将河口分类（严恺，2002），例如从潮流的强弱出发分为**强潮河口**（潮差 $\Delta h > 4\text{m}$）、**中潮河口**（$\Delta h = 2 \sim 4\text{m}$）及**弱潮河口**（$\Delta h < 2\text{m}$）。根据泥沙成型淤积体特点分为拦门沙河口及沙坎河口；按地貌形态出发分为三角洲河口和三角港（喇叭形）河口；三角洲河口又细分为鸟嘴形、鸟足形和扇形 3 种（图 9.24）。按咸淡水混合类型分为强混合、缓混合和弱混合等类型。

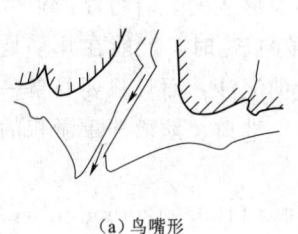

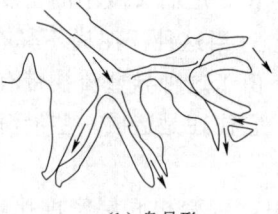

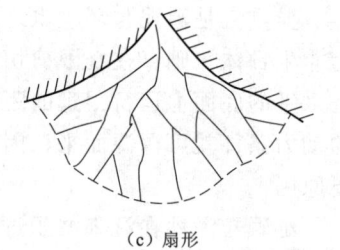

(a) 鸟嘴形　　(b) 鸟足形　　(c) 扇形

图 9.24 三角洲河口的类型

黄胜和卢启苗（1992）从我国具体情况出发，考虑到影响河口演变的主要因素，将河口分为四类，现结合其特性及演变规律介绍如下。

1. 强潮海相河口

潮流强，泥沙主要来自口外海滨，钱塘江河口为典型代表。这类河口第一个特点是潮差大，河道容积大，因此潮流强；第二个特点是径流挟带的流域来沙量甚少，泥沙主要来

9.4 潮汐河口的河床演变

自口外海滨。由于潮流强,水流的紊动掺混作用也强,所以含盐度垂线分布较均匀,它对流速分布及泥沙动态无明显影响。这类河口往往河道放宽率也大,平面外形呈喇叭形,潮流在上溯过程中递减率大。由于潮波的剧烈变形,河口下段的涨潮流速除在较大洪水期外,都大于落潮流速。在海相泥沙有充分补给的条件下,口外海滨泥沙大量上溯,在过渡段及其上游淤沉下来,河床隆起,水深很浅,形成庞大的淤积体沙坎。如钱塘江口在闻家堰—乍浦间,沙坎长130km,顶部高出上、下游平均河底高程连线10m（图9.25）。但在口外海滨,一般无拦门沙。

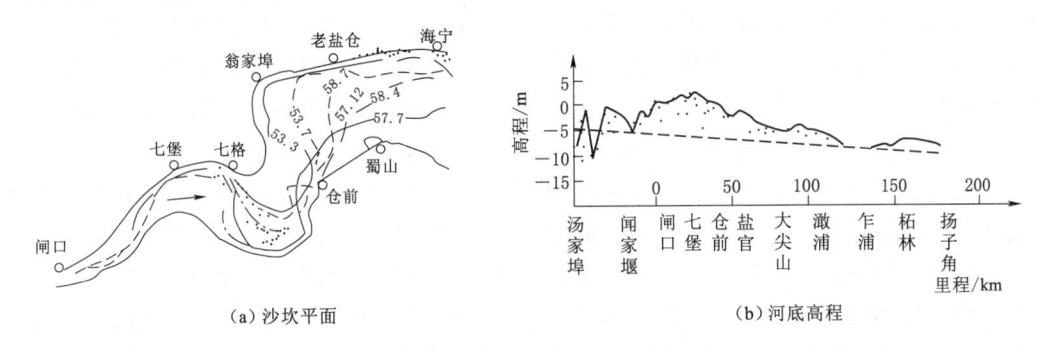

图9.25 钱塘江河口的沙坎及深泓变化

按盐水界上下极限将河口分为河流段、过渡段和潮流段。这类河口枯水季节在强潮作用下,潮流段河床受冲刷,泥沙在过渡段以上淤积。在一般洪水作用下,这些淤沙又被冲刷并向下游搬运,堆积于潮流段内。因此,过渡段及河流段一般均呈明显的洪冲枯淤规律,而潮流段则为洪淤枯冲,但其幅度较上游为小。此外,这类河口的潮流段,河道一般都很宽浅,河床组成大多为细粉沙。大潮期内,涨潮流作用强,主槽随涨潮流顶冲方向摆动;在径流较强季节,落潮流强,主槽又向落潮流方向摆动,致使主流线产生频繁的大幅度摆动。

钱塘江口是世界著名的强潮河口,潮流强、径流弱、陆域来沙少、海域来沙丰富、悬沙和底沙颗粒细是其重要的水文泥沙特征。钱塘江河口段平面外形为漏斗状,纵向上存在一个庞大的水下沙坎,这两个特点对其演变起着重要作用（匡翠萍等,2017；钱宁等,1964）。从该河口的演变特征上看,一是河床宽浅、主槽摆动频繁。钱塘江河口段的宽度为1~20km,相应的水深变化也很大,宽深比在35~50,河床宽浅特征显著。钱塘江河口历年深泓线摆幅达10多km（图9.25）,平均摆动强度可达10~33m/d。在钱塘江河口七堡至澉浦90km的范围内,主流曾遍及两岸海塘之间的全部水域,在20世纪60—80年代大规模河口整治后,八堡以下仍有10km左右的摆动范围。二是易冲易淤、变化剧烈。钱塘江河口潮大流急,河床细颗粒泥沙易冲易淤,在自然条件下由于径流丰枯和潮汐强弱导致河床的剧烈冲淤变化。宽广的河床、疏松易冲的河床物质、强劲多变的潮汐动力是钱塘江河口段泥沙输移复杂和河床演变迅速的根本原因。

2. 弱潮陆相河口

这类河口特点是潮流弱,流域来沙丰富。潮差及潮流速较小,咸淡水一般为弱混合型,黄河河口为典型代表。河床向下游均匀展宽,放宽率不大,潮波不会发生剧烈变形,落潮流速常大于涨潮流速,口门附近形成拦门沙,口门不断淤积延伸,河床逐渐抬升,一遇较大洪水就可能发生改道,另寻低洼处入海。改道之后,上述过程又重演再现,多次改道结果形成岸线全面向外延伸的三角洲平原。

黄河口位于渤海湾与莱州湾之间的湾口,其自然条件的特点是水少、沙多、潮弱,平均径流为 1390m³/s,河口平均含沙量为 24.3kg/m³,潮差仅 1m,感潮河段长仅 20 余 km。大量泥沙在河口地区和滨海堆积,尾闾河段摆动频繁,平均每 8 年发生一次改道,三角洲淤积延伸迅速,三角洲岸线平均外延速率为 0.15~0.42km/a。图 9.26 为黄河河口近 100 多年的变迁图。自 1855 年黄河在铜瓦厢决口、夺大清河入海以后,黄河河口的演变过程大体经历了两个阶段(曾庆华等,1998)。第一阶段是 1880 年前的决口初期,黄河泥沙大部分淤积在铜瓦厢—陶成埠之间的黄泛区,进入大清河的水是经过沉淀后较清的水,原大清河故道直至河口出现冲刷展宽,其后由于堤防的修筑,大量泥沙下排入海,河口显著淤积延伸。第二阶段在 1880 年后,河口演变的特征是不停地处于淤积延伸、摆动改道的循环演变之中,在此过程中河型的演变表现为初期散乱、中期单一相对稳定、后期出汊摆动三阶段,通常称此为黄河河口演变的"小循环"。一条流路淤高延伸发展到后期乃至改道另找捷径,新流路多经由低洼带,故每次改道在三角洲平面上表现为各次流路不相重复的循环演变形式,通常称此为黄河河口演变的"大循环"。1855 年以来已完成三次"大循环",到 1976 年改道清水沟前夕,三角洲岸线累计延伸了 61km。黄河尾闾河道一般遵循"淤积—延伸—摆动—改道"的演变循环规律,平面形态一般经历"游荡散乱—单一顺直、相对稳定—出汊摆动"的自然演变过程。自 20 世纪 70 年代中期以来,人类活动影响不断增强,清水沟流路的河床演变呈现出阶段性变化态势,主要分为四个演变阶段:1976—1980 年滩槽快速淤积阶段,1980—1986 年主槽冲深展宽阶段,1986—1996 年主槽淤积萎缩阶段,1996—2015 年主槽窄深发展阶段。在此过程中,尾闾段的河道出汊摆动频率有所增加。

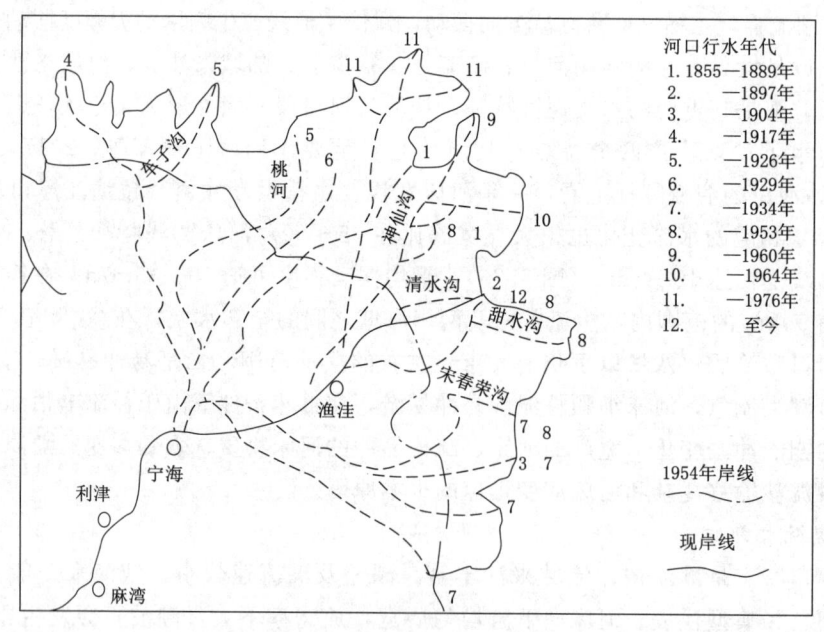

图 9.26 黄河河口变迁图

9.4 潮汐河口的河床演变

3. 陆海双相河口

径流和潮流力量相当、海陆相泥沙都较丰富，如长江口、珠江口、辽河口、闽江口等。长江口的河势图如图 9.11 所示，图 9.27 为珠江口河势。此类河口河床冲淤主要决定于径流与潮流两种势力的组合与对比。在冲积平原上，一般潮流段河床宽阔，支汊众多，主、支汊口门都能维持相对稳定，主汊潮流段具有洪淤枯冲特点，支汊则相反。过渡段枯季潮流带进泥沙多，故淤积，洪季则冲刷。河流段涨潮纯属淡水的回溯，河床冲淤主要决定于上游来水来沙条件。

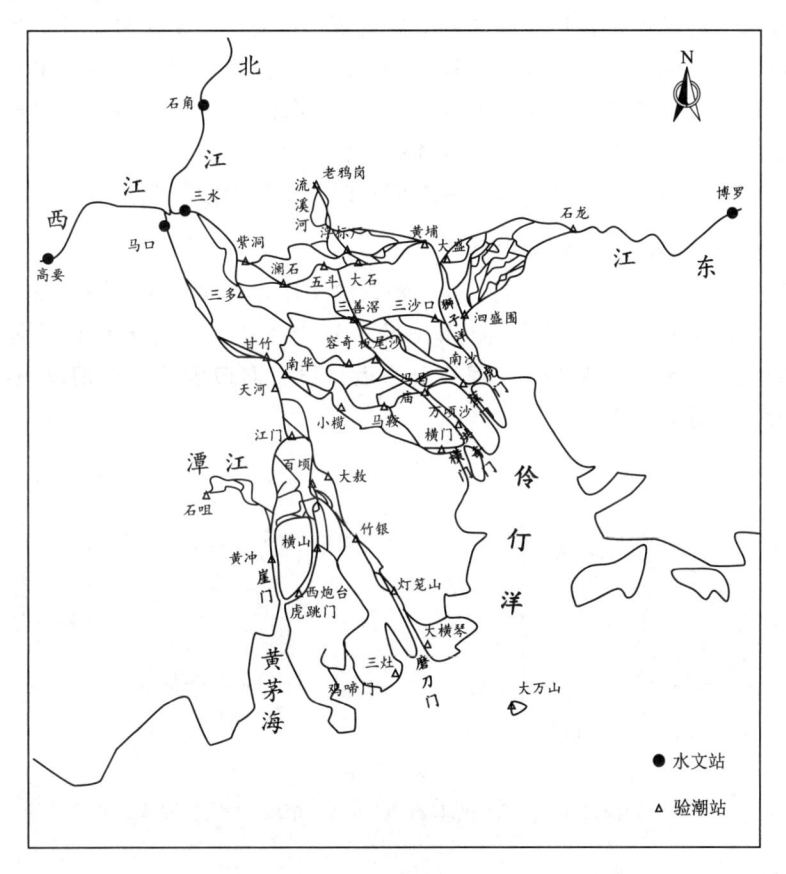

图 9.27 珠江口河势

以长江口为例，现在的长江口河势是在唐宋之后才形成。随着长江携带的大量泥沙在河口淤积，历史上长江口逐渐往外延伸，先后经历了多次沙岛并岸（陈吉余等，1988）。在长江三角洲粗颗粒泥沙作为河床相和细颗粒泥沙作为河漫滩相的持续堆积和冲积过程中，由洲滩之间的合并和洲滩与岸的合并，即所谓"并洲并岸"现象，成为长江口造床过程中最显著的特征。上述大规模的并岸过程使得河道大幅度束窄，水流和泥沙更为集中，加之人类大量开垦滩地，加速了长江下游和长江口河道的造床过程。长江口之所以形成了三级分汊、四口入海的河势格局，与江心洲的并洲并岸过程息息相关（余文畴，2013）。其中，徐六泾节点的形成是江心洲并岸的结果，通海沙于 20 世纪 50 年代具有并左岸趋势的情况下，实施人工促淤堵支围垦后，使河道由 13km 束窄到 5.7km，形成了现代长江口的起端。第一级分汊使得北支脱离南支而独立入海，第二级分汊使南北港分离，第三级分汊形成南北槽，均与各分汊处如崇明岛、长兴岛、横沙等的并洲过程相联系，即长江口洲滩的并岸并洲，构成了长江口的河床边界条件，形成了该区域河势的总体格局。受径潮动力变化和人类活动的影响，近期长江口徐六泾至横沙岛之间的河段自1997年以来呈持续冲刷状态，局部河势发生显著调整，白茆沙尾、新浏河沙包和瑞丰沙尾被冲刷消失，扁担沙右缘冲刷且沙体整体下移（栾华龙等，2019）。

4. 湖源海相河口

湖源海相河口的特点是径流经湖泊调节后变幅小，泥沙主要来自口外，如黄浦江、射阳河河口。这类河口除近海一段较顺直外，一般比较弯曲，断面沿程变化很小，进潮量不大，过渡段不明显，潮波沿程衰减和变形很缓慢。河床冲淤主要取决于涨落潮流速的对比。洪季湖泊水位高，落潮流速大，河床冲刷，枯季则相反。这类河口在沿岸漂沙或入汇的干流输沙量较大且与落潮水流又有一定交汇角时，也易形成拦门沙。

9.4.2 潮汐河口不同河段的演变特点

潮汐河口是径流与潮流互相影响、互相消长的地区。但是对于不同河段，这两种力量对河床演变的作用是不同的。根据径流和潮流两种力量的消长情况及其对河床演变的影响，一般以潮区界、潮流界为界，把河口分为**近口段**、**河口段**及**口外海滨段**（图9.28）。各河段的演变特点分述如下。

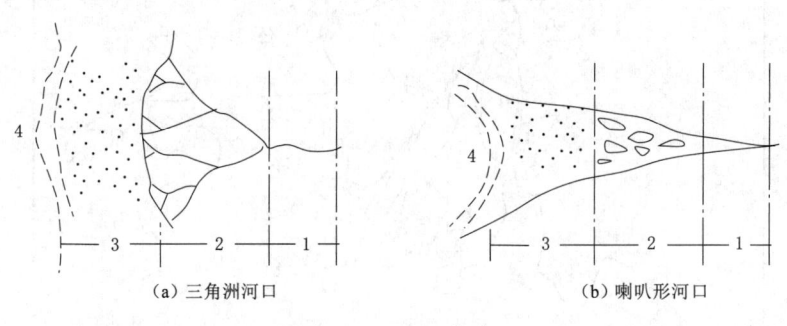

(a) 三角洲河口　　　(b) 喇叭形河口

图 9.28　河口分段
1—河流近口段；2—河口段；3—口外海滨段；4—口外海区

1. 近口段

近口段主要受径流的作用，水流方向始终是指向下游的单向水流，潮汐的影响主要表现为水位有规律的周期性起伏。含沙量主要随流域来沙大小而变化，潮汐的影响较小，流速和含沙量垂线分布都与无潮河流接近。此段河床是上游来水来沙长期作用下塑造出来的，上游径流大小及陆相泥沙多少是决定本段河床冲淤的主导因素。当涨潮时，潮流界以上虽无涨潮流，但下泄径流流速减缓，流域来水蓄积在此河段，使水位壅高，落潮时水面比降拉大与河床比降不相适应，要求河线拉长，以减小水面比降，因此河线趋弯，河岸容易崩塌。

2. 河口段

河口段中径流和潮流两种力量相互消长，随着不同的水文年，或年内洪、中、枯水季及大、小潮汛而变化。洪季小潮往往以径流作用为主，而枯季大潮则以潮流作用为主。含沙量一方面随洪枯季流域来沙量大小而变，另一方面又随大小潮汛而变。含盐量由上而下，逐渐增加。因此，该段水流、泥沙条件复杂多变，河床的冲淤变化也比较大。该段在落潮流转为涨潮流的过程中，水面比降已较为平缓，但落潮流在惯性力的作用下继续下泄，从而增加了涨潮流阻力，往往导致涨潮流避开落潮流的主流而在阻力较小的一侧上潮，故在江面较宽的河段涨落潮主流容易分离（严恺，2002）。当涨落潮主流分离后，受科氏力的影响，在涨落潮主流之间的地带成为缓流区，容易形成沙岛或暗沙。以涨潮流为主的涨潮槽的自然演变规律一般是下段深而上段浅，受上游下泄径流的影响小，直接在口外潮流的涨落作用下，表现为涨得快也落得快。在同一断面上，因两岸不同时涨落而产生横比降，先涨的一岸水位高于另一岸，先落的一岸水位低于另一岸。由横比降而产生横向越滩水流，河口段的浅滩、暗沙不易淤高的原因也在于此。但如果因某种原因两岸之间的横比降加大，漫滩水流增强，则有可能吸引主流越过滩顶而使主泓摆动，产生汊道的交替兴衰现象。

3. 口外海滨段

该段河床特性及演变主要受制于口外海滨的条件，潮流的强弱和随潮流而来的海相泥沙的多少是影响本段河床冲淤的主要因素。在强混合海相河口，河床受涨潮流的冲刷而形成冲刷槽。在缓混合型河口涨潮流冲刷槽虽不如强混合型河口发育那么充分，但涨潮流仍是塑造河床的主要动力。含沙量的变化，除了受制于洪枯水和大小潮的动力因素外，受风浪的影响较为明显。为了宣泄侵入河口的潮水及泥沙，该段往往具有一定的放宽率，当河流进入开阔水域后，因水流扩散、流速降低，水流所挟带的泥沙就会淤积而成为水下暗沙，其部位常处于河口段与口外海滨段的交界地带，故称为拦门沙。此外，在咸淡水弱混合型及缓混合型的河口，本河段的冲淤与盐水异重流关系也十分密切。

9.4.3 潮汐河口三角洲的形成与演变

经过长距离水流与河床的自动调整，冲积平原河流基本上已经适应了的水、沙一旦进入河口区，由于河床形态的改变，海洋动力因素以及咸淡水混合等影响，泥沙产生大量淤积，口门不断外延，由此发育成长起来的淤积体，称为**三角洲**（钱宁等，1987）。由于各条河流来水来沙情势及口外海洋动力因素不同，以致造成三角洲的发育程度及构成形态上的显著差异，从而塑造了各式各样的河口形态。

三角洲类型的河口，河流径流所带来的泥沙往往不能完全为海洋动力因素输送入海，有相当一部分泥沙会在河口淤积，形成三角洲。河口两岸可能出现"自然堤"并向海延伸，河流的河床坡度因流程加长而日益平缓，从而抬高了上游水位。发展到一定程度以后，河流会在两岸薄弱处决口改道，选取阻力较小的出路入海。新河道比降较陡，使河流水位降低，老河口进水困难而逐渐废弃；同时，新河口又开始其发展演变过程。所以三角洲河口常有河流分汊，甚至形成河网，在平面上也发生摆动，呈三角形或扇形展开，如黄河河口、珠江河口就是这样。

三角洲河口可按径潮比及径潮流含沙量之比分为少汊、网状和摆动三个亚类（匡翠萍等，2017）。少汊三角洲型常见于世界大江大河的入海口，如中国的长江、辽河、海河，非洲的尼日尔河，欧洲的多瑙河、莱茵河等。这一类河口径潮相当，泥沙在三角洲前缘扩散和沉积受径流和潮流的交互作用，致使潮流段即口外海滨段宽浅，河口放宽率明显小于河口湾型河口，常呈不发育的喇叭形，汊道不多，口门附近形成拦门沙。网状三角洲河口是在潮差较小、潮流动力较弱、径流含沙量不高但径流量相对较大，从而径流输沙量较大的条件下，逐步演变而成的。若河口具有棋盘状基底地貌，则网状三角洲河口更易形成，如处于弱潮环境的珠江、韩江等。网状三角洲河口河网纵横交错，河道冲淤变幅不大，口门相对稳定但发育模式因不同干流水动力的差异而有所不同。摆动型三角洲主要发生在潮差较小、径流动力明显强于潮流、径流含沙量也明显高于潮流含沙量时，泥沙淤积较为严重，河道变形剧烈、改道频繁，三角洲发育迅速。其中径流大一些但径流含沙量相对较低的河口，如密西西比河河口，径流多表现为具有两向射流特征的漂浮扩散，流速随距河口距离的增加而变小，泥沙沿主流两侧淤积，形成鸟趾状三角洲。在径流量不大但含沙量特别高的河口，如黄河口，河口水深小，水流呈现三向射流的紊动扩散特征。出口门后，流速沿平面和垂向均迅速减小，导致泥沙在口外形成新月形淤积体，并因来沙较多而发展迅速。随着沙嘴延伸、流路逐渐淤高，上游不断出汊摆动，甚至产生大的改道。不断的淤积、决口和改道使河口三角洲呈扇形。

9.4.4　潮汐河口拦门沙的形成与演变

拦门沙是世界上许多河口普遍存在的地貌现象和沉积体，其在纵剖面上具有局部隆起的特点。就大多数河口而言，拦门沙的塑造主要取决于涨落潮流强度的对比，这种对比决定着拦门沙的位置（和玉芳等，2011）。对于均匀展宽，河水相对强劲的河口，如广利河口，拦门沙滩顶的位置一般在口门之外；在流域来沙不大，而滨海地带有丰富物质来源的漏斗状的河口，其拦门沙滩顶位置在口门之内，特称为**河口沙坎**，如钱塘江河口、英国的泰晤士河口和布里斯托海湾、法国西南的加龙河口内均发育有沙坎；有些河口的江流、潮流都有一定的强度，拦门沙的滩顶便出现在口门附近，如长江口。此外，拦门沙还以河口心滩、沙坝以及某些横亘河口的沙嘴的形态存在于各入海河口。

拦门沙一般存在于河口滞流点与最大浑浊带的地方。在河口区局部河段，其断面含沙量稳定地高于上、下游河段几倍以至几十倍，底部含沙量显著增高，且床面往往出现浮泥，存在这些现象的区段称之"最大浑浊带"。最大浑浊带形成需有两个基本条件（沈焕庭和潘定安，2001）：一是有丰富的细颗粒泥沙补给；二是存在使泥沙在特定区段集聚的动力机制。促使细颗粒泥沙在最大浑浊带集聚的机制比较复杂，有沉降和起动滞后效应、絮凝作用、河口环流、潮波变形、潮流冲刷作用、高浓度悬浮体的悬浮作用和锋面的集聚等多种。在长江口，河口盐淡水与河水之间的界面位于拦门沙的顶部，夏季变动范围可达20km，在此范围和延伸带出现最大浑浊带。

由于河流洪枯水情的变化，潮汐、波浪及盐水入侵等因素的改变，河口拦门沙也有冲淤和上移下挫的变化，例如长江口的拦门沙随着河口的演变而不断变化，拦门沙滩顶水深自然状态下仅为5~7m，对航道发展不利。珠江干流虎门水道的拦门沙位于虎门外的舢舨洲与大濠岛之间，近百年来有向下游发展的趋势。决定河口可能形成拦门沙或沙坎的主要因素是径流与潮汐的相对强弱，所以钱宁建议用河流的造床流量Q_a与涨潮平均流量Q_f的比值来判断（钱宁等，1987），并用22处河口的资料分析得到，若$Q_a/Q_f<0.02$时形成口内沙坎，若$Q_a/Q_f>0.1$则形成拦门沙。

第10章 水库淤积及防治

在河流上修建水库,将破坏天然河流水沙过程与河床形态之间的相对平衡状态。库区水位壅高,水深增大,水面比降减缓,流速减小,水流挟沙能力显著降低,促使大量泥沙在库内淤积,带来许多问题和不利影响。本章首先介绍当前水库淤积现状及其淤积引起的各类问题。然后总结各种常见的纵横向淤积形态及其成因,包括水库支流的倒灌淤积形态及其发展规律。其次介绍三种常用的水库排沙方法,并给出水库排沙比的计算公式。最后阐述水库淤积达到相对平衡的三个转折点和四个阶段,以及保留库容和平衡比降的基本概念。目前,水库淤积过程的准确预测,主要依靠物理模型试验和河流数值模拟,本章只介绍一些从河床演变学和经验关系得出的初步估算方法。另外还总结水库淤积的防治技术,以及从工程管理角度应对水库淤积的方法。

10.1 水库淤积现象

10.1.1 水库淤积的严重性

水库是调节利用河流水资源的控制性工程。目前全国已建成各类水库9.8万多座,总库容为9323亿 m^3。这些水库在防洪、发电、灌溉、航运和供水等方面发挥了巨大作用,促进了国民经济的发展。但是,一些地区水土流失严重,河流含沙量大,加之水库管理不善,带来了严重的水库淤积问题。

我国西北和华北的河流,多数流经黄土、风沙地区。黄土质地均匀,粉沙含量大,缺乏黏土结构,抗冲能力很差,遭受风吹雨打水冲,易被侵蚀流失。据初步统计,黄河中游地区每年每平方公里被冲的土壤为3700t,为全球平均侵蚀模数的27.6倍。因此水库淤积问题在我国尤为严重,据估计我国水库的年库容损失率约为2.3%,远高于全球1%的平均水平(陈建国等,2021)。表10.1为我国部分水库淤积调查结果,三门峡水库运行4年后,库区淤积泥沙37.22亿 m^3,但在改为滞洪排沙运行方式后因库区冲刷恢复了一部分库容,自1973年转变为蓄清排浑运用后淤积量一直保持在比较稳定的水平。

表10.1　　　　　　　　部分水库淤积调查结果

水库	所在流域	投入运行年份	调查年份	淤积量/亿 m^3	淤损率/%
三峡	长江	2003	2021	17.80	4.50
溪洛渡	金沙江	2013	2017	4.63	3.59
小浪底	黄河	1999	2021	33.47	26.46

续表

水　库	所在流域	投入运行年份	调查年份	淤积量/亿 m³	淤损率/%
三门峡 （潼关—大坝段）	黄河	1960	2021	27.04	35.92
汾河	汾河	1961	2016	3.83	52.30
满拉	楚河	1999	2020	0.95	27.79
丹江口	汉江	1968	2017	20.00	6.88

从全球范围来看，随着新建水库速度的减缓和已建水库的持续淤积损失，全球水库的净库容从 2006 年开始已经呈减少趋势。世界银行集团的研究报告则指出全球人均占有库容自 1980 年左右已开始减少。据 Wisser 等（2013）的估算，2010 年亚洲和欧洲的总库容损失率分别为 6.5% 和 7.5%，而在南美洲这一比例为 2.5%。

水库淤积严重影响了水库寿命和效益，威胁着水利资源的开发和利用。因此解决这一问题已成为水库建设和管理方面的迫切需要。

10.1.2　水库淤积引起的问题

水库淤积带来的不利影响，主要有以下六个方面。

1. 水库效益下降，导致工程失事

水库淤积不仅使死库容被淤没，有效库容也逐步被泥沙侵占。随着有效库容的不断减少，兴利效益日益下降。当防洪库容不断被泥沙淤积时，遂使防洪标准降低，直接影响水库抗御洪水的能力。如不采取措施，发展下去就可能发生工程事故，甚至导致溃坝失事。例如陕西杨家河水库于 1978 年坝体完工，蓄水一年后库区淤积高程已达死水位，1979 年 8 月 1 日在一场洪水中被冲垮。

2. 抬高上游河床及库区周边地下水位

水流进入库区，受水库蓄水影响，流速逐渐降低，其所挟带泥沙在水库回水末端淤积形成三角洲，并逐步向上游发展，高出正常高水位，形成"翘尾巴"现象。三门峡水库建成蓄水后不到两年的时间内，距坝 113.5km 的潼关高程（1000m³/s 流量下水位）就从 323.45m 上升到 329.06m，虽然三门峡大坝经过两次改建，1973 年 11 月以来又采用了"蓄清排浑"运用方式，但由于入库水沙条件的不断变化，导致潼关高程自 1995 年以来一直维持在 328m 左右。三门峡水库自 2003 年以来开展了"318m"水位控制运用，潼关高程由 2002 年汛后的 328.78m 降低到 2012 年的 327.38m，但 2016 年汛后又回升至 327.94m（杨光彬等，2020）。水库"翘尾巴"可以使上游相当长的河道堤防的防洪能力降低。三门峡水库淤积和潼关高程抬升使渭河下游洪水风险增大，2003 年 8 月渭河发生了仅相当于 3～5 年一遇的洪水流量，却形成了 50 年一遇的洪灾。

水库蓄水使库区周边地下水位相应抬高，淤积则加重了这一影响。上游河床抬高也影响两岸地下水的通畅排泄，给库区周边及上游河道沿岸一些低洼地方带来内涝或盐碱化问题，影响农业生产。三门峡水库运用初期，受回水影响，渭河下游淤积使河床抬高，扩大了沿河右岸的沼泽区，加重了左岸地区的盐碱化，并迫使一些支流和排水沟的入渭口不得不改建为泵站进行抽排。

3. 影响大坝等工程建筑物的正常运用

水库淤积对坝体最危险的影响是堵塞底孔与输沙洞口；特别在汛期，漂浮的树木柴草及碎石杂物连同泥沙一并堵塞孔口，将会造成严重问题。所以对尚未采取排沙运用的水库，也要采取措施（如间歇开闸放水），确保大坝进水塔及水电站深水孔口前漏斗不被淤堵。

4. 坝下游河道发生新的变化

水库的调节作用，使得其下游河道水沙过程发生了变化。特别是水库运用初期较长时期清水下泄，河床冲刷下切，使取水工程引水量难以达到设计指标，桥梁工程基础被冲刷危及交通安全，防洪工程被淘刷影响防洪安全。当水库拦沙期结束，水库排沙量基本恢复到自然状态，又造成下游河道的回淤，给下游供水、灌溉带来引水口淤积问题，同时影响河道行洪能力。

5. 造成水力机械和泄流设施的磨损

当水库淤积发展到接近坝前时，粗颗粒泥沙有可能进入水电站进水口从而流经水轮机部件，泥沙对水轮机和其他水力机械有磨损作用，影响效率，缩短水力机械寿命，增加机修时间；对水工建筑物泄水孔口管道的磨损，会加速工程的老化损坏。

6. 环境和生态影响

河流中常见的污染物有耗氧有机物、重金属、有毒有机物以及磷、氮等营养物质。河流泥沙是污染物迁移转化的重要载体，当泥沙入库沉积后，就会造成污染物富集，影响水库水质和库区水生生物栖息环境。水库回水末端河床抬高，常引起卵石浅滩的形成，这是有利于鱼类产卵的场所。但是，淤积会导致这些产卵区被泥沙埋没，使鱼类不能繁殖。水库排沙时如果对出库含沙量不加控制，高浓度浑水会使鱼鳃受伤，甚至致死，特别是含有毒物质的浑水更会加重伤亡。

10.2 水库特征水位与回水区

水库在不同时期有不同任务，为保证防洪安全和满足兴利要求，需要设定一些控制性的水位和库容。这些决定水库调节能力、起限定作用的控制水位和库容，称作水库的特征水位和特征库容。特征水位和相应库容不仅是规划设计阶段确定主要水工建筑物尺寸的基本依据，也是决定水库淤积平衡状态的重要参数。

10.2.1 死水位和死库容（$V_{死}$）

水库建成后，全部容积在实际中并不能全部用来进行径流调节，一方面，泥沙的沉积会将部分库容损失；另一方面，发电、灌溉、航运等部门，也要求库水位不能低于某一高程。因此，在正常运用情况下，水库都有一个允许消落的最低水位，称为**死水位**，死水位以下的库容称为**死库容**。死库容被泥沙淤满后，这部分库容一般无法恢复。

10.2.2 正常蓄水位和兴利库容（$V_{兴}$）

正常蓄水位是指水库在正常运用的情况下，为满足兴利部门枯水期的正常用水，水库兴利蓄水的最高水位。正常蓄水位与死水位之间的库容，是水库实际可用于调节径流以保证兴利的库容，称为**兴利库容**，两者之间的深度称为**消落深度**。正常蓄水位决定了水库淤积平衡后的滩面高程。

10.2.3 防洪限制水位和结合库容（$V_{结}$）

水库在汛期允许兴利蓄水的上限水位，称为防洪限制水位，又称为汛期限制水位（简称**汛限水位**）。它是设计条件下的水库防洪起调水位，也称为汛前水位，是根据到汛前需要预留出一定的库容以备拦蓄洪水的要求而定的。汛期限制水位以上库容就是作为蓄滞洪水的库容，当洪水消退时，水库水位应回降到防洪限制水位。防洪限制水位与正常蓄水位之间的库容称为结合库容，兼有防洪兴利的双重作用。

10.2.4 防洪高水位和防洪库容（$V_{防}$）

当水库下游有防洪要求时，遇到下游防洪标准的设计洪水，水库从防洪限制水位起调，坝前达到的最高库水位称为**防洪高水位**。它与防洪限制水位之间的库容称为**防洪库容**。

10.2.5 设计洪水位和拦洪库容（$V_{拦}$）

当发生大坝设计标准洪水时，从防洪限制水位经水库调节后所达到的坝前最高水位称为**设计洪水位**。它与防洪限制水位间的库容称为**拦洪库容**。

10.2.6 校核洪水位和调洪库容（$V_{调}$）

当发生大坝校核标准洪水时，从防洪限制水位经水库调节后，坝前达到的最高水位称为**校核洪水位**。它与防洪限制水位之间的库容称为**调洪库容**。

河流上修建水库后，库区水位壅高的现象称为回水，库区水面线与天然情况下水面线的交点称为回水末端。根据水库运用情况和水流泥沙运动特点，可以将库区分为3段：变动回水区、常年回水区行水段和常年回水区静水段。

（1）**变动回水区**是指最高与最低库水位的两个回水末端范围内的库段。当库水位较高时，较粗的泥沙，包括推移质和较粗的悬移质，将淤在这个库段。但当库水位下落时，这个库段脱离回水，原来落淤的泥沙就被冲刷，淤积在下游。因为库水位呈周期性变化，冲淤作用将使淤积分布均匀化。

（2）**常年回水区行水段**是指最低库水位回水末端以下具有一定流速的库段。因库水位大体上做周期性变化，这个库段各处的流速大小也做周期性的升降。因而使这段落淤的泥沙分布均匀。本库段淤积的泥沙以悬移质为主，包括少量推移质。

（3）**常年回水区静水段**是指坝前水流几乎为静水的库段。此处流速很小，接近静水状况。在这里淤积的主要是悬移质中较细部分。因为粒径小，泥沙在水流中分布均匀，落淤后成为一层很薄的淤积层，分布在整个湿周上。

水库特征水位、特征库容与变动回水区如图 10.1 所示。应当注意的是，水库各特征水位的高低关系并不都是如图 10.1 中所示，例如小浪底水库正常蓄水位 275m，高于其设计与校核洪水位。

(a) 水库特征水位、特征库容

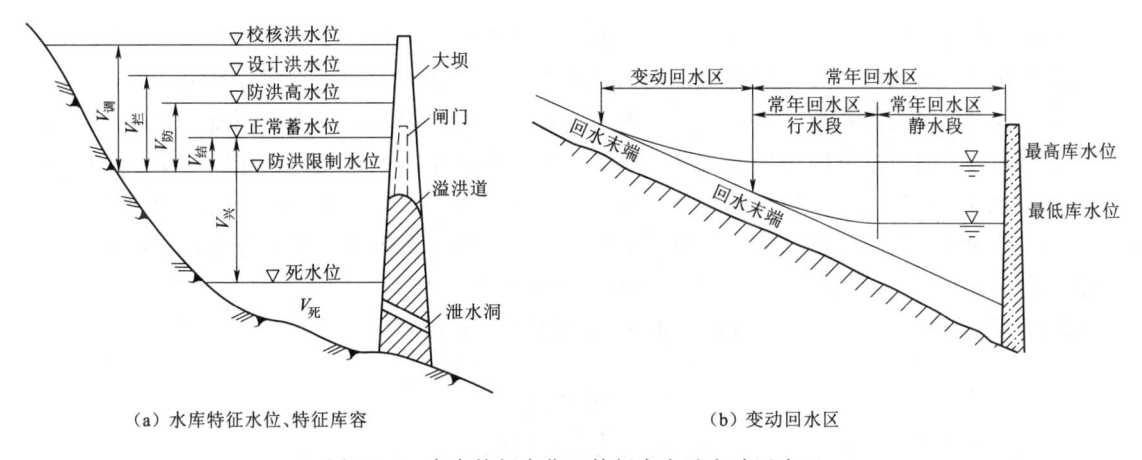

(b) 变动回水区

图 10.1 水库特征水位、特征库容及变动回水区

10.3 水库淤积规律

10.3.1 水库纵向淤积形态

从实测水库的淤积资料来看，壅水淤积的纵向淤积形态可分为以下 3 类（图 10.2）：**三角洲淤积、锥体淤积和带状淤积**。根据各水库的特定条件，实际的淤积形态可能是介于上述几种之间的，或同时兼有几种形态的。现将 3 种基本淤积形态说明如下。

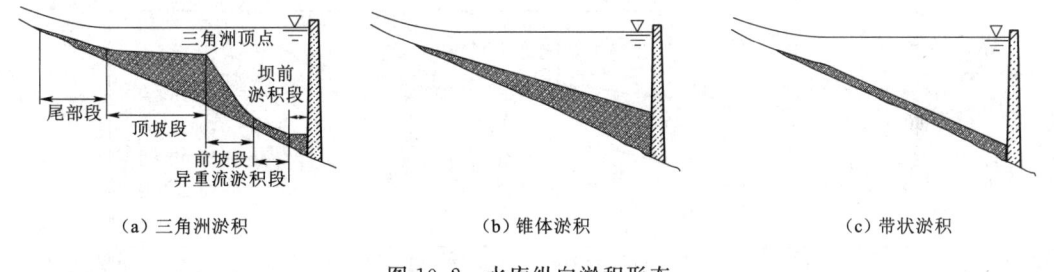

(a) 三角洲淤积　　　　(b) 锥体淤积　　　　(c) 带状淤积

图 10.2 水库纵向淤积形态

1. 三角洲淤积

淤积体的纵剖面呈三角洲形态的称为三角洲淤积，官厅水库是一个典型的具有三角洲淤积形态的水库。这类水库水位比较稳定，变幅较小，库水位又较高，相对于入库的洪量来说，库容又比较大；进库含沙量较大且组成较细，汛期沙量占全年总沙量的比例较大。在上述条件下，库区淤积物形成完整的三角洲形态，多出现在湖泊型水库（又称胃状水库）中。根据淤积纵剖面的外形和床沙级配的沿程变化特点，可以将淤积区分为五段 [图 10.2（a）]：**尾部段、顶坡段、前坡段、异重流淤积段和坝前淤积段**。

三角洲尾部段位于回水末端下游的河段，它的主要特点是：挟沙水流处于超饱和状态，进库泥沙中的粗颗粒首先在此落淤，明显地呈现出水流对泥沙的分选作用，淤积物主要是推移质和悬移质中较粗部分。淤积使回水曲线相应抬高，并同时向上游延伸。

三角洲顶坡段位于尾部段以下，它的主要特点是：经过尾部段的淤积，在顶坡段上挟沙水流已趋近于饱和状态。顶坡段坡面一般与水面线接近平行，水流接近均匀流。与水流条件相适应，顶坡段上的床沙组成沿程变化不大，无明显的床沙沿程细化现象。

三角洲前坡段紧邻顶坡段，它的主要特点是：这里水深陡增，流速剧减，水流挟沙能力急剧降低。因而这段的挟沙水流又一次处于超饱和状态，大量泥沙在此段落淤，淤积结果使三角洲不断向坝前推移。淤积物组成沿程变化较大，前坡坡顶的床沙组成与顶坡段相同，而前坡坡脚的床沙组成则与异重流淤积段相同，再一次出现明显的分选作用，河床沿程细化。如图10.3所示，黄河小浪底水库的淤积纵剖面呈明显的三角洲形态，2001年时三角洲顶点距坝62.5km，2020年已推进到距坝7.74km。

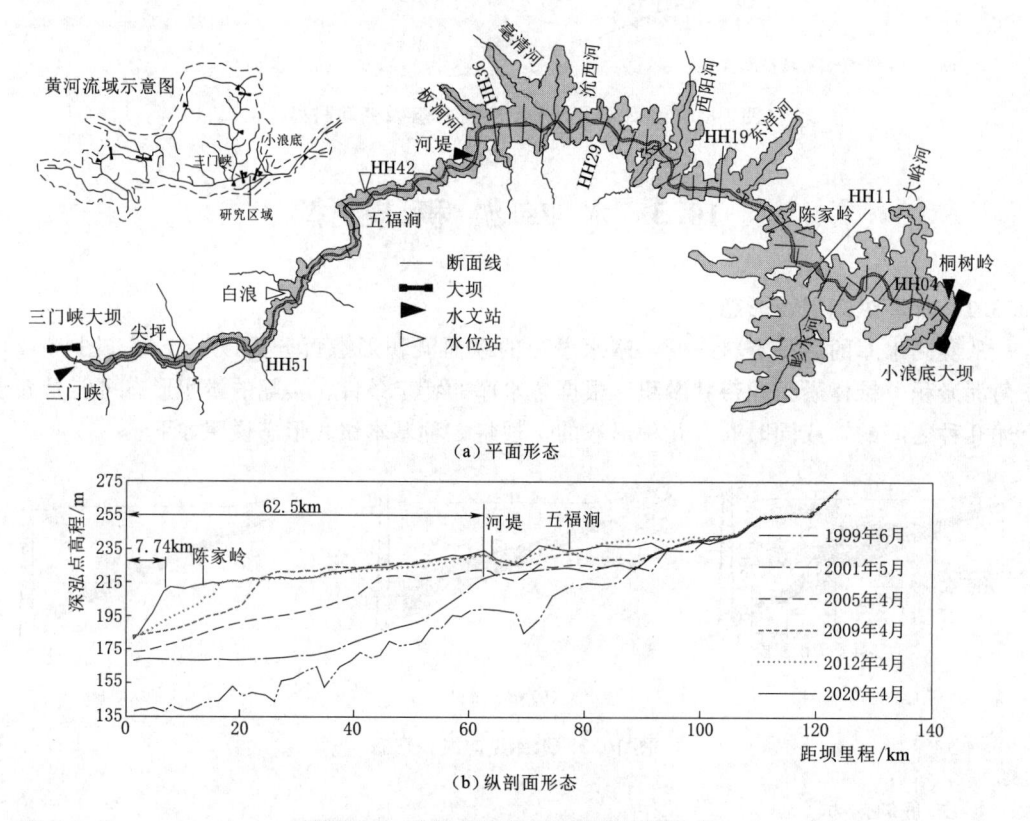

图10.3 小浪底水库平面及纵剖面形态

异重流淤积段的主要特点是：异重流潜入后，因进库流量减小或其他原因，部分异重流未能运行到坝前便发生滞留现象，因而产生淤积。淤积的泥沙组成较细，粒径沿程几乎没有变化，基本上不存在分选作用。淤积分布比较均匀，其纵剖面大致与库底平行。

坝前淤积段的主要特点是：这里的泥沙淤积是由于不能排往水库下游的异重流在坝前形成浑水水库，泥沙几乎以静水沉降的方式慢慢沉淀，落淤的泥沙全为细颗粒，淤积物表面往往接近水平。

必须指出，三角洲淤积形态并非只在多沙河流的湖泊型水库中出现，在多沙河流的河道型水库中也有出现。在少沙河流的上述两种类型的水库中，尽管进库含沙量不大，只要库水位年内变幅不是太大，库区也会出现三角洲淤积形态。

10.3 水库淤积规律

2. 锥体淤积

在多沙河流上修建的小型水库，出现锥体淤积形态比较普遍。陕西省黑松林水库的淤积纵剖面，属于典型的锥体淤积。当库水位不高，而来沙又多，则库区的淤积形态常为锥体。这种淤积形态的主要特点是坝前淤积多，淤积厚度大，泥沙淤积很快发展到坝前，如图 10.2（b）所示。与上述大型水库先在上游淤积后向坝前推进发展的淤积形式完全不同。当水库淤满后，河床纵比降比原河床纵比降小，此后淤积继续向上游发展。

上述淤积特点，主要是由于水库壅水段短、底坡大、坝高小、进库含沙量高等因素综合造成的。因为底坡大、坝高小，故水流流速较大，能将大量泥沙带到坝前淤积；又因进库含沙量高，故造成坝前淤积发展很快。另外，异重流淤积也是重要原因之一，异重流达到坝前后，若底孔不能及时打开或泄水孔泄流量小于异重流流量，浑水不能完全排出，则会聚集在坝区形成浑水水库，挟带的泥沙便在坝前大量淤积。

锥体淤积的淤积纵剖面，基本上可以概化成一条直线，其比降的大小主要取决于回水长度及淤积量的大小。因而这个比降既不同于三角洲上顶坡段的河槽比降，也不同于三角洲的前坡段比降。对一个水库，三角洲前坡段大体上有一个基本固定的比降，随着淤积的发展，三角洲前坡段以同样的比降向下游推进。而锥体比降是随着淤积发展而不断趋缓的，所以锥体比降不是一个固定值。

多沙河流上的大型水库，在一定条件下也会出现锥体淤积形态。如黄河干流上的三门峡水库（图 10.4），在滞洪运用时期，因库水位较低，库区流速较大，大量泥沙被带到坝

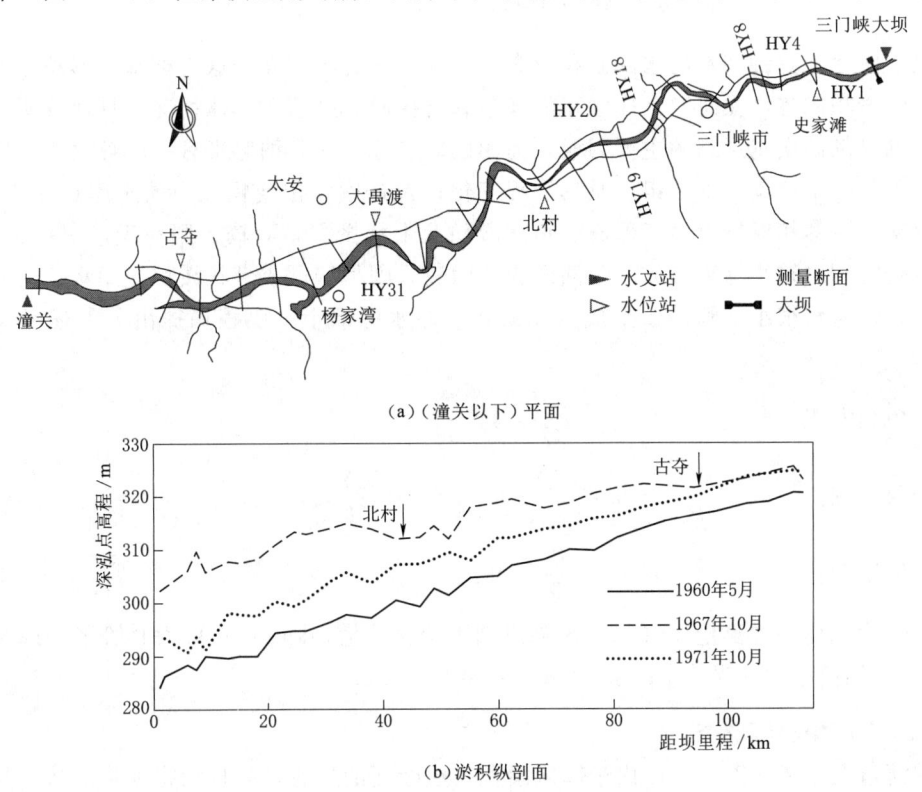

（a）（潼关以下）平面

（b）淤积纵剖面

图 10.4 三门峡水库平面及纵剖面形态

前淤积，因而出现锥体淤积形态。从图10.4可见，1967年三门峡库区锥体淤积剖面比降为0.185‰，1969年12月大坝开始第二期改建，水库的泄流能力进一步加大，因此1971年淤积纵剖面比降又明显增大。

3. 带状淤积

如库水位变动较大，而库形狭窄，沙量较少，泥沙颗粒又细，则库区淤积常形成带状淤积，即均匀分布在回水范围以内的库段上，如图10.2 (c) 所示。这种淤积形态多出现在河道型水库中。图10.5为第二松花江干流上的丰满水库淤积纵剖面。该水库正常运用时水位变幅为10~20m，自坝前一直到正常高水位的回水末端淤积厚度都比较均匀，因此也被称作均匀淤积。

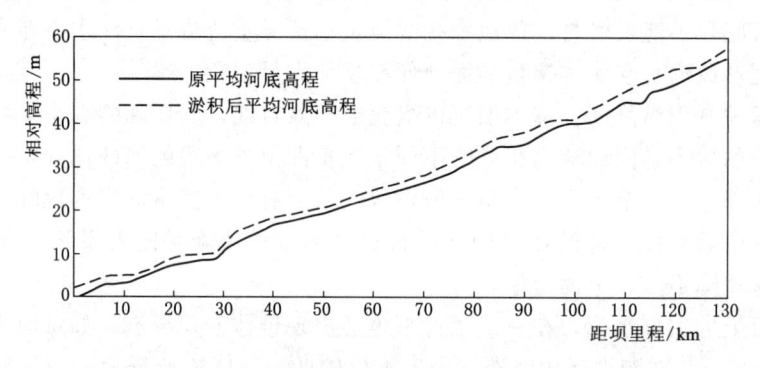

图10.5 丰满水库淤积纵剖面（谢鉴衡等，1990）

以上所述为三种基本的水库淤积形态。有些水库的淤积介于这三种基本形态之间，形成复杂的淤积形态，在研究水库淤积的现象和规律时，必须对具体情况作具体分析。

影响纵剖面淤积形态的主要因素，前面已略有涉及，归纳起来有：库容大小及库区地形；来水量、来沙量、来沙组成及其沿程变化；包括库水位变幅在内的水库运用方式等。一般说来，库容相对较大易于形成三角洲淤积及带状淤积，而较小则易于形成锥体淤积；库水位变幅相对较小易于形成三角洲淤积，而较大则易于形成带状淤积；库水位变幅不一定很大，但壅水很小，则易于形成锥体淤积。原水电部十一工程局提出了下述经验判别式，即

三角洲淤积：$\dfrac{SV}{Q}>1, \dfrac{\Delta h}{H}<0.1$

带状淤积：$0.25<\dfrac{SV}{Q}<1, 0.1<\dfrac{\Delta h}{H}<1$ (10.1)

锥体淤积：$\dfrac{SV}{Q}<0.25, \dfrac{\Delta h}{H}>1$

式中：Q为汛期平均流量，m^3/s；S为汛期平均含沙量，kg/m^3；V为时段平均库容，亿m^3；H为坝前平均水深，m；Δh为库水位变幅，m。

10.3.2 淤积横断面形态

在河道上修建水库之后，由于库区淤积，横断面的形态及高程均将发生变化。尽管这种变化极为复杂，但仍然存在一定的特点和规律。

1. 淤积的横向分布

根据库区壅水程度的不同，淤积量的多少，断面所处位置不同等情况，库区的淤积横向分布大致分为以下几种：

(1) 淤积面水平抬高 [图 10.6 (a)]。当断面壅水严重，水深很大，不仅漫滩，而且滩上水深很大，滩面和主槽的水流条件相差不多。在这种情况下，如淤积量大，常使整个淤积面水平抬高。常出现在锥体淤积的坝前段，三角洲淤积的顶坡段、前坡段。

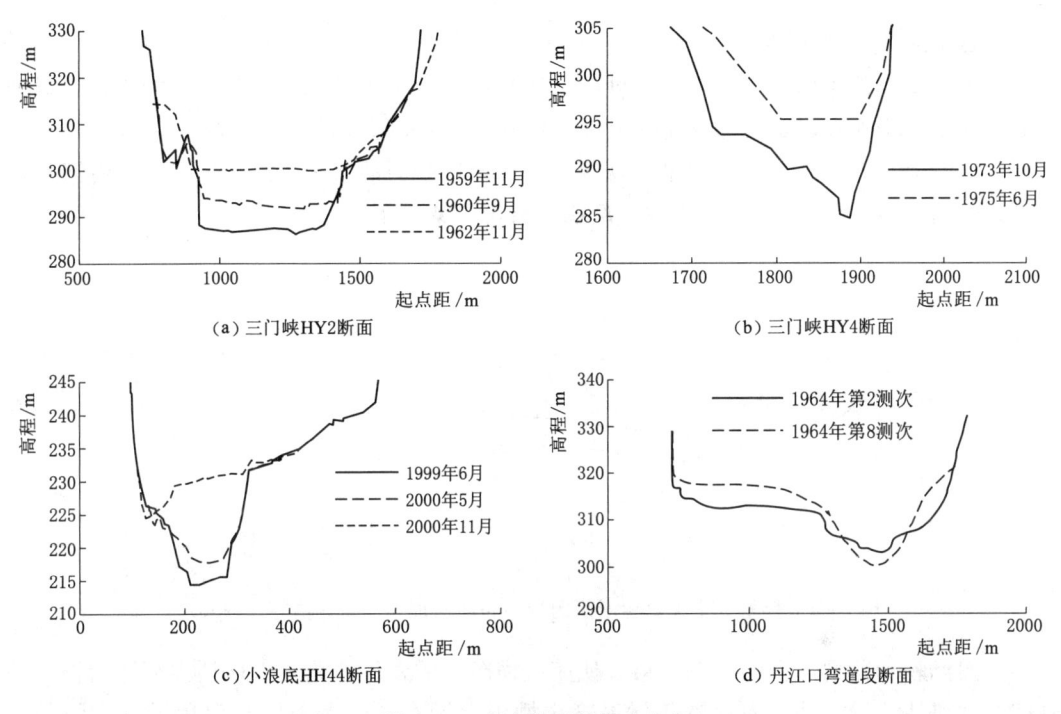

图 10.6 水库淤积的横向分布

(2) 沿湿周等厚淤积 [图 10.6 (b)]。当淤积量小，颗粒较细，断面水深较大时，常产生沿湿周等厚淤积。这种淤积形态多出现在流速和含沙量较小，泥沙粒径较细，但又不形成异重流的坝前段。在这种条件下，含沙量及泥沙级配沿横向分布均匀，为沿湿周等厚淤积提供了前提。在某些峡谷断面中也出现这种情况，这是因为这里虽然含沙量较大且粒径也较粗，且两者沿横向分布都较均匀的缘故。

(3) 淤槽为主 [图 10.6 (c)]。如断面壅水不高，水深不大，水流没有漫滩，或者虽已漫滩，但滩面水深很浅，水流基本集中在主槽，这时泥沙将集中在主槽区落淤。随着主槽的淤积抬高，滩槽差逐渐减小，甚至可能出现主槽高于滩面的情况，两侧就靠滩唇挡水。一旦滩唇冲决，发生主流摆动，在更低的滩面形成新的主槽。然后，新的主槽又被淤积抬高主流再次摆动，出现主槽移位现象，以后泥沙又将集中在新的主槽中落淤，直至全断面普遍淤高。另一种情况是，库身相对较宽，河身有江心洲存在，自然条件下主槽位于江心洲一侧，汛期主流取直，主槽出现回流淤积，枯季主流走弯，主槽的淤积物被冲走，年内保持平衡。建库后，如果这一段出现累积性淤积，原来的主槽可能被淤死，水库水位

179

消落时已不能将原来的主槽冲开，出现主支槽易位的现象。

(4) 淤滩为主 [图 10.6 (d)]。这种现象多出现在变动回水区和靠近变动回水区的常年回水区上段。出现这种淤积的原因是受断面处壅水的影响，水流挟沙力减弱从而产生淤积。但又因断面受壅水的影响还不十分严重，因此水流流经断面时仍有一定流速，同时又由于断面位置是处在弯道上，横向环流的作用尚未完全消失，故产生凹岸主槽不淤或少淤，凸岸边滩大量淤积。建库后，始终维持比较高的水位，淤积就会发展下去直到平衡状态为止。

2. 淤积后的冲刷形态

水库在水位消落期或汛期泄洪排沙时，原来的淤积物将受到某种程度的冲刷，这样的冲刷一般都集中在较小的宽度内进行，只要水库有足够的流量或比降，或者两者兼而有之，水流就会在库区拉出一条深槽，恢复横断面滩槽分明的河床形态，形成一个有滩有槽的复式断面，如图 10.7 所示。所谓"**冲刷一条带**"就是指这种情况。

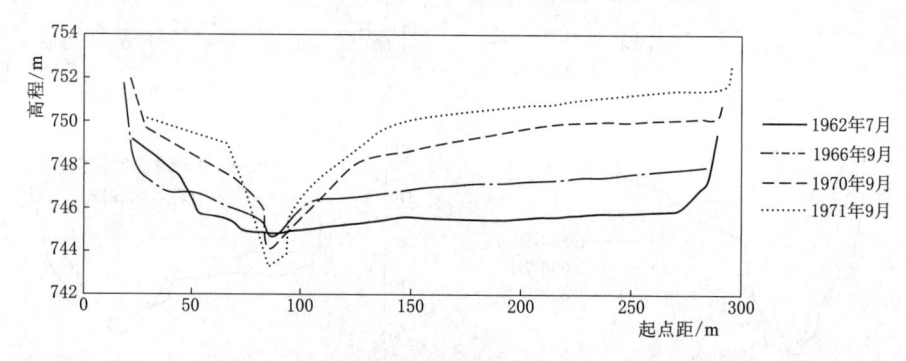

图 10.7　黑松林水库典型断面的淤积和冲刷过程（谢鉴衡等，1990）

上述淤积和冲刷过程的综合结果，使库区横断面的发展变化具有所谓"死滩活槽"的规律。即滩地只淤不冲，滩面逐年淤高；主槽则有淤有冲，在采用合理运用方式的条件下，淤废的主槽可以恢复，使库区保持一条相对稳定的深槽，不致被泥沙淤死。"死滩活槽"的规律告诉我们，主槽库容的损失是有可能恢复的，而滩地库容的损失是不可能恢复的。因此在水库设计及其具体管理运用上：一方面，应尽可能降低拉槽水位，加大拉槽流量，以扩大主槽库容；另一方面，应力求避免损失滩地库容，即在汛期含沙量高时，尽量使水流不漫滩，以减缓滩地淤积。

10.3.3　支流倒灌淤积形态

许多水库的淹没范围不仅包含干流，还包括一条或多条支流。小浪底库区原有大小不一的一级支流近 30 条，其中构成库容的一级支流共 22 条，集中分布在河堤站下游的库区范围内。实测资料表明，275m 高程以下支流原始库容为 52.6 亿 m^3，约占小浪底总库容的 41%。这些支流平时流量很小甚至断流，只会在汛期发生历时短暂的洪水。当干流有浑水入库时，浑水明流或异重流往往经由干支流交汇处倒灌入支流，形成支流内的淤积。支流倒灌淤积过程与库区地形边界（干支流平面形态）、干支流相交处干流淤积情况（是否形成明显滩槽、滩槽高差大小，干流河槽与支流口门距离大小）、上游水沙过程（入库流量、入库含沙量大小和历时）、水库调度运用等影响因素关系非常密切。

图 10.8 为小浪底水库典型支流畛水的深泓纵剖面，以此为例可以说明支流倒灌淤积形态的发展过程。小浪底水库干流往往发生高含沙洪水，而支流畛水仅在汛期发生短暂的径流过程，并携带极少量的卵石，来水来沙量与干流相比可略而不计，支流畛水内的淤积均为干流倒灌形成。当干支流交汇处畛水口门位于干流三角洲顶点以下，干流往往发生异重流并倒灌支流。当干流三角洲顶点向下游推进并快速越过支流口门时，使得支流口门淤积面大幅度抬升而形成明显的拦门沙。即在支流内靠近口门的一段距离内可能出现较陡的倒比降，如图 10.8 中 2002 年 10 月的纵剖面所示。随着干流淤积三角洲继续推进，之后支流口门逐渐处于干流淤积三角洲顶坡段，由于干流河道内塑造出明显的滩槽，支流相当于干流滩地的横向延伸，干流浑水便以明流流态倒灌进入支流。干流倒灌支流后发生沿程落淤，形成的淤积体纵剖面为倒锥体。支流拦门沙如果不及时处理，可能造成库水位下降时支流库区内的蓄水被拦截在支流内而无法被利用。

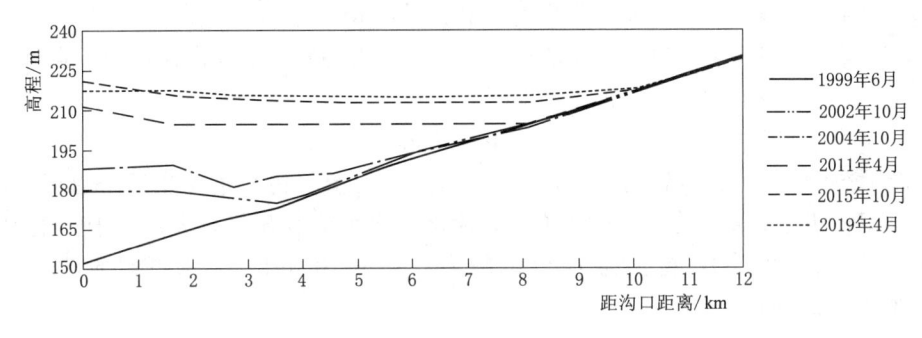

图 10.8　小浪底水库典型支流畛水的深泓纵剖面（1999—2019 年）

如果干流来流基本上是清水，支流来流为浑水，则容易出现支流倒灌干流形成沙坝，例如在刘家峡库区常出现洮河倒灌黄河的现象。如果干支流均来水来沙，情况就更复杂。

10.3.4　淤积物组成与干密度

水库淤积物组成的基本特点是，淤积物的粒径是自上而下沿程细化的。但这种细化并不是逐渐完成的，而是集中在两个区段。其中一个在变动回水区，即三角洲的尾部段，另一个在常年回水区的三角洲前坡段。

水库淤积泥沙在平面上的分布，一般是主槽较粗，滩地较细，在通常情况下，对于滩槽区分比较鲜明的变动回水区，这一特点表现得比较突出；对滩槽区分不够鲜明的常年回水区异重流淤积段和坝前段，主槽和滩地的泥沙组成都较细，几乎无明显差别，但随着淤积发展到滩槽区分比较鲜明时，差别会逐渐显示出来。无论是主槽或滩地，一般都是深水处泥沙较细，浅水处泥沙较粗；静水处泥沙较细，动水处泥沙较粗；淤积厚度大的地方泥沙较细，反之较粗。

单位体积的淤积物沙样经烘干后，其重量与原状沙样整个体积的比值，称为**淤积物的干容重** γ'，单位为 N/m^3，与之对应的密度称为淤积物的干密度，单位为 kg/m^3。水库的入库和出库沙量都是按质量估计的，为了估计淤损库容，需要利用干容重将泥沙质量转换为体积。另一方面，通过地形测量得到的水库淤积体积需要转换成质量来估算水库所在流域的侵蚀产沙强度。因此，淤积物干容重是进行水库淤积相关计算时非常重要的基础参数。淤积物干容重与泥沙粗细和组成、淤积厚度、淤积历时有关。泥沙颗粒越细，组成越不均匀则孔隙率越大，干容重越小。泥沙淤积深度越深，淤积历时越长，则干容重越大。

对于均匀沙，韩其为等（1981）提出了下述干容重计算公式，即

$$\gamma' = \begin{cases} 0.525\left(\dfrac{D}{D+4\delta_1}\right)^3 \gamma_s & D \leqslant D_1 \\ \left[0.7 - 0.175\exp\left(-0.095\dfrac{D-D_1}{D_1}\right)\right]\gamma_s & D > D_1 \end{cases} \quad (10.2)$$

式中：γ_s 为泥沙容重，N/m^3；D 为粒径，mm；D_1 为参考粒径，取为 1mm；δ_1 为薄膜水厚度，mm。

对于非均匀沙，Wu 和 Wang（2006）提出了下述干密度计算公式，即

$$\rho' = \rho_s[0.87 - 0.21/(D_{50}+0.002)^{0.21}] \quad (10.3)$$

式中：ρ_s 为泥沙密度，t/m^3；D_{50} 为床沙中值粒径，mm。

如果需要考虑淤积历时对干密度的影响，可以将上述两式结果作为初期干容重，并假设干容重与淤积历时的对数值成正比，即

$$\rho' = \rho'_1 + B\lg t \quad (10.4)$$

式中：ρ' 为淤积物经过 t 年后的干密度，t/m^3；ρ'_1 为淤积物经过 1 年后干密度，t/m^3；常数 B 与泥沙粗细和库水位变幅大小有关，库水位变幅越小 B 值越大；对于黏土 B 的范围一般为 0.096～0.256，粉土的 B 值范围为 0.016～0.091，对于更粗的沙，B 值取 0（谈广鸣等，2014）。

10.3.5 水库淤积的上延现象

当水流进入水库回水区后，由于水流条件的改变，流速减小，泥沙落淤，而落淤的结果反过来又促成水流条件进一步改变，使得回水曲线在淤积区及其上下游一定范围内普遍抬高，为泥沙继续在原淤积区落淤并同时向上下游发展提供条件。这种淤积自回水末端（通常指正常蓄水位回水末端）向上游发展的现象，称为**水库淤积的上延现象**，也就是通常所说的"翘尾巴"现象。由于回水曲线在回水末端附近与原水面线是逐渐逼近的，所以回水末端即使在入库流量及坝前水位保持不变的条件下，也不是很确定的，如果考虑到两者都在随时变化，就更不确定了。考虑到决定水库淤积面的水位与流量为汛期运用水位及相应的汛期特征流量（例如造床流量），汛期运用水位与原河床纵剖面的交点，作为回水末端初始淤积起点，如淤积发展到这一点的上游，则水库淤积出现了翘尾巴现象。河床纵剖面最上游淤积点至此点的高程差称为**翘尾巴高度**，至此点的水平距离称为翘尾巴长度（图 10.9），这种取法自然只具有人为约定的意义。

图 10.9 为水库已达到淤积平衡的极限情况。原河床比降及淤积平衡比降分别为 J_0 及 J_c；水库淤积前汛期运用水位下的坝前水深为 H；淤积后相应于造床流量的平衡水深为 h_c；翘尾巴高度及长度分别为 Δy_* 及 ΔL_*；汛期运用水位线与原河床纵剖面交点至坝身距离为 L_0，河床最上游淤积点至坝身距离为 L_c，由图 10.9 中所示几何关系，可得

$$J_0 = \frac{\Delta y_* + H}{L_c} = \frac{H}{L_0} \quad (10.5)$$

故

$$\frac{L_c}{L_0}=\frac{\Delta y_*+H}{H} \quad 或 \quad \frac{\Delta L_*}{L_0}=\frac{\Delta y_*}{H} \tag{10.6}$$

由此可见，如果将 $\Delta L_*/L_0$、$\Delta y_*/H$ 分别看成翘尾巴相对长度和相对高度，则它们是完全相等的。

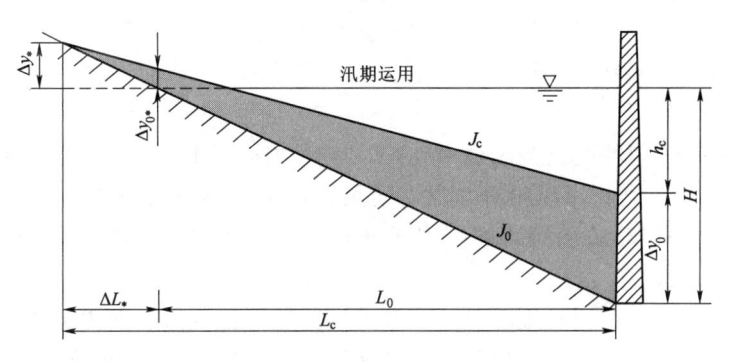

图 10.9　水库淤积翘尾巴计算模式

考虑到 $J_c=\dfrac{\Delta y_*+h_c}{L_c}$，用式 (10.5) 中前一等式相减，可得

$$J_0-J_c=\frac{H-h_c}{L_c}$$

再和式 $J_0=H/L_0$ 相比，即得

$$\frac{L_c}{L_0}=\frac{1-\dfrac{h_c}{H}}{1-\dfrac{J_c}{J_0}} \tag{10.7}$$

或

$$\frac{\Delta L_*}{L_0}=\frac{\Delta y_*}{H}=\frac{\dfrac{J_c}{J_0}-\dfrac{h_c}{H}}{1-\dfrac{J_c}{J_0}} \tag{10.8}$$

上式表明，翘尾巴相对长度与相对高度是两个无量纲数——相对比降 J_c/J_0 及相对水深 h_c/H 的函数。其中 J_c 及 h_c 均为来水量、来沙量、来沙组成及断面河相系数的函数。故可认为翘尾巴相对长度与相对高度应为原河床比降 J_0、水库壅水后坝前水深 H 和来水量、来沙量、来沙组成和断面河相系数的函数，原则上可通过理论计算确定。由上式可以看出，在给定 h_c/H 的条件下，$\Delta L_*/L_0$ 或 $\Delta y_*/H$ 随 J_c/J_0 的增大而增大；而在给定 J_c/J_0 的条件下，$\Delta L_*/L_0$ 或 $\Delta y_*/H$ 则随 h_c/H 的增大而减小。考虑到 $1-J_c/J_0$ 常为小于 1 的正值，则产生翘尾巴的临界条件应为

$$\frac{J_c}{J_0}\geqslant\frac{h_c}{H} \quad 或 \quad \frac{J_c H}{J_0 h_c}\geqslant 1 \tag{10.9}$$

也就是说，是否产生翘尾巴现象决定于上述相对比降及相对水深之间的对比关系。

相对比降 J_c/J_0 值的变化范围为 $0\sim1$，J_c/J_0 趋于 0 相应于原河床比降很大，而新平衡比降很小。这可能在下述情况下出现：即原河床组成为基岩，推移质及悬移质均处于

次饱和状态，而淤积达到平衡时的床沙组成则为悬移质淤积物。这种情况有利于使 J_c/J_0 值很小，从而使翘尾巴的相对长度和相对高度很小。J_c/J_0 趋于 1 相应于原河床比降较小，而新平衡比降与之接近。这可能在两种情况下出现：一种是原河床组成为粗颗粒卵石，而淤积达到平衡时床沙组成仍为同样的粗颗粒卵石，悬移质在建库前后均处于次饱和状态；另一种是原河床组成为较细的悬移质淤积而成的，而淤积达到平衡时的床沙组成仍为同样的悬移质。这两种情况均有利于使 J_c/J_0 值趋向 1，从而使翘尾巴的相对长度和相对高度趋向无穷大。

相对水深 h_c/H 值的变化范围也为 0~1，前者相应于水库壅水程度无限高，此时 h_c/H 可从式（10.8）中剔除，即相对水深对翘尾巴现象的影响已可忽略不计，当 J_c/J_0 为定值时，翘尾巴相对较远；后者则相应于水库不壅水，此时水库根本不发生淤积，自然不可能出现翘尾巴现象。

分析式（10.8）可以明显地看出，多沙河流的翘尾巴现象一般比少沙河流严重。这是因为在其他条件相同情况下，多沙河流的平衡比降 J_c 要大得多的缘故。另外，还可看出，无论是多沙河流或少沙河流，只要原河床组成与淤积后的河床组成接近相等，则 J_c 接近了 J_0，方程式右侧分母趋向于 0，翘尾巴相对长度及相对高度理论上趋向于无穷大，翘尾巴现象将十分严重。三门峡水库修建后，回水末端以上的黄河小北干流和渭河翘尾巴现象比较严重，主要原因是原河床组成与水库淤积物组成比较接近，因而淤积比降与原河床比降比较接近。另外，有些推移质数量较多的少沙河流，如果原河床组成及水库淤积物组成同属推移质，翘尾巴现象也可能很严重，不过发展比较慢。

还须指出，在考虑翘尾巴现象时，还必须考虑翘尾巴可能达到的最大淤积厚度，即图 10.9 中的 Δy_{0*}。由图 10.9 中所示几何关系，应有

$$\frac{\Delta y_{0*}}{\Delta y_0} = \frac{\Delta L_*}{L_c} = \frac{\Delta L_*}{L_0} \frac{L_0}{L_c} \tag{10.10}$$

将 Δy_0 及已求得的 $\Delta L_*/L_0$、L_0/L_c 有关值代入，经整理后可得

$$\frac{\Delta y_{0*}}{H} = \frac{J_c}{J_0} - \frac{h_c}{H} \tag{10.11}$$

式（10.11）表明了翘尾巴区相对淤积厚度 $\Delta y_{0*}/H$ 与相对比降及相对水深的关系，它同样是随相对比降的增加而增加，随相对水深的增加而减少的。

以上计算公式都是针对图 10.9 中的概化模式导出的。用于分析比较复杂的实际问题时，对一些关键数据的确定必须十分慎重。原河床比降 J_0 应能代表整个河段的平均情况，而且由此得到的河床纵剖面在翘尾巴区应与实际河床纵剖面接近。当不能达到这一要求时，绘制实际河床纵剖面，用图解法推求要可靠一些。平衡比降 J_c 及平均水深 h_c 是另外两个必须慎重选定的数据，它们应根据流量、含沙量及来沙组成，并参考水力条件，确定水库可能达到的平衡状态（是推移质输沙平衡状态，还是悬移质输沙平衡状态）来选定。

10.4 水库排沙及冲刷规律

水库排沙时库区内流态和天然河流不同，因而其泥沙输移规律与天然河流也不相同。

水库特有的排沙及河床冲刷变形过程有**壅水排沙**、**溯源冲刷**以及**异重流排沙**。至于水库敞泄状态下的排沙（常被称为**泄空冲刷**），其输沙机理与天然河道输沙并无本质区别，此处不再展开叙述。

10.4.1 壅水排沙

壅水排沙又称滞洪排沙。蓄清排浑运用的水库，洪水入库时，水库一般采取降低水位运用方式。当入库洪水流量大于泄水流量时，便会产生滞洪壅水。此时，库区流速虽有所减小，但一直到坝前，滞洪期内，整个库区能保持一定的行近流速，水流流态仍属明流，粗颗粒泥沙淤积在库中，细颗粒泥沙则被水流带至坝前排出库外，避免蓄水运用可能产生的严重淤积，这就是壅水排沙。滞洪过程中，入库洪水泥沙过程及水库淤积状态不同，水库壅水排沙过程可能差别很大。

壅水排沙中大洪水的排沙效率一般不如中小洪水高，实际观测表明，这是由于受水流漫滩影响的结果。中小洪水滞洪历时短，因而滩面水深下降快，泥沙未能充分沉降即进入主槽，故排沙效率高。大洪水时由于壅水范围远，漫滩水深大，滞洪历时又较长，因而大量泥沙在死滩上落淤，使得排沙效率显著降低。由此可见，要提高壅水排沙的效率，应对库水位加以控制，尽量使洪水不漫滩或少漫滩。黑松林水库在一般中小洪水时控制在 24h 内很快下泄，使壅水范围只在主槽内或滩面平均高程以下，不致产生大量漫滩淤积，排沙效率可达 100%。

在壅水排沙过程中，如开闸及时，下泄水量大和滞洪历时短，则排沙效率高，反之则低。因为当洪水到来时若不能及时开闸，库水位便将壅高，如果下泄水量小和滞洪时间长，则库水位下降慢，浑水在库内停留的时间长，泥沙就有充分沉降的时间，排沙效率因而降低。泄水设施规模较大的水库，只在大洪水时才产生滞洪作用，一般洪水并不滞洪，这种情况属于泄洪排沙。

10.4.2 溯源冲刷

在水库淤积达到一定量值以后，若库水位下降，使库区某一断面处的水深减小、水面比降变陡、流速加大到足以发生冲刷，则库水位的进一步下降就会使这种冲刷逆流向上发展。这种自下向上发展的冲刷称为**溯源冲刷**。

1. 溯源冲刷现象

溯源冲刷的物理过程，可以概化为图 10.10 所示。图中的 $abcd$ 线为水库前期淤积形成的纵剖面。当库水位从 Z_0 降落到 Z_1 以后，在三角洲顶点 b 处形成很陡的水面比降，水深减小、流速增大，此处河床首先发生冲刷。当三角洲前坡冲刷到 b_1c_1 位置时，水位落差又主要集中在 b_1 附近，此处流速最大，冲刷最为剧烈。但原来集中于较短的 bc_1 段的落差现已分散到较长的 b_1c_1 段，水面比降有所减缓，冲刷强度也有所减弱。随着冲刷向上游发展，冲刷河段越长，落差的集中程度越分散，冲刷强度也

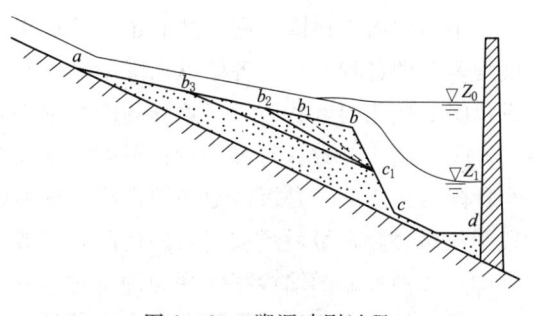

图 10.10 溯源冲刷过程

就越弱，冲刷向上发展的速度也越慢。最后当冲刷河段纵剖面和当时的水沙条件相适应，溯源冲刷过程结束。

2. 溯源冲刷的特点

从很多模型和原型的溯源冲刷过程中，可看到如下几个共同特点和规律：

(1) 溯源冲刷的发展过程及形式。溯源冲刷总是自下游向上游逐渐发展的。如前期淤积呈三角洲形态，开始发生冲刷的位置（起冲点）大多在三角洲顶点附近，但也与地形特点、淤积物形态及其抗冲能力等因素有关。对于锥体淤积，若水位下降到坝前淤积面以下，则溯源冲刷起冲点都从坝前开始向上游发展。随着冲刷向上游发展，冲刷强度逐渐减弱，最后趋于停止。

溯源冲刷的发展形式可能有以下几种情况：

1) 若库水位下降后比较稳定、变化幅度不大，则冲刷的发展以冲刷基准点（图10.10 中 c_1 点）为轴，以辐射扇形的形式向上游发展。

2) 若冲刷过程中库水位不断下降，冲刷便层状地从淤积面向深层发展，同时也向上游发展。

3) 若水库前期淤积有压密的抗冲性较强的黏土层，则在溯源冲刷发展过程中，库区床面常形成局部跌水，如图 10.11 所示。三门峡水库 1970 年 6 月打开底孔后，库水位骤然下降，使库区发生溯源冲刷，但库区前期淤积中有一层耐冲的胶泥，冲刷发展到这个胶泥层时，曾多次出现过跌水，阻碍冲刷向上游发展。在经过洪峰的冲刷以后，跌水现象才消失，然后冲刷继续向上发展。

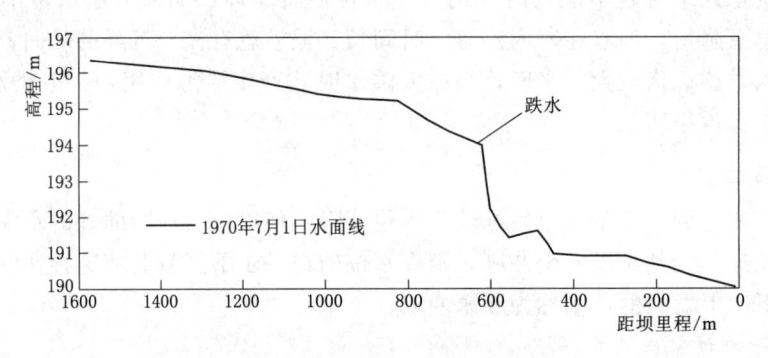

图 10.11 三门峡水库溯源冲刷发生跌水时的水面线

(2) 纵比降变化。当库水位降落以后，常在原淤积面纵比降从缓转陡的转折处，形成一个集中的水面纵比降。溯源冲刷也就从这里开始。溯源冲刷的过程就是这个集中比降的扩展均匀化的过程。最后各处纵比降渐趋一致，溯源冲刷即告结束。河床纵比降也随着水面纵比降的变化而调整。对三角洲的淤积形态，前坡段比降变缓，同时顶坡段比降变陡，逐渐调匀，趋于一致。对锥体淤积形态，坝前漏斗比降变缓，淤积面比降变陡，逐渐调成一个比降。图 10.12 是沉沙池溯源冲刷中床面纵比降变化过程。前坡段比降从陡转缓，顶坡段则从缓转陡，最后形成一致的比降，溯源冲刷即告终止。

(3) 溯源冲刷的输沙率。溯源冲刷过程中的输沙率往往大于常见的由推移质输沙率公式或悬移质挟沙力公式推算的输沙率，其机理层面的原因还没有统一的认识。目前对于溯

10.4 水库排沙及冲刷规津

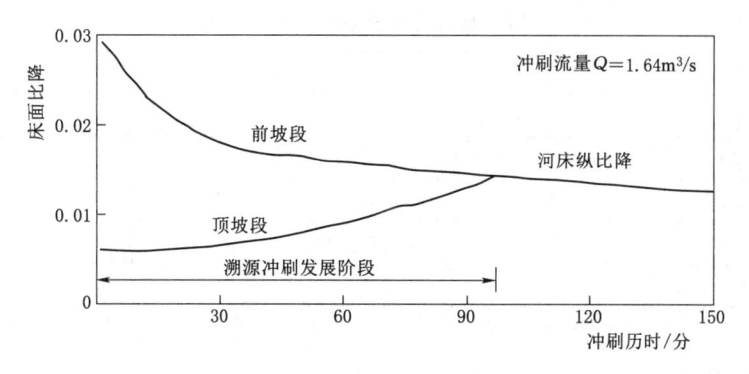

图 10.12 沉沙池溯源冲刷中河床纵比降变化过程

源冲刷输沙率的计算,有些学者提出了基于能量平衡的输沙率公式,也有的提出以床面切应力为主要参数的输沙率公式,另外还有一些经验公式。下面就这三类方法各举一个例子。

曹叔尤（1983）开展了细沙淤积的溯源冲刷试验,并应用悬浮功概念提出了一个基于能量平衡的输沙率公式,即

$$g_s = K \frac{q^2 J}{\omega D} \tag{10.12}$$

式中：g_s 为以重量计的单宽输沙率；q 为单宽流量；J 为河床纵比降；ω 为泥沙沉速；D 为泥沙粒径；K 为冲刷系数,其大小通过因子分析和逐步回归分析法得到

$$K = 0.33 R_d^{0.73} Re^{-0.1} \tag{10.13}$$

式中：$R_d = \omega D/\nu$、$Re = q/\nu$ 分别为含有沉速的沙粒雷诺数和用单宽流量表示的水流雷诺数。

Winterwerp 等（1992）研究阶梯状跌坎的溯源冲刷时,提出了以切应力为主要参数的床沙上扬通量公式：

$$\Phi \left[1 - \frac{\tan(\alpha)}{\tan(\phi)} \right] = 0.012 (\theta^{0.5} - 1.3) D_*^{0.3}$$

$$\Phi = \frac{E}{\rho_s (\Delta g D_{50})^{0.5}}, \theta = \frac{(u_*)^2}{\Delta g D_{50}}, D_* = D_{50} \left(\frac{\Delta g}{\nu^2} \right)^{1/3} \tag{10.14}$$

式中：E 为床沙上扬通量,即单位时间内从单位床面上冲刷外移的泥沙质量；Φ 为其无量纲的表达式；$\Delta = (\rho_s - \rho)/\rho$,$\rho_s$ 为泥沙密度,ρ 为水的密度；θ 为无量纲切应力参数,u_* 为摩阻流速；α 为底坡；ϕ 为休止角；ν 为水的运动黏滞系数。式中修正因子 $[1-\tan(\alpha)/\tan(\phi)]$ 考虑了坡面陡峭时泥沙颗粒失稳对侵蚀速率的影响。

茹玉英等（2000）采用三门峡水库溯源冲刷观测数据,对清华大学、陕西省水利科学研究所等单位提出的 6 个溯源冲刷公式进行验证。这些公式可以统一写成如下形式：

$$Q_{so} = \psi \xi^m Q^n J^p B^q \tag{10.15}$$

式中：Q_{so} 为冲刷段下游断面的输沙率,以 t/s 计；B 为冲刷宽度；ξ 为来沙系数。参数 ψ、m、n、p、q 的取值见表 10.2。

表 10.2　　不同溯源冲刷经验公式的参数取值

公式来源	ψ	m	n	p	q
清华大学水利系 a	180~650	0	1.6	1.2	−0.6
清华大学水利系 b	700~2700	0	1.43	5/3	0
陕西省水利科学研究所	10	0	1.6	1.2	0
水电部第十一工程局	250	0	2	2	0
清华大学水利系 c	143	0.52	2	5/3	0
黄委会规划设计大队	$D_{50}=0.083\sim0.146\mathrm{mm}$ 时，取 1700~2500；$D_{50}=0.037\sim0.068\mathrm{mm}$ 时，取 13000~38000	0.7	$D_{50}<0.045\mathrm{mm}$ 时，取 2；$D_{50}>0.045\mathrm{mm}$ 时，取 1.5	$D_{50}<0.045\mathrm{mm}$ 时，取 2；$D_{50}>0.045\mathrm{mm}$ 时，取 1.5	0

10.4.3　异重流排沙

两种或两种以上的流体相互接触，其密度有一定的但是较小的差异，如果其中一种流体沿着交界面的方向流动，在流动过程中不与其他流体发生全局性的掺混现象，这种流动称为异重流。在水库中，引起流体密度差异的最普遍原因是入库水流携带的泥沙含量不同。在一定条件下，异重流可以流到坝前，若及时开启排沙底孔闸门，异重流浑水即能排出库外。此时如站在坝顶，就能看到库面清澈如镜，而泄水孔却浑流翻滚，这就是水库异重流的排沙现象。

在北方多沙河流上的很多中小型水库，包括有些大型水库，洪峰陡涨，而泄水孔不大，异重流到达坝址后只有部分浑水能及时排出库外，其余大部分将在清水下面滞蓄，形成一个浑水水库。利用水库异重流，可以在蓄存清水、保持一定水头的条件下排泄入库浑水。这样既能蓄水、又能排沙；既能使近期保持较高的兴利效益，又能减少水库淤积、延长水库使用时间，增加长期效益。因此异重流排沙是水库排沙减淤的一种重要方式。

异重流排沙的特点是，开始时排出的水流含沙量大，排沙效率高，但经一定时间洪峰降落后，含沙量逐渐下降，排沙效率也随之降低。因此，为提高异重流排沙效率，当异重流到达坝前时，应及时开闸，并加大泄量，洪峰降落后则应逐渐减少泄量。

黑松林水库异重流排沙的 7 次观测结果表明，进库沙量为 95.39 万 t，排走沙量为 58.27 万 t，平均排沙效率为 61.2%，最高可达 91.4%，但这属于排沙比较高的情况。三门峡水库有些年份的异重流排沙比仅为 6%~9%，可见变幅是很大的。异重流排沙效果不仅与入库水沙条件、库区地形以及排沙底孔启闭状态有关，还与前期是否存在浑水水库有关。例如 2003 年 8 月 2—14 日，小浪底水库入库洪水过程造成坝前出现浑水水库，平均入库含沙量为 85.4kg/m³，出库含沙量为 1.09kg/m³；9 月 6—18 日进行了调水调沙试验，期间平均入库含沙量为 13.1kg/m³，出库含沙量为 42.7kg/m³，相当于进库含沙量的 3.26 倍，这是由于异重流将入库泥沙与上次洪水过程形成的浑水水库中的泥沙一起排走造成的。

10.4.4　水库排沙比

水库排沙比是指一段时间内排出水库的泥沙与同期入库沙量之比。与之相对的一个概念是拦沙率，即淤在水库的泥沙与同期入库沙量之比。显然排沙比与拦沙率之和应为1。

比较有代表性的拦沙率曲线是 Brune 曲线和 Churchill 曲线，如图 10.13 所示。下面的横坐标为库容 V 与年水量 W 的比值，称为调节系数，图中绘出的 Brune 曲线是按照这一坐标系统绘制的。上面的横坐标为所谓沉积指标的无量纲参数 $K=(V^2/Q^2L)g$，其中 L 为平均库水位时的回水长度，g 为重力加速度。V/Q 可视为滞留时间，$Q/V/L=Q/A$ 可视为平均流速。沉积指标是两者的无量纲比值。图中的 Churchill 曲线是按这一坐标系统绘出。Brune 曲线用于大水库或正常运用水库，Churchill 曲线用于沉沙池、小水库、拦洪堰、半干旱的水库及连续排水水库。

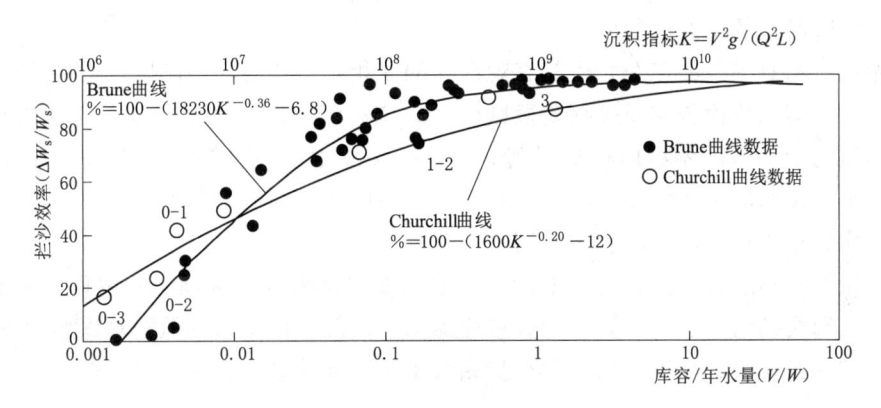

图 10.13 Brune 与 Churchill 拦沙率曲线

焦恩泽（2004）提出了既能用于壅水排沙，也能用于敞泄排沙的排沙比（η）公式，即

$$\eta = K \left[\frac{Q_{\text{out}}}{Q_{\text{in}}} \frac{Q_{\text{out}} J^2}{Q_{\text{in}}^{2/3} S_{\text{in}}^{1/3}} \frac{Q_{\text{out}}}{V} \right]^m \tag{10.16}$$

式中：Q_{in}、Q_{out} 分别为入库和出库流量；S_{in} 为入库含沙量；J 为水面纵比降；V 为库容，亿 m^3。当壅水排沙时，$\eta<1.0$，$K=0.4635$，$m=0.6155$；当敞泄排沙时，$\eta \geqslant 1.0$，$K=0.6274$，$m=0.3361$。

10.5 水库淤积平衡与淤积估算

水库淤积的发展，最终导致淤积的终止而进入平衡。但是水库淤积平衡是逐步到达的，往往有一个相当长的过程，中间没有截然的分界点。

10.5.1 水库淤积的相对平衡

水库淤积平衡按河床形态可分为纵向平衡（纵剖面达到平衡）与横向平衡（横断面达到平衡），按泥沙输移分为悬移质输沙平衡与推移质输沙平衡。

根据水库淤积和大量冲积河道资料，水库淤积的相对平衡过程一般是很长的，过程中各阶段分界点往往并不明确，但可以较明确地确定三个转折点（韩其为，2003）。第一个转折点是淤积体到达坝前（例如三角洲淤积体顶点到达坝前，或锥体淤积体在坝前已停止升高）。主槽累积淤积已经不明显，但冲淤变幅还较大。第二个转折点是库槽纵剖面基本已达到了悬移质输沙平衡，河势已经较稳定，而且表层悬移质淤积物已经粗化完毕，并且开始有细颗粒推移质出库。但是此时横断面尚未达到平衡，洪水时在滩面仍会发生淤积。第三个转折点是入库推移质已经能全部出库，即达到了推移质输沙平衡。河床将进一步粗化，糙率增大，纵比降有显著增大，而横剖面一般也在接近平衡。这三个转折点，将水库淤积分为四个阶段：从空库开始至第一个转折点为淤积阶段；第一个转折点至第二个转折点为悬移质淤积初步平衡阶段；第二个转折点至第三个转折点称为悬移质淤积平衡阶段；第三个转折点以后的阶段称为推移质淤积平衡阶段。除第一阶段外，后三个阶段均属于平衡阶段，此时河道的属性已很强。

水库淤积相对平衡的三个阶段是客观存在的。相对平衡的第一阶段（悬移质初步平衡阶段）较短，第二阶段悬移质平衡阶段则较长，第三阶段因为一般河流的推移质数量少，达到推移质输沙平衡需要经历很长时间。因此，实践中往往将第二阶段即悬移质平衡阶段，作为水库淤积的平衡阶段。当然，对于某些山区河流的低水头引水枢纽，则取第三阶段作为水库淤积相对平衡阶段较为恰当。

水库淤积达到悬移质淤积初步平衡后，累积性的淤积进行很慢，一般以滩库容淤积、淤积物密实和交换粗化引起的淤积物容重增加为主。但是在年内则随着水库运用方式的差别，有一定冲淤变化，相应的出库含沙量相较于进库含沙量也会发生一定调整。

10.5.2 保留库容及平衡比降

1. 保留库容

当水库冲淤发展达到平衡状态以后，进出库沙量在一定时期内维持平衡，库容损失已达最大值，正常高水位或某一设计标准滩面以下滩库容全已淤满，这时所保留下来的可供长期使用的库容，就是**保留库容**，也称为终极库容。

保留库容的存在是以库区的冲淤规律为依据的。在"淤积一大片，冲刷一条线"规律的作用下，只要水库运用适当，库区就会形成高滩深槽的冲淤形态，就可以最大限度地保留部分库容，供长期使用。

2. 平衡比降

平衡比降指输沙平衡时的河床纵比降，即水沙条件与河槽形态是互相适应的，河槽处于动态平衡状态。对于水库平衡比降的规律存在着两种看法。一种认为平衡比降的规律可分为"（由）冲刷（达到）平衡"和"（由）淤积（达到）平衡"；另一种认为平衡比降的规律不论由冲刷还是由淤积达到平衡，其规律是一样的，即最终的平衡比降与河床组成是相同的。由于库区冲淤平衡时形成高滩深槽形态，库区平衡比降也分为主槽平衡比降和滩面平衡比降。主槽平衡比降的计算方法与天然河道中类似，而滩面平衡比降可以近似认为和主槽平衡比降相等或乘以一个小于1的系数，从而得到滩面的平衡比降小于主槽平衡比降。

此外还须看到，库区的泥沙运动有悬移质和推移质之分，因为两种运动具有不同的规律，因而就会要求不同的平衡比降值。所以在估算平衡比降值时，还须判别哪一种泥沙运动在造床中起着主要作用。

10.5.3 水库极限状态估算

谢鉴衡等（1990）早期提出了根据水库淤积的极限状态来略估水库的淤积量、淤积年限及淤积过程的方法。水库淤至输沙平衡状态时，其形态将转化为接近天然河道。可通过联解水流连续公式（3.5a）、水流阻力公式（3.5b）、水流挟沙力公式（3.5c）及河相系数公式（3.3）来计算。公式中的 Q 应为造床流量或汛期平均流量，其他自变量均取与 Q 相对应的值。

在有些情况下，库身宽度较窄，无须通过淤积加以调整，则上述公式中的河相系数应予舍弃。此时，河宽 B_c 可取为定值，联解其余3个基本方程式所得到的纵比降和断面平均水深的关系式为

$$J_c = \frac{n^2 B_c^{0.5} S^{0.82/m} \omega^{0.83} g^{0.83}}{K^{0.83/m} Q^{0.5}} \tag{10.17}$$

$$h_c = \frac{K^{0.25/m} Q^{0.75}}{B_c^{0.75} S^{0.25/m} \omega^{0.25} g^{0.25}} \tag{10.18}$$

已知 J_c、B_c、h_c，按汛期运用水位将淤至平衡状态的纵横剖面绘制在图10.14中。图中▽1为正常蓄水位，▽2为汛期运用水位。由图10.14所示几何关系，容易求得水库淤至平衡状态时的总淤积体积及最终保留下来的槽库容。

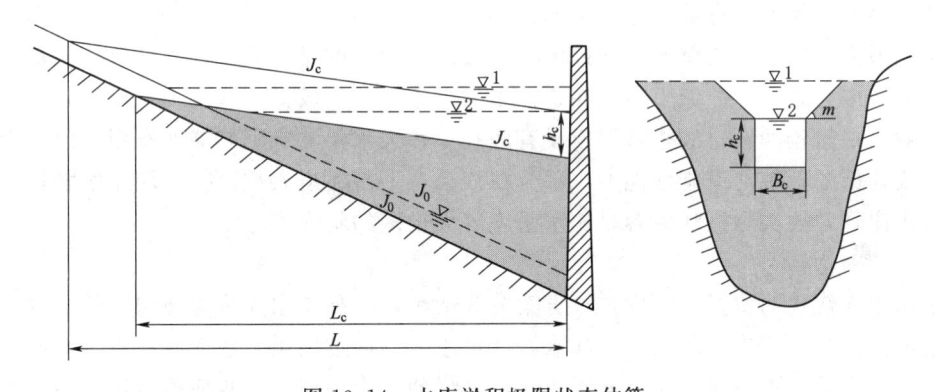

图10.14 水库淤积极限状态估算

10.6 水库淤积防治

针对水库淤积问题，过去比较普遍的甚至是唯一的处理泥沙的办法，是在水库规划设计时，预留一个死库容堆沙。认为入库泥沙，都淤在堆沙库容内，这样来确定水库淤积年限。实践证明，这种处理泥沙的办法是违背水库淤积的客观规律的，在许多情况下也是不符合经济原则的。因为水库淤积是由回水末端开始，以一定的纵比降，向上下游发展。所以在堆沙库容远未淤满以前，有效库容可能已经被侵占了一部分。另外，当入库沙量较大时，使得堆沙死库容亦很大，相应增加水库投资，使兴利效益相对降低（但是对于多沙河流水库而言，堆沙库容拦沙和减小下游淤积的作用也视为一部分效益，其合理大小需通过综合效益分析确定）。同时，堆沙库容淤满年限还是很有限的。因此，采用预留库容堆沙

处理泥沙的办法，不能长期解决水库淤积问题。多年的水库泥沙治理实践中总结出的有效管理策略主要包含三个方面：一是减少上游来沙；二是减少泥沙输移过程中的淤积；三是恢复被泥沙侵占的库容。

10.6.1 泥沙的拦截与合理利用

泥沙入库以前，通过水土保持措施，把泥沙拦截在水库上游产沙区，减少入库泥沙，是防止和减少水库泥沙淤积的最根本的办法。对于流域面积不大的中小型水库，水保工作规模不大，且能与治山造田的农业措施结合起来，容易实施容易收益。对于流域面积很大的水库，水保工作也是有效的，只是由于面积大，短期内全面实施比较困难，必须坚持不懈地、有计划有步骤地推进水保工作，从根本上解决泥沙淤积问题。

除开展水土保持工作外，还可根据河流和地形的特点，因地制宜地采取其他拦泥措施，以达到最大可能地减少入库泥沙，这些措施具体如下所述。

1. 淤地坝或拦沙堰

淤地坝是指在水土流失地区各级沟道中，以拦泥淤地为目的而修建的坝工建筑物，其拦泥淤成的地叫坝地。淤地坝总库容一般不大于 500 万 m^3，坝高不大于 30m。淤地坝包括坝体、溢洪道、放水建筑物"三大件"，其主要功能为抬高沟道侵蚀基准面、防治水土流失、滞洪拦泥淤地，在减少入河泥沙、合理利用水资源、建设高产稳产的基本农田、促进当地社会经济等方面有着十分重要的意义。

淤地坝主要修建在沟壑发育的地区，拦截洪水挟带的悬移质泥沙。对于拦截粗沙、卵石，以拦沙堰为好。拦沙堰多布置在来沙多的支流上，坝较低，库容不大。为延长使用年限，一般只拦粗粒沙石，故拦沙堰常设有底孔。在大水年并有削峰滞沙作用。由于削减了洪峰，故降低了下游河道排沙能力，部分泥沙会在下游河道淤积。拦沙堰库区淤积比降接近原河床比降，故实际拦沙库容是比水平库容大很多的斜库容。

2. 绕库排沙

根据水库修建的位置，绕库排沙方案分为两种：一种是水库修建在河流的一侧，另开引水渠把河流与水库连接起来，当河水含沙量小时，通过引渠引水入库；当洪水期河水含沙量大时，则沿河道下泄，避开河水入库，这样便大大地减少了水库的淤积；另一种是水库修建在河流上，在水库旁侧开辟一条专门用于排沙的管道或隧洞，管道上游设在水库库首，下游设在水库坝下，使泥沙不经过大坝直接排往坝下游河道。

3. 水库泥沙资源利用

在多沙河流上，不仅要采取有效措施，拦截泥沙，还要在水库的上下游广泛开展"引洪淤灌，用洪用沙"的积极措施，把拦沙与用沙结合起来，变沙害为沙利。在洪水挟带的泥沙中有粗有细，对于改良土壤结构和改造盐碱地是十分有利的。洪水和泥沙中又含有大量的氮、磷、钾和有机肥料，对扩大肥源增加土地肥力也是十分有利的。因此，用洪用沙，引洪淤灌，对发展农业生产会起到很大作用。实践证明，凡是利用洪水淤灌的土地，农业产量都有大幅度的增长。

黄河水利委员会提出了水库泥沙资源利用架构，根据泥沙粒径的不同分别利用。对于淤积在水库库尾的粗沙，在严格管理和科学规划的前提下，可以直接用挖沙船挖出，作为建筑材料应用；对库区中间部位的中粗泥沙，可通过一定的清淤技术将泥沙输送至合适场地沉沙、分选，粗泥沙直接作为建材，细泥沙淤田改良土壤，剩余泥沙制作防汛大块石等（江恩慧等，2017）。

10.6.2 水力排沙

在水库的规划设计中，应根据具体情况，采取不同的水库调度运用方式，并配置相应的泄流排沙设施，进行水力排沙，以减少水库淤积。水库排沙方式有三种：滞洪（也称壅水）或泄洪排沙、异重流排沙、泄空冲刷。

1. 壅水排沙

壅水排沙方式弃水量大，并不是可以自由采取的。在有些情况下问题可能不大，但在另一些情况下则应考虑水资源的充分利用。例如将壅水排沙同灌溉用水紧密结合起来，积极开展引洪淤灌，将排泄的洪水充分地加以利用。黑松林水库下游灌区一再扩大引水工程，增大引洪能力，充分利用了水库壅水排沙的弃水，为发展农业生产作出了贡献。

为了尽可能提高排沙效果，同时又尽可能减少弃水量，应充分利用上述壅水排沙的特点，即当洪水初发时，排沙效率最高，应及时开闸，并尽可能加大泄量；当经过一定时间以后，排沙效率已下降，此时应减小泄量，以节省弃水量。

2. 异重流排沙

异重流排沙不需要泄空水库，排沙前后均能蓄水。异重流排沙效果与洪水流量、含沙量、泥沙粒径、库区地形、开闸时间和底孔尺寸及高程等因素有关。如洪水流量大且历时长，则能保证异重流能持续运动到坝前，排沙效果好。入库洪水含沙量大，粒径细，则泥沙不易沉降，排沙效果好。此外，库区地形比较平顺，无急剧复杂的变化，且库底存在深槽，比降大，回水短，则异重流不易扩散掺混，能继续保持流动，排沙效果好。开闸及时，泄量大，且底孔高程低，排沙效果也好。

小浪底水库调水调沙即利用了水库异重流排沙原理。水库调水调沙的关键是能否准确预测水库异重流的传播过程，从而在合适的时间打开排沙底孔，尽可能提高排沙比。实现这种预测需要依靠水沙动力学模型，但该预测技术存在三大难点：①异重流潜入点的动态判别；②库区干支流倒回灌的影响；③明流与异重流控制方程求解过程的耦合。

夏军强和王增辉（2019）提出的水库明流与异重流耦合模型，解决了上述三个技术难点并实现了小浪底水库调水调沙的全过程模拟。对于第一个难点，提出了以潜入点弗劳德数与体积比含沙量关系表达的异重流潜入点判别条件。对于第二个难点，采用零维水库法和考虑支流底坡影响的异重流倒灌公式分别处理清水回灌与异重流倒灌计算。对于第三个难点，首先通过理论推导确定了异重流控制方程中由于清水层表面梯度和清浑水层间掺混作用引起的附加源项，然后提出了明流控制方程与异重流控制方程的交替求解流程。

3. 泄空冲刷

对于某些允许泄空的水库，可以在年中的特定时间或经过数年之后间歇性地泄空水库来集中排沙。在水库泄空过程中，回水末端将逐渐向坝前移动，因而原来淤积的泥沙也将因回水的下移而发生冲刷，特别是在水库泄空的最后阶段突然加大泄量，则冲刷效果将更加显著。泄空排沙的过程中往往出现溯源冲刷，其发展过程特点在10.3节已讲过。

10.6.3 机械清淤技术

利用水力排沙都要在不同程度上消耗较多的水量，对于水资源短缺的干旱地区来说，常常为了确保水量而不容许排沙，产生蓄水与排沙的矛盾。此外，有的水库由于没有底孔设施，库内淤积的底层泥沙，不可能采用上述排沙方式。为此，可以采用机械清淤的措施进行排沙。

1. 虹吸清淤装置清淤

该方法是利用水库上下游水位落差为动力，通过由操作船、吸泥头、管道、连接建筑物组成的虹吸清淤装置进行清淤（闫振峰等，2019）。排出浑水的含沙量一般为100～150kg/m³，最大可达700kg/m³以上。其主要优点是，不需泄空水库，不必专为清淤消耗水量，清淤不受来水季节限制，可以结合各季灌溉常年排沙。较以下三种清淤措施经济，缺点是清淤范围局限在坝前一定范围内。

2. 气力泵清淤

气力泵清淤装置是以压缩空气为动力的清淤设备。主要组成部分为泵体、压缩空气分配器、空气压缩机。其原理是由静水压力将泥浆压入泵体，然后利用压缩空气的力量，把泥浆推出泵体（刘增辉等，2020）。其优点是磨损小、维修方便、排泥浓度高、适用范围广，可以结合抽水灌溉排沙，较挖泥船清淤经济。其缺点是，受管道长度限制，只能清理坝前一定范围或水库的局部淤积。

3. 射流冲吸式清淤

该技术的原理是将从船上清水泵来的压力工作水，一部分通过冲沙喷头将库底泥沙冲成泥浆，另一部分通过喷嘴形成高速射流，在吸入室内产生压差，将泥浆吸入；射流与泥浆在喉管内混合，通过扩散管高速喷出，在水下形成泥浆潜流；最终将细颗粒泥沙输送到排沙洞入口附近，在水库调水冲沙时排到下游（陆宏圻等，2011）。

4. 挖泥船清淤

挖泥船清淤主要是利用装有绞刀、耙头、吸头、抓斗等设备的挖泥船，在水库某一区进行清淤（曹文洪和刘春晶，2018）。其优点是机动性好，不受水库调度影响，耗水量少，可以常年排沙。其缺点是深水不便于应用，成本及管理费用较高。

10.6.4 生命周期管理法

前述各种清淤技术都是从工程角度提出的措施，没有回答开展泥沙淤积管理产生的额外成本对于延长水库寿命是否值得。1999年12月，世界银行启动了一个名为RESCON（REServoir CONservation）的工作计划，该计划提出了水库的"生命周期管理法"，旨在从可持续利用的角度来设计和管理水利基础设施，并提供了RESCON模型作为管理方案评估的工具，该模型2017年发布了第二版。RESCON模型考虑了冲沙、水力虹吸抽沙、挖泥船挖沙、干挖四种清淤技术，采用优化控制理论对每种清淤技术进行经济优化，计算出其净现值，目的是使每种技术都能获得最大净收益。最终的解决方案分为两类：一是水库永远不会被淤满；二是水库的基本功能在有限时间内消失。对于前一种情况，模型会给出具有最大净收益的首选清淤技术；对于后一种情况，模型可计算水库达到其最优寿命之前每年需要为拆坝投入的资金，这部分资金被称为退役基金。

从"万里黄河第一坝"的三门峡水库，到"国之重器"三峡工程，我国水利工作者潜心研究、不断实践，成功解决水库泥沙淤积问题，使中国水电建设走出一条技术引进、消化吸收、再创新的自主研发之路。

第 11 章 水库下游的河床演变

冲积河流上修建水库以后，会改变坝下游河道的水沙输移特性，引起再造床过程。在来水方面，主要表现为洪峰流量减小，枯水流量增大，以及径流的年内和年际间的流量变幅减小；在来沙方面，主要表现为下泄沙量减少，下游河道的水流含沙量显著降低。坝下游的再造床过程，主要包括河床的一般冲刷，河床纵剖面、平面及断面形态的调整与河型转化。此外，本章还重点介绍坝下游河道的崩岸情况，并简述河岸稳定性的计算方法。

11.1 水库下游河道的水沙输移特点

水库修建改变了坝下游河道的水文过程。在来水方面，主要表现为洪峰流量减小，中水流量持续时间增加，枯水流量增大，年内和年际间的流量变幅减小，以及接近恒定流状态的流量持续时间增长。具体到三峡水库和小浪底水库（表 11.1），就平均情况来说，洪峰流量削减最为明显，建库后为建库前的 80% 和 77%；出现概率超过 5% 的洪水流量在建库后减少约 3% 和 5%；枯水流量则变化更大，出现概率超过 95% 的流量分别增加 28% 和 68%。

表 11.1　三峡和小浪底水库坝下游水文站建库后与建库前特征流量的比值

水文站 \ 建库后与建库前比值	年均流量	洪峰流量	$P \geqslant 5\%$ 的洪水流量	$P \geqslant 95\%$ 的流量
三峡水库（宜昌站）	0.96	0.80	0.97	1.28
小浪底水库（花园口站）	0.98	0.77	0.95	1.68

图 11.1 给出了三峡水库下游宜昌站和小浪底水库下游花园口站多年平均的月均流量。一方面，受水库防洪调度的影响，主汛期水库下游洪峰流量明显削减，月均流量相应降低；另一方面，由于水库的补偿调度，非汛期流量较天然情况略有增加。例如，三峡水库蓄水前后进入下游河道的年均流量差异较小，未出现明显降低，仅减小 4%。但由于水库汛期实施防洪调度，宜昌站 7 月的平均流量由蓄水前（1950—2002 年）的 30024m³/s 减小到蓄水后（2003—2020 年）的 27377m³/s；2 月平均流量则由 3837m³/s 增加到 5853m³/s。小浪底水库的运用，同样改变了进入黄河下游河道的水文过程。由于进入黄河下游水量整体有所减小，故花园口站的非汛期流量较蓄水前（1950—1999 年）偏小；但汛期洪峰流量削减显著，花园口站 8 月的平均流量由蓄水前的 2545m³/s 减小到蓄水后（2000—2020 年）的 965m³/s，日均流量大于 4000m³/s 的天数由蓄水前的 15.9 天/年减小为 3.6 天/年。

在出库沙量方面，主要变化为大量泥沙被水库拦截，下泄沙量剧减。图 11.2 为长江

第 11 章 水库下游的河床演变

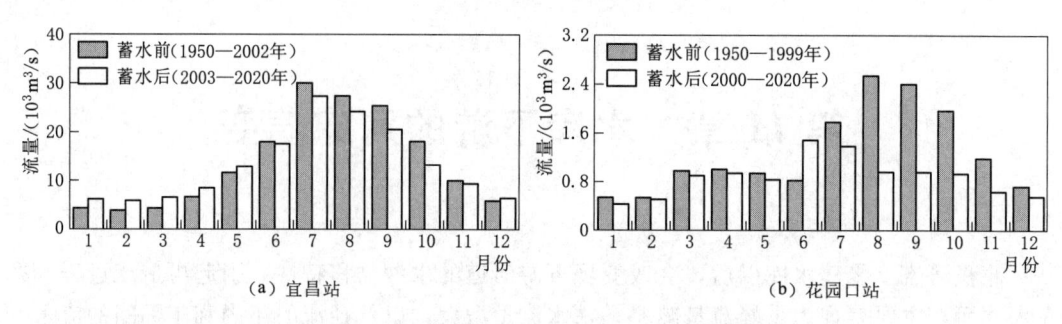

图 11.1 水库蓄水前后进入坝下游河道的月均流量变化

三峡水库和黄河小浪底水库的出库含沙量情况。由图 11.2 可见,建库后宜昌站和花园口站含沙量减少到不及建库前的 1/10 和 1/6。造成坝下游河道含沙量显著降低的原因,除了由于水库拦蓄作用使出库水流含沙量显著减少外,还与下游河道的沿程补给条件和水流挟沙力的变化有关。就冲泻质而言,虽然水流挟带这部分泥沙的能力很大,基本上都能向下游输送,但是由于这部分泥沙大量被水库拦蓄,而下游沿途又无足够的补给,因而其含量显著减少。就床沙质而言,虽然河床中不乏这样的泥沙,水流可以得到充分的补给,但由于水库的削峰作用使下泄流量调平,加之下游河床粗化、纵比降减缓以及流速降低,使水流挟沙力较建库前降低,因而导致建库后下游含沙量的显著降低。综上所述,建库后坝下游河道的含沙量,不论是冲泻质还是床沙质,一般都是逐年减少的,但它们的变化性质有所不同。冲泻质的减少在建库的初始阶段马上就会体现出来,床沙质的减少则一开始比较小,在离水库较远的地方甚至不易察觉,但随着时间的增长,这一现象也会越来越明显。

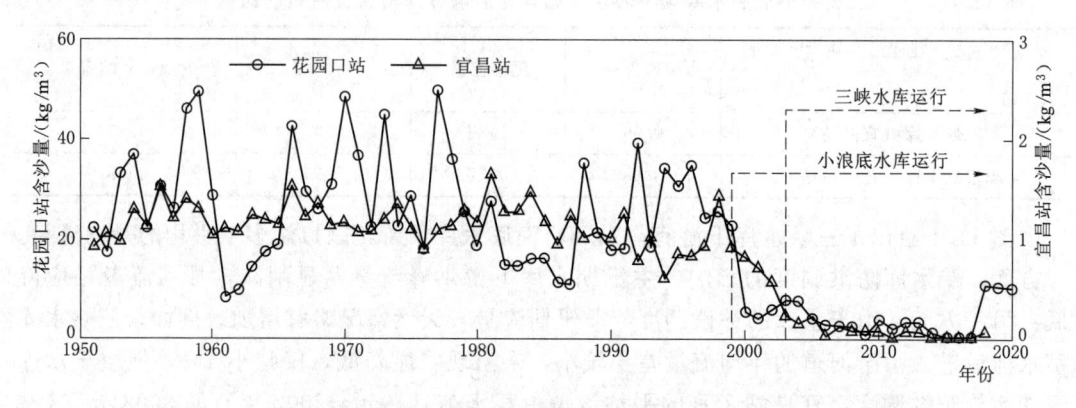

图 11.2 三峡水库和小浪底水库蓄水前后坝下游河道年均含沙量的逐年变化

下面以三峡水库下游河道为例,分析含沙量沿程恢复情况。由图 11.3 可知,2003—2017 年长江中游各水文站的多年平均输沙量依次增加,可见含沙量沿程恢复,主要是由于沿程床沙的补给、支流入汇等影响。可以看出,三峡水库蓄水后(2003—2017 年),长江中游河段细沙(小于 0.125mm)沿程恢复较慢,以监利站以下恢复为主;而不小于 0.125mm 的粗沙总体恢复速率较快,且在监利站恢复程度达到最大,这主要是由于河床中粗沙所占比例较高。

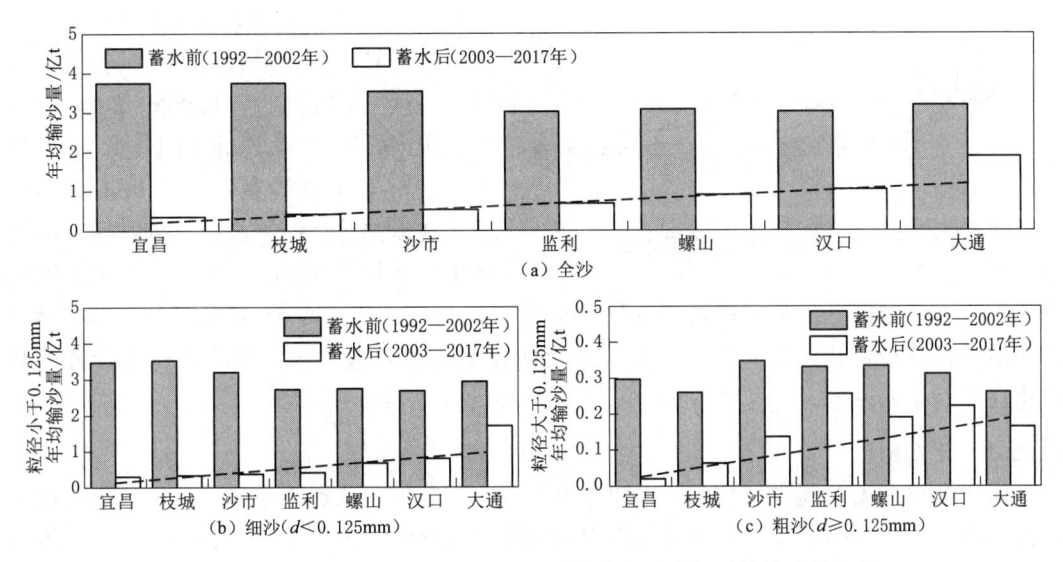

图 11.3 三峡水库蓄水前后长江中游各水文站多年平均输沙量变化

11.2 水库下游河道的再造床过程

11.2.1 河床的一般冲刷

当水库下泄清水或低含沙量水流时，坝下游河床将发生自上而下的普遍冲刷；当水库淤满后下泄浑水时，则将发生自上而下的普遍淤积，这是坝下游河床演变的一个普遍现象。上述河床演变是由于水库的调蓄作用改变天然河道的来水来沙条件所引起的。在水库蓄水运用初期，由于库区发生淤积，下泄水流的含沙量已大为减少，或只挟带不能参与河床交换的细颗粒泥沙（冲泻质），有时甚至是基本上不挟带泥沙的清水。因此，为了满足下泄水流挟沙能力的要求，便从下游河道的河床上冲起泥沙，直至达到饱和状态之后，河床冲刷才会停止。在水库运用的后期，当库区淤积已基本上达到相对平衡阶段时，库区河道恢复了原来天然河道性质，则下泄水流所挟带的泥沙数量也恢复到原来的天然情况。此时下泄水流不仅不需要从河床上冲起泥沙，而且恰恰相反，由于河床遭受冲刷使比降调平之后，水流挟沙能力较自然情况下为低，还将发生自上而下的沿程淤积。另外，即使水库尚未淤满，但运用方式由蓄水运用改为蓄清排浑运用，下泄水流也将挟带大量泥沙，下游河道同样会出现上述普遍淤积现象。

观测资料表明，坝下游河道的一般冲刷是自上而下逐渐发展的，距坝越近冲刷越大，距坝越远冲刷越小。此外，一般冲刷通常呈现长距离发展现象，其冲刷距离往往长达几十千米甚至几百千米；其发展距离与下泄流量有关，流量越大，冲刷能力越强，冲刷距离越长。一般冲刷的发展速度视不同河床组成而异。卵石夹沙组成的河床，其冲刷发展十分迅速，如官厅水库下游河道仅二三年便完成冲刷达到相对稳定；细沙组成的河床，起始阶段的冲刷过程也十分迅速，以后才逐渐减缓，直至达到相对平衡。关于下游河道沿程冲刷距离较长的原因，主要在于悬沙的恢复效率较低。单位时间内，水流从河床上攫取泥沙的数

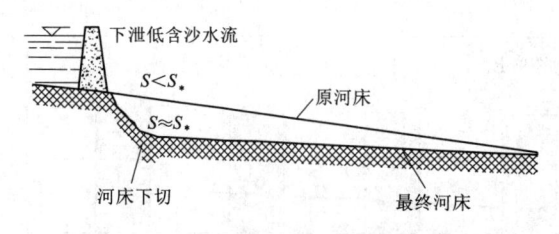

图 11.4 坝下游河床纵剖面形态调整

量有限，欲从次饱和状态达到饱和状态，需行进较长距离。以长江为例进行简单估算，三峡工程运用后（2003—2020 年），长江中游河段平均水流挟沙力约为 0.5kg/m^3，而含沙量在 0.1kg/m^3 左右。断面地形法统计结果表明，该时期中游河床平均下切约 1.5m，则平均下切速率仅为 0.08m/a。根据悬沙不平衡输移方程 $[\partial S/\partial x = -\alpha\omega(S-S_*)/q]$，从恢复饱和系数 α 的角度进行分析，其量级为 $10^{-1}\sim10^{-2}$，经估算水流达到饱和含沙量状态所需行进的距离也在几百千米以上。

11.2.2 床沙粗化

河床粗化现象是逐步产生的，当粗化发展到一定程度，床面上聚集了一定数量的粗颗粒时，将形成抗冲保护层，此时河床冲刷和粗化现象便基本停止。抗冲保护层的主体部分，是由起动流速较当地流速为大的粗颗粒组成。在粗颗粒的缝隙中，由于其掩蔽作用而存在着相当数量处于稳定状态的细颗粒，其起动流速往往远较当地流速为小。在保护层的底层，则含有大量受到保护层保护的细颗粒泥沙。水库下游河道由于清水冲刷河床发生粗化，河床粗化现象可分为三种类型：

（1）河床表层为细沙，下层为卵石层。当表层细沙被冲走，卵石层露头后，河床急剧粗化，河床下切也受到抑制。黄河下游孟津出峡谷处下游河段的河床表层物质较细，但在河床深处则存在着一个坡降为 8‰的卵石层。当水库下泄清水以后，卵石层或因表层泥沙的冲刷下移而开始出露，这时河床就会发生急剧的粗化现象，当地的河床下切也会随之而完全受到遏制（黄河地貌小组，1976）。美国胡佛坝下游河道同样存在类似情况，下泄清水一年后下游 1.6km 处的床沙粗化现象是十分显著的 [图 11.5 (a)]。

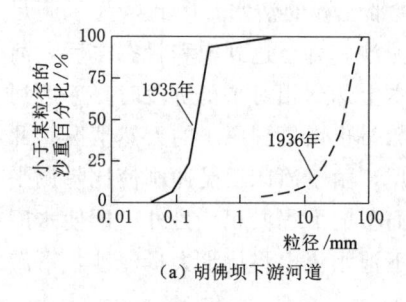

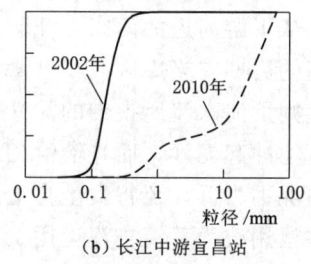

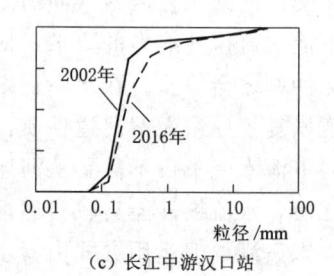

图 11.5 河床粗化现象的三种类型
（a）胡佛坝下游河道　（b）长江中游宜昌站　（c）长江中游汉口站

（2）卵石夹沙河床在冲刷过程中，卵石不能被水流带动，聚集在河床表面，形成抗冲粗化层。图 11.5 (b) 是三峡水库下游卵石夹沙河段（宜昌站）的粗化情况。水库的调节作用削弱了下泄洪峰流量，较大颗粒卵石已不再能被水流冲动，在床面聚集成层，增强了河床的稳定性。

（3）细沙河床由于水流的拣选作用和粗颗粒落淤而发生粗化。三峡水库下游河道在冲刷过程中全河均有粗化现象。上游河段河床粗化主要是由于水流的分选作用；下游河段在冲刷过程中，由于水流的分选作用，细颗粒比粗颗粒冲走得多，同时还由于冲积河流纵比降上陡下缓，沿程比降逐渐减小，水流从上游河段带来的部分较粗颗粒的泥沙落淤下来，通过悬沙与床沙的交换而发生粗化。例如，在三峡水库下游城汉河段，2003—2015 年间小于 0.125mm 泥沙的平均冲刷量约为 400 万 t/a，而大于 0.125mm 泥沙的淤积量为 517 万 t/a，导致床沙发生粗化。图 11.5（c）给出了三峡大坝下游城汉河段汉口站的床沙粗化情况，总体上粗化程度较小。

11.2.3 河床纵剖面形态调整

水库下泄清水以来，下游河道的调整总方向是要降低河槽的挟沙能力，使能与上游来沙量大幅度减少的情况相适应。如果河床组成物质粗化到有可能形成抗冲粗化层，则挟沙能力的调整主要通过河床粗化作用来完成，纵比降的调平一般不明显；如果河床不足以形成抗冲粗化层，则纵比降将同步调平，一直到两重作用足以使河道的挟沙能力与上游来沙量相适应为止。

在实际的河床冲刷过程中，纵比降变化很复杂，主要取决于原河床比降与河床物质组成，亦取决于冲刷的强度与可以发展的距离。如果河床组成物质比较细而均匀，沿程变化较小，在冲刷时不易形成抗冲粗化层，则冲刷发展距离比较短，纵比降趋向于调平。如果近坝河段的床沙组成较粗，并形成抗冲粗化层，则近坝段冲刷小，再往下游冲刷大，纵比降还有可能加大。如果冲刷可以发展较远的距离，则纵比降的调平并不明显。以黄河下游河道为例，小浪底水库蓄水运用前（1970—1999 年），游荡段（孟津至高村）、过渡段（高村至艾山）及弯曲段（艾山至利津）平均河床纵比降沿程减小，依次为 1.964‰、1.258‰、0.986‰；蓄水后（2000—2019 年）纵比降减小至 1.902‰、1.211‰、1.002‰。从上述数据可知，水库运行后，坝下游河道纵比降调平，且越靠近大坝调整愈明显，但总体上纵比降的减缓不大，并在弯曲段已经趋于稳定（图 11.6）。而在丹江口水库下游河道的近坝段，纵比降在 1972 年以前逐年递减，1972 年以后由于冲刷最强烈的部位下移，纵比降又逐渐增加。

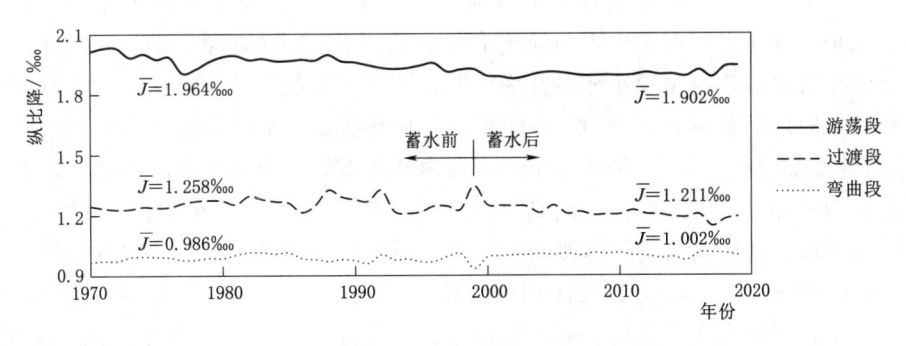

图 11.6 小浪底水库下游河道冲刷期间的河床纵比降变化

11.2.4 平面形态调整

上游建坝后，坝下游河道平面形态同样会发生较为显著的调整，主要包括主槽摆动、洲滩变形等。

1. 主槽摆动

不同的河岸物质组成决定着主槽的摆动强度，通常游荡型河段的河岸抗冲性较弱，主槽摆动较为剧烈；而分汊型、弯曲型河段的河岸组成往往以黏性土或二元结构为主，河岸抗冲性强，主槽摆动幅度较小。总的来看，上游水利枢纽的削峰作用，减小了坝下游水流漫滩的频率，一定程度上减弱了主槽摆动幅度。下面以长江及黄河的典型河段为例，进行分析。

长江中下游河道的河岸抗冲性强，且已实施了大范围的护岸工程，故主槽摆动幅度很小，仅部分位置调整较为显著。例如，三峡水库蓄水后（2003—2020年），中游荆江河段的河槽发生了小幅摆动，年均摆幅在29m/a左右 [图11.7（a）]。但黄河下游以善徙而著称，由于其滩岸组成物质松散，主槽摆动剧烈。不过，在小浪底水库运用后，因黄河下游漫滩洪水减少，故主槽的横向摆动幅度有所减弱。图11.7（b）给出了1986—2016年游荡段河段平均的主槽摆动宽度。1988年游荡段主槽摆动宽度最大，达到659m/a。1986—1999年，河段平均的主槽摆动宽度约为410m/a。1999—2016年河段平均主槽摆动宽度的波动幅度减小，多年平均值基本稳定在185m/a左右，比水库运用前减小55%。

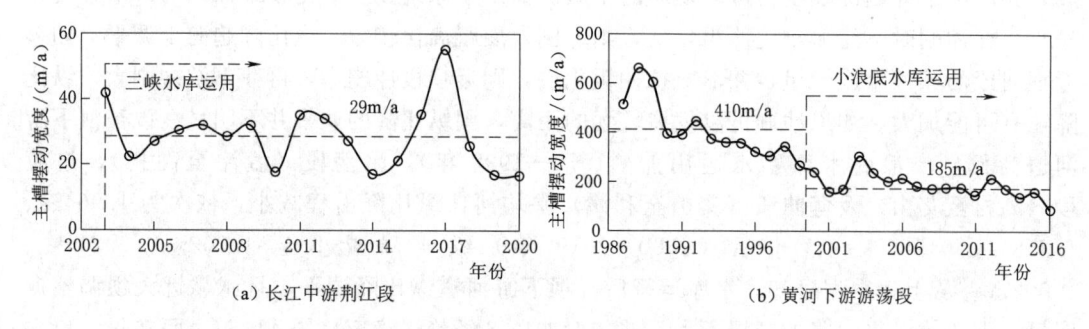

（a）长江中游荆江段

（b）黄河下游游荡段

图11.7　建库后坝下游河段主槽摆动情况

2. 洲滩变形

洲滩变形不仅与水沙过程的调节幅度和方式有关，而且与原有的河道形态、河床组成、整治工程等因素密切有关，不同河流上可能呈现出不同的现象。例如，丹江口水库下游的分汊段在蓄水后普遍出现小滩淤并为大滩、支汊萎缩的现象。英国、意大利一些河流在上游修建水库后，普遍出现洲滩淤积并岸，河道向单一化发展的趋势。美国Trinity River上游建库30余年后，仅坝下52km范围内洲滩萎缩，而靠近下游的河段则由于沿程沙量恢复较为充分，洲滩反而持续淤高（Phillips等，2004）。密西西比河来沙量减少后，其下游一些河段洲滩明显萎缩而深泓变化较小，洲滩较少的单一河段却以深泓明显下切为主（Smith和Winkley，1996）。长江荆江河段在放宽段存在较多洲滩，蓄水前的洲滩演变就比较活跃；三峡水库蓄水后，荆江段江心洲向萎缩方向发展，滩体总面积持续减小，2020年枯水期总出露面积为38km^2，约为2002年的76%。此外，江心洲冲刷强度总体呈沿程减小趋势，如太平口心滩和三八滩的萎缩程度依次为84%和79%（图11.8），但下游南星洲萎缩为5%。2008年后，荆江段部分洲滩的面积保持稳定，甚至出现淤积，这与该时期荆江段相继修建各类护滩带、护岸、丁坝及锁坝等整治工程有关。河道及航道整治工程的修建增强了洲滩抗冲性并改变了局部水流条件，对洲滩的稳定起到重要作用。

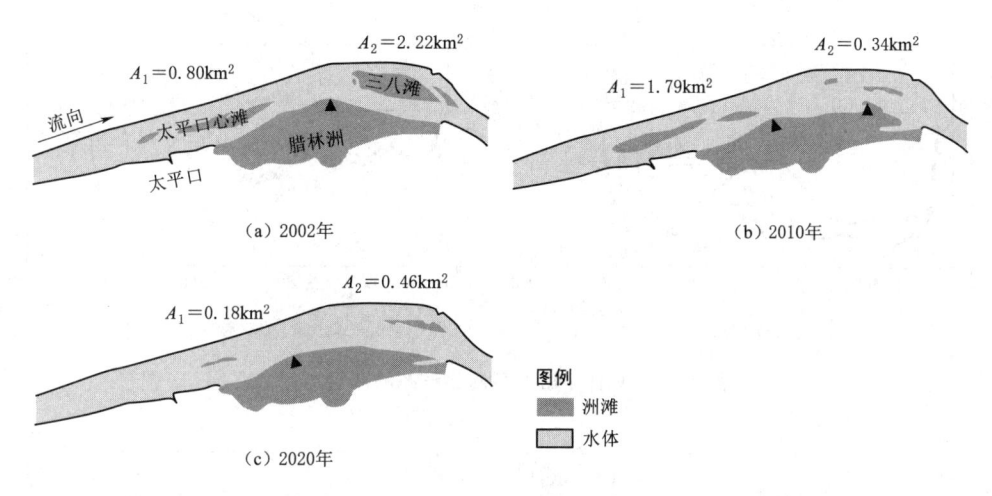

图 11.8　荆江河段太平口心滩和三八滩枯水期的平面形态变化

11.2.5　断面形态调整

就断面形态而言，水库下游河道冲刷发展过程存在着以下切为主、以展宽为主和下切展宽同时出现三种情况。当河道两岸由不能冲刷的物质组成时，河床将主要表现为冲刷下切；当床面由难冲刷的物质组成时，河床将冲刷展宽；当床面和河岸均可冲刷时，河床的冲刷将为下切与展宽同时存在。然而水库下游河道也可能存在淤积缩窄的情况，主要是由于水库的调节作用使下泄流量趋于均匀化，造床流量减小，这样一部分河漫滩将不再上水。如果滩岸具有一定的抗冲性，不致在清水冲刷中迅速坍塌后退，则久不行洪的滩地上将逐渐繁殖滋长杂草灌木，使这一部分滩地稳定下来，并在水流作用下塑造出新的平滩河槽，其平滩宽度要比建库前为小。总的来说，始终是水流的作用力与床面或河岸的反作用力的对比，决定着河床形态的最终发展结果。在纵向，水流的纵向侵蚀能力使河槽下切，而河床的粗化、纵比降的调平，则起着阻止或减小下切的作用；在横向，主流的摆动和河弯的发展将引起河槽的展宽，而河岸的抗冲能力则起着抑制作用。下面以长江和黄河具体举例说明。

在长江中游，横断面形态调整总体上以冲深为主。三峡工程运用后（2002—2018年），中游荆江段平滩河宽有小幅增加，在1341～1373m之间变动，增幅约为2%；而平滩水深增加较为显著，增加约1.8m，增幅达13%。主要是由于近岸流速较小，河岸抗冲性较强，且大部分岸线已实施护岸工程，故断面横向展宽不显著。但部分河段由于受主流顶冲或深泓贴岸冲刷影响，横向展宽仍较为剧烈。如荆34和荆98断面，2002—2018年间展宽约150m和328m（图11.9）。

而黄河下游河床宽浅，滩岸组成物质松散，抗冲性相比长江中下游更弱，故横向展宽也更加显著。小浪底水库运用后（1999—2018年），下游游荡段平滩河宽总体呈逐年增加的趋势，展宽约355m，增幅达38%。河床下切也十分显著，平滩水深由1999年的1.56m增加到2018年的3.85m，增幅达147%。在夹河滩断面，1999—2018年间左岸崩退约800m，河床冲深1.4m；在辛寨断面，主槽右摆约2000m，平滩河宽由968m增加到4036m，水深增加达1.4m，断面形态调整十分剧烈（图11.10）。

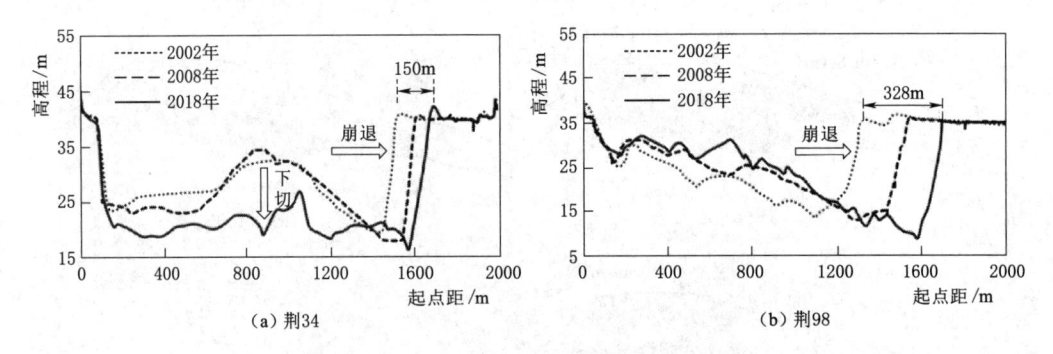

图 11.9　长江中游典型断面形态的调整过程

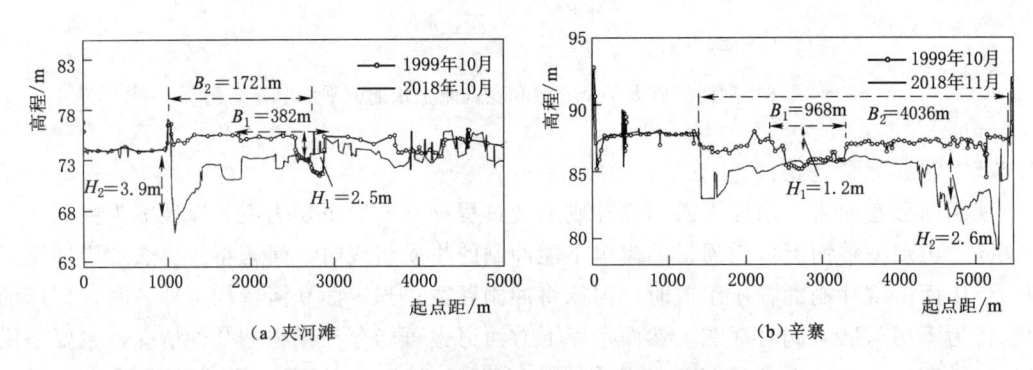

图 11.10　黄河下游典型断面形态的调整过程

11.2.6　河型的转化

河道上修建大型水利枢纽后，坝下游河道存在发生河型转化的可能（谢鉴衡等，1990）。一般来说，修建水利枢纽以后各种条件的变化是有利于下游河道朝较为稳定的方向转化的。流量过程的调平和河床纵比降的减缓，将使河道的输沙强度减弱；下泄沙量的减少将使河道由堆积抬高转为侵蚀下切；滩槽高差的加大和床沙的粗化，将增加河床的抗冲能力，这些变化都是有利于削弱河床演变强度的。基于这种分析，通常比较稳定的弯曲型河段和分汊型河段将会变得更为稳定；而很不稳定的游荡型河段则有可能转化成其他比较稳定的河型。丹江口水库下游河段的演变趋势表明，建库前原为堆积性的游荡型河段，建库后水流归槽，支汊堵塞，并出现弯道形态，有向弯曲型河段转化的趋势。以沈湾至光化河段为例，丹江口水库运用后该河段洲滩数量持续减少，单位河长上的洲滩数在 1960 年、1967 年和 1977 年分别为 0.59、0.44 和 0.07；汊道数量亦减少，洲滩兼并，有的靠岸，由多汊逐渐向单一河道发展，且河段弯曲系数有所增加（许炯心，1989）。但需指出，在清水冲刷下，游荡型河段转化为弯曲型河段不是唯一的。例如，当下游河道的河床下切受到了限制，一般冲刷主要体现为横向展宽时，则河道将变得更加宽浅，这对于向弯曲型转化显然是不利的。至于同属比较稳定的分汊型河段和弯曲型河段，由于主汊的冲刷发展，前者有更多的可能向后者转化。

以上所述现象，是指清水下泄对下游河道的影响而言。如果水库采取蓄清排浑或滞洪运用等方式，则下泄水流为浑水，对下游河道的影响将会不同。就蓄清排浑运用的水库而言，汛期含沙量高时为避免蓄水拦沙而常常采取敞泄运用方式，下游河道的河床变形基本上类似自然情况；非汛期含沙量小时蓄水运用，下泄水流为清水，下游河道将发生冲刷。而滞洪运用的水库，汛期涨水阶段由于水库滞洪的作用，下泄洪峰流量削平，含沙量显著降低，具有"大水带小沙"的特点，下游河道将发生冲刷；汛期落水阶段库区发生溯源冲刷，大量泥沙出库，下泄水流具有"小水带大沙"的特点，下游河道将发生淤积。由于水小沙多，漫滩机会减少，泥沙主要集中淤积在下游河道的上段主槽中，使滩槽高差减小，河槽展宽，水流散乱，河床变得不稳定。

可见，影响坝下游河道发生河床变形的因素是错综复杂的，其主要因素可以概括为3个：水库下泄水量和沙量的大小及其过程、床面和河岸土体组成和下游侵蚀基点的位置。在上述影响因素中，起决定性作用的往往是第一个条件。只要河床是由可冲物质组成的，坝下游河道的冲刷强度和形态以及能否回淤，就主要取决于下泄水量和沙量的大小及其过程，而这个因素又主要取决于水库的运用方式。由此可见，水库的运用方式不仅是决定水库淤积量和淤积形态的关键因素，同时也是决定坝下游河道冲淤变形强度和河床形态的关键因素，构成了上游库区冲淤和坝下游河道变形的诸多矛盾中的主要矛盾。

11.3 水库下游河道崩岸类型与稳定性分析方法

水库清水下泄初期，由于坝下游河道再造床过程十分强烈，水库的蓄洪运用又使下游的流量过程坦化，这都使得下游河道主流位置变化出现了一些新特点，使原有的堤岸防护工程不能适应，引起险情发展，需要重点分析。例如，官厅水库下游，建库后由于滩地冲失，出险部位往往发生很大的变化，平工变险工，险工以外出险的比例从建库前的15%增加到70%（钱宁等，1987）。三门峡水库修建后，黄河下游主流位置较稳定，坐弯很死，但长时间中水淘刷滩地及险工坝头，造成滩地大量坍塌和险情增加。三峡水库蓄水运用以来，河床持续冲深也导致长江中下游河道崩岸现象频发。据不完全统计，近60余年来长江中下游累计崩岸长度达1600km以上；三峡工程运用后（2003—2018年）长江中下游干流河道共发生崩岸险情937处，累计崩岸长度约701km，尤以荆江河段最为严重。因此水库修建后坝下游河道滩岸崩退现象十分显著，影响到堤防和险工安全。

引起崩岸的原因通常是近岸水流直接冲刷河岸坡脚使岸坡变陡，或者由于近岸床面冲深使河岸高度增加，或者河岸土体在长时间水中浸泡后强度减小，最终使岸坡的稳定性降低。当稳定性降低到一定程度后，河岸上部的一部分土块会在重力等作用下发生滑动、崩塌，造成岸顶后退。下面介绍河岸分类及相应的崩岸类型，并简述两种岸坡稳定性评估方法。

11.3.1 河岸分类与崩岸类型

根据河岸土体组成不同，可将河岸分为均质、非均质（分层）河岸。其中，均质河岸主要包括非黏性均质及黏性均质河岸；而非均质河岸以二元结构河岸最为常见，通常由上部黏性土层及下部非黏性土层组成。河岸土体组成的差异，往往会造成河岸崩塌方式的不同。

第11章 水库下游的河床演变

1. 非黏性土河岸的崩塌方式

非黏性土河岸的崩塌方式多以浅层滑动为主,如塔里木河干流、长江下游安庆河段,崩塌破坏面基本上与河岸边坡平行。对于排水良好的非黏性土河岸,其崩塌的发生或因土体强度降低使得内摩擦角减小,或因坡脚掏空而导致上部河岸崩塌。这类河岸稳定性程度多以岸坡的坡度来表征,其临界值通常设定为河岸土体的水下休止角,且水下休止角通常与土体组成与密实度有关。对于排水较差的非黏性河岸,当土体饱和时,孔隙水压力的作用会导致边坡的临界坡度降低;相反,当土体未饱和时,基质吸力(负的孔隙水压力)的存在会使得非黏性土体出现表观黏聚力,临界坡度则会有所增加。

2. 黏性土河岸的崩塌方式

黏性土河岸发生崩岸时一般先在岸顶出现竖向裂隙,当裂隙发展到一定程度,发生裂隙的整块土体(滑崩体)就会沿滑动面向下滑动,引起河岸崩塌。崩塌模式主要以平面滑动及圆弧滑动为主,两者均是由于破坏面上受力不平衡而形成,而主要区别则在于破坏面形态不同。平面滑动通常发生在坡度较陡甚至垂直的河岸,黄河下游滩岸崩退即以平面滑动为主[图11.11(a)]。滑崩体在滑动面上的力学平衡即为平面滑动发生的力学机理,滑崩体自身重力是促使其滑动的力,而土体抗剪应力以及河道水流的侧向水压力等是抵抗其滑动的力(夏军强和宗全利,2015)。滑崩体的力学平衡条件可以用土力学中边坡稳定安全系数表示,即为抵抗土体滑动的力与促使土体滑动的力的比值,且当其值小于1.0时,表示河岸会发生崩塌。而圆弧滑动通常发生出现在坡度较缓、高度中等的河岸[图11.11(b)],其稳定性多采用瑞典条分法、Bishop法及Morgenstern-Price法等进行计算。

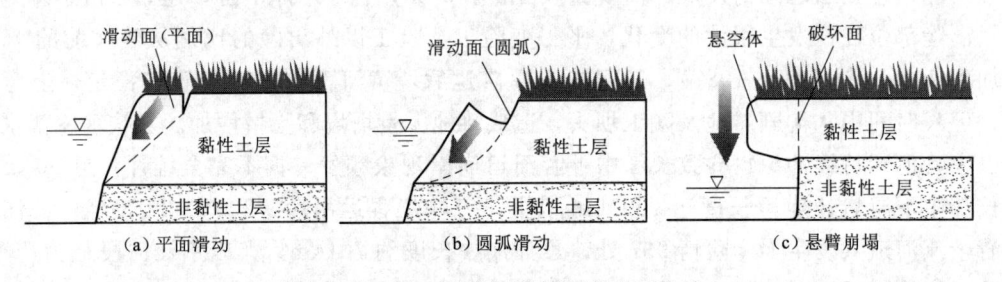

(a) 平面滑动　　(b) 圆弧滑动　　(c) 悬臂崩塌

图11.11　二元结构河岸崩塌的主要方式

3. 二元结构河岸的崩塌方式

二元结构河岸通常由上部黏性土层及下部非黏性土层组成,其崩塌方式与上、下层土体的厚度有关。当上部黏性土体厚度较大时,这类河岸的崩塌方式通常为圆弧滑动或平面滑动;相反,当上部黏性土层厚度较小时,多为悬臂崩塌。长江中游荆江段为典型的二元结构河岸,上荆江以圆弧滑动或平面滑动为主,而下荆江主要为悬臂崩塌。通过观测天然河流中二元结构河岸的崩塌过程,总结出悬臂崩塌的三种主要方式,包括剪切崩塌、绕轴崩塌及拉伸崩塌。

绕轴崩塌发生时上部黏性土层先是出现一定深度的张拉裂隙,随着下部沙土层的淘刷,上部黏性土层的悬空部分达到临界状态而发生崩塌[图11.11(c)]。根据悬臂梁的力学平衡理论,当上部黏土层处于临界状态时,悬空土体自重引起的外力矩与断裂面上产生的抵抗力矩（抗拉与抗压力矩之和）相平衡。用黏性土层的稳定安全系数作为河岸是否崩塌的判别依据，定义其为滑动面上的抵抗力矩与悬空土体自重产生外力矩的比值，当安全系数小于1.0，表示河岸会发生崩塌。此外，也可以根据实际悬空土块宽度及临界悬空宽度的大小，判断黏性土层是否发生崩塌：当实际悬空宽度大于临界悬空宽度时，河岸将发生崩塌；当实际悬空宽度小于临界悬空宽度时，河岸上部的黏性土层稳定，水流会继续冲刷下部沙土层。

11.3.2 岸坡稳定性分析

目前，岸坡稳定性评估，主要包括基于统计分析和基于力学分析的两种方式。根据不同的实测资料条件，可选取不同的方法。

1. 基于统计分析的岸坡稳定性分析

基于统计分析的岸坡稳定性评估方法，通常结合历史崩岸资料，提出相应的崩岸判别指标。下面介绍一种较为常用的方法。该方法中，通过对历史崩岸特征的分析，提出以稳定坡比作为崩岸判别指标（唐金武等，2012），该稳定坡比定义为：一定条件下（河型、地质等）不同测次所有断面中沙层最大坡比中的最大值。

此处以长江中游为例，概述稳定坡比的计算方法（唐金武等，2012）。根据定义，稳定坡比分析首先应确定各断面岸坡，而难点在于如何选取岸坡上、下界面（A和B）（图11.12）。对于下界面，研究某侧河岸崩退情况，则选取该侧近岸深槽最低点作为下界面。对于上界面，选取沙层顶板较为合理，但长江中下游河道两岸沙层顶板位置不易确定。根据地质剖面图资料，沙层顶板高于枯水位，且枯水位至近岸深槽之间岸坡较为平顺，可用枯水位以下的坡比代替沙层坡比。因此，稳定岸坡上界面可取为枯水位所在位置。根据上述方法确定上、下界面后，可得A和B坐标分别为(X_A, Y_A)和(X_B, Y_B)，则该断面左岸坡比等于$|Y_A-Y_B|$与$|X_A-X_B|$的比值。计算该断面多个测次左岸坡比，可得该断面左岸坡比在不同测次内的最大值。采用同样方法，可计算研究河段各断面左、右岸坡比最大值。然后按照河型、地质归类，再分别取不同河段的最大值，可得相应的稳定坡比。

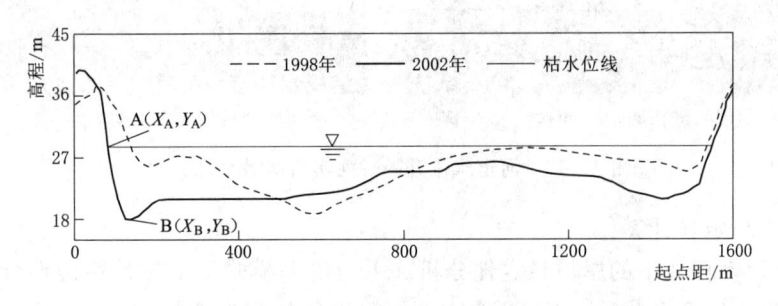

图 11.12 长江中游典型断面水下坡比的确定方法

2. 基于力学分析的岸坡稳定性分析

基于力学分析的岸坡稳定性评估可包括坡脚冲刷计算、潜水位变化计算及河岸稳定程度计算等模块（夏军强等，2019）。首先计算河岸坡脚的冲刷过程，包括横向冲刷及床面冲淤；然后计算土体内部潜水位变化，确定孔隙水压力及土体力学特性等参数；最后考虑不同的河岸崩塌方式，计算岸坡稳定程度，并判断河岸是否会发生崩塌。

（1）坡脚冲刷计算。近岸水流对河岸土体的横向冲刷速率，通常可表示为水流剩余切应力的幂函数关系。如忽略河岸坡度对土体起动的影响，水流横向冲刷宽度 $\Delta W(\mathrm{m})$ 可由下式计算：

$$\Delta W = k_d (\tau_f - \tau_c) \Delta t \tag{11.1}$$

式中：τ_c 为土体起动切应力，$\mathrm{N/m^2}$；k_d 为冲刷系数，$\mathrm{m^3/(N \cdot s)}$，与土体组成及其起动切应力有关，且可表示为 τ_c 的幂函数关系；Δt 为时间，s；τ_f 为作用于岸坡上的水流切应力，$\mathrm{N/m^2}$，$\tau_f = \gamma_\omega h_t J$，其中 γ_ω 为水的容重，$\mathrm{N/m^3}$；h_t 为坡脚的水深，m，J 为水面纵比降。

近岸处床面垂向冲淤涉及水流要素及床沙组成情况，可采用床面变形方程计算，即

$$\rho' \frac{\Delta Z_b}{\Delta t} = \sum_{k=1}^{N} \alpha_{sk} \omega_{sk} (S_k - S_{*k}) \tag{11.2}$$

式中：ΔZ_b 为坡脚冲淤厚度，m；ρ' 为床沙干密度，$\mathrm{kg/m^3}$；N 为非均匀沙的分组数；S_k、S_{*k} 分别为第 k 粒径组泥沙的含沙量及挟沙力，$\mathrm{kg/m^3}$；α_{sk} 为第 k 粒径组泥沙的恢复饱和系数；ω_{sk} 第 k 粒径组泥沙的有效沉速，$\mathrm{m/s}$。

（2）潜水位变化计算。当河道水位升降时，河岸内部潜水位相应发生改变（图 11.13），继而引起土体内孔隙水压力及土体物理力学特性发生变化，影响河岸的稳定程度。由于黏性土的渗透性较弱，因此在上部黏性土层较厚的二元结构河岸内部，潜水位变化通常滞后于河道内水位变化，从而导致退水期内孔隙水压力的减小较慢，河道侧向水压力减小较快，降低河岸稳定性。此外，河岸土体的力学特性，包括抗拉及抗剪强度指标，也会随着由潜水位变化引起的土体含水率的改变而发生改变。可采用具有自由液面的非恒定渗流控制方程来描述河岸内部潜水自由面的变化过程（Deng 等，2019）。

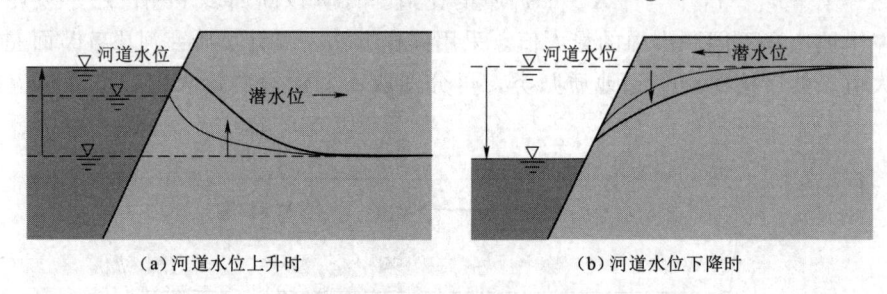

(a) 河道水位上升时　　(b) 河道水位下降时

图 11.13　河道水位升降时河岸内部潜水位变化

（3）河岸稳定性计算：

1）平面滑动模式下的岸坡稳定性分析。平面滑动模式下的岸坡稳定性分析，主要包括破坏面角度与安全系数 F_S 计算两个方面。河岸发生初次崩塌的形态，如图 11.14（a）所示。根据总河岸高度 $H_b(\mathrm{m})$ 及转折点以上的河岸高度 $h_b(\mathrm{m})$（由横向冲刷宽度及坡脚冲淤厚度确定），即可得到相对河岸高度 H_b/h_b。河岸土体内破坏面与水平面的夹角 $\beta(°)$ 则可由下式计算，即

$$\beta_1 = \frac{1}{2} \left\{ \tan^{-1} \left[\left(\frac{H_b}{h_b} \right)^2 (1.0 - K^2) \tan i_0 \right] + \phi \right\} \tag{11.3}$$

11.3 水库下游河道崩岸类型与稳定性分析方法

式中：K 为拉伸裂缝深度 H_t(m) 与 H_b 之比，且 $H_t=(2c/\gamma_b)\tan(45°+\phi/2)$，$\gamma_b$ 为河岸土体的容重，kN/m^3；ϕ 为土体内摩擦角，(°)，c 为黏聚力，kN/m^2；i_0 为河岸的初始坡度，(°)。河岸发生二次崩塌后的形态，如图 11.14（b）所示。此时认为河岸将以平行后退的形式发生崩塌，故二次崩塌的破坏面角度 β_2(°) 等于初次崩塌后的河岸坡度 β_1(°)。

河岸稳定安全系数 F_S 常被定义为潜在破坏面上最大抗滑力与滑动力之比，即

$$F_S=\frac{c'L+S_m\tan\phi^b+(N_p-F_U)\tan\phi'}{G\sin\beta_1+P_V\cos\beta_1-P\sin\beta_p} \tag{11.4}$$

式中：G 为单位河长内滑动土体的重力，kN/m，在潜水位以上、以下的土体重力分别按天然及饱和容重计算；P_V 为拉伸裂缝面上的孔隙水压力，kN/m；P 为河道侧向水压力，kN/m；β_p 为 P 与破坏面内法线方向夹角，(°)；c' 为有效黏聚力，kN/m^2；ϕ' 为有效内摩擦角，(°)；$\tan\phi^b$ 为抗剪强度随基质吸力的增长速率；L 为破坏面长度（m），$L=(H_b-H_t)/\sin\beta_1$；S_m 为总基质吸力，kN/m；N_p 为破坏面法线方向的总压力，kN/m，且 $N_p=G\cos\beta_1+P\cos\beta_p$；$F_U$ 为破坏面法线方向的总上举力，kN/m，且 $F_U=P_U+P_V\sin\beta_1$，其中 P_U 为作用在破坏面上的孔隙水压力，kN/m。

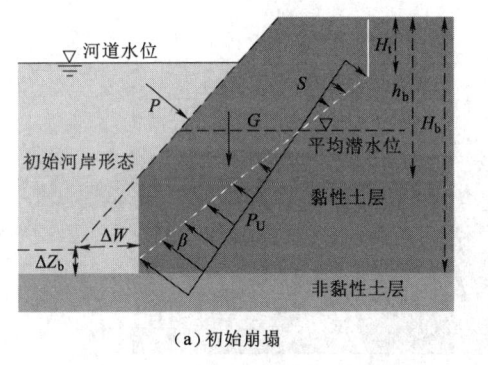

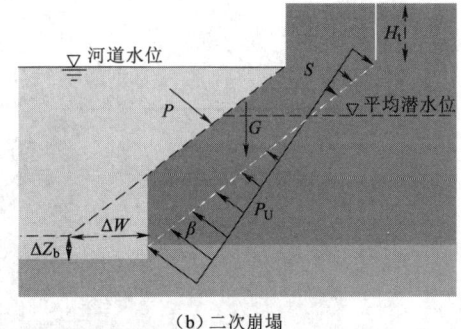

图 11.14 河岸发生平面滑动时的稳定性分析
（a）初始崩塌　（b）二次崩塌

2）绕轴崩塌模式下的岸坡稳定性分析。二元结构河岸发生绕轴崩塌时，上部黏性土层悬空，如图 11.15 所示。该层土体自身重力形成了引起河岸土体发生崩塌的外力矩，而相应的抵抗力矩则由潜在断裂面上位于中性轴以上的抗拉应力及以下的抗压应力形成，且可认为这些应力均沿断裂面呈三角形分布。其中单位河长内河岸土体受到的外力矩 M_f(kN) 可采用下式计算，即

$$M_f=WB_h/2 \tag{11.5}$$

式中：W 为悬空土层的重力，kN/m，且 $W=r_bB_hH_0$；B_h 为上部黏性土层的悬空宽度，m；H_0 为悬空土层的高度，m。断裂面上的抵抗力矩 M_r(kN) 可表示为

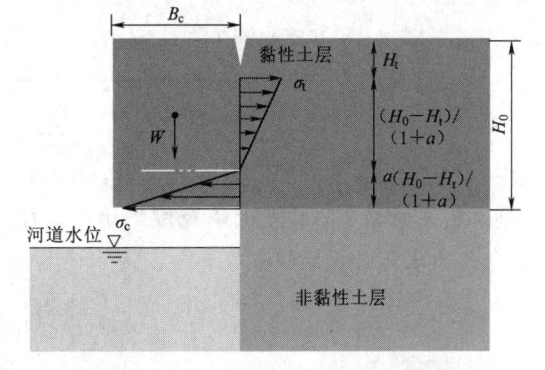

图 11.15 二元结构河岸发生绕轴崩塌时的稳定性分析

$$M_r = \frac{(H_0-H_t)^2}{3(1+a)^2}\sigma_t + \frac{a^2(H_0-H_t)^2}{3(1+a)^2}\sigma_c \tag{11.6}$$

式中：a 为黏性土体的抗拉强度 σ_t（kN/m^2）与抗压强度 σ_c（kN/m^2）之比，且可取 $a=0.1$。当上部悬空土体层处于崩塌的临界状态时，M_f 与 M_r 相等，故相应的临界悬空宽度 B_c（m）可表示为

$$B_c = \sqrt{2\sigma_t H_0 (1-H_t/H_0)^2/[3(1+a)\gamma_b]} \tag{11.7}$$

对于给定的河岸形态，当河岸上部黏性土层的悬空宽度小于 B_c 时，则悬空土体维持稳定；反之，则会发生绕轴崩塌。

3）圆弧滑动模式下的岸坡稳定性分析。在计算河岸稳定性时，首先需搜索最危险滑动面（最小安全系数）。如图 11.16 所示，任一圆弧滑动面可用圆心坐标和半径来确定，其相应的安全系数 F_s 可表示为滑弧圆心位置和半径的函数。采用枚举法，在给定搜索范围内，不断改变滑弧的圆心位置和半径，逐一计算并比较不同滑动面的安全系数，最终找到最小的安全系数所对应的滑动面，视为最危险滑动面（Baker，1980）。若最危险滑动面安全系数小于临界值，则该滑动面为破坏面，岸坡沿此破坏面崩塌；若最危险滑动面安全系数大于临界值，则岸坡稳定，不发生崩岸。

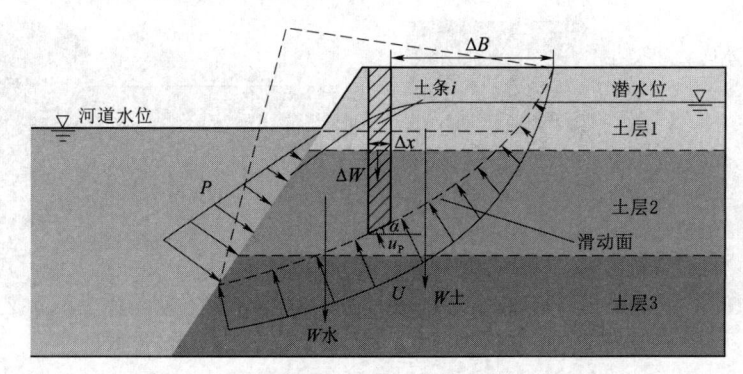

图 11.16　河岸发生圆弧滑动时的岸坡稳定性分析

在计算安全系数 F_s 时采用 Bishop 简化法通过迭代求解，表达式为（Malkawi 等，2000）：

$$F_s = \frac{\sum_{i=1}^{N}[\Delta W(1-r_u)\tan\phi' + c'\Delta x]/[\cos\alpha(1+\tan\alpha\tan\phi'/F_s)]}{\sum_{i=1}^{N}(\Delta W \sin\alpha)} \tag{11.8}$$

式中：N 为土条数；ΔW 为土条重量，kN/m，且潜水位以上采用天然容重，潜水位以下为饱和容重计算；Δx 为土条宽度，m；α 为土条底部倾角，（°）；$r_u = u_P \Delta x/\Delta W$，其中 u_P 为孔隙水压力，kN/m^2。

第 12 章 河床变形的原型观测

河床变形分析需要大量的原型观测数据，因此掌握河道的水流、泥沙和地形等观测方法是至关重要的。河床变形的原型观测内容，通常包括水位、流量、悬移质含沙量、推移质输沙率、床沙级配、河道及断面地形等。本章简单介绍这些水沙及地形要素的原型观测方法、相关仪器设备及其适用范围。

12.1 水位流量观测

12.1.1 水位观测

水位观测是水文测验的基本项目之一，河流工程的规划、设计、施工和管理都需要水位数据。我国现阶段水文/水位站多采用直立式水尺或压力式自记水位计开展水位观测，而中小河流开展水位观测，也常采用浮子式、超声波、雷达水位计等。由于各类水位计的技术特点以及适用范围和条件不同（表 12.1），可结合水位观测点的实际情况合理选择。对于我国水文/水位站点而言，水位观测时间及次数均需满足《水位观测标准》（GB/T 50138—2010），观测结果要满足水文监测的要求。在洪水、结冰、流冰、产生冰坝和有冰雪融水补给河流时，需要增加观测次数，使得测量的数据能够完整地反映水位变化过程。

表 12.1　　　　　　不同水位计的测量原理及应用特点

水位计类型	测 量 原 理	应 用 特 点
浮子式水位计	利用浮子随水面升降，并将它的运动通过比例轮传递给记录装置或指示装置，从而测量水位	接触式测量，技术成熟，运行稳定，结构简单，但需要建设水位测井，在多沙河流上测井易发生泥沙淤积，影响浮子式水位计的使用
压力水位计	通过测量水体的静水压力，实现水位测量	接触式测量，无需建造水位测井，能用在江河、湖泊、水库及其他密度比较稳定的天然水体中
超声波水位计	设备发射超声波，并接收从水面反射回来的声波信号，通过信号传播时间确定水位	非接触式测量，无需建水位测井/管。对水温与含盐度有较大的适应性。但需有一定的水深，且不适用于多沙河流。水面的波动和水流中的漂浮物，对观测精度和可靠性的影响较大
雷达水位计	设备发射雷达脉冲，接收从水面反射回来的脉冲，通过脉冲传播时间确定水位	非接触式测量，无需建水位测井/管。不受温度梯度、水面漂浮物、水中污染物及沉淀物的影响

当采用直立式水尺测定水位时［图 12.1（a）］，根据水尺读数加水尺零点高程即得水位。压力式自记水位计［图 12.1（b）］通过测量水压力，并将其转换成水头，加上水位计的高程即为水位值。自记水位计可实时记录水位过程线，但需利用其他观测记录，加以校核。这些水位计应布置在河道顺直、断面较规则、水流归顺、无分流斜流和无乱石阻碍

的地点，一般避开有码头、船坞和有大量工业废水和城市污水排入河道的地点，使测得的水位观测结果具有代表性。

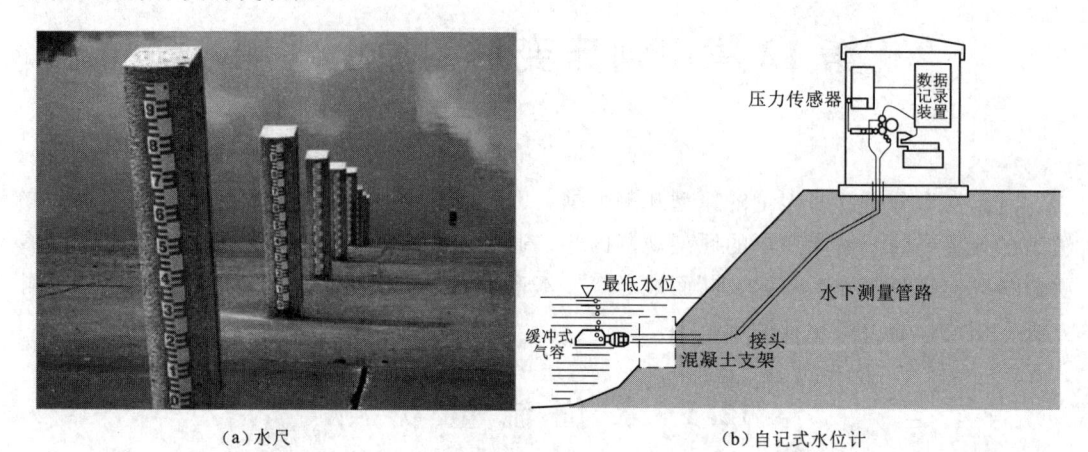

(a) 水尺

(b) 自记式水位计

图 12.1　直立式水尺照片和自记式水位计

12.1.2　流量观测

流量测验的主要方法是流速面积法，即通过测量实测断面上的流速和过水断面面积来推求流量。然而天然河流中的水流速度因受到复杂边界条件等因素的影响，其横向分布和垂向分布都是不均匀的。流速沿横向分布一般呈现"两岸小、中泓大"的分布规律，沿水深呈现"上层大、下层小"的分布规律。常用的描述流速沿水深分布的函数曲线包括对数型和指数型，而描述流速沿横向分布的函数曲线包括抛物线型和椭圆型等。

流量的观测方法可分为流速仪法、声学多普勒法、浮标法、比降面积法等［《河流流量测验规范》（GB 50179—2015）］。我国水文站的流量观测通常采用流速仪法与声学多普勒法，其中流速仪法指采用流速仪测量断面上若干垂线上不同测点的流速，从而推算断面流量；声学多普勒法是指采用声学多普勒流速剖面仪测量断面上的流速分布，从而通过积分获得流量。此外，近年来视频测流技术也快速发展，为中小河流的流量测验工作提供了极大的便利。

1. 旋桨流速仪

旋桨流速仪法被认为是流速测验精度较高的方法，也通常是开展新型流量测验技术比测工作时所采用基准方法，应用最为广泛［图 12.2（a）］。旋桨流速仪测量的基本原理是：当水流作用到仪器的桨叶时，桨叶即产生旋转运动，水流越快，桨叶转动越快，转速与流速之间存在一定的函数关系，故只要准确测出仪器桨叶的转数及相应时间，即可反算时均流速。通过旋桨流速仪测量流量时，通常测量特定断面上若干条垂线的平均流速与流向，利用这些垂线平均流速求出断面平均流速，再利用水位计测量水位，结合断面地形数据，求出过水断面面积，最终计算流量。根据《河流流量测验规范》（GB 50179—2015）的要求，我国水文站开展流量观测时，当垂线上没有回流时，垂线平均流速可按照十一点法或五点法公式计算，其计算公式分别为

$$V_m = \frac{1}{10}(0.5V_{0.0} + V_{0.1} + V_{0.2} + V_{0.3} + V_{0.4} + V_{0.5} + V_{0.6} + V_{0.7} + V_{0.8} + V_{0.9} + 0.5V_{1.0}) \quad (12.1)$$

$$V_m = \frac{1}{10}(V_{0.0} + 3V_{0.2} + 3V_{0.6} + 2V_{0.8} + V_{1.0}) \tag{12.2}$$

式中：V_m 为垂线平均流速，m/s；$V_{0.0}$、$V_{0.1}$、$V_{0.2}$、$\cdots$、$V_{1.0}$ 分别为相对水深为 0、0.1、0.2、$\cdots$、1.0 处的测点流速，m/s。

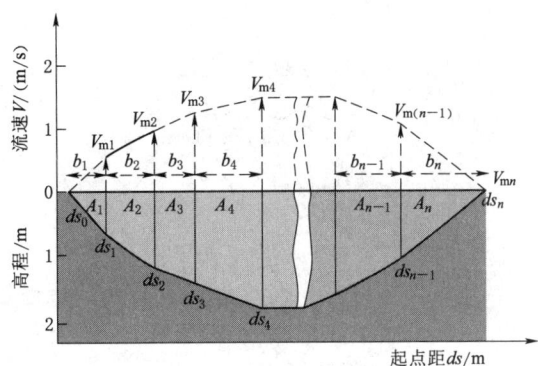

(a) 旋桨式流速仪　　　　　　　　　(b) 子过水区域的划分

图 12.2　LS25-3c 型旋桨式流速仪和子过水区域的划分

当垂线上有回流时，回流流速应为负值，可采用图解法计算垂线平均流速。当只在个别垂线上有回流时，可直接采用分析法计算垂线平均流速。

过水面积的计算应以测速垂线为界将过水断面划分为若干子过水区域［图 12.2(b)］，按照梯形法计算各个子过水区域的面积为

$$A_i = \frac{ds_{i-1} + ds_i}{2} b_i \tag{12.3}$$

式中：A_i 为第 i 个子过水区域的面积，m²；i 为测速垂线序号，$i=1$、2、$\cdots$、n；ds_i 为第 i 条垂线的实际水深，m；b_i 为第 i 个子过水区域的水面宽度，m。

各子过水区域的平均流速计算采用左右两侧垂线平均流速的平均值，即

$$\overline{V}_i = \frac{V_{m(i-1)} + V_{mi}}{2} \tag{12.4}$$

式中：$\overline{V}_i$ 为第 i 个子过水区域的平均流速，m/s；V_{mi} 为第 i 条垂线的平均流速，m/s。

因此，断面流量 Q 等于各子过水区域的流量 q_i 之和，即

$$Q = \sum_{i=1}^{n} q_i = \sum_{i=1}^{n} \overline{V}_i A_i \tag{12.5}$$

2. 声学多普勒流速剖面仪法

声学多普勒流速剖面仪法（以下简称 ADCP）是 20 世纪 80 年代开始发展和应用的新型流量测验仪器，被认为是河流流量原型观测技术的一次革命，具有测深、测速、定位的功能。ADCP 通常配置有 2 组不同频率的波束，测量由多个分层单元格组成的流速剖面（图 12.3），正中间配置垂直波束以测量水深。假定水中反射体（气泡、颗粒物、浮游生物等）的运动速度可以代表水流速度，当 ADCP 向不同深度的水体中发射声波脉冲信号时，信号碰到反射体后产生反射发出回波信号，ADCP 再接收回波信号并进行处理。根据多普勒原理，发射声波与回波频率之间产生多普勒频移，水中反射体的运动速度决定了

频移的大小，通过测量多普勒频移就能算出 ADCP 和反射体之间的相对速度，即

$$V = \frac{cF_d}{2F_s} \tag{12.6}$$

式中：F_s 为发射声波脉冲信号的频率；F_d 为声学多普勒频移；c 为声波信号在水体中的传播速度，m/s。

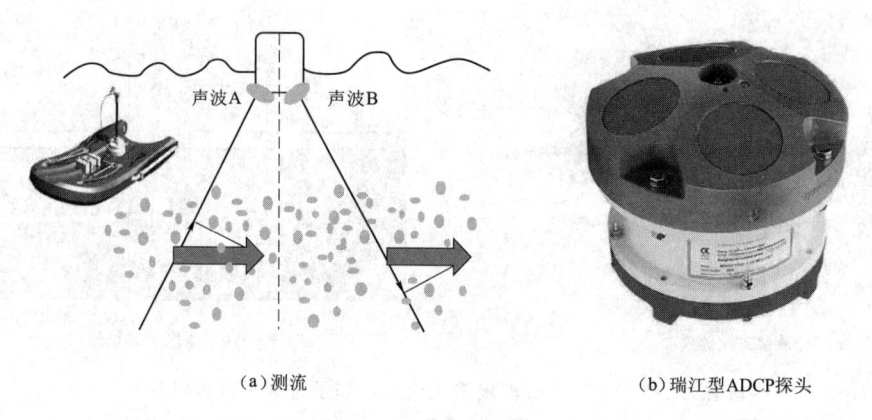

图 12.3 声学多普勒流速剖面仪测流示意图和流速仪探头照片

走航式 ADCP 测流是将 ADCP 探头与定位系统安装在测量船上，在测量船沿断面行驶过程中不间断地测量不同水体单元格的流速，最终形成流速剖面（图 12.4）。由每个单元格的流速和面积大小，可求各单元格的流量。当装有 ADCP 的测船从断面一侧航行至另一侧时，即可测量整个断面的流量。ADCP 可根据不同水深自动调整发射频率和采样单元的大小，满足不同水深的测量要求，从而保证测量精度。ADCP 测流系统可以定位测量船的路线，使其沿着测量断面尽量保持直线前行。相比于旋桨流速仪，ADCP 的测量效率明显提高，但 ADCP 测量受到的干扰因素较多，不适用于水深较浅的河流和含沙量大的多沙河流。此外，ADCP 测流存在表层、底层及岸边界盲区（图 12.4），因此在计算断面流量时需要对这些盲区的流速进行插值处理。

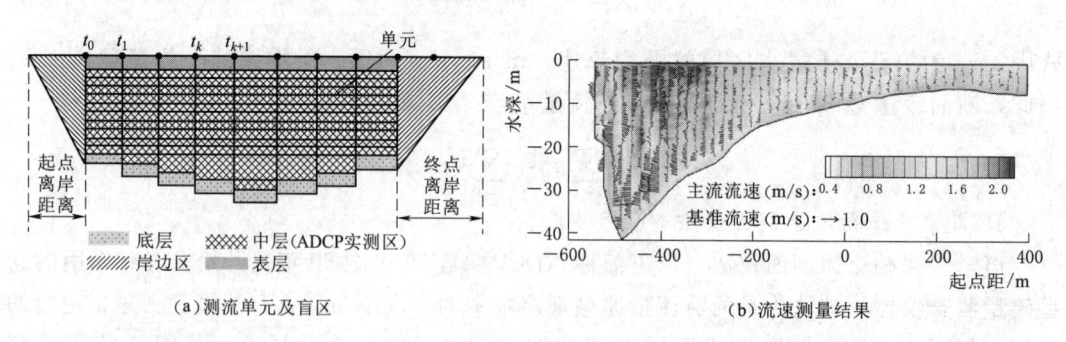

图 12.4 ADCP 测流单元及盲区与流速测量结果

3. 视频测流技术

近年来，视频测流产品正从研发走向市场应用，其优点在于可实现非接触式水位、流速和流量实时自动测算，应用场景包括明渠量水、河道测流、湖库监管等领域，这种观测

技术可节省大量的人力物力。

视频测流技术的基本原理是通过提取水面图像中的波纹、漂浮物、气泡等特征，合成时空图像，该图像具有显著的纹理特征，纹理的主方向与时间轴的夹角表征了表面流速信息，如图12.5所示。再结合断面地形等实测数据，便可利用流速面积法计算断面流量。以武汉大学研发的AiFLOW为例，在河流测速中，沿顺流方向绘制测速线，运动的特征量在时间T内沿着测速线运动的距离为D，与此同时，像素点在k帧内运动了i个像素，则沿该方向上像素速度矢量的大小v与时空图像中的纹理特征的关系可以表示为

$$v = \frac{D \cdot i}{\Delta t \cdot k} = \frac{D}{\Delta t} \tan\theta \tag{12.7}$$

式中：D为像素代表的空间尺度；Δt为每帧图像的时间间隔；$\tan\theta$为时空图像斜率的正切值。需要指出的是，由于视频测流技术只能获取表面流速，在应用之前需要采用常规测验技术的测量结果对该设备的参数进行校核，确保测量精度满足误差要求。另外，若测流断面的地形发生较大变化时，也需要对这些参数进行重新校核。

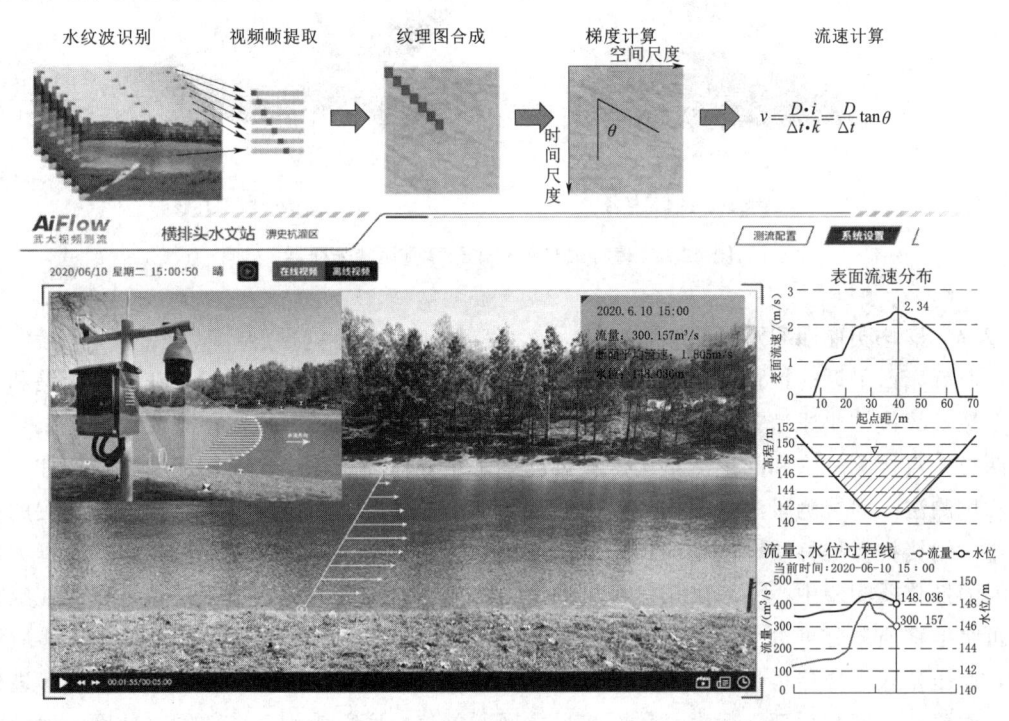

图12.5 武汉大学AiFlow视频测流产品原理及软件界面

12.2 泥 沙 观 测

12.2.1 悬移质含沙量观测

冲积河流的悬移质含沙量也是水文测验的重要内容之一。目前，我国水文站常采用的

悬移质泥沙采样器包括瞬时式或积时式（图12.6），以汲取河水水样的方式进行悬移质含沙量测验。在实际测量过程中，首先沿监测断面布设监测垂线，在每条垂线上选取若干控制点进行采样，同时测量流速。将采集的水样通过量积、沉淀、过滤、烘干、称重等步骤后，便能得出单位体积浑水中的干沙质量，即含沙量（kg/m³）。依据各控制点的测量结果，可计算各垂线的平均悬移质含沙量（单沙）。断面含沙量（断沙）可通过单沙-断沙的关系曲线进行计算。当测量垂线较多时，也可采用积分的形式直接计算断面含沙量。这种方法测量的精度与测量控制点的选取及含沙量的分布情况有关。近期研发的声学多普勒泥沙浓度及粒径剖面仪，通过向一定深度剖面的水体发射多个不同频率的高频声波信号，并接收该剖面内悬浮泥沙颗粒反射回来的散射信号，可快速测量悬移质含沙量，但这种方法的测量精度受环境因素（如水体介质）的干扰较大。

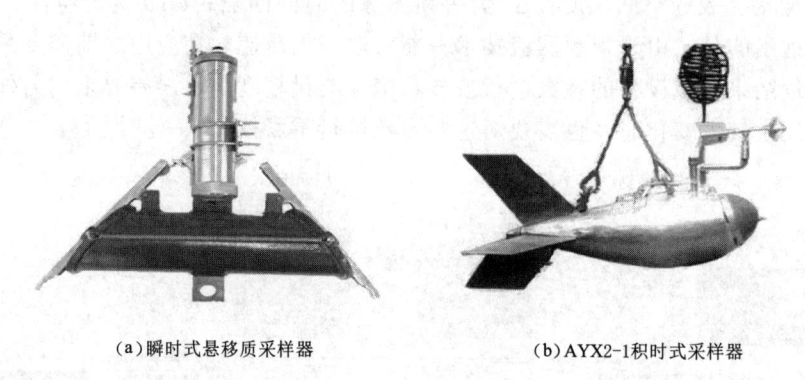

(a) 瞬时式悬移质采样器　　　　　　　(b) AYX2-1积时式采样器

图12.6　瞬时式与积时式悬移质泥沙采样器

12.2.2　推移质输沙率观测

河流床面附近的推移质运动具有随机性和脉动性，实际观测过程中存在较大误差和不确定性，故推移质原型观测至今仍是一个技术难题。现有的推移质泥沙观测方法主要可分为两类：直接测量法和间接测量法。直接测量法主要借助于采样器及相应装置，例如器测法和坑测法。间接测量法是根据各种力学和物理学原理，通过施测与推移质运动相关的物理量，间接推算推移质输沙率的各种方法，例如声学法、示踪法和光测法等。在我国大江大河的推移质测验中，一般采用直接量测法，选用压差式和网式两类采样器。按照粒径大小可将推移质划分可分为沙质、砾石和卵石。网式采样器通常用于砾石和卵石推移质测量，而压差式采样器可用于沙质推移质测量。网式采样器是一个框架结构，除前部进口处，两壁、上部和后部一般由金属网或尼龙网所覆盖，底部为硬底或软网，软网一般由铁圈或其他弹性材料编制而成，以便较好地适应河底地形变化。压差式采样器主要是根据负压原理，在设计采样器时使其出口面积大于进口面积，从而形成压差，增大进口流速，使得器口流速与河道流速接近，便于推移质泥沙进入采样器（图12.7）。中小河流内卵石推移质的野外观测方法包括坑测法、槽测法和声学法（间接记录法和自发噪声记录法），其中坑测法是在枯水期外露的河床上顺着横断面的方向布置若干个固定式测坑或开挖测槽来观测推移质输沙率的方法。

(a) Y901沙质推移质采样器 (b) Helly-Smith便携式采样器

图 12.7 推移质泥沙采样器

12.2.3 床沙组成与级配分析

河床泥沙组成反映了泥沙分选情况。沙质河床的床沙采样器有拖斗式、横管式、钳式、钻管式、转轴式等，而卵石河床的采样器有挖斗式、犁式、沉筒式等。根据《河流泥沙颗粒分析规程》（SL 42—2010），河流泥沙按照粒径的大小可分为黏粒、粉砂、砂粒、砾石、卵石及漂石六类，不同类型的泥沙粒径范围见表 12.2。泥沙级配的测试方法主要包括量测法、沉降法以及激光法，且不同测试方法适用的粒径范围有所不同。量测法主要用于较粗颗粒的泥沙级配分析，包括尺量法和筛分法两类，前者仅适用于粗颗粒卵石泥沙（粒径 $d>64$mm），后者适用于砂粒、砾石及较细的卵石泥沙[图 12.8（a）]。对于 $d<2.0$mm 的黏粒、粉砂与砂粒，可采用激光法或沉降法开展级配测量，其中激光法的测量效率更高[图 12.8（b）]。在获取河床泥沙粒径与对应的质量百分比数据后，以泥沙粒径为纵坐标（对数坐标），以小于某一粒径的泥沙质量的百分比为横坐标，绘制累积频率曲线，即为泥沙级配曲线，并可据此计算中值粒径、分选系数等特征参数。

表 12.2   河 流 泥 沙 分 类

类 别	黏粒	粉砂	砂粒	砾石	卵石	漂石
粒径范围/mm	<0.004	0.004~0.062	0.062~2.0	2.0~16.0	16.0~250.0	>250.0

(a) 筛分仪 (b) 激光粒度仪（Mastersizer 2000）

图 12.8 泥沙级配测量仪器

12.3 地 形 测 量

12.3.1 水下地形

水下地形测量是指运用测量仪器确定床面上各点的三维坐标，从而对河床起伏形态进行描述的一种测量手段，其中最核心的内容就是水深测量，即测深。根据使用仪器的不同，水深测量可以划分为测绳重锤测量、单波束测深、多波束测深和机载激光测深。凭借着作业效率高、使用便捷、成本较低、操作简单等优势，单波束测深仪是水下地形测量中最常用的技术手段。另外，多波束测深仪也常被用来测量研究河段内精细的床面形态。

1. 单波束测深仪

单波束测深技术自20世纪50年代以来在水下地形测验中逐渐得到广泛应用。单波束测深仪系统包括测深仪和数据采集系统，其基本工作原理为：由换能器向水中发射一个具有一定空间指向性的短脉冲声波或波束，声波在水中传播，遇到河床后，发生反射、透射和散射，反射回来的回波被换能器接收，从而根据已知换能器发射和接收到回波的时间间隔与声波在水体的平均传播速度，即可计算换能器至河床的距离D。将图12.9中换能器至水底的深度D加上换能器的吃水深度h，可得水面至水底的实际距离H，即为水深。以Knudsen 320M双频单波束测深系统为例，该系统的可测深度范围为0.3～300m，且当测量水深在小于100m时，测量精度为±1cm，在测量水深大于100m时，测量精度为±10cm。

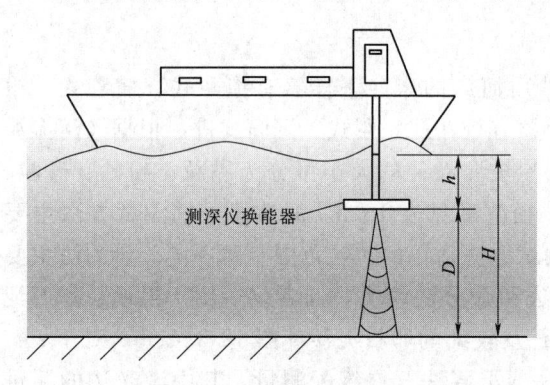

图12.9 单波束测深基本原理

2. 多波束测深仪

多波束测深系统发展于20世纪70年代，已经成为一项全新水下地形精密测量技术。它把原先的点线状测量扩展成为面状测量，可直观显示水下高精度地形。近十几年在高性能计算机、三维显示装置、高精度GNSS定位、惯性导航系统、高精度罗盘及其他新技术的支持下，多波束测深系统正向小型化、实用化方向发展。多波束测深系统具有精度高、测量速度快、成图效率和自动化程度高等优势，目前已应用于长江、黄河等大江大河的水文测验中。以Geoswath Plus多波束测深系统为例，其测量深度可达200m，最大覆盖范围可达12倍水深，分辨率为6mm，每次扫描的取样数可达2500～12500个。

多波束测深系统源于单波束回声测深系统，利用安装于测量船龙骨方向上的一条长发射阵，向河底发射一个与船龙骨方向垂直的超宽声波束，并利用安装于船底与发射阵垂直的接收阵接受回波。当测深系统在完成一个完整的发射接收过程后，经过适当处理形成与发射波束垂直的许多个接收波束，从而形成一条由一系列窄波束测点组成并垂直于航向排列的测深剖面（图12.10）。

12.3 地形测量

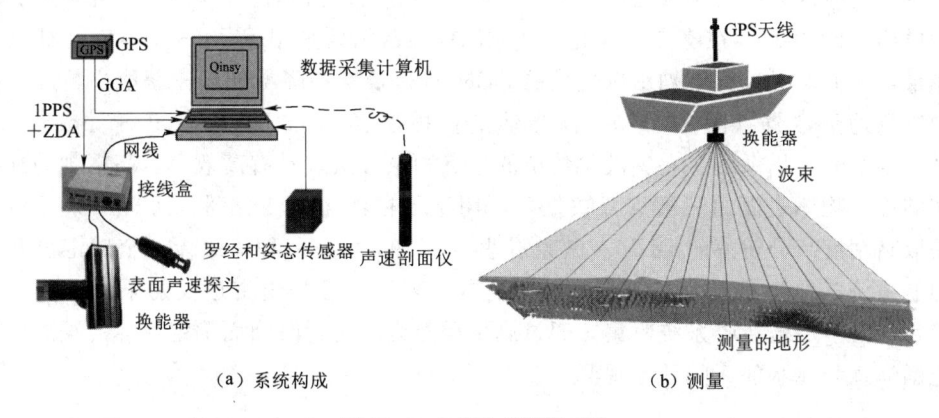

(a) 系统构成　　　　　(b) 测量

图 12.10　多波束测深系统

多波束测深系统采用惯性导航系统，并配合卫星定位系统以及姿态传感器，可实现精确的位置、艏向、垂荡和横摇测量，对河床地形进行全覆盖扫描。结合 RTK-GPS (Real Time Kinematic-GPS) 地形测量系统，可对多波束测深系统的测量结果进行精确修正。此外，在测量过程中，两次相邻测带的覆盖范围重合至少 20%，对于重点区域可进行多次覆盖扫测，保证测量精度。

12.3.2　岸上地形

传统的岸上地形测量主要是通过经纬仪、全站仪、RTK-GPS 等仪器对研究河段或区域进行人工测绘。目前，我国对于长江、黄河等河流的地形测量，多采用 RTK-GPS 测量技术。该技术全称为实时动态测量技术，是以载波相位观测为依据的实时差分定位技术，是一种能够在野外实时得到厘米级定位精度的测量系统。该测量系统由基准站接收机、数据链、流动站接收机三部分组成（图 12.11）。在基准站上安置一台接收机为参考站，对卫星进行连续观测，并将其观测数据和测站信息，通过无线电传输设备，实时地发送给流动站，流动站的全球定位系统（GPS）接收机在接收卫星信号的同时，通过无线接收设备，接收基准站传输的数据。然后根据相对定位的原理，实时算出流动站的三维坐标，即基准站和流动站坐标差 Δx、Δy、Δz，加上基准坐标，便可得到每个点的坐标与高程。然而，自然河流的地形复杂，传统测量方法受人为因素和自然条件约束较大，也需要耗费较多的人力物力。因此，无人机倾斜航测、激光地形扫描仪和激光雷达等新技术也开始被应用于河流岸上地形的测量中，以提高测量效率。

近年来，无人机（Unmanned Aerial Vehicle，UAV）技术迅猛发展，具有成本低、可操作性强、获取影像分辨率高等优点，现阶段已较为广泛应用于各类科学研究中的河流地貌观测。但无人机影像畸变大，误差匹配点较多，受影像纹理质量及点云匹配插

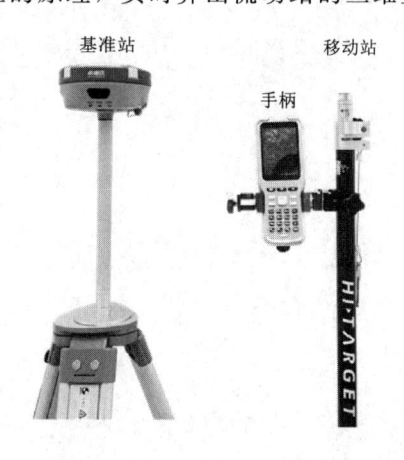

图 12.11　中海达 RTK 照片

值的影响，测量区域存在点云密度分布及地物边界点云插值不连续等问题，导致生成的数字高程模型（DEM）存在噪点。因此，在航测前通常需要采用 RTK-GPS 对特征点进行地形测量，从而对无人机航拍影像生成的 DEM 进行校准和降噪处理，获取高精度、高分辨率的航测地形数据（图 12.12）。激光地形扫描仪（Laser Terrestrial Scanner，LTS）是一种三维激光扫描系统。它突破了传统的单点测量方法，具有高效率、高精度的独特优势，能够提供物体表面的三维点云数据，可用于干枯河床、江心洲、河口滩涂等地形观测，获取高精度高分辨率的 DEM。激光雷达（LiDAR）是一种集激光、全球定位系统和惯性导航系统三种技术于一身的系统，其基本的工作原理是由雷达发射系统发送一个信号，经目标反射后被接收系统收集，通过测量反射光的运行时间而确定目标的距离，可用于大范围河道与浅水河床的地形观测。

(a) 无人机航拍图像　　　　　　(b) 地形数据点云

图 12.12　荆江段向家洲滩地的无人机航拍图及地形数据点云

第 13 章 河床演变的分析方法

河床演变过程是一种极为复杂的现象，影响因素错综复杂。现阶段要对河床演变作出精确的定量分析，仍有不少困难，但可以对具体问题作出定性分析，对某些关键问题作出定量分析。实践中通常采用实测资料分析、河工模型试验、数学模型计算等方法研究河床演变问题。以上方法可以单独运用，也可以联合运用，相互比较印证，以求得较为可靠的认识。本章主要介绍基于实测资料的河床演变分析方法，视资料的具体情况和所要回答问题的不同，可采取不同的分析方法。下面仅列举现阶段工程实践中常用的分析方法。

13.1　水　沙　条　件　分　析

由于来水来沙条件是影响河床演变的主要因素，因此应对它进行较详尽的分析，以便找出河床演变的规律和原因。大致可包含以下内容：来水来沙的总量、过程及水沙组合情况，直接关系到河床演变的结果，因此有必要分析水沙类型。要更详细地了解来水来沙条件对河床演变的影响，还应对流量过程及含沙量过程进行对比分析，以此可找到某一河段在某一时段内发生冲淤变化的具体原因。若要判断研究河段的演变趋势，还需对水沙量变化趋势进行分析。如果河段内有较详细的水文泥沙观测资料，还可以确定河床冲淤变形和水沙因素之间的定量关系。

13.1.1　水沙类型分析

通常根据多年平均流量、多年平均输沙量资料，确定要分析的年份属哪类典型年。若为丰水枯沙年，则有利于河道冲刷；若为枯水丰沙年，则有利于淤积；若为中水中沙年，河道可能会处于冲淤平衡状态。进一步划分又可分为丰水丰沙年、丰水中沙年、中水丰沙年、中水枯沙年、枯水枯沙年等（陈立和明宗富，2001）。不同的水沙典型年，河床演变的方向及幅度会有明显差异。图 13.1 为长江中游某河段来水来沙资料分析实例，由图 13.1 可见：1954 年为典型的丰水枯沙年，1961 年为典型的中水中沙年，1964 年为典型的丰水丰沙年。

图 13.2 为划分水沙典型年的坐标图，两条对角线将平面直角坐标分为 8 个区域，加上对角线和中心圆，共有 13 个水沙组合区，每个区的名称见表 13.1。

13.1.2　水沙量变化趋势分析

当前 Mann - Kendall（简称 M - K）检验法常用于分析水沙条件的变化趋势，包括趋势检验和突变检验两大类。首先介绍 M - K 趋势检验法，给定一个需要分析的数据序列 $X = \{x_1, \cdots, x_i, \cdots, x_n\}$，其趋势可由下式计算：

第 13 章　河床演变的分析方法

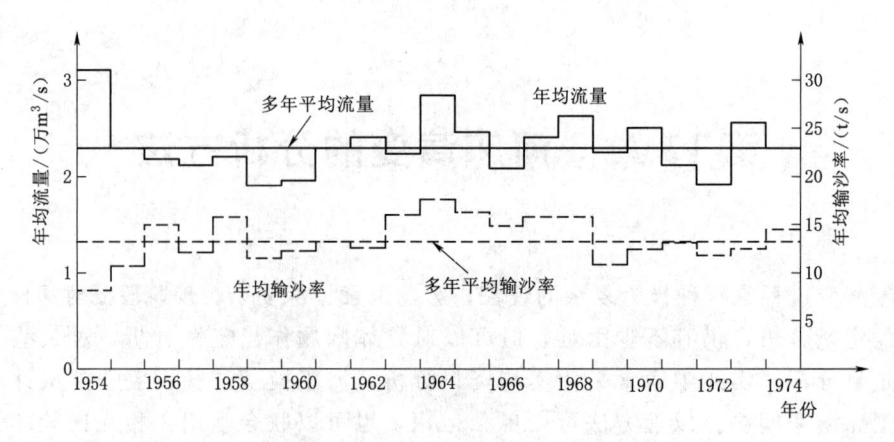

图 13.1　长江中游某水文站年均流量与年均输沙率过程线

表 13.1　水沙典型年区分

区号	典型年	区号	典型年
①	丰水偏丰沙年	⑧	丰水偏枯沙年
②	偏丰水丰沙年	⑨	丰水丰沙年
③	偏枯水丰沙年	⑩	枯水丰沙年
④	枯水偏丰沙年	⑪	枯水枯沙年
⑤	枯水偏枯沙年	⑫	丰水枯沙年
⑥	偏枯水枯沙年	⑬	中水中沙年
⑦	偏丰水枯沙年		

$$S = \sum_{i=1}^{n-1} \sum_{j=i+1}^{n} \mathrm{sig}(x_j - x_i), \mathrm{sig}(x_j - x_i) = \begin{cases} 1 & \text{当 } x_j - x_i > 0 \\ 0 & \text{当 } x_j - x_i = 0 \\ -1 & \text{当 } x_j - x_i < 0 \end{cases} \quad (13.1)$$

假定 X 是独立的，则 S 近似服从正态分布，统计检验值 Z 为

$$Z = \begin{cases} (S-1)/\sqrt{\mathrm{Var}(S)} & S > 0 \\ 0 & S = 0 \\ (S+1)/\sqrt{\mathrm{Var}(S)} & S < 0 \end{cases} \quad (13.2)$$

式中：$\mathrm{Var}(S)$ 是 S 的方差。若 $Z>0$ 为上升趋势，在趋势检验中，给定显著性水平 α，查标准正态分布分位数表得到 $U_{1-\alpha/2}$，$U_{1-\alpha/2}$ 是概率超过 $1-\alpha/2$ 时标准正态分布的值。若 $|Z| \geqslant U_{1-\alpha/2}$，表明该数据序列通过了 α 显著性检验，且显著水平 α 越小，数据序列变化趋势越显著。经计算，长江中游宜昌站自 1950 年以来年水量和年沙量均呈显著性减少趋势，且 $|Z| \geqslant U_{1-0.01/2} = 2.58$，通过了 1% 显著性检验（图 13.3）。

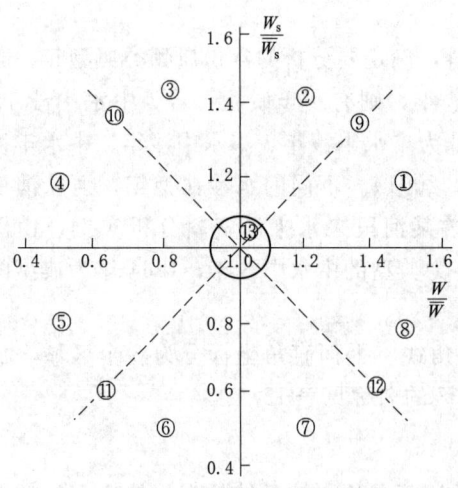

图 13.2　水沙典型年坐标图
（W 为典型年水量；$\overline{W}$ 为多年平均水量；
W_s 为典型年输沙量；$\overline{W}_s$ 为多年平均输沙量）

13.1 水沙条件分析

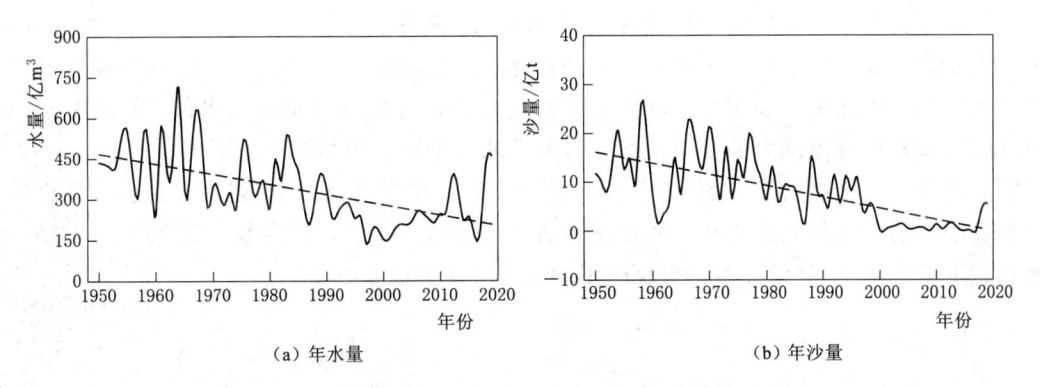

图 13.3 长江中游宜昌站年水量和年沙量的变化趋势分析

M-K 突变检验的计算方式如下，对需要分析的数据序列 $X=\{x_1,\cdots,x_i,\cdots,x_n\}$，构造一个秩序列 S_k，表示第 i 时刻数值大于 j 时刻数值个数的累计数：

$$S_k = \sum_{i=1}^{k} r_i (k=1,2,3,\cdots,n), \text{其中} \ r_i = \begin{cases} 1, x_i > x_j \\ 0, x_i \leqslant x_j \end{cases} \quad (j=1,2,3\cdots,i) \quad (13.3)$$

在时间序列为随机的假设下，定义统计量 UF_k：

$$\mathrm{UF}_k = \frac{[S_k - \mathrm{E}(S_k)]}{\sqrt{\mathrm{Var}(S_k)}} \quad (k=1,2,\cdots,n) \quad (13.4)$$

式中：$\mathrm{UF}_1=0$；$\mathrm{E}(S_k)$ 和 $\mathrm{Var}(S_k)$ 分别是 S_k 的均值和方差。再按时间序列 X 的逆序，重复上述过程，同时使 $\mathrm{UB}_k = -\mathrm{UF}_k$，$(k=n,n-1,\cdots,1)$，$\mathrm{UB}_1=0$。若 UB_k 和 UF_k 两条曲线出现交点，且交点在临界线之间，那么交点对应的时刻便是突变时刻。若 UF_k 值大于0，则表明数据序列呈上升趋势，小于0则表明呈下降趋势。当其超过临界直线时，表明上升或下降趋势显著。经突变检验，宜昌站水量基本呈下降趋势，沙量开始呈减小趋势的年份为1993年，而水量和沙量突破显著水平临界线的年份分别为2003年和2002年（图13.4），这与三峡水库运用时间基本一致。

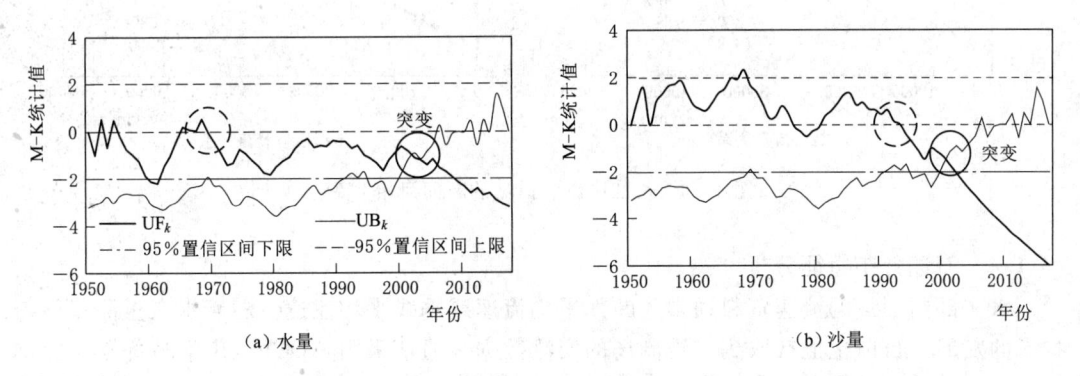

图 13.4 长江中游宜昌站的年水量与年沙量突变检验

13.1.3 水沙变量的关系分析

通过建立经验关系，可简单直观地描述出不同水沙变量之间的定量关系，在实测资料分析中被广泛应用。常用的经验关系包括水位-流量关系、输沙率-流量关系、河相关系等。图13.5（a）点绘了长江中游沙市站的水位-流量关系，两者呈很好的幂函数关系。该关系可用于预测某一断面水位随流量的变化趋势；比较不同年份的水位-流量关系，还可反映出该断面过流能力的变化情况，若关系曲线抬高，则相同流量下水位升高，河槽过流能力减弱，反之则增强。图13.5（b）拟合了长江中游沙市站的输沙率-流量关线曲线。结果表明，输沙率与流量之间同样存在幂函数关系 $Q_s = aQ^b$，且指数 b 约为2.0。相对平衡状态下的输沙率-流量关系，可反映不同流量下水流的输沙能力。

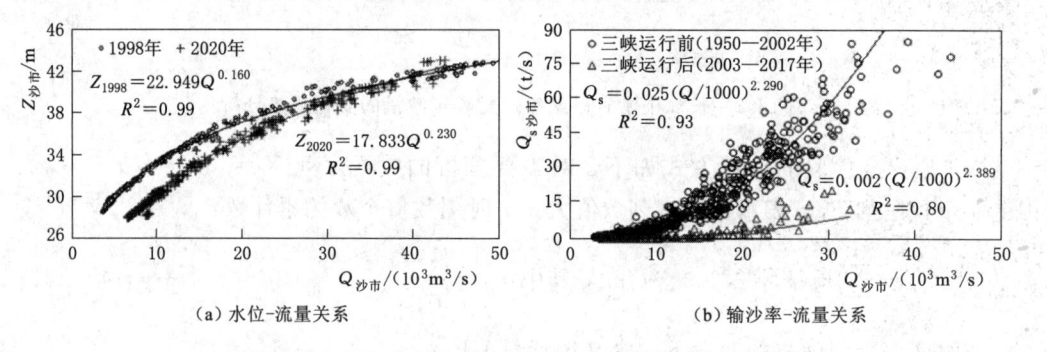

图13.5 长江中游沙市站不同水沙因子的相关性分析

此外，在某个处于冲淤平衡时的水文断面，点绘水面宽、平均水深、平均流速等与流量 Q 之间的关系，可得到断面河相关系，通常为幂函数关系。断面河相关系反映的是一种几何关系，不同断面因几何形态存在差异，其河相关系的系、指数差别也较大。图13.6拟合了1956—1957年长江中游宜昌站平均水深、平均流速与流量之间的幂函数关系。

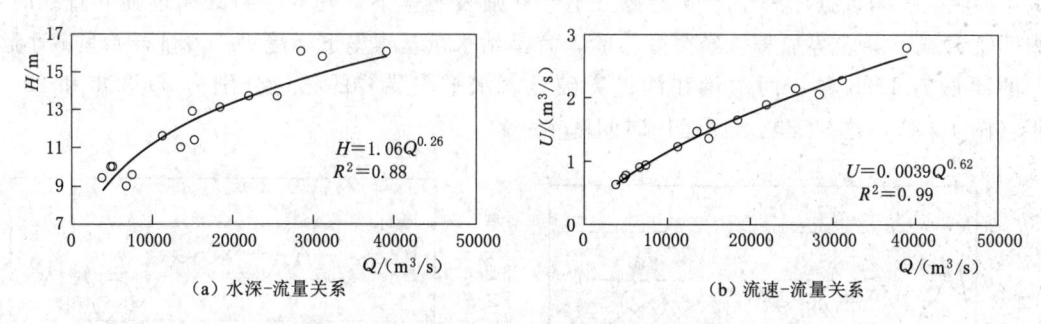

图13.6 长江中游宜昌站的断面河相关系

13.1.4 流速分布特征分析

水文部门测量的流速资料通常为断面平均流速或垂线平均流速。随着水文量测仪器与技术的发展，目前也能获取到三维流场的实测数据，通常采用ADCP（声学多普勒流速剖面仪）进行测量。传统的水文测流方法仅测量某一断面特定几条垂线上若干点的流速，而无法满足对某一个断面三维流速进行观测。ADCP测流技术可测出不同深度单元的流速矢量，从而提供连续的垂直剖面资料，并能快速准确地给出特定断面的三维流速数据。将ADCP收集的三维流速数据投影到 x、y 方向平面上，则可获取纵向和横向上的流速分布。如图 13.7（a）所示，长江中游莱家铺弯道水深平均流速的最大值约为 2.2m/s，在弯道进口区主流线偏靠凸岸，进入弯道后向凹岸摆动而后偏靠凹岸。图 13.7（b）为 CS2 断面的环流流速分布，图中可清楚观察到主环流和次生环流，主环流的宽度约为 400m，占水面宽的 57%。

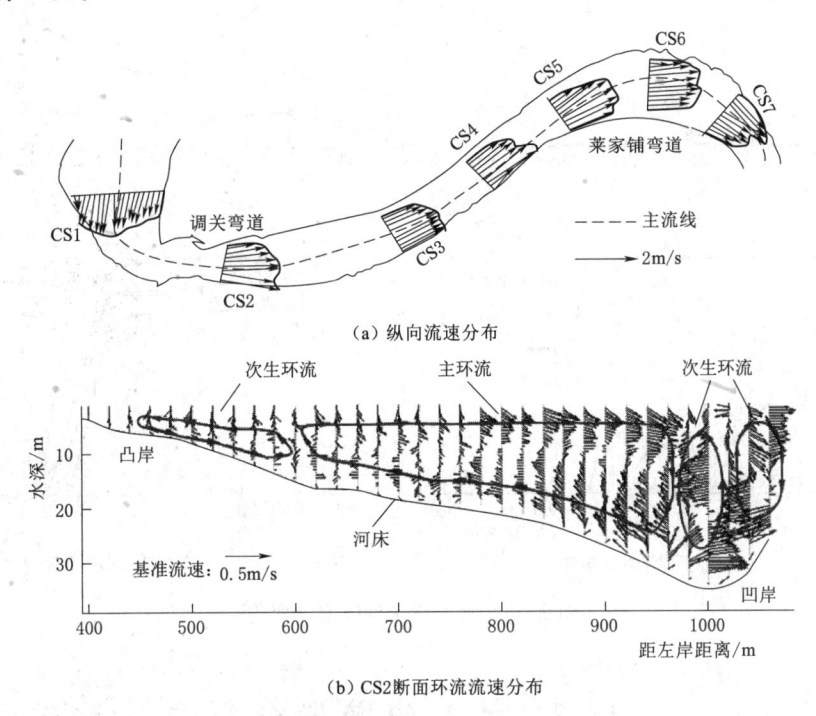

图 13.7　长江中游莱家铺弯道段 ADCP 实测的流速分布

13.1.5　泥沙级配资料分析

泥沙级配是指沙样中泥沙颗粒各级粒径的分布情况。在分析过程中，一般通过绘制颗粒级配曲线来分析泥沙颗粒的分布情况，包括悬移质、床沙粒径级配曲线等。颗粒级配曲线一般采用对数坐标表示，横坐标为粒径，纵坐标为小于某粒径的沙量占总沙量的百分比。河流泥沙颗粒分析粒径级宜采用 φ 分级法划分，其基本粒径级为 0.002mm、0.004mm、0.008mm、0.016mm、……、0.062mm 等。根据级配曲线的斜率可以大致判断沙样的均匀程度或级配是否良好。曲线陡，表示粒径大小相差不多，沙样颗粒比较均匀；曲线缓，表示粒径大小相差悬殊，沙样颗粒不均匀，级配良好。

例如，通过计算长江中游宜枝（宜昌—枝城）河段床沙的平均中值粒径（$\overline{D}_{50}$）以及绘制典型断面的床沙粒径级配曲线，可知宜枝上段的床沙粗化明显，$\overline{D}_{50}$ 从 2002 年的 0.42mm 增加到 2014 年的 26.05mm；而下段的 $\overline{D}_{50}$ 则从 0.23mm 增加到 7.41mm［图 13.8（a）］。此外，宜昌站 2002—2006 年的床沙粒径基本为 0.1~1.0mm，比例几乎达 100%；随后发生较为显著的床沙粗化现象（2006—2014 年），床沙级配曲线急剧变缓，粗颗粒泥沙的比例增加［图 13.8（b）］。但枝城站的床沙粗化现象不明显［图 13.8（c）］，2002—2006 年的床沙粒径范围为 0.1~1.0mm；之后该粒径范围的泥沙仅有小幅度的减

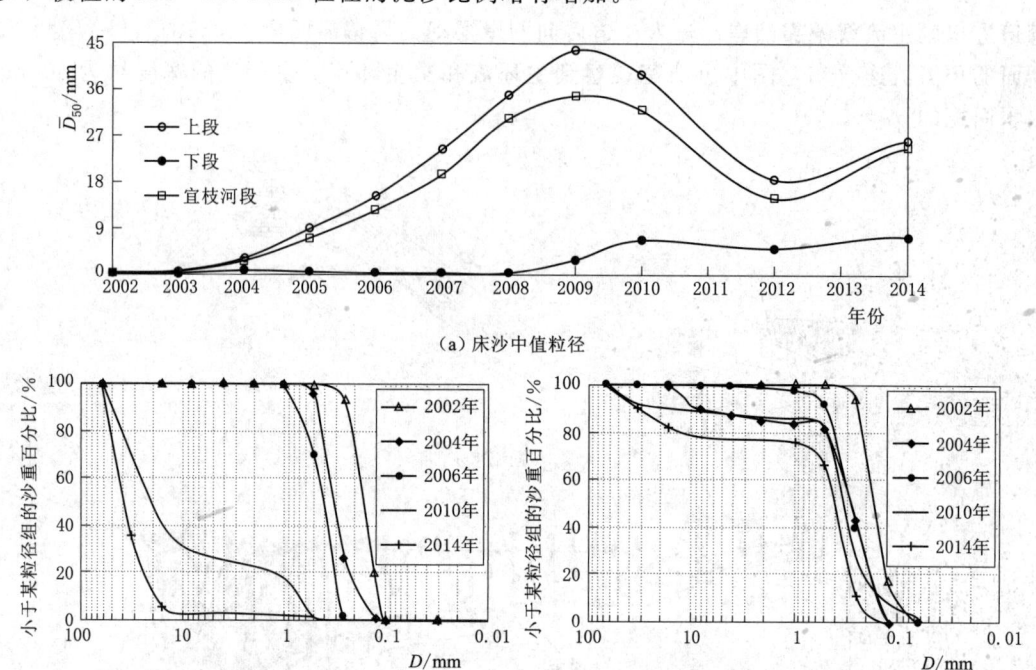

少，较粗的 1.0~16.0mm 粒径的泥沙比例略有增加。

图 13.8 宜枝段床沙级配的变化

13.2 河床冲淤量分析

冲淤量估算通常可采用断面地形法及输沙量平衡法。对断面地形法而言，在长江中下游河道一般每年汛后测量断面地形，故可分析冲淤量的逐年变化过程；而在黄河下游河道通常在汛前、汛后各测一次断面地形，故可分析冲淤量在汛期和非汛期的变化过程。长江中下游常计算枯水位、中水位、平滩水位、洪水位等特征水位下的冲淤量（图 13.9），而黄河下游河道主槽摆动极为频繁，滩地和主槽较难区分，故常计算全断面的冲淤量。这两类冲淤量估算方法的差别在于：在长江上通常先计算特征水位下的槽蓄量，相邻时段的槽蓄量差值即为该特征水位下的冲淤量；而在黄河上，直接计算各断面冲淤面积，进而计算河段冲淤量，或计算某一固定高程下的河床空间体积，从而确定河床空间体积差值，即为冲淤量。下面具体介绍河床冲淤量的两类计算方法：断面地形法及输沙量平衡法。

13.2.1 断面地形法

断面地形法是指相邻两测次间相邻断面间槽蓄量差值即为相邻断面间冲淤量，整个河段累积值即河道冲淤量。

（1）针对长江河床冲淤量计算的断面地形法，总结如下：

1）相邻断面之间的槽蓄量 V_i 计算为

梯形法：
$$V_i = \frac{1}{2}(A_i + A_{i+1})\Delta L_i \tag{13.5}$$

13.2 河床冲淤量分析

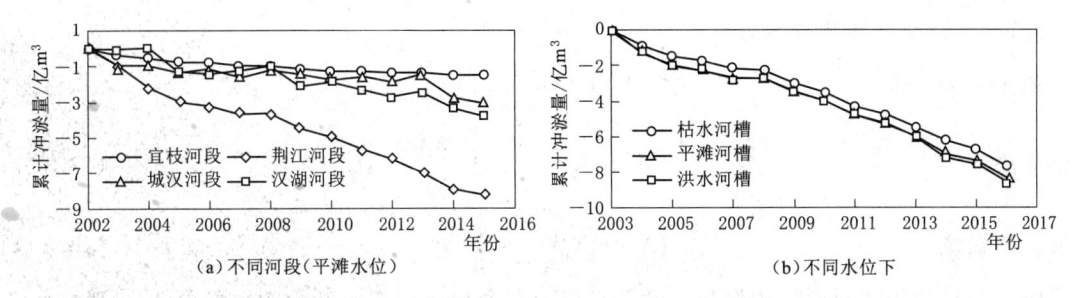

(a) 不同河段(平滩水位)

(b) 不同水位下

图 13.9 长江中游河床累计冲淤量变化

锥体法：
$$V_i = \frac{1}{3}(A_i + A_{i+1} + \sqrt{A_i A_{i+1}})\Delta L_i \tag{13.6}$$

式中：V_i 为第 $i \sim i+1$ 断面间槽蓄量；A_i 为第 i 个断面某一特征水位下的面积；ΔL_i 为第 $i \sim i+1$ 断面之间间距。

2) 河段槽蓄量 V 计算为

梯形法：
$$V = \sum_{1}^{n-1} \frac{1}{2}(A_i + A_{i+1})\Delta L_i \tag{13.7}$$

锥体法：
$$V = \sum_{1}^{n-1} \frac{1}{3}(A_i + A_{i+1} + \sqrt{A_i A_{i+1}})\Delta L_i \tag{13.8}$$

式中：V 为第 $1 \sim n$ 个断面之间槽蓄量，即河段槽蓄量。相邻时段内槽蓄量的差值即为该时段河床冲淤量 ΔV。

(2) 针对黄河河床冲淤量计算的断面地形法（图 13.10），总结如下：

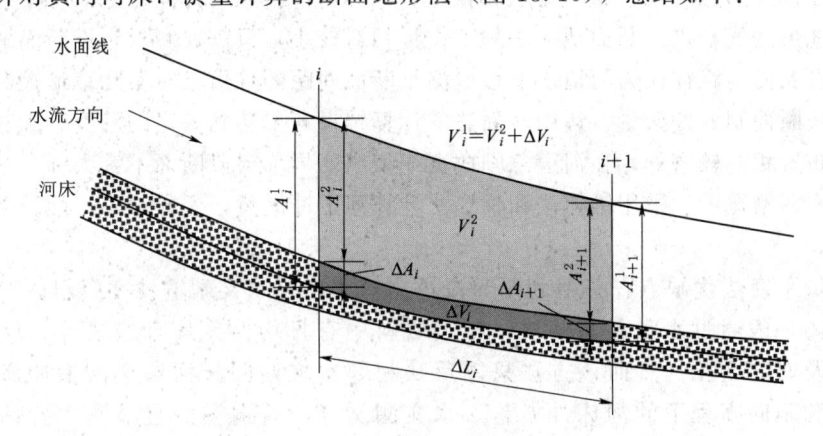

图 13.10 河床冲淤量计算的断面地形法

1) 两次断面面积差法为

梯形法：
$$\Delta V_i = \frac{1}{2}(\Delta A_i + \Delta A_{i+1})\Delta L_i \tag{13.9}$$

锥体法：
$$\Delta V_i = \frac{1}{3}(\Delta A_i + \Delta A_{i+1} + \sqrt{\Delta A_i \Delta A_{i+1}})\Delta L_i \tag{13.10}$$

河段冲淤量：
$$\Delta V = \sum_{1}^{n-1} \Delta V_i \tag{13.11}$$

2) 两次空间体积差法为

梯形法：
$$V_i^1 = \frac{1}{2}(A_i^1 + A_{i+1}^1)\Delta L_i^1 \tag{13.12}$$

锥体法：
$$V_i^1 = \frac{1}{3}(A_i^1 + A_{i+1}^1 + \sqrt{A_i^1 A_{i+1}^1})\Delta L_i^1 \tag{13.13}$$

河段冲淤量：
$$\Delta V = \sum_1^{n-1} V_i^1 - \sum_1^{n-1} V_i^2 \tag{13.14}$$

式中：ΔV_i 为相邻断面间冲淤量；设某一断面在高程 z 下实测断面的面积为 A_i，则 ΔA_i、ΔA_{i+1} 为相邻断面的冲淤面积；A_i^1、A_i^2 和 V_i^1、V_i^2 分别为相邻时刻的实测断面面积和河床空间体积；相邻时段内河段河床空间体积的差值即为河段冲淤量 ΔV。

13.2.2 输沙量平衡法

输沙量平衡法是根据河段上下游两水文测站实测的输沙量和区间加入、引出沙量，基于物质守恒原理，计算输入沙量和输出沙量的差值，即为该河段的冲淤量。输沙量平衡法的计算公式为

$$\Delta W_s = W_{s1} - W_{s2} + SL_3 - SL_4 \tag{13.15}$$

式中：ΔT 时段内通过某一水文站的输沙量，可写成如下形式 $W_s = QS\Delta T$，其中 Q 为平均流量，S 为平均含沙量；W_{s1}、W_{s2} 分别为进、出口站输沙量；SL_3 为区间加入的沙量；SL_4 为区间引沙量（包括灌溉和取水引沙、分洪引沙、河道采砂等）；ΔW_s 为河段冲淤量。上述所提的输沙量一般应包括悬移质输沙量和推移质输沙量（沙质和卵石）之和。

13.2.3 断面地形法与输沙量平衡法比较

断面地形法优缺点：断面地形法的工作量相对较小，只需要测量布设断面的地形，但是由于布设断面间距往往为河道水下地形测量断面间距的数倍，对实际地形控制较差，而且只能反映断面间的冲淤量。运用断面法的计算结果若要达到一定的精度，除在弯道、汊道断面宜布置相对较密外，在河道急剧放宽或束窄的局部河段断面不宜太稀，一般不宜大于 2 倍枯水河槽宽度。采用锥体法和梯形法计算河道冲淤量，差异很小，两种方法均能满足要求。

输沙量平衡法优缺点：一般利用河段进出口中已有水文站输沙率资料，其优点是有资料系列，一般通过水沙关系定线。整编资料中有日均值，具有连续性，反映了河段冲淤过程及时间变化。然而该方法只能反映相邻水文站间长河段全河槽冲淤量，不能反映沿程和不同高程下的河床冲淤量。水文测站存在普遍漏测且漏测率各站不同。沙量平衡法在常规悬移质测验中，需要考虑临底悬移质测验误差，而且在采砂河段需要确定河道采砂量，分流河段需要考虑分沙量和分流口门至水文站之间的河道冲淤量。对实测成果进行修正后，沙量平衡法才能得到准确结果，否则该方法计算的冲淤量明显偏小（许全喜等，2021）。

综上所述，断面地形法与输沙量平衡法的结果有明显差别。图 13.11 给出了两种方法计算得到的长江中游河段累计冲淤量（许全喜等，2021）及黄河中下游三门峡—利津段累计冲淤量（赵业安等，1998）。由图 13.11 可知，断面法计算的 2007—2018 年长江中游累计冲刷量为 15.4 亿 t，而沙量平衡法计算的结果仅为 3.6 亿 t。同样地，两种方法计算的

1961—1991年黄河中下游三门峡—利津段累计淤积量分别为48.5亿t和27.1亿t，差异显著，但沙量平衡法的结果经修正后，与断面法结果符合较好。

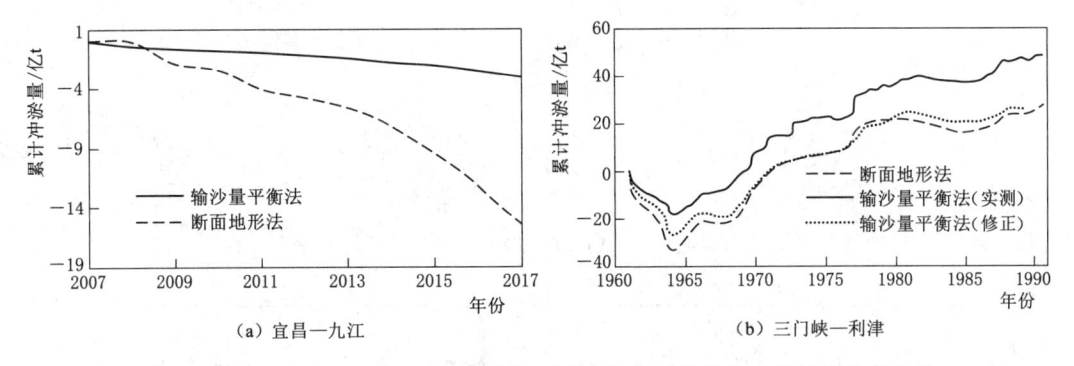

图13.11 长江中游及黄河中下游断面地形法与输沙量平衡法的计算结果比较

13.3 河床形态调整分析

河床形态调整包括平面、断面、纵剖面形态的调整，其调整相应引起河势的剧烈变化。由于顺直、弯曲、分汊及游荡四种不同河型河段调整存在显著差异，故分析不同河型的河床形态调整特点时，需有所侧重。目前，常用的分析资料包括断面地形、长程河道地形、遥感影像等。下面以长江中游荆江河段为例，分析其河床形态调整特点。

13.3.1 断面形态调整

断面形态调整主要包括横向变形及垂向冲淤，可通过套汇固定断面地形来确定。固定断面地形数据包括测点距左岸起点的距离及相应高程，布设断面的位置基本垂直于主流方向。在长江中游，通常间隔2km设置一个固定断面，在弯道、汊道位置断面布置相对较密，各断面的测量点从几十到上百不等。如图13.12（a）所示，长江中游荆江段长约347km，共布设约180个固定断面。图13.12（b）和图13.12（c）分别给出了三峡工程运用后荆35和荆62断面形态的变化过程。2002—2018年间荆35断面右岸岸坡逐年崩退，崩宽达150m；荆62断面左侧岸坡累计崩退距离达230m，河床冲深约10m，可见这两个断面均发生了显著的形态调整。

13.3.2 平面形态调整

1. 长程河道地形资料

平面形态调整分析通常基于水文或河道部门测量的长程河道地形等资料。长程河道地形包括各测量点的平面坐标及相应高程(x, y, z)。在长江中游，一般间隔$200\sim250$m设置一行测量点，故长程河道地形相较于断面地形更为精准[图13.13（a）]。利用长程河道地形，能更为详细地分析局部地形变化，包括浅滩变形、汊道冲淤等；但由于测量所需时间和经费投入较大，一般每隔5年观测一次，无法用于研究短时段的河床调整情况。

此外，通过提取长程河道地形图中的水边线进行套汇，可获取研究河段岸线变化情况。通过提取长程河道地形图中的深泓点并连接得到河段深泓线，可分析深泓线的平面摆

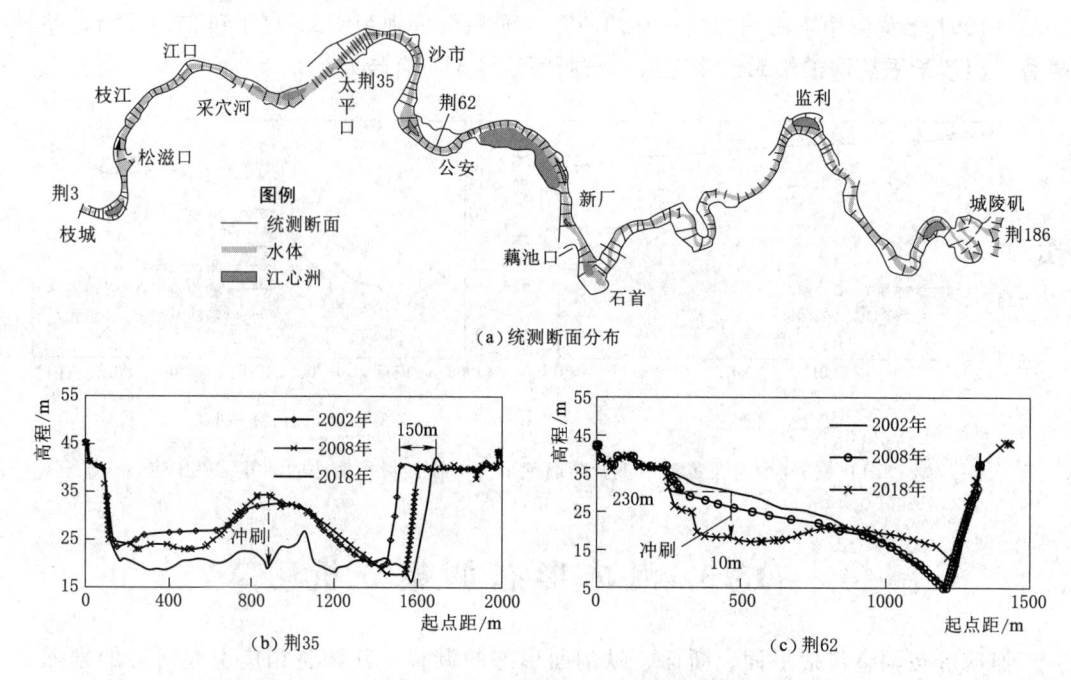

图 13.12　长江荆江河段固定断面布设及特定断面地形调整

动情况，以此近似反映河势变化特点。由图 13.13（b）可知，1998—2009 年间藕池口河段深泓摆动幅度较小，这主要是由于三峡工程的运用及各类河道、航道整治工程的实施限制了河势变化。

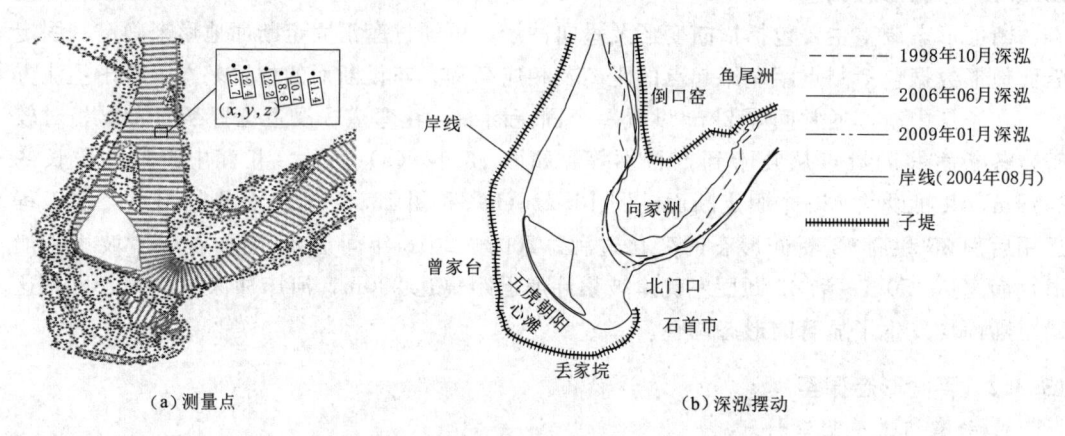

图 13.13　长江中游局部河段实测水下地形

2. 遥感影像资料

由于长程河道地形较难获取，目前遥感影像被广泛应用于河道的平面形态调整研究，如主槽摆动、洲滩变形、岸线移动和裁弯等河道平面形态的分析（Marcus 和 Fonstad，2010；Rowland 等，2016）。遥感技术通过分析地球表面反射不同波段电磁波的特性，从高空中获取地球表面陆地和水体信息，并对所获取的信息进行整理、提取、比较和处理分析，获得研究目标及其环境的位置、状态等信息特征（Campbell 和 Wynne，2011），具

13.3 河床形态调整分析

有信息实时、准确、直观的特点。遥感数据通常可从"GloVis"网站、"地理空间数据云"网站等网站免费获取,包括 Landsat 5、7、8 卫星获取的 TM、ETM+ 和 OLI 影像等,这三颗卫星每 16 天实现一次全球覆盖,影像空间分辨率为 30m,基本满足河道平面形态变化研究的时间和空间要求。由于河道水位和云量对遥感图中岸线和江心洲面积确定有较大的影响,因此要求选取的遥感影像拍摄当天研究河段的水位相近,即与标准水位相差不超过 1m(不同研究河段标准水位不同),且云量较小。

结合 ArcGIS 软件提取遥感影像中河道平面形态参数(江心洲形态、水边线等),基于提取的时间序列遥感影像,系统分析河道平面形态的演变过程(图 13.14)。具体步骤如下:

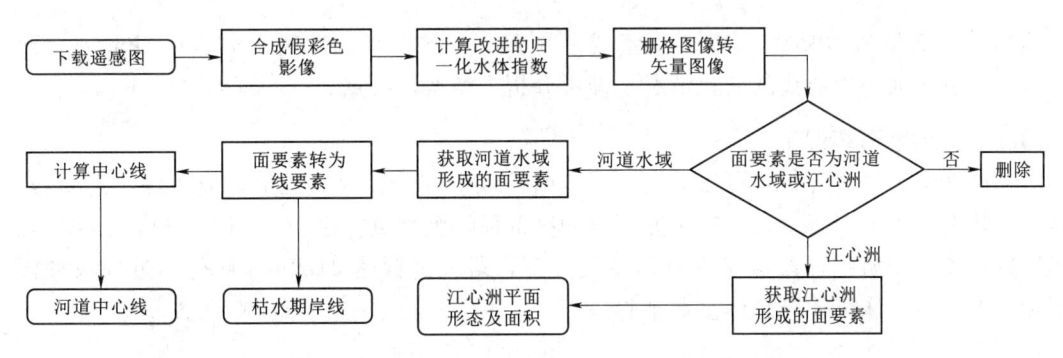

图 13.14 基于遥感影像提取河道平面形态的流程图

(1) 改进的归一化水体指数计算。采用改进的归一化水体指数 MNDWI(Modified Normalized Difference Water Index)提取遥感影像中的水体。该方法能够有效地抑制植被、建筑物和土壤信息,减少背景噪声,可表示为

$$MDNWI = (Green - MIR)/(Green + MIR) \tag{13.16}$$

式中:Green 和 MIR 分别为遥感数据中的绿波段和中红外波段。在 Landsat5/7/8 卫星影像中,Green 对应的波段为 B2/B2/B3,MIR 对应的波段为 B5/B5/B6。

(2) 河道平面形态提取。采用 ArcGIS 软件并结合归一化水体指数提取河道平面形态:①结合"波段合成"工具,选取影像的近红外、中红外及红波段合成非标准假彩色图像,以突出水陆边界,便于目视识别[图 13.15 (a)];②利用"栅格计算器"计算 MNDWI 后,获取由 -1(非水体)、0(水体)和 1(异常值)组成的栅格影像;③利用"栅格转面"工具将上述栅格图像转换为矢量图像,其中相互连通且具有相同值的像元转化为独立的面要素;④结合假彩色图像,手动删除非河道水域和非江心洲面要素,并对由于卫星运行失常、桥梁、船舶和工程导致的不连续的河道水域和江心洲面要素进行调整,获取清晰连续的河道水域和江心洲面要素[图 13.15 (b)];⑤在属性表中可直接读取江心洲要素的面积,即为江心洲面积 A_b;结合"面转线"工具,将河道水域面要素转为线要素,即可获得标准水位下研究河段的岸线;结合"提取中心线"工具,确定研究河段两侧岸线的中心位置,即河道中心线。

以长江中游荆江段为例,基于遥感影像解译,计算得到三峡工程运行以来(2004—2020 年)荆江段内洲滩出露总面积的变化过程,结果表明:江心洲持续萎缩,2020 年枯

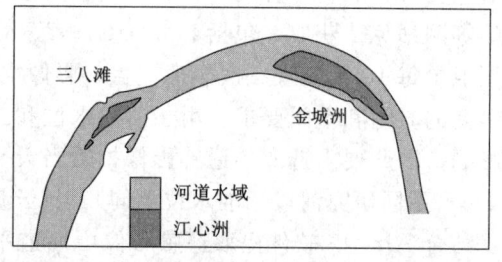

(a) 假彩色合成影像　　　　　　　　　　(b) 河道水域和江心洲提取

图 13.15　长江中游沙市段河道平面形态

水期出露总面积为 38km²，较 2004 年减小约 24%，多年平均冲刷速率达 0.7km²/a。而根据相邻测次河道中心线的变化情况，即可分析主槽摆动特点。

13.3.3　纵剖面形态调整

纵剖面形态调整分析，可根据实测固定断面地形和长程河道地形，分析深泓点高程、河床平均高程等的沿程变化，来研究河段的纵剖面调整特点。由图 13.16 可知，三峡工程运用后，长江中游荆江段深泓纵剖面持续冲深，最大冲深达 24.9m；此外，近坝段冲深幅度较大，故河床纵比降总体呈调平趋势。

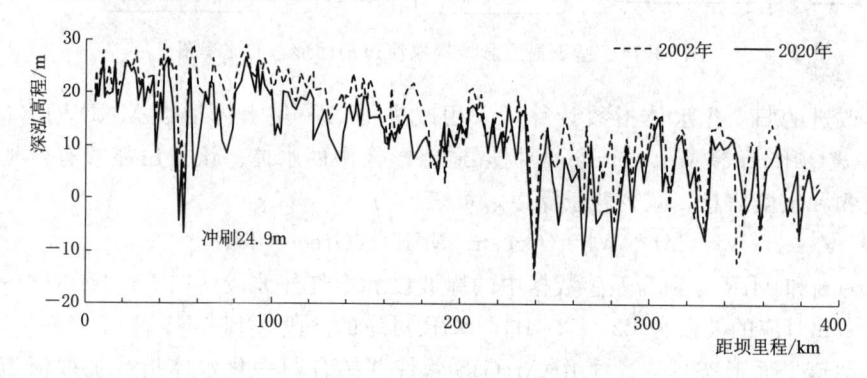

图 13.16　长江中游荆江段深泓纵剖面调整

13.4　地质组成分析

河床地质资料是影响河床演变的重要因素，应十分重视。当河床由可冲刷的松散沙质组成时，河床演变较剧烈且较不稳定。当河床由较难冲刷的土质组成时，则河床演变较缓慢且较稳定；如果河床的地质组成极为复杂，则河床演变也将较为复杂。在分析河床地质情况时，应根据地质钻探资料绘制地质剖面图，以此分析河床组成、抗冲能力和河岸稳定性等。图 13.17 所示为长江中游团风河段某一断面的河床地质剖面。由图 13.17 可见，左、右岸汊道的河岸组成中有一部分黏土，抗冲能力强，河岸自然较稳定；在河床中部主槽内，河床由广阔深厚的中细沙和粉壤土组成，抗冲能力弱，河床自然不易稳定。

图 13.18 所示为长江中游荆江河段河岸土体分层情况。由图 13.18 可见，杨家脑—石

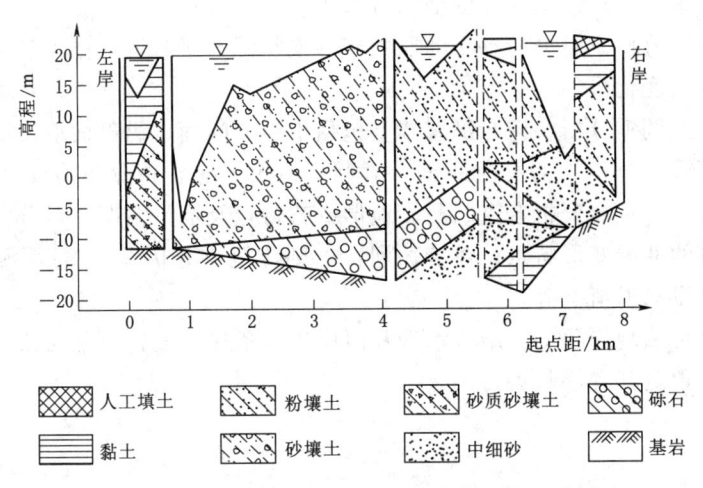

图 13.17 长江中游团风河段的河床断面的地质剖面

首河段的土体分层较复杂，多由黏土层、砂卵石层和细沙层组成；石首—城陵矶河段的土体分层较为简单，主要由黏土层和细沙层组成，一般黏土层较薄而细沙层更厚。

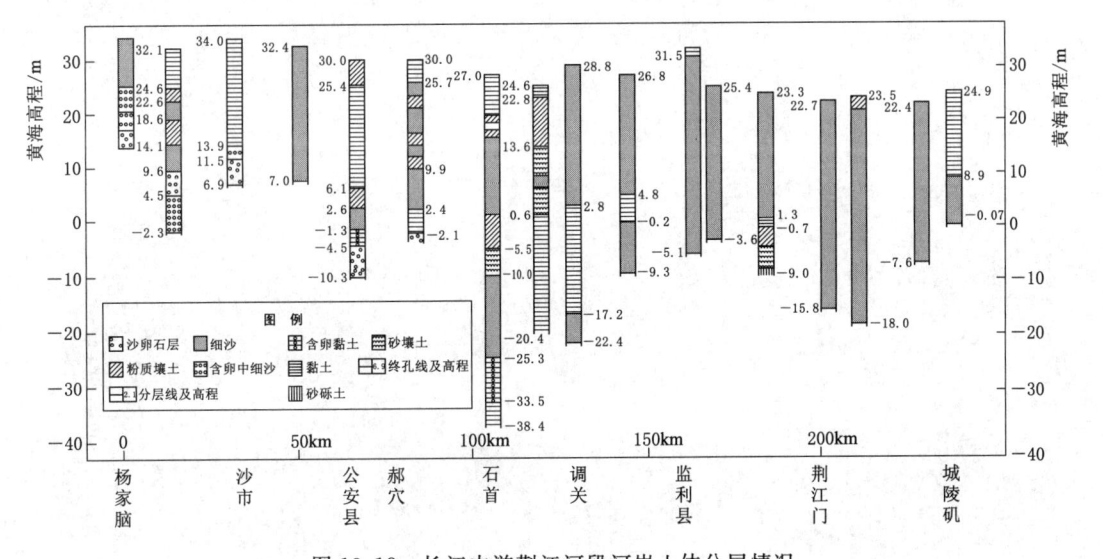

图 13.18 长江中游荆江河段河岸土体分层情况

13.5 河演分析的基本步骤

基于实测资料的河演分析，根据研究河段的具体情况不同，分析内容也有差异，一般包括如下步骤：

（1）河道概况分析。根据河床演变分析需求，包括但不限于研究河段地理位置、河型特征、河床组成、地质条件、整治工程类型及分布等。

（2）水沙条件分析。包括但不限于水量及沙量变化过程、悬沙级配、分汊段的分流分沙比、典型断面垂线平均纵向流速的横向分布等。

（3）河道冲淤分析。可分析整个河段的年内或年际冲淤过程，亦可基于河道地形，分析局部区域的冲淤变化。

（4）河床形态调整分析。河床形态调整包括平面、断面、纵剖面形态的变化，但针对四种不同河型河段，分析中需有所侧重。对顺直河段，应着重分析边滩及深槽的演变特点；对弯曲河段，应重点分析弯道凹凸岸地形调整特点及崩岸情况；对分汊河段，应重点研究洲头和汊道的冲淤变形特点；对游荡河段，则应侧重分析其主槽/深泓摆动特点、河势变化规律及滩岸崩退情况等。

（5）归因分析及趋势预测。结合水沙及河床边界条件，分析研究河段河床形态调整的规律及原因，并预测其发展趋势。

第14章 河床变形的数值模拟

河床变形的数值模拟是解决河道实际工程问题最重要的手段之一，在河床演变研究中的应用非常普遍，相关模拟软件在行业内也被广泛应用。几乎所有重大水利工程项目的论证都同时用到了物模试验和数值模拟的结果。河床变形数值模拟的核心是水沙数学模型。本章主要介绍冲积河流水沙数学模型概况，一维/二维水沙数学模型的控制方程及其关键问题处理等内容。

14.1 水沙数学模型概况

水沙数学模型，包括了水流运动、泥沙输移及河床变形等主要控制方程及其数值求解过程。尽管其发展历史较短，但发展速度很快，其基本原理在于水沙运动过程中的质量与动量守恒规律（胡春宏等，2006）。河流水沙数学模型是建立在水沙动力学模型的基础之上，但由于泥沙问题的复杂性，泥沙输移过程计算中，部分关键问题仍采用半理论半经验方法进行描述（谢鉴衡，1988；胡春宏等，2006）。

在水沙数学模型发展的过程中，通常按照空间维度将其分为一维至三维模型，按照是否随时间发生变化分为恒定流和非恒定流模型，按照泥沙粒径大小及其运动方式分为悬移质、推移质和全沙模型，以及按照泥沙组成分为均匀沙和非均匀沙模型。如取水流含沙量等于挟沙力，称为平衡输沙模型，否则称为非平衡输沙模型（谢鉴衡，1988；胡春宏等，2006）。各种模式的组合是为了满足各类工程的需求。经过近半个世纪的发展，我国在水库泥沙淤积、坝下游河道演变模拟等多个方面已有成熟的一维至三维水沙数学模型，为长江、黄河等江河治理提供了重要技术支撑（韩其为和胡春宏，2008）。在不平衡输沙、水流挟沙力、高含沙水流、异重流运动等理论与模拟技术均居于国际领先水平（王光谦，2007）。

在水沙数学模型中，水流控制方程较为成熟，其补充方程主要是阻力公式或经验系数，但泥沙运动的补充方程较为复杂，包括悬移质水流挟沙力、推移质输沙率、河床级配调整及近底含沙量计算等方面，这些内容迄今为止仍是需要解决的难点问题。目前，大部分泥沙运动的补充方程都是建立在一维泥沙输移理论基础之上，且室内及野外观测数据也基本支持现有泥沙输移理论。一维水沙数学模型已广泛应用到国内外许多重要水利工程的方案论证中，而且具有相当的计算精度。目前，具有代表性的一维水沙模拟软件有美国陆军工程师兵团的 HEC-6 模型，丹麦水利研究所的 MIKE11 模型，法国国家水利研究所的 SEDICOUP 模型等。国内也有大量学者在非均匀沙不平衡输移理论的基础上，自主研发了一维水沙数学模型，用于实际工程或科学研究（韩其为和何明民，1987；余欣等，2000）。各家模型的主要差异在于为闭合基本控制方程而补充不同的参数计算方法。二维水沙数学模型分为平面及立面二维模型两类，前者主要考虑水沙要素沿平面的分布特征，后者则考虑水沙要素沿立面的分布特征，两类模型也均已广泛应用于基础研究与各类工程计算（赵明登和李义天，2002；Wang 等，2008）。三维水沙数学模型起步于 20 世纪 80 年代，主要用于模拟局部范围内的水沙运动过程，但随着并行计算技术的发展，三维模型在科研及工程中的应用也越来越普遍（Wu 等，2000；Jia 等，2010；Sattar 等，2017）。

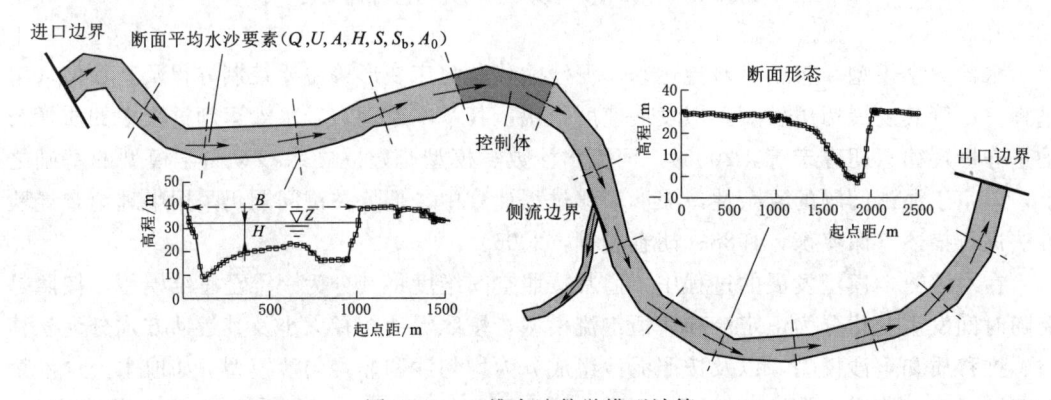

14.2 一维水沙数学模型

一维水沙数学模型将河道水沙输移过程概化为一维问题，将水和沙均视为连续介质，且仅关注断面平均水沙要素的变化过程。通常用于计算流量、水位、断面平均悬移质含沙量、推移质输沙率、河床冲淤面积等参数随时间及空间的变化过程（图 14.1）。

图 14.1 一维水沙数学模型计算

14.2.1 控制方程与计算方法

1. 浑水控制方程

一维水沙数学模型的控制方程，包括基于质量守恒推导的浑水和泥沙连续方程、河床变形方程及基于动量守恒推导的浑水运动方程（谢鉴衡，1988；涂启华和杨赉斐，2006）。各方程的具体形式可表示如下。

（1）浑水连续方程

$$\frac{\partial (A\rho_m)}{\partial t} + \frac{\partial (\rho_m AU)}{\partial x} + \rho_0 \frac{\partial A_0}{\partial t} - \rho_1 q_1 = 0 \tag{14.1}$$

式中：x 为沿程距离，m；t 为时间，s；U 为断面平均流速，m/s；ρ_m 为浑水密度，kg/m³，且 $\rho_m = \rho(1-S/\rho_s) + S$，$\rho_s$ 为泥沙密度，kg/m³；ρ 为清水密度，kg/m³；S 为断面平均悬移质含沙量，kg/m³；A 为过水面积，m²；A_0 为冲淤断面的面积，m²；ρ_0 为床沙饱和湿密度，kg/m³；q_1 为单位河长的分汇流流量，m²/s；ρ_1 为侧向分汇流的浑水密度，kg/m³。

(2) 浑水运动方程

$$\frac{\partial(\rho_m UA)}{\partial t}+\frac{\partial(\rho_m U^2 A)}{\partial x}+\rho_m gA\frac{\partial H}{\partial x}+gh_c A\frac{\Delta\rho}{\rho_s}\frac{\partial S}{\partial x}-\rho_m gA(J_b-J_f)-\rho_l q_1 u_1=0 \quad (14.2)$$

式中：H 为断面平均水深，m；h_c 为断面形心淹没的深度，m；$\Delta\rho$ 为泥沙密度 ρ_s 与清水密度 ρ 的差值，即 $\Delta\rho=\rho_s-\rho$；u_1 为分汇流流速沿 x 方向的分量，m/s；J_f 为能坡；J_b 为河床纵比降；g 为重力加速度（$g=9.81\text{m/s}^2$）。

(3) 悬移质泥沙连续方程

$$\frac{\partial}{\partial t}(AS)+\frac{\partial}{\partial x}(AUS)-\frac{\partial}{\partial x}\left(\varepsilon_x A\frac{\partial S}{\partial x}\right)+B\alpha_s\omega_s(S-S_*)-q_{s,1}=0 \quad (14.3)$$

式中：S_* 为断面平均的悬移质挟沙力，kg/m³；ε_x 为紊流扩散系数，m²/s；$q_{s,1}$ 为单位河长的侧向分汇流的悬移质输沙率，kg/(s·m)；α_s 为悬移质泥沙的恢复饱和系数；B 为水面宽度，m；ω_s 为悬移质泥沙的沉速，m/s。

(4) 推移质泥沙连续方程

$$\frac{\partial}{\partial t}(AS_b)+\frac{\partial}{\partial x}(AUS_b)+B\alpha_b\omega_b(S_b-S_{b*})-q_{b,1}=0 \quad (14.4)$$

式中：S_b 为断面平均的推移质含沙量，kg/m³；S_{b*} 为断面平均的推移质挟沙力，kg/m³；$q_{b,1}$ 为单位河长的侧向分汇流的推移质输沙率，kg/(s·m)；α_b 为推移质泥沙的恢复饱和系数；ω_b 为推移质泥沙的沉速，m/s。

(5) 河床变形方程

$$\rho'\frac{\partial A_0}{\partial t}=B\alpha_s\omega_s(S-S_*)+B\alpha_b\omega_b(S_b-S_{b*}) \quad (14.5)$$

式中：ρ' 为床沙干密度，kg/m³。天然河流中挟带的泥沙往往为非均匀沙，因此将控制式（14.1）~式（14.5）应用于各分组沙，即可求得各分组沙的输移过程，但需要考虑非均匀沙分组挟沙力计算以及床沙级配调整这两个关键问题的处理。

此外，当水流含沙量较低且河床变形速率较为缓慢时，可忽略含沙量及河床变形对水流运动的影响，进而可采用清水的水流连续与运动方程替代浑水控制式（14.1）~式（14.2），同时采用流量、水位与过水面积作为变量时，可分别写为

$$B\frac{\partial Z}{\partial t}+\frac{\partial Q}{\partial x}-q_1=0 \quad (14.6)$$

$$\frac{\partial Q}{\partial t}+\left(gA-B\frac{Q^2}{A^2}\right)\frac{\partial Z}{\partial x}+2\frac{Q}{A}\frac{\partial Q}{\partial x}-\frac{Q^2}{A^2}\left(\frac{\partial A}{\partial x}\right)\bigg|_Z+gAJ_f-q_1 u_1=0 \quad (14.7)$$

式中：Q 为流量，m³/s；Z 为水位，m。

2. 计算方法与初边界条件

水沙数学模型的数值求解方法可分为两大类（谢鉴衡，1988）：一是将浑水和泥沙方程直接联立求解，称为耦合数值解，适用于河床变形比较剧烈的情况；二是先求解水流连续与运动方程，得到相关水力要素后，再求解泥沙方程，然后计算河床冲淤，如此交替进行，称为非耦合数值解，适用于河床变形比较缓慢的情况。数值求解上述控制方程时，通常采用 Preissmann 四点偏心隐格式离散水流控制方程，并用追赶法求解各变量。

初边界条件是求解上述控制方程的基础。在模拟河流水沙输移过程时，边界条件通常包括进出口边界以及侧流边界。对于进口边界与侧流边界，通常情况下给定流量与含沙量/输沙率过程［图14.2（a）］，在非均匀输沙过程模拟中，还需给定悬沙或推移质的级配［图14.2（b）］；对于出口边界，通常给定水位过程或水位—流量关系曲线（图14.3）。

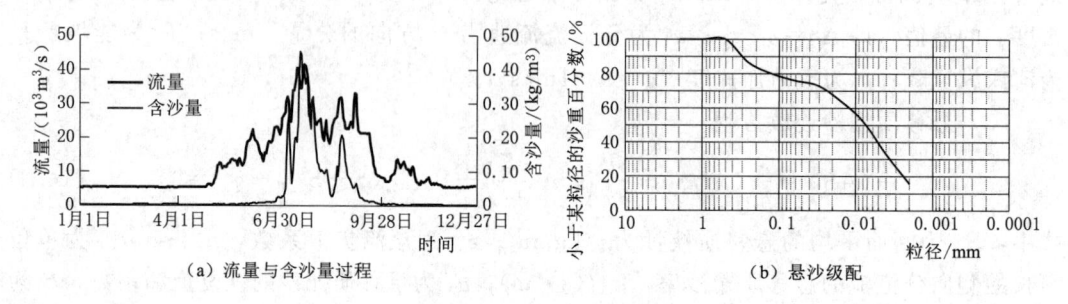

(a) 流量与含沙量过程　　　　(b) 悬沙级配

图14.2　进口边界条件

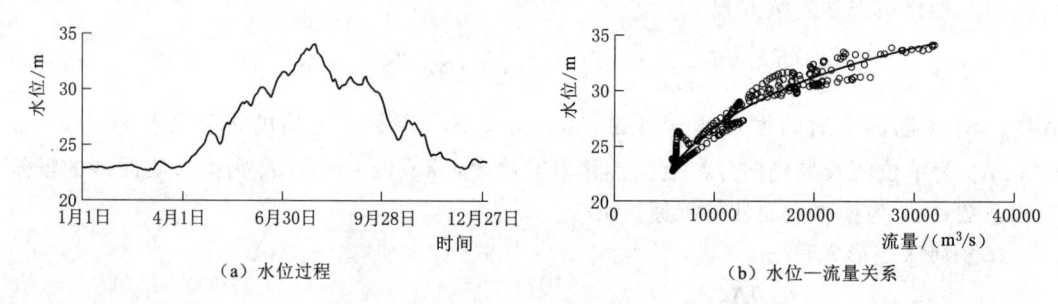

(a) 水位过程　　　　(b) 水位—流量关系

图14.3　水位过程或水位—流量关系

初始条件包括计算河段内各断面的初始流量、水位、分组含沙量/输沙率与床沙级配等。各断面流量、分组含沙量/输沙率与水位可依据计算河段内各控制站的实测数据进行插值求得，其中初始流量和分组含沙量/输沙率也可取为0。初始床沙级配应依据实测数据进行给定，但通常情况下，仅部分计算断面有实测的床沙级配数据，因此需要对床沙级配进行沿程插值，给出每个计算断面的床沙级配。在实际的计算过程中，通常会给程序一定的"预热"时间，即在不考虑河床冲淤变形的情况下，通过求解给定流量下的水位与含沙量等沿程变化，直至达到恒定状态，再将此"预热"期内的计算结果作为后续正式计算的初始条件。

14.2.2　关键问题处理

一维水沙数学模型中存在的关键问题包括：水流阻力、悬移质水流挟沙力、悬移质挟沙力级配、推移质输沙率、推移质级配、泥沙沉速、恢复饱和系数取值、断面冲淤面积的横向分配和床沙级配调整计算等。下面分别对这些问题进行简单介绍。

1. 水流阻力

水流阻力反映了水流机械能耗损的多少，可以采用能坡 J_f 来表征。能坡与水流泥沙要素相关，但要精确处理他们的关系式比较困难，只能借助半经验半理论的办法估算。通常采用曼宁（Manning）公式进行计算，即

$$J_\mathrm{f}=\frac{n^2Q^2}{A^2R^{4/3}} \tag{14.8}$$

式中：R 为水力半径，m；n 为曼宁糙率系数，通常情况下需通过实测资料进行率定。

在大流量条件下，糙率系数一般较小，而小流量条件下，糙率系数一般较大，因此需要率定不同流量级的糙率值，即给出 $Q-n$ 的关系曲线。图14.4给出了依据实测资料率定得到的2020年黄河下游高村站与2020年城汉河段汉口站的 $Q-n$ 关系曲线。此外，由于一维模拟的计算河段通常较长，不同河段的河床形态及河床组成等存在差别，使得其阻力也存在较大区别。因此，需依据不同控制水文站的实测数据，分河段率定 $Q-n$ 的关系曲线。通常情况下，先率定下游河段的 $Q-n$ 关系曲线。然后逐步推向上游。另外，也可以建立糙率系数与各水沙要素、床面形态等之间的计算关系式，例如夏军强等（2022）根据三峡工程运用后长江中游的实测水沙数据，确定了糙率与水深 H、弗劳德数 Fr 及床沙中值粒径 D_{50} 的关系，可表示为 $n=0.29H^{1/6}/\sqrt{8g}Fr^{-0.893}(H/D_{50})^{-0.24}$。

（a）2020年黄河下游高村站

（b）2020年城汉河段汉口站

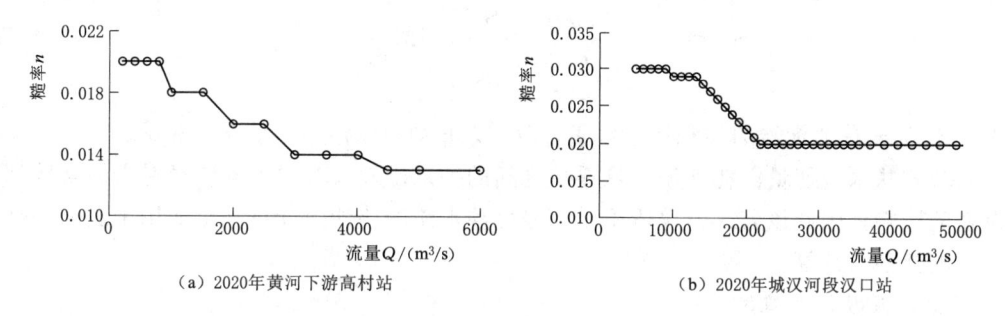

图14.4 不同断面率定的流量与糙率关系

2. 悬移质水流挟沙力

悬移质水流挟沙力的定义为：在一定的水沙和河床边界条件下，水流能够携带的悬移质中的床沙质的临界含沙量。当水流中悬移质中的床沙质含沙量超过这一临界数量时，水流处于超饱和状态，河床将发生淤积；反之，当不足这一临界数量时，水流处于次饱和状态，河床将发生冲刷。水流挟沙力公式及其参数的选取直接影响河床冲淤变形的计算精度。长期以来，国内外众多学者对其进行了深入研究，或从理论出发，或从河流实测资料及水槽试验出发，推导出了经验的、半经验半理论的公式。此处仅介绍国内较为常用的两种悬移质水流挟沙力公式，包括基于制紊假说理论导出的张瑞瑾公式，以及基于能量平衡导出的张红武公式。

（1）张瑞瑾水流挟沙力公式（张瑞瑾等，1988），即

$$S_*=k\left[\frac{U^3}{gR\omega_\mathrm{m}}\right]^m \tag{14.9}$$

式中：k 为系数；m 为幂指数；ω_m 为非均匀悬沙的群体沉速，m/s；令水沙综合参数 $C'=\dfrac{U^3}{gR\omega_\mathrm{m}}$。

对于非均匀沙，ω_m 则可以表示为各粒径组泥沙的沉速按其级配进行加权平均的结果，即 $\omega_\mathrm{m}=\sum\limits_{i=1}^{N}\omega_i\Delta P_i$；$\omega_i$ 为第 i 粒径组泥沙的沉降速度，m/s；N 为非均匀泥沙的分组数；ΔP_i 为第 i 粒径组悬沙所占的质量百分数，%。

式（14.9）具有它的适用范围，超过这一范围，则不宜去硬性搬用。这一公式是以具有中、低含沙量的牛顿体紊流为限的。建立此公式时，所引用的实测资料中含沙量的变幅为 $10^{-1} \sim 10^2 \text{kg/m}^3$，而 $U^3/(gR\omega_m)$ 为 $10^{-1} \sim 10^4$。对于高含沙宾汉体水流，则式（14.9）是不适用的。k 和 m 值的确定最好利用实测资料确定，如无实测资料，则可参考张瑞瑾等（1988）给出的 k、m 与 $U^3/(gR\omega_m)$ 的关系曲线进行选择。另外，周美蓉等（2021）依据三峡工程运用后长江中游大量的实测数据，给出了低含沙量条件下（$10^{-3} \sim 10^0 \text{kg/m}^3$）$k$ 和 m 的计算公式，即

$$m = 1.1567 \times (C')^{-0.2600} \quad 0 \leqslant C' \leqslant 10 \tag{14.10}$$

$$k = \begin{cases} e^{-3.676+0.229/C'} & 0 \leqslant C' < 0.7 \\ 0.0367 \times e^{0.0470 C'} & 0.7 \leqslant C' \leqslant 10 \end{cases} \tag{14.11}$$

（2）张红武水流挟沙力公式（张红武和张清，1992），即

$$S_* = 2.5 \left[\frac{(0.0022 + S_v) U^3}{\kappa \dfrac{\rho_s - \rho_m}{\rho_m} gR\omega_m} \ln\left(\frac{R}{6D_{50}}\right) \right]^{0.62} \tag{14.12}$$

式中：S_v 为悬移质泥沙的体积比含沙量；D_{50} 为非均匀床沙的中值粒径，m。

该公式从水流能量消耗和泥沙悬浮功之间的关系出发，考虑了含沙量对卡门常数和泥沙沉速的影响，因此该公式不仅适用于一般含沙水流的挟沙力计算，也适用于黄河等高含沙水流的挟沙力计算。

3. 悬移质挟沙力级配

天然河流携带的泥沙往往为非均匀沙，但由于当前对于非均匀沙的挟沙力研究不够深入，因此常常采用均匀沙的方法来处理非均匀沙问题。影响非均匀沙挟沙力的因素一般为水流条件、床沙条件及上游的来沙条件。目前对于非均匀沙挟沙力级配的计算有不同的处理方法，此处介绍仅考虑床沙级配影响的 HEC-6 模型方法（USACE，2016）以及考虑水流条件和床沙级配影响的李义天方法（李义天，1987）。

（1）HEC-6 模型方法。该方法采用床沙级配推求分组挟沙力 S_{*i}。首先求出每粒径组泥沙的可能挟沙力 S_{pi}，即这一粒径组泥沙的质量百分比占 100% 时对应的水流挟沙力，然后求得 S_{pi} 与床沙级配 ΔP_{bi} 的乘积作为分组挟沙力，即

$$S_{*i} = S_{pi} \Delta P_{bi} \tag{14.13}$$

（2）李义天方法。该方法采用水流条件和床沙级配推求分组挟沙力（李义天，1987）。在输沙平衡时，第 k 粒径组泥沙在单位时间内沉降在床面上的总沙量等于冲起的总沙量，然后根据垂线平均含沙量和河底含沙量之间的关系，确定悬移质挟沙力级配 ΔP_{*i} 和床沙级配 ΔP_{bi} 的关系为

$$\Delta P_{*i} = \Delta P_{bi} \frac{\Psi(1-e^{-\lambda_i})}{\sum\limits_{i=1}^{N} \Delta P_{bi} \Psi(1-e^{-\lambda_i})} \tag{14.14}$$

式中：$\Psi = (1-\theta_i)/\omega_i$，$\lambda_i = 6\omega_i/\kappa u_*$，$\theta_i = \omega_i / [(\delta_v/\sqrt{2\pi}) \exp(-0.5\omega_i^2/\delta_v^2) + \omega_i \Phi(\omega_i/\delta_v)]$；$\delta_v$ 为垂向紊动强度（m/s），通常取 $\delta_v = u_*$；$\Phi(\omega_i/\delta_v)$ 为正态分布函数；u_* 是摩

阻流速，m/s。

4. 推移质输沙率

推移质输沙率一般与流速、水深、床沙粒径等因素有关，目前关于推移质输沙率公式有很多，但不同公式的计算结果相差很大。根据能量原理，窦国仁提出了推移质单宽输沙率计算公式（窦国仁，1979），可表示为

$$g_b = \frac{0.1}{C_0^2} \frac{\gamma_s \gamma}{\gamma_s - \gamma}(U - U_c)\frac{U^3}{g\omega_b} \tag{14.15}$$

式中：g_b 为推移质泥沙的单宽输沙率，kg/(s·m)；U_c 为起动流速，m/s；ω_b 为推移质泥沙的沉速，m/s；C_0 为无量纲的谢才系数，且可采用 $C_0 = 2.5\ln(11H/\Delta)$ 进行计算；Δ 是河床凸起高度，对于平整河床，当床沙粒径 $D \leq 0.5$mm 时，$\Delta = 0.5$mm；当 $D > 0.5$mm 时，$\Delta = d$ 或 $\Delta = D_{50}$；γ_s 为泥沙的容重，kN/m³；γ 为水的容重，kN/m³。因此，单位水体中推移质挟沙力可表示为 $S_{b*} = g_b/HU$。

5. 推移质级配

在计算河段内已经开展了推移质测验时，推移质级配可采用实测数据。在河段内没有进行推移质测验的情况下，可根据床沙级配曲线确定推移质级配。在天然河流中，床沙并不是全部可动的，不同流量级下可起动的泥沙粒径是不同的，因此必须将原定床沙级配曲线转换成推移质级配。具体计算方法为：①根据泥沙起动条件，算出推移质最大粒径 d_{max}，并根据悬浮指标（通常取其为 4.0～5.0），确定推移质与悬移质的分界粒径 d_{min}（图14.5）；②在床沙级配曲线中查出介于 d_{min} 和 d_{max} 的各粒径组 (d_i) 对应的质量百分比 (ΔP_{bi})，并可以按照式（14.16）计算出 d_i 对应的推移质级配 ΔP_{bli}（图14.5）。

$$\Delta P_{bli} = \Delta P_{bi} \Big/ \sum_{d_{min}}^{d_{max}} \Delta P_{bi} \tag{14.16}$$

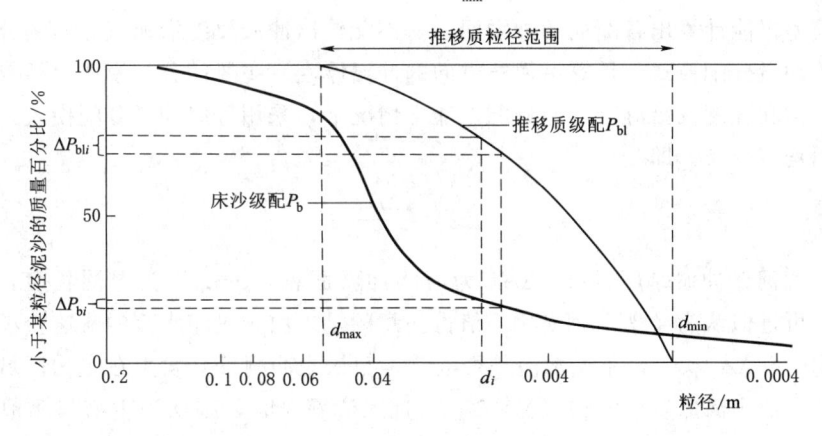

图14.5 推移质级配计算

6. 泥沙沉速

张瑞瑾等（1988）在研究泥沙的静水沉降问题时，根据阻力叠加原则，确定了泥沙颗粒下沉过程中所受阻力与泥沙颗粒受到的有效重力的平衡关系，提出了如下的泥沙沉速公式，即

$$\omega = \sqrt{\left(C_1 \frac{\nu}{d}\right)^2 + C_2 \frac{\gamma_s - \gamma}{\gamma} g d} - C_1 \frac{\nu}{d} \tag{14.17}$$

式中：ω 为泥沙沉速，m/s；ν 为水流的运动黏滞系数，m²/s；C_1 和 C_2 为系数，且根据以往的实测资料成果，可得 $C_1 = 13.95$，$C_2 = 1.09$；d 为泥沙颗粒的粒径，m。

泥沙颗粒在静水中下沉的运动状态可以分为滞性状态、过渡状态以及紊动状态，虽然式 (14.17) 是基于过渡状态的动力平衡方程式推导而来，但经过实测资料验证，它可以同时满足三种状态的要求，也就是说该式是计算泥沙沉速的通用公式。

7. 恢复饱和系数取值

在不平衡输沙问题研究中，泥沙恢复饱和系数的取值相当重要。它反映了不平衡输沙时，含沙量向水流挟沙力靠近的恢复速度。其值越大，表示含沙量向水流挟沙力靠近得越快；其值越小，表示含沙量向水流挟沙力靠近得越慢。泥沙恢复饱和系数的取值不仅与来水来沙条件有关，也与河床边界条件有关，是一个十分复杂的参数，但如何具体取值，目前还没有统一的定论。当前较多的水沙数学模型都是依据实测资料来率定泥沙恢复饱和系数。根据工程经验，当河床淤积时，恢复饱和系数可取 0.25；河床冲刷时取 1.0 （韩其为和何明民，1997）。韦直林等（1997）提出黄河中下游不同粒径组泥沙恢复饱和系数取值为 $\alpha_{si} = a/(\omega_i)^b$，其中系数 a 一般取 0.001，指数 b 与河床冲淤状态有关，淤积时为 0.3，冲刷时为 0.7。也有研究从理论上推导了恢复饱和系数的计算公式（周建军等，1993；韩其为和陈绪坚，2008）。例如韩其为和陈绪坚（2008）基于泥沙运动统计理论，提出了恢复饱和系数的计算公式，并对计算结果进行拟合，给出了黄河下游平均综合恢复饱和系数的简单计算方法为：当摩阻流速 $u_* < 4\text{cm/s}$ 时，取 $\alpha_s = 0.8 u_*^{-3.237}$，否则取 $\alpha_s = 0.0022 u_*^{1.033}$。

8. 断面冲淤面积的横向分配

一维模型仅能计算出各断面的冲淤面积，不能给出冲淤厚度沿河宽方向的分布。必须采用合理的冲淤分配模式，计算沿河宽方向的冲淤厚度。主要的分配模式包括依据流量大小、挟沙力饱和程度及沿湿周等厚分配。通常情况下，采用等厚冲淤分配模式，认为冲淤厚度沿湿周均匀分布，即

$$\Delta Z_b = \frac{\Delta A_0}{\chi} \tag{14.18}$$

式中：ΔZ_b 为河床冲淤厚度，m；ΔA_0 为河床冲淤面积，m²；χ 为湿周长度，m，对于宽浅河段，可近似认为 χ 等于河宽 B。值得注意的是，由于漫滩水流的流速较小，因此河床发生冲刷时（$\Delta A_0 < 0$），不论水流是否漫滩，都认为冲刷仅会发生在主槽区域，χ 仅为主槽的湿周；而当河床发生淤积（$\Delta A_0 > 0$）且水流漫滩时，则认为主槽与滩地均会发生淤积，χ 为主槽与滩地的湿周之和。

9. 床沙级配调整计算

非均匀沙输移计算过程中，床沙级配调整常采用混合层方法进行计算。为模拟河床在冲淤过程中的床沙粗化或细化现象，首先将床沙分为两大层，最上层的床沙活动层（或称床面交换层）及以下的分层记忆层，如图 14.7 所示。通常假设一个时段内的河床冲淤变

14.2 一维水沙数学模型

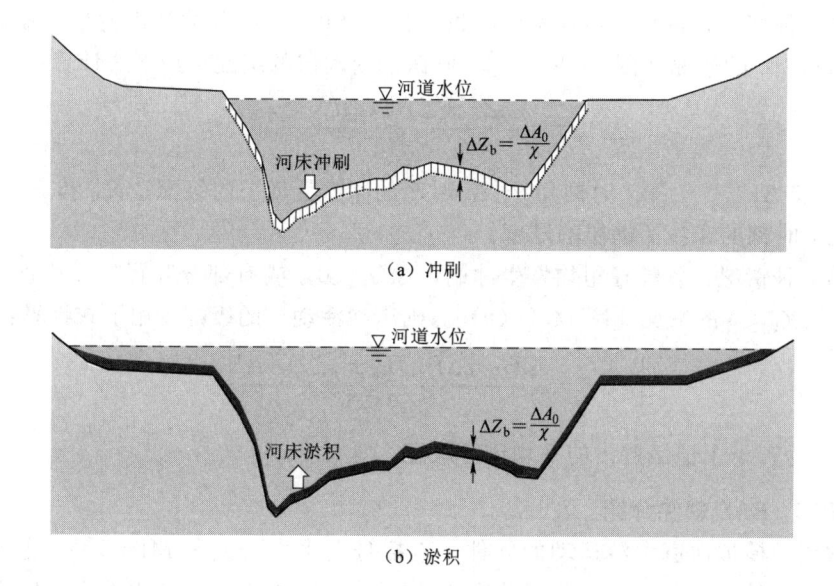

图 14.6　河床冲淤等厚分配模式

化，限制在某一厚度之内，这一厚度称为床沙活动层厚度 H_b，相应的级配为 ΔP_{bi}。分层记忆层可根据实际情况共分 N 层，第 j 层的厚度及相应的级配分别为 ΔH_{mj}、ΔP_{mji}。计算中当河床发生淤积时，且淤积厚度大于事先设定的临界值时，则记忆层数相应增加，即为 $j+1$ 层，且该层的级配为上一时刻（t 时刻）的床沙活动层级配 ΔP_{bi}^t；若淤积厚度小于设定值，则记忆层数不变，最上部的记忆层厚度与级配作相应调整。当河床发生冲刷时，根据冲刷厚度的大小，记忆层数相应减少若干层，且最上面若干记忆层的级配作相应的调整。

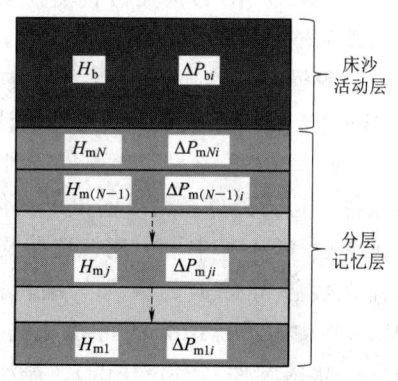

图 14.7　床沙级配的分层记忆计算模式

当通过模型计算获得某断面的各粒径组的冲淤厚度 ΔZ_{bi} 及总的冲淤厚度 ΔZ_b 后，则进行床沙级配的调整计算，通常可分为以下两种情况（图 14.8）：

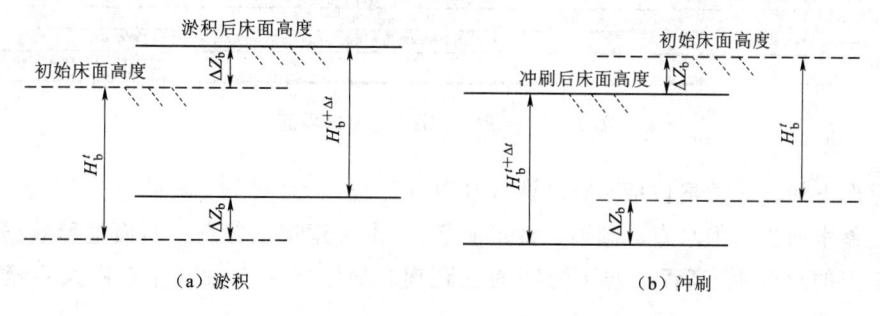

（a）淤积　　　　　（b）冲刷

图 14.8　床沙级配调整计算

(1) 第 1 种情况，各粒径组均发生淤积，$\Delta Z_{bi} > 0$，或部分粒径组发生冲刷，但总的冲淤厚度 $\Delta Z_b > 0$ 的情况 [图 14.8 (a)]。则床沙活动层的级配可用下式计算：

$$\Delta P_{bi}^{t+\Delta t} = \frac{\Delta Z_{bi} + \Delta P_{bi}^t (H_b^t - \Delta Z_b)}{H_b^{t+\Delta t}} \tag{14.19}$$

式中：ΔP_{bi}^t 和 $\Delta P_{bi}^{t+\Delta t}$ 为第 t 时刻和 $t+\Delta t$ 时刻的床沙活动层的级配；H_b^t 和 $H_b^{t+\Delta t}$ 为第 t 时刻和 $t+\Delta t$ 时刻的床沙活动层的厚度。

(2) 第 2 种情况，各粒径组均发生冲刷，$\Delta Z_{bi} < 0$，或有部分粒径组发生淤积，但总的冲淤厚度 $\Delta Z_b < 0$ 的情况 [图 14.8 (b)]。则床沙活动层的级配可用下式计算：

$$\Delta P_{bi}^{t+\Delta t} = \frac{\Delta Z_{bi} + \Delta P_{bi}^t H_b^t + |\Delta Z_b| \overline{\Delta P}_{mi}}{H_b^{t+\Delta t}} \tag{14.20}$$

式中：$\overline{\Delta P}_{mi}$ 为若干个记忆层内的平均床沙级配。

14.2.3 HEC-RAS 软件介绍

目前常用的模拟河道水沙运动的软件，包括丹麦水力研究所 MIKE 系列软件、荷兰的三角洲研究院的 Delft3D 以及美国陆军工程师兵团水力工程中心开发的 HEC-RAS。其中 HEC-RAS 目前支持自然及人工渠道河网的一维/二维的恒定/非恒定水动力模型、一维动床输沙模型及一维水质模型，还支持不同水工建筑物（坝、堰、涵管及闸门等）的水力过程模拟，其功能覆盖了基本工程需求。本节简单介绍该软件最新版本（HEC-RAS 6.2）中一维水动力及动床输沙计算模块。

HEC-RAS 中水沙计算包括创建项目、输入河道形态数据、输入水沙数据及设置边界条件、运行计算及结果输出可视化五个步骤。图 14.9 为 HEC-RAS 主窗口界面，在文件菜单栏（File）中可创建、选择及保存项目文件等，在编辑菜单栏（Edit）中进行地形、水流及泥沙等数据的输入与编辑；在运行菜单栏中（Run），进行模型计算；在查看（View）中可进行结果的可视化与输出。计算所需要的主要文件包括项目文件（Plan File）、水流文件（Flow File）、泥沙文件（Sediment File）。

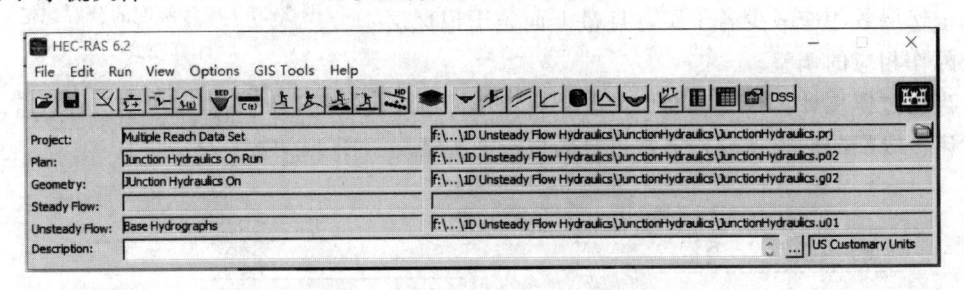

图 14.9　HEC-RAS 主窗口界面

河道形态的输入数据包括研究区域背景图（可选）、河网干支流的连接信息、断面地形数据、蓄水面积（如水库、湖泊、蓄水池等）、水工建筑物信息。断面地形数据需包括各地形节点的起点距-高程、与下游断面的距离、曼宁糙率系数（左右岸及主槽）（图 14.10）。

水沙数据输入与边界条件设置中，输入数据的类型取决于需开展的计算是恒定/非恒

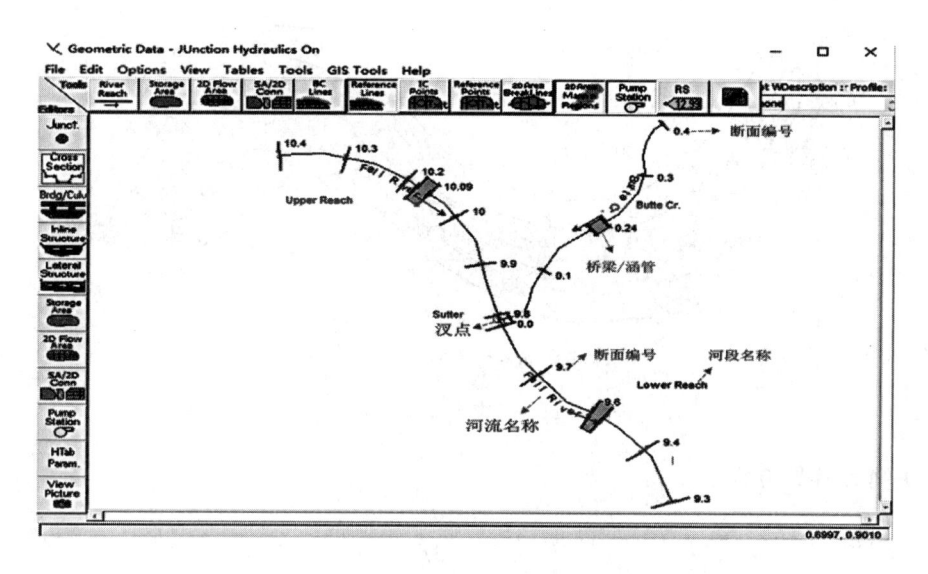

图 14.10 河道形态的输入界面

定水沙输移。在开展水流输移过程模拟时，非恒定流计算（Quasi Unsteady Flow）的上游边界要求输入流量过程（Flow Series），并需保证模型有且只有一个下游边界。下游边界可以包含的类型有：①水位序列（Stage Series）；②水位流量关系曲线（Rating Curve）；③水深（Normal Depth）。近期版本的 HEC－RAS 模型还提供了内部水位边界条件，用以控制河网内部的水位，最常用的是控制水库的水位。

在开展泥沙输移过程模拟时，需要输入的数据包括初始条件（Initial Condition）、输移参数（Transport Parameters）和边界条件（Boundary Condition）。在输移参数中设定输沙率、床沙级配、泥沙沉速的计算方法。在边界条件设定中，必须在每一个上游边界给定泥沙数据，并根据需要在计算区域中部、侧向及局部区域给定泥沙数据。泥沙边界条件的类型包括平衡输沙量（Equilibrium load），输沙率-流量关系曲线（Rating Curve），输沙率时序数据（Sediment Load Series）。

水沙输移的计算结果包括断面平均流速、含沙量及河床冲淤量等时序过程及沿河道方向的变化过程，以及断面地形的变化过程等。具体内容请参考 HEC－RAS 的用户手册。

14.3 平面二维水沙数学模型

平面二维水沙数学模型不考虑水流泥沙要素沿垂线的变化过程，用于计算沿水深方向平均的水沙要素随时间及空间的变化过程，相对于一维模型而言，平面二维模型可直接计算水沙要素及河床冲淤厚度沿河道纵向及横向分布（图 14.11）。

14.3.1 控制方程与计算方法

平面二维水沙数学模型的控制方程，包括浑水连续方程、浑水运动方程、泥沙连续方程及河床变形方程（谢鉴衡，1988）。

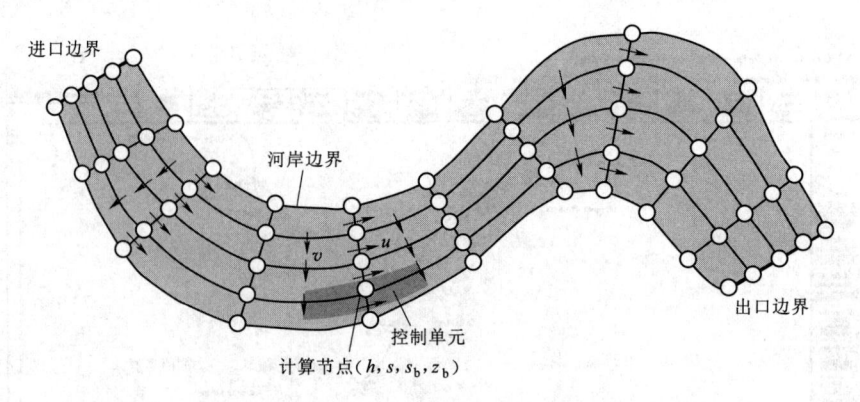

图 14.11 二维水沙模型的计算

(1) 浑水连续方程

$$\frac{\partial}{\partial t}(h\rho_m)+\frac{\partial}{\partial x}(hu\rho_m)+\frac{\partial}{\partial y}(hv\rho_m)+\rho_0\frac{\partial h_0}{\partial t}-\frac{\partial}{\partial x}\left(h\varepsilon_x\frac{\partial s}{\partial x}\right)-\frac{\partial}{\partial y}\left(h\varepsilon_y\frac{\partial s}{\partial y}\right)=0$$

(14.21)

式中：x 和 y 为空间坐标，m；h 为水深，m；u 为 x 方向上的垂线平均流速，m/s；v 为 y 方向的垂线平均流速，m/s；h_0 为冲淤厚度，m。

(2) 浑水运动方程

$$\frac{\partial}{\partial t}(hu\rho_m)+\frac{\partial}{\partial x}(hu^2\rho_m)+\frac{\partial}{\partial y}(huv\rho_m)-\rho_m fvh$$

$$=-\rho_m gh\left(\frac{\partial h}{\partial x}+\frac{\partial z_b}{\partial x}\right)-g\frac{\Delta\rho}{\rho_s}\frac{h^2}{2}\frac{\partial s}{\partial x}+\rho_m h\nu_t\left(\frac{\partial^2 u}{\partial x^2}+\frac{\partial^2 u}{\partial y^2}\right)-\rho_m gh\frac{n^2 u\sqrt{u^2+v^2}}{h^{4/3}}+\tau_{sx} \quad (14.22)$$

$$\frac{\partial}{\partial t}(hv\rho_m)+\frac{\partial}{\partial y}(hv^2\rho_m)+\frac{\partial}{\partial x}(huv\rho_m)+\rho_m fuh$$

$$=-\rho_m gh\left(\frac{\partial h}{\partial y}+\frac{\partial z_b}{\partial y}\right)-g\frac{\Delta\rho}{\rho_s}\frac{h^2}{2}\frac{\partial s}{\partial y}+\rho_m h\nu_t\left(\frac{\partial^2 v}{\partial x^2}+\frac{\partial^2 v}{\partial y^2}\right)-\rho_m gh\frac{n^2 v\sqrt{u^2+v^2}}{h^{4/3}}+\tau_{sy} \quad (14.23)$$

式中：ν_t 为紊动黏滞系数，m²/s；f 为柯氏力系数；s 为垂线平均的悬移质含沙量，kg/m³；τ_{sx} 为投影到 x 方向的风应力；τ_{sy} 为投影到 y 方向的风应力；z_b 为床面高程，m。

(3) 悬移质泥沙连续方程

$$\frac{\partial}{\partial t}(hs)+\frac{\partial}{\partial x}(hus)+\frac{\partial}{\partial y}(hvs)-\frac{\partial}{\partial x}\left(h\varepsilon_x\frac{\partial s}{\partial x}\right)-\frac{\partial}{\partial y}\left(h\varepsilon_y\frac{\partial s}{\partial y}\right)+\alpha_s\omega_s(s-s_*)=0$$

(14.24)

式中：s_* 为垂线平均的悬移质挟沙力，kg/m³；ε_x 和 ε_y 分别为 x 和 y 方向上的紊流扩散系数，m²/s。

(4) 推移质泥沙连续方程

$$\frac{\partial}{\partial t}(hs_b)+\frac{\partial}{\partial x}(hus_b)+\frac{\partial}{\partial y}(hvs_b)+\alpha_b\omega_b(s_b-s_b^*)=0 \quad (14.25)$$

式中：s_b 为垂线平均的推移质含沙量，kg/m³；s_b^* 为垂线平均的推移质挟沙力，kg/m³。

(5) 河床变形方程

$$\rho'\frac{\partial z_b}{\partial t} = \alpha_s \omega_s (s - s_*) + \alpha_b \omega_b (s_b - s_{b*}) \tag{14.26}$$

同样地，当忽略含沙量及河床变形对水流运动的影响，可采用二维水流连续与运动方程代替式（14.21）～式（14.23）求解流速与水深的变化过程，相应的控制方程可分别写为

$$\frac{\partial h}{\partial t} + \frac{\partial}{\partial x}(hu) + \frac{\partial}{\partial y}(hv) = 0 \tag{14.27}$$

和

$$\frac{\partial}{\partial t}(hu) + \frac{\partial}{\partial x}(hu^2) + \frac{\partial}{\partial y}(huv) - fvh = -gh\left(\frac{\partial h}{\partial x} + \frac{\partial z_b}{\partial x}\right) + h\nu_t\left(\frac{\partial^2 u}{\partial x^2} + \frac{\partial^2 u}{\partial y^2}\right) - gh\frac{n^2 u\sqrt{u^2+v^2}}{h^{4/3}} + \tau_{sx}/\rho \tag{14.28}$$

$$\frac{\partial}{\partial t}(hv) + \frac{\partial}{\partial y}(hv^2) + \frac{\partial}{\partial x}(huv) + fuh = -gh\left(\frac{\partial h}{\partial y} + \frac{\partial z_b}{\partial y}\right) + h\nu_t\left(\frac{\partial^2 v}{\partial x^2} + \frac{\partial^2 v}{\partial y^2}\right) - gh\frac{n^2 v\sqrt{u^2+v^2}}{h^{4/3}} + \tau_{sy}/\rho \tag{14.29}$$

二维水沙输移控制方程的数值求解方法通常采用有限差分法或有限体积法，但不论是哪种求解方法，均需要首先对计算区域进行网格划分，区别在于有限差分法通常采用结构网格，而有限体积法常采用非结构网格。

14.3.2 关键问题处理

二维动床水沙输移模拟中关于泥沙的水流挟沙力、床沙级配调整及恢复饱和系数等的处理方法与一维模拟类似。二维模拟中对于初边界条件的给定、动边界处理以及坐标转换等关键问题，不同模型的处理方法存在区别，此处仅给出其中较为简单的处理方法。

1. 初边界条件的给定

对于计算中所用的初始水流条件，一般可以下游水位为起点，根据河床纵比降计算出河段内的水位初值，初始流速 u 和 v 均可取为 0。初始含沙量或者输沙率依据实测值给定或取为 0。床沙级配需给定实测数据。通常情况下，在实际计算过程中也会先对二维模型进行预热处理。

对于进出口边界条件，进口水流边界通常给定流量过程，出口水流边界给定水位过程或水位-流量关系曲线。对泥沙而言，进口边界一般给定含沙量过程及相应的级配，出口则可认为含沙量沿出口断面法线方向的梯度为零。

对于岸边界条件，水流计算通常一般采用无滑移条件，取 u 和 v 均为零。泥沙计算则通常取沿岸边界法线方向的泥沙通量为零。

2. 动边界处理

在平面二维水沙输移模拟中，动边界处理是模拟的主要难点之一。动边界是指计算区域中有水和无水区域的交界线（如河岸边滩及江心洲）。在模拟中对于动边界的处理有两种方法：一种方法是追踪动边界的准确位置，然后把计算区域分为有水区域和无水区域进行计算，这种方法处理起来相对复杂；另一种方法是让整个计算区域的网格均参与计算，通过某些处理技巧对干网格进行处理。常用的方法有"窄缝法""冻结法"及"最小水深"假设等方法。其中，"冻结法"的具体操作为：根据水位与河底高程的关系，可以判断该

网格节点是否露出水面，若该节点不露出水面，则糙率取正常值；反之，该节点的糙率取特大值（如 $n=1000$），带入动量方程，则相应单元的水流流速会趋近于零，并使得该处的水位"冻结"不变。此外，为使得该单元处动量方程的计算可以持续下去，通常给未露出水面的节点一微小虚拟水深。

3. 坐标转换

当采用结构化网格进行计算时，由于天然河道边界通常是不规则的，笛卡尔坐标系下的计算网格很难与实际边界吻合，因此通常采用正交曲线网格，并将上述笛卡尔坐标系下的控制方程转换为正交曲线坐标系下的控制方程。如图 14.12 所示，正交曲线网格的生成，实际上是在一个物理平面上求解 Laplace 方程或 Poisson 方程的边值问题，从而将物理平面（$x-y$ 平面）的不规则边界转换为计算平面上（$\xi-\eta$ 平面）的规则边界。在获得物理平面与计算平面坐标之间的对应关系后，即可将笛卡尔坐标系下水沙控制方程转换成曲线坐标系下的方程。

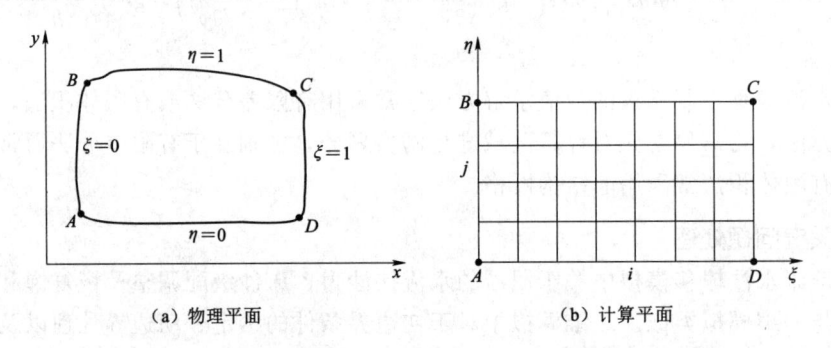

图 14.12 物理平面（$x-y$）与计算平面（$\xi-\eta$）的转换关系

14.3.3 计算结果

二维水沙输移数学模型可计算得到垂线平均的流速、含沙量、水深及床面冲淤厚度等在整个河道平面内的分布。根据计算结果，可清楚地了解河道内水流及泥沙的运动过程（图 14.13），以及河道内边滩及洲滩等的冲淤过程。在特定断面，可以给出上述要素沿横向的变化过程。此外，将计算结果沿横向进行积分，也可获得流量、断面平均流速及水位等随时间及沿河道纵向的变化过程。

14.3.4 Delft3D 软件介绍

荷兰三角洲研究院的 Delft3D 软件是目前被行业广泛使用的二维/三维水动力—水质模拟系统之一，包含水流、波浪、泥沙、水质、生态等计算模块。Delft3D 系统目前实现了与 GIS 的无缝链接，有强大的前后处理功能，并与 Matlab 环境结合，支持各种格式的图形、图像和动画仿真。Delft3D 的水动模块（Delft3D - FLOW）可模拟二维/三维非恒定流及泥沙等物质的输移过程，应用领域包括：潮汐和风力驱动的流动、河道水流运动、湖泊与水库水流运动、泥沙输移及地貌变化、溶解质与污染物输移等。其主要目的在于模拟在平面及时间尺度上的变化远大于垂向尺度上变化的水沙运动过程。Delft3D - FLOW 采用的坐标系包括曲线坐标系和球坐标系两类。该模块支持非均匀沙输移过程模拟，并可区分非黏性悬移质和推移质、黏性悬移质输移过程的计算。此处简单介绍 Delft3D -

14.3 平面二维水沙数学模型

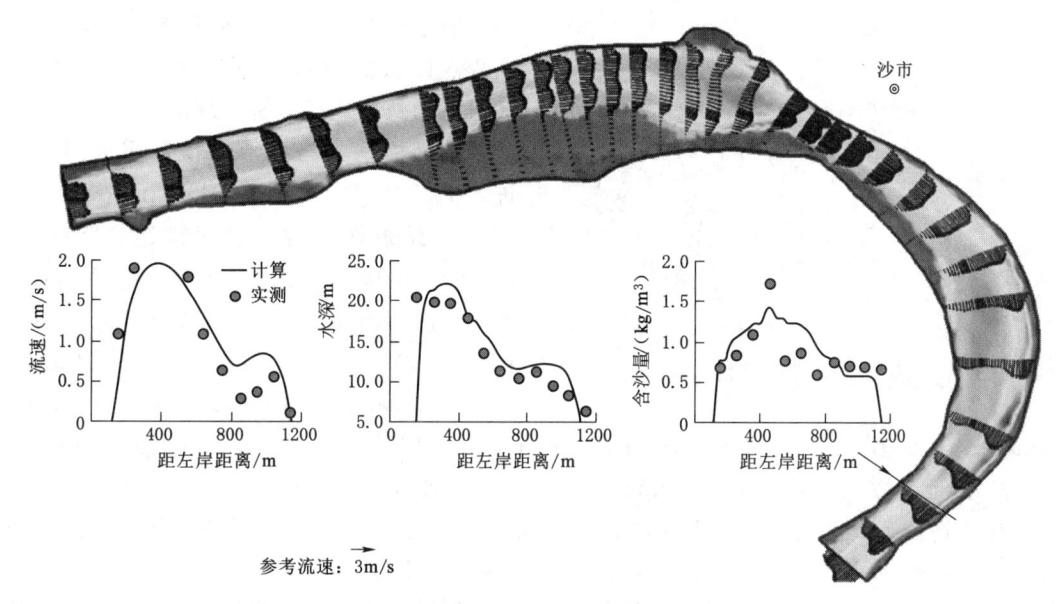

图 14.13 计算的 2004 年荆江沙市段水流流场与典型断面计算与实测水沙数据的对比

FLOW 中二维动床水沙输移过程模拟的主要步骤。

Delft3D-FLOW 计算的基本步骤包括：①网格划分与地形插值；②计算参数与边界条件设置；③运行计算；④结果导出与可视化。图 14.14 给出了 Delft3D 的界面，可单击 FLOW 进入 Delft3D-FLOW 计算模块。但在进入 FLOW 模块计算前，需要通过 Grid 模块划分计算区域的网格并生成地形数据。

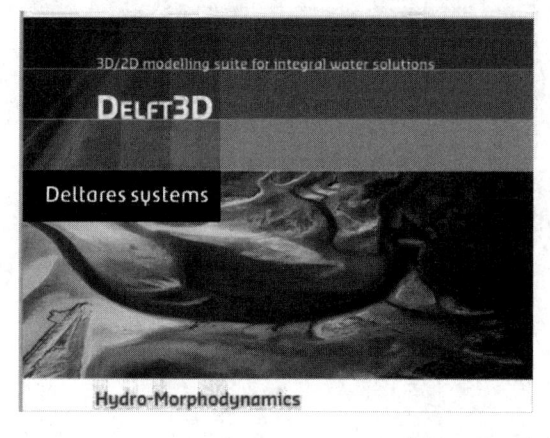

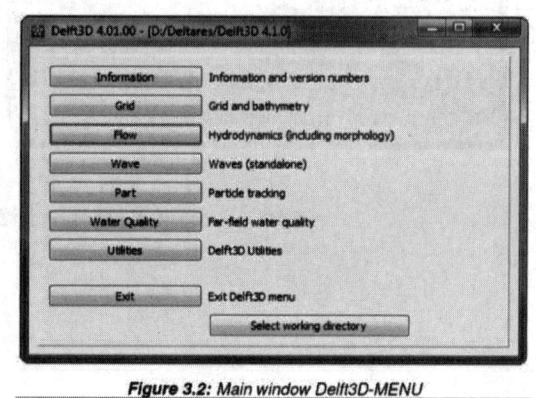

图 14.14 Delft3D 的主界面

在 Grid 模块中，首先需通过 RGFGRID 对研究区域的网格进行划分，随后在 QUICKIN 内对地形进行插值与光滑等处理。Delft3D 支持在笛卡尔坐标系及球坐标系下进行网格划分。划分的主要步骤包括①导入计算区域边界；②依据边界先创建多段线（Spline），用以指导软件划分网格；③设置网格参数并划分网格；④输出网格文件。网格划分结果如图 14.15 所示。QUICKIN 模块中需首先导入实测地形点，然后采用软件

第 14 章 河床变形的数值模拟

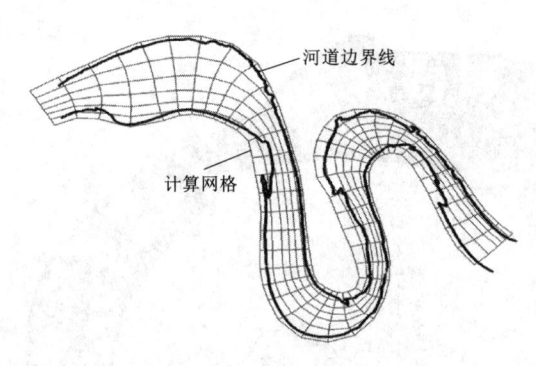

图 14.15 曲线网格生成

提供的平均插值及三角插值等方法将已知高程点的数据插值到每个网格节点，并对插值后的数据进行光滑处理。

在网格划分与地形插值等完成后，可进入 FLOW 模块，并在 Flow input 进行参数与边界条件设置，包括描述（Description）、计算区域（Domain）、时间框架（Time frame）、物理过程（Processes）、初始条件（Initial conditions）、边界条件（Boundaries）、物理参数（Physical parameters）、计算参数（Numerical parameters）、操作（Operations）、监测（Monitoring）、其他参数（Additional parameters）及输出设置（Output）。

在上述内容设置完成后，则通过菜单栏保存项目文件（MDF）。并在 Flow 主窗口中［图 14.16（a）］，单击开始（Start），选中保存的项目文件，然后开始计算，运行界面如图 14.16（b）所示。计算完成后，可单击可视化模块（QUICKPLOT）查看和输出计算结果。

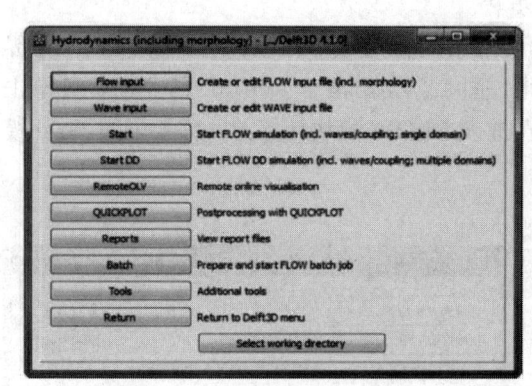

(a) Flow 主窗口　　　　　　　(b) 运行界面

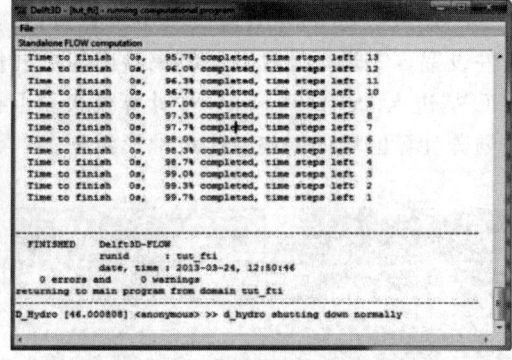

图 14.16 Delft3D 软件中水流计算模块的主窗口与运行界面

参 考 文 献

[1] 曹叔尤. 细沙淤积的溯源冲刷试验研究 [M] //中国水利水电科学研究院科学研究论文集（第11集）. 北京：水利电力出版社，1983，168-183.

[2] 曹文洪，刘春晶. 水库淤积控制与功能恢复研究进展与展望 [J]. 水利学报，2018，49（9）：1079-1086.

[3] 陈吉余，沈焕庭，恽才兴，等. 长江河口动力过程和地貌演变 [M]. 上海：上海科学技术出版社，1988.

[4] 陈建国，邓安军，朱梦圆，等. 中国水库和湖泊淤积现状与基础数据库 [M]. 北京：中国水利水电出版社，2021.

[5] 陈立，明宗富. 河流动力学 [M]. 武汉：武汉大学出版社，2001.

[6] 丁君松. 弯道环流横向输沙 [J]. 武汉水利电力学院学报，1965（1）：61-82.

[7] 丁君松，邱凤莲. 汊道分流分沙计算 [J]. 泥沙研究，1981（1）：58-64，57.

[8] 窦国仁. 全沙河工模型试验的研究 [J]. 科学通报，1979（14）：659-663.

[9] 方宗岱. 河型分析及其在河道整治上的应用 [J]. 水利学报，1964（1）：1-12.

[10] 高进. 河流沙洲发育的理论分析 [J]. 水利学报，1999，21（6）：68-72.

[11] 韩其为，陈绪坚. 恢复饱和系数的理论计算方法 [J]. 泥沙研究，2008（6）：8-16.

[12] 韩其为，何明民. 恢复饱和系数初步研究 [J]. 泥沙研究，1997（3）：34-42.

[13] 韩其为，何明民. 水库淤积与河床演变的（一维）数学模型 [J]. 泥沙研究，1987（3）：14-29.

[14] 韩其为，胡春宏. 50年来泥沙研究所主要研究进展 [J]. 中国水利水电科学研究院学报，2008（3）：170-182.

[15] 韩其为，王玉成，向熙珑. 淤积物的初期干容重 [J]. 泥沙研究，1981，1（1）：1-13.

[16] 韩其为. 水库淤积 [M]. 北京：科学出版社，2003.

[17] 和玉芳，程和琴，陈吉余. 近百年来长江河口航道拦门沙的形态演变特征 [J]. 地理学报，2011，66（3）：305-312.

[18] 胡春宏，王延贵，张燕菁. 河流泥沙模拟技术进展与展望 [J]. 水文，2006（3）：37-41，84.

[19] 胡一三，张红武，刘贵芝. 黄河下游游荡性河段河道整治 [M]. 郑州：黄河水利出版社，1998.

[20] 胡一三，张原峰. 黄河河道整治方案与原则 [J]. 水利学报，2006，37（2）：127-134.

[21] 黄河地貌小组. 黄河下游孟津小浪底至花园口的河谷地貌与河床演变研究 [M]. 地理集刊（地貌）：第10期. 北京：中国科学院地理研究院，1976：15-34.

[22] 黄胜，卢启苗. 河口动力学 [M]. 北京：水利电力出版社，1992.

[23] 焦恩泽. 黄河水库泥沙 [M]. 郑州：黄河水利出版社，2004.

[24] 匡翠萍，刘曙光，潘存鸿. 河口治理工程 [M]. 上海：同济大学出版社，2017.

[25] 冷魁，罗海超. 长江中下游鹅头型分汊河道的演变特征及形成条件 [J]. 水利学报，1994（10）：82-89.

[26] 李义天，唐金武，朱玲玲，等. 长江中下游河道演变与航道整治 [M]. 北京：科学出版社，2012.

[27] 李义天. 冲淤平衡状态下床沙质级配初探 [J]. 泥沙研究，1987（1）：82-87.

[28] 李志威，王兆印，赵娜，等. 弯曲河流斜槽裁弯模式与发育过程 [J]. 水科学进展，2013，24（2）：161-168.

[29] 刘继祥. 多沙河流挟沙力研究 [J]. 泥沙研究，1993（2）：67-75.

[30] 刘增辉, 倪福生, 徐立群, 等. 水库清淤技术研究综述 [J]. 人民黄河, 2020, 42 (2): 5-10.
[31] 陆宏圻, 杨勇, 何培杰, 等. 小浪底水库射流冲吸式清淤设备研究 [J]. 人民黄河, 2011, 33 (4): 15-16, 19, 150.
[32] 陆永军, 刘建民. 长江中游典型浅滩演变与整治研究 [J]. 中国工程科学, 2002, 4 (7): 40-45.
[33] 栾华龙, 丁平兴, 刘同宦, 等. 长江口口内河段冲淤演变特征及控制因子分析 [J]. 泥沙研究, 2019, 44 (3): 47-52.
[34] 罗海超. 长江中下游分汊河道的演变特点及稳定性 [J]. 水利学报, 1989 (6): 10-19.
[35] 罗辛斯基, 库兹明. 河床 [J]. 泥沙研究. 1965, 1 (1): 115-151.
[36] 倪晋仁, 王随继. 论顺直河流 [J]. 水利学报, 2000 (12): 14-20.
[37] 倪晋仁, 张仁. 弯曲河型与稳定江心洲河型的关系 [J]. 地理研究, 1991 (2): 68-75.
[38] 潘贤娣, 李勇, 张晓华. 三门峡水库修建后黄河下游河床演变 [M]. 郑州: 黄河水利出版社, 2006.
[39] 钱宁, 谢汉祥, 周志德, 等. 钱塘江河口沙坎的近代过程 [J]. 地理学报, 1964, 30 (2): 124-142.
[40] 钱宁, 张仁, 李九发, 等. 黄河下游挟沙能力自动调整机理的初步探讨 [J]. 地理学报, 1981, 36 (2): 143-156.
[41] 钱宁, 张仁, 周志德. 河床演变学 [M]. 北京: 科学出版社, 1987.
[42] 钱宁, 周文浩. 黄河下游河床演变 [M]. 北京: 科学出版社, 1965.
[43] 钱宁. 关于河流分类及成因问题的讨论 [J]. 地理学报, 1985 (1): 1-10.
[44] 茹玉英, 邵苏梅, 王昌高, 等. 溯源冲刷计算公式验证与分析 [M] //第十四届全国水动力学研讨会论文集. 北京: 海洋出版社, 2000, 388-393.
[45] 中华人民共和国水利部. 河流泥沙颗粒分析规程. SL 42—2010 [S]. 北京: 中国水利水电出版社, 2010.
[46] 沙拉什金娜 H.C. 河床的周期性展宽. 河床演变论文集 (中译本) [M]. 北京: 科学出版社, 1965.
[47] 邵学军, 王兴奎. 河流动力学概论 [M]. 2版. 北京: 清华大学出版社, 2013.
[48] 申冠卿, 张原锋, 尚红霞. 黄河下游河道对洪水的响应机理与泥沙输移规律 [M]. 郑州: 黄河水利出版社, 2008.
[49] 沈焕庭, 潘定安. 长江河口最大浑浊带 [M]. 北京: 海洋出版社, 2001.
[50] 孙昭华, 冯秋芬, 韩剑桥, 等. 顺直河型与分汊河型交界段洲滩演变及其对航道条件影响: 以长江天兴洲河段为例 [J]. 应用基础与工程科学学报, 2013, 21 (4): 647-656.
[51] 孙昭华, 韩剑桥, 黄颖. 多因素变化对三峡近坝段浅滩演变的迭加影响效应 [J]. 水科学进展, 2014, 25 (3): 366-373.
[52] 孙昭华, 李义天, 黄颖, 等. 长江中游城陵矶-湖口分汊河道洲滩演变及碍航成因探析 [J]. 水利学报, 2011, 42 (12): 1398-1406.
[53] 谈广鸣, 舒彩文, 陈一明, 等. 黏性泥沙淤积固结特性 [M]. 北京: 中国水利水电出版社, 2014.
[54] 谭徐明. 都江堰史 [M]. 北京: 科学出版社, 2004.
[55] 唐金武, 邓金运, 由星莹, 等. 长江中下游河道崩岸预测方法 [J]. 四川大学学报 (工程科学版), 2012, 44 (1): 75-81.
[56] 涂启华, 杨赉斐. 泥沙设计手册 [M]. 北京: 中国水利水电出版社, 2006.
[57] 王光谦. 都江堰古水利工程运行2260年的科学原理 [J]. 中国水利, 2004, 18: 26.
[58] 王光谦. 河流泥沙研究进展 [J]. 泥沙研究, 2007 (2): 64-81.
[59] 王恺忱, 王开荣. 黄河下游游荡性河段横河和斜河问题的研究 [J]. 人民黄河, 1996 (10): 8-10.
[60] 王运辉. 潮汐河口 [M]. 北京: 水利电力出版社, 1992.

- [61] 韦直林, 赵良奎, 付小平. 黄河泥沙数学模型研究 [J]. 武汉水利电力大学学报, 1997 (5): 22-26.
- [62] 吴保生, 郑珊. 河床演变的滞后响应理论与应用 [M]. 北京: 中国水利水电出版社, 2015.
- [63] 吴保生. 冲积河流平滩流量的滞后响应模型 [J]. 水利学报, 2008, 39 (6): 680-687.
- [64] 吴宋仁. 海岸动力学 [M]. 北京: 人民交通出版社, 2004.
- [65] 夏军强, 李洁, 张诗媛. 小浪底水库运用后黄河下游河床调整规律 [J]. 人民黄河, 2016, 38 (10): 49-55.
- [66] 夏军强, 王光谦, 吴保生. 游荡型河流演变及其数值模拟 [M]. 北京: 中国水利水电出版社, 2005.
- [67] 夏军强, 王增辉. 多沙河流水库水沙运动特性及其数值模拟 [M]. 北京: 科学出版社, 2019.
- [68] 夏军强, 周美蓉, 邓珊珊. 长江中游河床演变及模拟 [M]. 北京: 科学出版社, 2023.
- [69] 夏军强, 邓珊珊, 周美蓉, 等. 长江中游河道床面冲淤及河岸崩退数学模型研究及其应用 [J]. 科学通报, 2019, 64 (7): 725-740.
- [70] 夏军强, 宗全利. 长江荆江段崩岸机理及其数值模拟 [M]. 北京: 科学出版社, 2015.
- [71] 谢鉴衡, 丁君松, 王运辉. 河床演变及整治 [M]. 北京: 水利电力出版社, 1990.
- [72] 谢鉴衡. 河流模拟 [M]. 北京: 水利电力出版社, 1988.
- [73] 许炯心. 汉江丹江口水库下游河床调整过程中的复杂响应 [J]. 科学通报, 1989 (6): 450-452.
- [74] 许全喜, 李思璇, 袁晶, 等. 三峡水库蓄水运用以来长江中下游沙量平衡分析 [J]. 湖泊科学, 2021, 33 (3): 806-818.
- [75] 闫振峰, 马怀宝, 蒋思奇. 虹吸式管道排沙技术在西霞院水库清淤中的试验研究 [J]. 南水北调与水利科技, 2019, 17 (1): 150-156.
- [76] 严恺. 海岸工程 [M]. 北京: 海洋出版社, 2002.
- [77] 杨光彬, 吴保生, 章若茵, 等. 三门峡水库"318"控制运用对潼关高程变化的影响 [J]. 泥沙研究, 2020, 45 (3): 38-45.
- [78] 姚仕明. 三峡工程运用后坝下游弯曲河道演变规律研究 [R]. 国家自然科学基金报告, 2020.
- [79] 姚文艺, 郜国明. 黄河下游洪水冲淤相对平衡的分组含沙量阈值探讨 [J]. 水科学进展, 2008 (4): 467-474.
- [80] 姚文艺, 郑艳爽, 张敏. 论河流的弯曲机理 [J]. 水科学进展, 2010, 21 (4): 533-540.
- [81] 尹学良. 河型成因研究 [J]. 水利学报, 1993 (4): 1-11, 69.
- [82] 余文畴, 卢金友. 长江河道崩岸与护岸 [M]. 北京: 中国水利水电出版社, 2008.
- [83] 余文畴. 长江河道认识与实践 [M]. 北京: 中国水利水电出版社, 2013.
- [84] 余文畴. 长江中下游分汊河道节点在河床演变中的作用 [J]. 泥沙研究, 1987 (4): 12-21.
- [85] 余文畴. 长江中下游河道水力和输沙特性的初步分析: 初论分汊河道形成条件 [J]. 长江科学院院报, 1994, 11 (4): 16-22, 56.
- [86] 余欣, 安催花, 郭选英, 等. 小浪底水库泥沙水动力学数学模型研究及应用 [J]. 人民黄河, 2000 (8): 17-18, 32.
- [87] 岳红艳, 余文畴. 长江河道崩岸机理 [J]. 人民长江, 2002, 33 (8): 20-22.
- [88] 曾庆华, 张世奇, 胡春宏, 等. 黄河口演变规律及整治 [M]. 郑州: 黄河水利出版社, 1998.
- [89] 张笃敬, 孙汉珍. 弯道水力条件的变化对形成上下荆江河型影响的探讨 [J]. 泥沙研究, 1983, 1: 14-24.
- [90] 张红武, 江恩惠, 白咏梅, 等. 黄河高含沙洪水模型的相似律 [M]. 郑州: 河南科学技术出版社, 1994.
- [91] 张红武, 张清. 黄河水流挟沙力的计算公式 [J]. 人民黄河, 1992 (11): 7-9, 61.
- [92] 张仁, 谢树楠. 废黄河的淤积形态和黄河下游持续淤积的主要成因 [J]. 泥沙研究, 1985 (3): 1-10.
- [93] 张瑞瑾, 王兴奎, 陈文彪. 河流动力学 [M]. 北京: 中国工业出版社, 1961.

参 考 文 献

[94] 张瑞瑾，谢葆玲. 蜿蜒性河段演变规律探讨［C］//河流泥沙国际学术讨论会论文集，1980，1：427-436.

[95] 张瑞瑾，谢鉴衡，王明甫，等. 河流泥沙动力学［M］. 北京：水利电力出版社，1988.

[96] 张瑞瑾. 论环流结构与河道演变的关系//张瑞瑾论文集［M］. 北京：中国水利水电出版社，1996.

[97] 赵明登，李义天. 二维泥沙数学模型及工程应用问题探讨［J］. 泥沙研究，2002（1）：66-70.

[98] 赵业安，周文浩，费祥俊，等. 黄河下游河道演变基本规律［M］. 郑州：黄河水利出版社，1998.

[99] 中科院地究所，长江水利水电科学研究院，等. 长江中下游河道特性及其演变［M］. 北京：科学出版社，1985.

[100] 周建军，林秉南，王连祥. 平面二维泥沙数学模型研究及其应用［J］. 水利学报，1993（11）：10-19.

[101] 周美蓉，夏军强，邓珊珊，等. 低含沙量条件下张瑞瑾挟沙力公式中参数确定及其在荆江的应用［J］. 水利学报，2021，52（4）：409-419.

[102] ASHWORTH P J, LEWIN J. How do big rivers come to be different?［J］. Earth - Science Reviews, 2012, 114 (1-2): 84-107.

[103] BAGNOLD R A. Experiments on a gravity - free dispersion of large solid spheres in a Newtonian fluid under shear［J］. Proceedings of the Royal Society of London, Series A: Mathematical and Physical Sciences, 1954, 225 (1160): 49-63.

[104] BAGNOLD R A. Some aspects of the shape of river meanders［R］. U. S. Geological Survey Professional Paper 282 - E, U. S. Geological Survey, Washington, D. C., 1960.

[105] BAKER R. Determination of the critical slip surface in slope stability computations［J］. International Journal for Numerical and Analytical Methods in Geomechanics, 1980, 4 (4): 333-359.

[106] BLANCKAERT K, DE VRIEND H J. Nonlinear modeling of mean flow redistribution in curved open channels［J］. Water Resources Research, 2003, 39 (12): 1375.

[107] BORLAND W M, MILLER C R. Distribution of sediment in large reservoirs［J］. Journal of the Hydraulics Division, 1958, 84 (2): 1-18.

[108] CAMPBELL J B, WYNNE R H. Introduction to remote sensing［M］. New York: Guilford Press, 2011.

[109] Carling P, Jansen J, Meshkova L. Multichannel rivers: their definition and classification［J］. Earth surface processes and landforms, 2014, 39 (1): 26-37.

[110] CHANG H H. Minimum stream power and river channel patterns［J］. Journal of Hydrology, 1979, 41 (3-4): 303-327.

[111] DARBY S E, RINALDI M, DAPPORTO S. Coupled simulations of fluvial erosion and mass wasting for cohesive river banks［J］. Journal of Geophysical Research, 2007, 112: F03022.

[112] DAVIS, A P. The Isthmian Canal［J］. Bulletin of the American Geographical Society of New York, 1902, 34 (2): 132-138.

[113] DENG S S, XIA J Q, ZHOU M R. Coupled two - dimensional modeling of bed evolution and bank erosion in the Upper JingJiang Reach of Middle Yangtze River［J］. Geomorphology, 2019, 344: 10-24.

[114] FAIRBRIDGE R W. The estuary: its definition and geodynamic cycle［M］. In: E. Olausson and I. Cato (Editors), Chemistry and Biogeochemistry of Estuaries, Wiley, New York, 1980.

[115] 中华人民共和国水利部. 河流流量测验规范：GB 50179—2015［S］. 北京：中国计划出版社，2015.

[116] 中华人民共和国水利部. 水位观测标准：GB 50138—2010［S］. 北京：中国计划出版社，2010.

[117] HOOKE R L. Distribution of sediment transport and shear stress in a meander bend [J]. The Journal of Geology, 1975, 83 (5): 543 - 565.

[118] JIA D D, SHAO X J, WANG H, et al. Three - dimensional modeling of bank erosion and morphological changes in the Shishou bend of the middle Yangtze River [J]. Advances in Water Resources, 2010, 33 (3), 348 - 360.

[119] KELLER E A, MELHORN W N. Bedforms and fluvial processes in alluvial stream channels: selected observations [J]. Fluvial geomorphology, 1973: 253 - 283.

[120] KELLER E A. Development of alluvial stream channels: a five - stage model [J]. Geological Society of America Bulletin, 1972, 83 (5): 1531 - 1536.

[121] KONSOER K M, RHOADS B L, BEST J L, et al. Three - dimensional flow structure and bed morphology in large elongate meander loops with different outer bank roughness characteristics [J]. Water Resources Research, 2016, 52 (12): 9621 - 9641.

[122] LANE E W. Design of Stable Channels [J]. Transaction of American Society of Civil Engineers, 1955, 120: 1234 - 1260.

[123] LANGBEIN W B, LEOPOLD L B. River meanders - theory of minimum variance [J]. U. S. Geological Survey Professional Paper, 1966, 422 - H.

[124] LELIAVKSKY S. An introduction to Fluvial Hydraulics [M]. New York: Dover Publications, 1966.

[125] LEOPOLD L B, WOLMAN M G. River channel patterns: braided meandering and straight [J]. U. S. Geological Survey Professional Paper, 1957, 282B: 39 - 85.

[126] LEOPOLD L B, MADDOCK T. The hydraulic geometry of stream channels and some physiographic implications [M]. US Government Printing Office, 1953.

[127] MACKIN J H. Concept of the graded river [J]. Geological Society of America Bulletin, 1948, 59 (5): 463 - 512.

[128] MALKAWI A I H, HASSAN W F, ABDULLA F A. Uncertainty and reliability analysis applied to slope stability [J]. Structural Safety, 2000, 22 (2): 161 - 187.

[129] MARCUS W A, FONSTAD M A. Remote sensing of rivers: the emergence of a subdiscipline in the river sciences [J]. Earth Surface Processes and Landforms, 2010, 35 (15): 1867 - 1872.

[130] MIGNIOT C. A study of the physical propreties of various forms of very fine sediment and their behavior under hydrodynamic action [J]. La Hauille Blanche, 1968, 54 (7): 591 - 620.

[131] PARKER G. On the cause and characteristics scales of meandering and braiding in rivers [J]. Journal of Fluid Mechanics, 1976, 76 (3): 457 - 480.

[132] PARSONS D R, JACKSON P R, CZUBA J A, et al. Velocity Mapping Toolbox (VMT): a processing and visualization suite for moving - vessel ADCP measurements [J]. Earth Surface Processes and Landforms, 2013, 38 (11): 1244 - 1260.

[133] PHILLIPS J D, SLATTERY M C, MUSSELMAN Z A. Dam - to - delta sediment inputs and storage in the lower Trinity River, Texas [J]. Geomorphology, 2004, 62 (1 - 2): 17 - 34.

[134] PINTER N, MILLER K, WLOSINSKI J, et al. Recurrent shoaling and channel dredging, Middle and Upper Mississippi River, USA [J]. Journal of Hydrology, 2004, 290 (3 - 4): 275 - 296.

[135] RICHARDS K S. The morphology of riffle - pool sequences [J]. Earth Surface Processes, 1976, 1: 71 - 88.

[136] ROSGEN D L. A classification of natural rivers [J]. Catena, 1994, 22 (3): 169 - 199.

[137] ROWLAND J C, SHELEF E, POPE P A, et al. A morphology independent methodology for quantifying planview river change and characteristics from remotely sensed imagery [J]. Remote Sensing of Environment, 2016, 184: 212 - 228.

[138] SATTAR A M A, JASAK H, SKURIC V. Three dimensional modeling of free surface flow and sediment transport with bed deformation using automatic mesh motion [J]. Environmental modelling & software, 2017, 97: 303-317.

[139] SMITH LM, WINKLEY B R. The response of the Lower Mississippi River to river engineering [J]. Engineering Geology. 1996, 45 (1-4): 433-455.

[140] US Army Corps of Engineers (USACE), Hydrologic Engineering Center. HEC-RAS River Analysis System—Hydraulic Reference Manual Version 5.0, 2016.

[141] WANG G Q, XIA J Q, WU B S. Numerical simulation of longitudinal and lateral channel deformations in the braided reach [J]. Journal of Hydraulic Engineering, 2008, 134 (8): 1064-1078.

[142] WEI M, BLANCKAERT K, HEYMAN J, et al. A parametrical study on secondary flow in sharp open-channel bends: experiments and theoretical modelling [J]. Journal of Hydro-environment Research, 2016, 13: 1-13.

[143] WILLIAMS G P. Bank-full discharge of rivers [J]. Water resources research, 1978, 14 (6): 1141-1154.

[144] WINTERWRP J C, BAKKER W T, MASTBERGEN D R, et al. Hyperconcentrated sand-water mixture flows over erodible bed [J]. Journal of Hydraulic Engineering, 1992, 118 (11): 1508-1525.

[145] WISSER D, FROLKING S, HAGEN S, et al. Beyond peak reservoir storage? A global estimate of declining water storage capacity in large reservoirs [J]. Water Resources Research, 2013, 49 (9): 5732-5739.

[146] WOLMAN M G, LEOPOLD L B. River flood plains: some observations on their formation [J]. U.S. Geological Survey Professional Paper, 1957, 282C: 87-109.

[147] WOLMAN M G, MILLER J P. Magnitude and frequency of forces in geomorphic processes [J]. The Journal of Geology, 1960, 68 (1): 54-74.

[148] WU W, RODI W, WENKA T. 3D numerical modeling of flow and sediment transport in open channels [J]. Journal of Hydraulic Engineering-Asce, 2000, 126 (1): 4-15.

[149] WU W, WANG S S. Formulas for sediment porosity and settling velocity [J]. Journal of Hydraulic Engineering, 2006, 132 (8): 858-862.

[150] XIA J Q, DENG S S, LU J Y, et al. Dynamic channel adjustments in the Jingjiang Reach of the Middle Yangtze River [J]. Scientific Reports, 2016, 6 (1): 1-10.

[151] XIA J Q, LI X J, LI T, et al. Response of reach-scale bankfull channel geometry to the altered flow and sediment regime in the lower Yellow River [J]. Geomorphology, 2014, 213 (15): 255-265.

[152] XIA J Q, WU B S, WANG G Q, et al. Estimation of bankfull discharge in the Lower Yellow River using different approaches [J]. Geomorphology, 2010, 117 (1-2): 66-77.

[153] YANG C T. On river meanders [J]. Journal of Hydrology, 1971, 13: 231-253.